파도관찰자를 위한 가이드

THE WAVE WATCHER'S COMPANION

Copyright © 2010 by Gavin Pretor-Pinney
All rights reserved.

Korean translation copyright © 2025 by Gimm-Young Publishers, Inc.
Korean translation rights arranged with PEW Literary Agency Limited, through EYA co., Ltd.

이 책의 한국어판 저작권은 (주)이와이에이를 통한 저작권사와의 독점 계약으로 김영사에 있습니다.
저작권법에 의해 한국 내에서 보호를 받는 저작물이므로 무단전재와 무단복제를 금합니다.

파도관찰자를 위한 가이드

1판 1쇄 인쇄 2025. 7. 9.
1판 1쇄 발행 2025. 7. 16.

지은이 개빈 프레터피니
옮긴이 홍한결

발행인 박강휘
편집 이종연 디자인 유향주 마케팅 고은미 홍보 박은경
발행처 김영사
등록 1979년 5월 17일(제406-2003-036호)
주소 경기도 파주시 문발로 197(문발동) 우편번호 10881
전화 마케팅부 031)955-3100, 편집부 031)955-3200 | 팩스 031)955-3111

값은 뒤표지에 있습니다.
ISBN 979-11-7332-221-1 03400

홈페이지 www.gimmyoung.com   블로그 blog.naver.com/gybook
인스타그램 instagram.com/gimmyoung   이메일 bestbook@gimmyoung.com

좋은 독자가 좋은 책을 만듭니다.
김영사는 독자 여러분의 의견에 항상 귀 기울이고 있습니다.

파도
관찰자를
위한
가이드

경이롭고 유쾌한
파동의 과학

개빈 프레터피니
홍한결 옮김

김영사

- 일러두기
  원문의 wave는 문맥에 따라 '파도' 혹은 '파동'으로 옮겼다.

플로라에게

차례

파도 관찰 입문		*9*
제1파	몸속을 흐르는 파동	*53*
제2파	세상을 음악으로 채우는 파동	*89*
제3파	정보화 시대의 기반이 되는 파동	*133*
제4파	흐름을 타는 파동	*179*
제5파	파동이 험악해질 때	*213*
제6파	군집 속을 흐르는 파동	*253*
제7파	밀물과 썰물의 파동	*287*
제8파	세상에 색을 입히는 파동	*333*
제9파	해변으로 밀려오는 파동	*369*

감사의 글	*415*
주	*417*
그림 및 사진 출처	*430*
찾아보기	*432*
추천의 글	*446*
파도관찰자를 위한 A-Z 가이드	*449*

파도 관찰 입문
Wavewatching for beginners

2월의 어느 쌀쌀한 오후, 세 살배기 딸 플로라와 나는 콘월의 갯바위에 앉아 놀고 있었다. 평소 같으면 구름 관찰하기에 딱 좋은 기회였겠지만, 하필 그날은 계절답지 않게 하늘이 구름 한 점 없이 맑았다. 작은 만 가장자리에 앉아 단조롭게 펼쳐진 대서양의 수평선을 바라보다가, 자연스레 물의 움직임으로 시선이 따라갔다. 적어도 나는 그랬다. 플로라는 미끄러운 바위 위를 기어다니며 노느라 마냥 바빴다.

그날 파도는 딱히 장관이라고 하기에는 어려웠다. 둥글게 말려들며 절벽에 부딪치는 순간 하얀 물보라를 뿜는 파도도 아니었고, 우리가 보통 상상하는 파도처럼 물마루가 질서정연하게 하나씩 밀려와 조약돌 해변에 차례로 부서지는 모습도 아니었다.

어이쿠 지각이다, 달리자.

아니, 질서라고는 눈곱만큼도 찾아볼 수 없었다. 작은 물마루들은 마치 붐비는 역의 출근길 승객들처럼 이리저리 지나가며 혼잡스럽게 엇갈렸다. 하지만 실제 승객들과는 달리, 서로를 관통하기도 하고 넘어가기도 했다. 합쳐졌다 갈라지고, 나타났다 사라지기를 반복했다.

그 움직임을 넋 놓고 바라보았다. 어떤 물마루도 눈으로 1초 이상 따라가기 어려웠다. 한 녀석에 시선을 고정할라치면 다른 방향에서 오는 물결과 금방 합쳐지고 만다. 두 물결이 사라질 때쯤이면 어김없이 세 번째 물결이 지나가며 시선을 빼앗았다.

플로라와 이야기하다 보니, 곧 질문이 꼬리를 물었다. "파도는 왜 생기지?" "어디서 오는 거야?" "왜 저렇지 물을 튀겨?" 참 아이스러운 질문이었는데, 플로라가 아니라 내게 떠오른 질문이었다.

그날 내가 파도에 관심이 동한 것은 청명한 하늘 때문이었지만, 구름 관찰은 자연스럽게 파도 관찰로 이어지기 마련이다. 구름을 바라보노라면 그 모양이 파도에 의해 좌우된다는 사실을 곧 깨닫는다. 수면에 일렁이는 파도가 아니라, 하늘의 끝없는 기류 속에서 생겨나는 파도 말이다. 대양이 물의 바다라면, 대기는 공기의 바다.

수평선 위의 바다와 수평선 아래의 바다의 관계는 떼려야 뗄 수 없다. 창세기에 따르면, 신이 세상을 창조할 때 맨 처음 한 일은 바다를 움직인 것이었다.

> 태초에 하나님이 천지를 창조하시니라.
> 땅이 혼돈하고 공허하며 흑암이 깊음 위에 있고 하나님의 영은 수면 위에 운행하시니라.[1]

다음 날, 신은 "궁창 아래의 물과 궁창 위의 물로 나뉘게 하셨다".[2] 다시 말해, 공기층을 사이에 두고 아래는 바다, 위는 구름으로 분리했다.

이렇듯 하늘과 바다는, 비록 그 근원까지는 같지 않을지 몰라도, 밀접한 관련이 있다. 구름관찰자cloudspotter는 곧 파도관찰자wavewatcher이기도 하다. 구름은 공기의 파도에 실려 빚어질 때가 많으니까.

하늘의 파도는 상승했다가 하강했다가 하는 바람의 형태를 띤다. 그 자체는 보이지 않지만 구름의 모양을 통해 모습이 드러난다. 예를 들어 '파상운'이라는 구름은 물결치는 하나의 연속된 구름층, 또는 간격을 두고 평행하게 위치한 구름띠의 형태다. 이러한 구름은 바람의 방향이나 속도가 급격히 바뀌는 급변풍 영역에서 생겨난다. 파상운은 아름다우면서도 흔히 볼 수 있는, 대기의 파도를 드러내는 구름의 한 예다.

그러나 하늘의 파도가 가장 멋진 장관을 연출하는 예로는 희귀하면서 수명이 짧은 '켈빈-헬름홀츠 파도구름'을 들 수 있다. 입에 잘 안 붙는 이름의 이 구름은 서퍼들이 '파이프'나 '배럴'이라고 부르는, 원통 모양으로 말리는 형태의 파도가 연달아 이어진 것처럼 보인다. 정확하게는 소용돌이 형태라고 한다. 파상운의 극단적인 사례로, 급변풍의 속도가 딱 적절할 때 파도구름이 나선형으로 말려들면서 나타난다. 이 구름은 나타났다가 겨우 1~2분 이내에 사라진다. 비록 그 형성 과정은 바닷가에 밀려오는 파도의 발생 과정과 공통점이 거의 없지만, 구름 애호가와 파도 애호가의 관심사를 벤 다이어그램으로 나타낼 때 딱 겹치는 부분이라고 할 수 있다.

파도구름이든 그 밖의 구름이든, 모든 구름은 물 입자가 모여 공중에 떠 있는 것이다. 그렇다면 바다의 파도는 과연 무엇인가? 그렇게

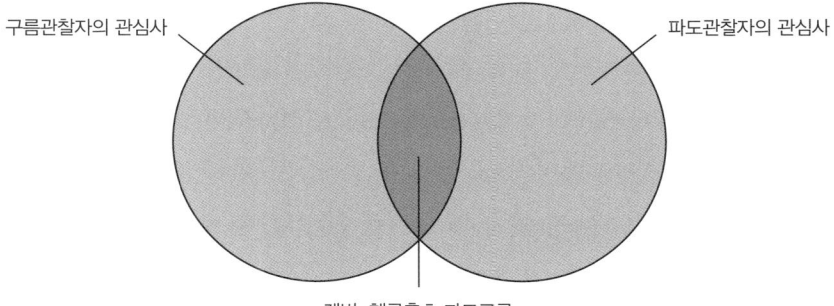

구름관찰자와 파도관찰자를 대동단결시켜주는 켈빈-헬름홀츠 파도구름의 절경.

쉬운 것을 왜 묻나 하고 생각할지 모르겠다. 움직이는 물 덩어리 아닌가? 그렇게 생각한다면 파도를 제대로 관찰하지 않은 것이다. 그 생각이 오해임을 알 수 있는 간단한 방법이 있다. 물 위에 떠 있는 물체가 파도에 어떻게 반응하는지 관찰해보면 된다.

플로라를 데리고 물가를 떠나기 전, 나는 요동치는 바닷물 위에서 해초 한 줄기가 오르락내리락하며 너울거리는 모습을 지켜보았다. 해초는 바삐 뛰어가는 출근길 승객보다는 몸놀림이 가벼운 권투 선수처럼 보였다. 이리저리 지나가는 물결 위에서 해초는 둥실거리며 대략 같은 위치에 머무를 뿐, 물결에 쓸려가지 않았다.

우리는 절벽 꼭대기에 올라가 바다를 내려다보면서, 배 한 척이 파도가 지나갈 때 어떻게 움직이는지도 지켜보았다. 위에서 본 파도의 모습은 아래에서 봤을 때와 사뭇 달랐다. 혼잡스럽게 교차하던 물결들이 이제는 그저 수면의 무늬 정도로 보였고, 수면은 해가 금빛으로 반짝이는 띠를 길게 드리우고 있었다. 빛나는 잔물결 아래로 널따랗고 질서정연하게 일렁이는 물결이 대서양 저 멀리에서 차례차례 밀려오고 있었다. 물결과 물결의 간격은 대략 15~20미터 같았다. 유유하게 밀려드는 물마루의 대열은 가까이서 봤던 출싹거리는 잔물결과 전혀 딴판이었다. 그러나 잔물결이 해초를 쓸어가지 않고 그저 밑으로 지나갔던 것처럼, 이 유유한 거대 물결도 물고기를 싣고 돌아오는 어선 밑으로 계속 밀려올 뿐이었다. 그것이 물의 흐름이라면 배를 뭍 쪽으로 끌어와야 할 텐데, 그러지 않았다. 배를 띄우고 있는 물은 매번 파도가 지나가고 나면 제자리로 돌아가는 모습이었다.

가까이에서 본 작은 파도와 마찬가지로 위에서 내려다본 큰 파도도 물의 움직임이 아니라면, 그것은 과연 무엇일까? 먼바다에서 해안으로 밀려오는 저 움직임의 정체는 뭘까?

정답은 에너지다.

물은 에너지가 한 장소에서 다른 장소로 옮겨가는 수단일 뿐이다. 여기서 물은 파도의 에너지를 옮겨주는 매개체 역할을 하는데, 그런 매개체를 '매질'이라고 한다. 이른바 '영매'에 저세상의 혼령이 깃드는 것처럼, 수면에 에너지가 깃드는 것이다.

물론 그 둘이 **정확히** 같은 현상이라고는 할 수 없다.

사실 전혀 다른 현상이다.

하지만 물을 마치 점쟁이인 것처럼 상상해보면 재미있지 않은가. 딸랑거리는 귀걸이를 차고 보라색 망토를 걸친 점쟁이 노파가 고목나무 같은 손을 탁자 위에 올리더니, 돌아가신 할머니의 혼령이 빙의한 듯 벌떡 일어선다. 눈은 뒤집히고 입가에는 거품이 맺힌 채 쉰 목소리로 말한다. 저세상에서는 텔레비전 프로가 너무 재미없다고. 그러다 할머니의 혼령이 떠나고 나면, 점쟁이는 의자에 털썩 주저앉으며 돈을 달라고 손을 내민다.

〰️ 할머니의 혼령

이 비유가 '파도는 물을 통해 지나가는 에너지'라는 사실을 설명하기에 적절한지 물으면, 그렇진 않다. 사실 에너지가 물을 통해 지나갈 때 물은 (앞의 점쟁이처럼) 똑바로 일어섰다가 앉지 않는다. 만약 플로라와 내가 큰 파도가 규칙적으로 지나가는 바다 한가운데에 떠 있는 해초를 관찰할 수 있었다면, 파도의 마루와 골이 지나갈 때 해초가 어떤 식으로 움직이는지 볼 수 있었을 것이다. 파도가 접근하면 해초는 살짝 파도 쪽으로 끌려간다. 곧이어 마루가 도달하는 순간 해초는 위로 솟아올라, 최정점에서 파도를 타고 약간 앞으로 밀려간다. 그리고 골이 도달하면서 다시 내려앉아, 원래 위치로 거의 되돌아간다. 파도가 지나갈 때 수면의 물은 원을 그리며 움직인다.

에너지가 앞으로 나아갈 때 물이 제자리로 돌아가는 모습을 머릿속에 그리기란 쉽지 않다. 그래서 파도의 특성을 말할 때는 더 쉽게 와닿는 개념을 이용한다. 이를테면 크기 같은 것이다. 잔물결과 쓰나미를 구분하는 크기의 잣대는 두 가지로, 파고와 파장이다.

파도의 높이, 즉 '파고'는 마루(가장 높은 곳)와 골(가장 낮은 곳)의 높이 차이를 가리킨다. 과학자들은 보통 진동의 폭, 즉 '진폭'이라는 개념을 쓴다. 진폭은 잔잔한 수면과 물마루의 높이 차이이므로 일반적으로 파고의 절반이 된다. 진폭을 쓰면 파도를 모델링하는 방정식이 더 간단해지는 장점이 있지만, 아무래도 마루에서 골까지의 연직 거리를 나타내는 파고가 더 직관적으로 와닿는 감이 있다.

'파장'은 마루와 마루 사이의 길이를 가리킨다. 파도라고 하면 하나의 마루를 떠올릴 때가 많지만, 파도는 결코 홀로 존재하지 않는다. 파도는 항상 무리를 지어 이동하므로, '파도'는 하나의 마루를 가리키는 말이기도 하지만 마루와 골의 연속된 행렬을 가리키는 말이기도 하다. 그날 내가 콘월의 작은 만에서 본 것처럼 수면의 일렁임이 뒤죽박죽일 때는 파장을 명확히 파악하기 어렵다. 절벽에서 내려다본 것처럼 큼직하고 질서정연한 모습이어야 파장이 긴지 짧은지, 즉 마루 사이의 간격이 넓은지 좁은지 알 수 있다.

파고와 파장을 알면 어느 시점에서 파도의 크기를 가늠할 수 있지만, 파도의 움직임에 대해서는 아무것도 알 수 없다. 그런데 서퍼라면 누구나 알 듯, 파도의 핵심은 움직임이다. 여기서 파도의 '진동수'(또는 '주파수')라는 개념이 등장한다. 진동수는 어떤 지점(예를 들면 물 위로 솟아오른 말뚝)을 1초에 통과하는 마루의 개수다. 연못에 돌

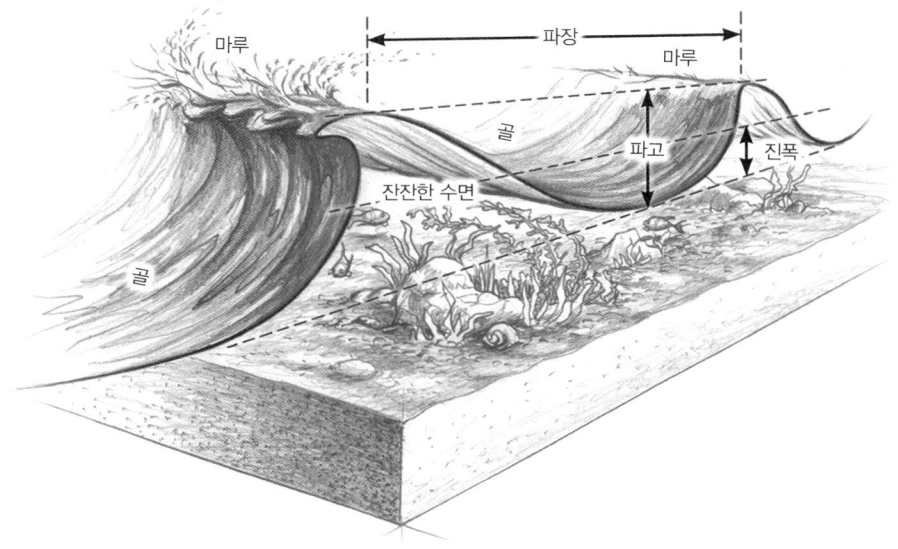

파도의 크기 재기.

을 던졌을 때 생기는 잔물결이라면 1초에 몇 개 정도의 마루가 지나갈 것이다. 하지만 그렇게 작은 파도는 관심의 대상이 되는 일이 별로 없다. 서핑을 할 수도 없고, 석유 굴착 시설을 파손하는 일도 없다. 사람들이 주목하는 큰 파도는 마루와 마루의 시간 간격이 16초에 이르기도 한다. 이 경우 파도의 진동수가 16분의 1이라거나 0.0625라고 말하기는 다소 어색하다. 그래서 바다 파도의 특성을 말할 때는 보통 '주기'라는 개념을 쓴다. 주기는 어떤 지점을 한 마루가 통과하고 나서 다음 마루가 도달할 때까지 걸리는 시간이다.

    바다의 파도를 묘사할 때 이용하는 기본 특성에는 크기와 움직임 외에도 모양이 있다. 어떤 파도는 널찍하고 대칭적인 굴곡을 이루

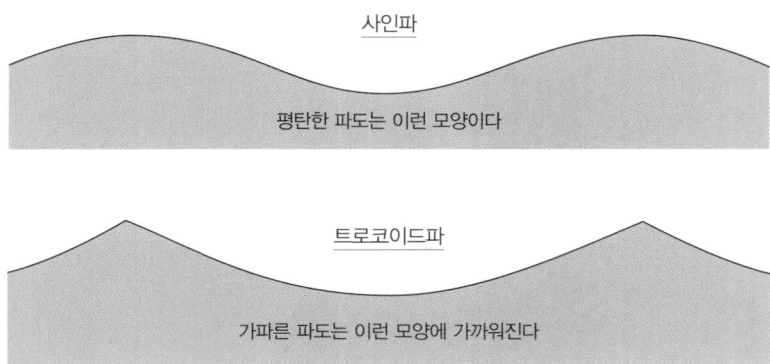

파도의 모양은 가파른 정도에 따라 달라진다.

며 오르내린다. 이때 그 모양은 순수한 수학적 형태인 사인 곡선에 가까워진다. 그림에 보인 두 가지 이상적 파형 중 위의 것이다.

그런데 대부분의 파도 모양은 그렇지 않다. 파도는 경사가 가파를수록 사인파에서 멀어지면서 '트로코이드'라고 하는 모양을 띤다. 봉우리는 뾰족하고 골은 완만한, 사인파보다 대칭성이 떨어지는 형태다. 여기서 파도가 가파르다는 것은 꼭 크다는 뜻은 아니다. 플로라와 내가 작은 만에서 보았던 혼잡스러운 물마루들은 둥글다기보다 뾰족했다. 파도의 모양을 좌우하는 가파름은 파장에 비해 파고가 얼마나 높으냐를 말하는 것으로, 파도의 크기와는 다르다. 작은 파도도 간격이 촘촘하면 가팔라져서 트로코이드 형태를 띤다.

구름과 바다의 파도는 가끔 비슷한 모양을 띠는 것 외에도 공통점이 있다. 부서지는 파도는 구름이 만들어지는 데 꽤 중요한 역할을

한다. 물마루가 해안에 밀려와 부서질 때, 그 불규칙한 난류 속에서 미세한 공기 방울이 무수히 만들어지고 터지면서 고운 물보라가 공기 중으로 흩어진다. 그 물이 증발하면 미세한 소금 입자가 공기 중에 남아 떠다니다가 대기로 끌려들어 갈 수 있다. 눈에 보이지 않을 정도로 작은 이 소금 입자는 가장 효과적인 '응결핵' 중 하나다. 응결핵은 대부분의 구름이 만들어지는 데 꼭 필요한 요소로, 응결핵 주변에 공기 중의 수증기가 응축되어 미세한 물방울을 맺으면서 만들어지는 것이 우리가 흔히 보는 낮은 구름(하층운)이다. 부서지는 파도의 바로 위에 구름이 생긴다는 것은 아니고, 부서지는 파도 덕분에 구름 형성의 중요 요소인 응결핵이 하층 대기에서 늘 떠돌고 있다는 말이다.

〽️ 파도에서 구름으로

반대로 구름도 파도가 만들어지는 데 한 역할을 한다. 폭풍구름의 경우가 그렇다. 휴양지 해변에 잔잔하게 길려오는 파도를 보고 있노라면 그 말이 선뜻 이해가 되지 않을 수도 있다. 흔들리는 야자수 그늘 아래에서 바라보는 파도는 너무나 평화로워 보인다. 마치 바다의 느긋한 숨결처럼, 고른 물결이 끊임없이 밀려오는 모습이다. 그렇게 우아한 모습으로 종착지에 도달하는 파도지만, 그 성장 과정은 무척 험난하다. 파도의 출생지는 어느 먼바다에서 한때 거세게 휘몰아치던 폭풍의 한가운데인 경우가 많다.

〽️ 구름에서 파도로

폭풍 속에서 어떻게 파도가 만들어질까? 그 무질서한 일렁임이 어떻게 질서정연하게 해변으로 밀려오는 물마루의 대열로 바뀌는 것일까? 그 답을 찾기 위해서는 망망대해를 가로지르는 파도의 여정을 따라가야 한다. 바다 위에서 태어난 파도가 해변의 포말로 생을 마치기까지 거치는 단계를 하나하나 살펴보아야 한다.

파도의 생애는 다섯 단계로 나눌 수 있으며, 각 단계마다 파도는 고유한 특성을 갖는다.

파도의 탄생에서부터 시작해보자.

파도는 전 세계 바다에서 끊임없이 생겨나지만, 그 형성 과정을 관찰하기 위해서는 최대한 단순한 환경을 상상해보는 것이 좋겠다. 잔잔하고 고요하며 파도 한 점 없는 바다라면 어떨까. 물론 실제로 그런 곳은 없다. 파도 없는 바다에 가장 가까운 곳이라면 아마 북반구와 남반구의 위도 약 30~35도 사이에 나타나는 '아열대무풍대', 그리고 적도를 중심으로 남북으로 위도 약 5~10도에 이르는 '적도무풍대'일 것이다. 이들 무풍대에서는 바람이 미약하고 불규칙할 때가 많다. 바람이 파도의 원인인 만큼, 이들 무풍대에서는 때에 따라 파도가 전혀 생기지 않는 곳도 있다. 그러나 바다에서는 아무리 날씨가 잠잠해도 다른 먼 곳의 폭풍에서 전해지는 여파 때문에 유리처럼 매끈한 수면이 부드럽게 넘실거리기 마련이다.

아열대무풍대는 항상 고기압이기 때문에 고요한 날씨가 상당히 오래갈 수 있다. 아닌 게 아니라 아열대무풍대는 '말위도대 horse latitudes'라는 이름으로 불리기도 하는데, 18세기 스페인 상선들이 신대륙으로 말을 운송하다가 항해가 길어져 식수가 부족해지자 말을

파도 없는 바다는 없다

바다에 버려야 했다는 데서 유래한 이름이라는 설이 있다. 우리는 마냥 기다리기만 할 수 없으니, 대신 적도무풍대로 가보자. 시인 새뮤얼 테일러 콜리지는 이 일대의 미약하고 변덕스러운 바람을 이렇게 묘사한 바 있다. "숨도 없이, 움직임도 없이 멈춰버렸다 / 마치 그림 속의 배가 / 그림 속의 바다에 떠 있듯."[3] 적도무풍대의 영어 명칭 '돌드럼스$_{doldrums}$'는 '지루한$_{dull}$'을 뜻하는 고대영어 단어 '돌$_{dol}$'에서 유래했다. 그렇다 한들 적도무풍대는 항상 **저**기압이다. 따라서 폭염 속 기이한 정적은 얼마 가지 않아 깨지고 전혀 다른 날씨가 닥치기 마련이다. 그와 함께 유리처럼 매끈하게 넘실거리던 물결은 거대한 파도로 바뀐다.

적도 주변의 따뜻하고 습한 공기는 대기의 극심한 불안정을 초래할 수 있다. 이로 인해 공기가 빠르게 상승하면서 공기 중의 수분이 응결되어 거대한 폭풍구름이 만들어진다. 적도무풍대 부근에서 갑작스럽게 발생한 돌풍이나 폭풍은 점점 커져서 엄청난 파괴력을 갖는 열대성 사이클론이 될 수도 있다. 하지만 파도를 만들어내는 데 그렇게까지 격렬한 기상 현상이 필요하지는 않다. 단순한 해상 폭풍이면 충분하다.

거대해져가는 구름 속 수증기는 물방울로 응결하면서 열을 방출하여 공기를 데우고, 데워진 공기는 팽창하며 가벼워져 상승한다. 이렇게 되면 해수면의 기압이 급격히 떨어지면서 주변 공기가 빈 곳을 메우기 위해 몰려든다. 이것이 바로 바다의 파도를 만들어내는 바람이다. 파도 생애 주기의 첫 단계가 시작되는 순간이다.

바람의 속도가 2노트 정도(초속 약 1미터)에 이르면, 수면에 미치는 마찰력이 커지면서 바람이 수면에 흔적을 남기기 시작한다. 높이 1센티미터 정도의 미미한 물결이 수면 위를 춤추듯 돌아다닌다. 곧 다이아몬드 모양의 잔물결이 곳곳에 흩어져 햇빛에 반짝인다. 뱃사람들이 '고양이 발cat's paws'이라고 부르는 물결이다. 빅토리아 시대 시인 앨저넌 스윈번은 그 모습을 가리켜 "바람은 바다 위에 반짝이는 발자국을 남기고"라고 노래하기도 했다.[4] 이 잔물결은 바람이 없는 곳의 매끈한 수면과는 달라 보이므로, 뱃사람은 그 모습을 알아채고 돌풍의 접근에 미리 대비할 수 있다.

갓난아기 파도

이렇게 태어난 잔물결이 바로 갓난아기 파도다. 파도 생애 주기의 첫 단계가 시작된 것이다. 이 파도를 '표면장력파'라고 한다. 잔물결은 바람의 변덕에 따라 생겼다 사라졌다 하지만, 폭풍이 몸집을 불리면서 기류가 거세짐에 따라 점점 힘을 받아 거친 수면을 계속 유지하게 된다.

아기가 커가면서 부모를 힘들게 하는 것은, 파도도 예외가 아니다. 수면이 거칠어지면서 바람과의 마찰이 커진다. 이제 공기가 수면 위를 이전처럼 쉽게 미끄러지지 못한다. 표면장력파 바로 위에 공기의 조그만 소용돌이가 생기면서, 공기가 수면에 가하는 압력이 커졌다 작아졌다 한다. 잔물결은 그 자극에 기다렸다는 듯 반응한다. 여기저기 마루가 솟고 골이 꺼지고 하면서 크기를 점점 불려나간다.

파도는 늘 힘겨루기 속에서 성장한다. 한쪽에는 바람의 힘이 있다. 바람은 수면을 평형 수위보다 높이 들었다 낮게 떨어뜨렸다 한다. 반대쪽에는 바람의 교란에 저항하는 물의 힘이 있다. 물은 바람이 없을 때의 고요한 안정 상태로 돌아가려 한다. 물의 저항력은 두 가지 요인에 기인한다. 물의 표면장력, 그리고 물의 무게다. 표면장력은 수면이 마루에서 살짝 당겨지고 골에서 살짝 뭉쳐지는 변화에 저항한다. 물의 무게, 즉 물에 가해지는 중력은 수면이 평형 수위에 비해 올라간 곳을 끌어내리고 내려간 곳을 (수압에 의해) 밀어올린다. 두 힘이 합세해 물을 평형 상태로 되돌리려는 과정에서 파도는 평형점을 오히려 지나치고 만다. 마루는 너무 내려앉아 골이 되고, 골은 너무 솟아올라 마루가 된다. 파도가 아기일 때는 표면장력이 중력보다 우세하게 작용한다. 바람의 자극에 저항하는 표면장력이 곧 물결이 수면을 따라 퍼져나가게 만드는 힘이다.

높이 약 2센티미터로 자란 파도는 더 이상 아기가 아니니, 생애 첫 단계를 마무리할 때가 되었다. 이제 파도는 표면장력파가 아닌 '중력파'로 불린다(강한 중력이 시공간을 휘게 만드는 중력파와는 다른 의미다 – 옮긴이). 물의 무게, 즉 중력이 표면장력보다 우세하게 작용하기 때문이다. 이제는 중력이 바람의 교란에 맞서는 주된 힘이 되었고, 중력이 수면을 원래 수위로 되돌리려 하면서 벌어지는 난투 속에서 어린 파도는 전진의 동력을 얻는다.

이제 파도는 두 번째 발달 단계인 아동기로 접어들었다. 잔물결이 본격적인 파도로 성장하는 단계로, 이 시기에 파도는 활발한 유아에서 엇나가는 청소년으로 자라난다고 할 수 있다. 바람이 점점 거세고 지속적으로 불면서 파도도 표면장력파의 정돈된 모습을 완전히 벗어난다. 마루와 골이 점점 혼잡하게 요동한다. 이리저리 내달리며 서로 부딪치고 뒤엉킨다. 마치 지나치게 활동적인 보육교사의 손에 맡겨진 유아들이 난장판을 벌이는 모습 같다. 이 혼란스럽고 불규칙한 해수면을 '풍랑wind sea'이라고 부른다.* 바람이 물을 휘몰면서 점점 많은 에너지를 전달함에 따라 거칠게 일렁이는 해수면을 가리키는 용어다. 폭풍이 일고 있는 경우, 풍랑은 파도가 급격히 지속적으로 성장하는 단계다.

그럴 수밖에 없는 것이, 바람이 부딪치는 물결면이 넓어질수록 파도의 성장 속도는 더 빨라진다. 같은 해역 내에 실로 다양한 파고와 파장이 섞여 있으니 전체적인 크기를 한마디로 말하기 어렵다. 최대파고, 즉 가장 높은 파고를 기준으로 삼는 것은 그리 적절한 방법이 아니다. 풍랑 속에서 최대파고는 오직 가끔씩만 나타나기 때문이다. 그 대신 해양학자들은 파도 크기의 대략적인 범위를 '유의파고significant wave height'라는 값으로 나타낸다. 유의파고는 모든 파고 중 가장 높은 3분의 1을 평균한 값으로 정의된다. 최대파고보다 복잡한 듯하지만, 파도의 크기가 일정치 않을 때는 이 값이 더 유용하고 전체 양상을 잘 대변한다.

유의파고는 점점 높아져 곧 1미터에 이른다. 이제는 잔물결이 아니라 누가 봐도 본격적인 파도다. 맹렬한 폭풍은 결코 평온하거나

● 그냥 '바다sea'라고 부르기도 하는데, 다소 혼란스러운 용법이라 하겠다.

일관된 보호자가 아니었다. 정신없이 활개 치던 잔물결은 공격적이고 통제 불능인 파도로 자라났다. 경사는 가파르고 봉우리는 뾰족한 트로코이드 형태. 바람의 가학적인 보호 아래 파도는 점점 사납고 험악해지면서 마루에 하얀 포말이 피어나기 시작한다. 이제 파도는 질풍노도라 할 수 있는 세 번째 단계로 막 접어들 참이다.

성인기에 접어든 파도는 거침없는 위압감을 풍긴다. 세 번째 단계의 시작을 알리는 특징은 비교적 큰 물결 위에 흰 거품이 마치 '입술'처럼 나타나기 시작한다는 것이다. 이른바 '화이트캡whitecaps' 또는 '백파'라고 불리는 현상으로, 집요하게 몰아치는 강풍에 파도가 허물어지기 시작하면서 나타난다.

폭풍급의 강풍이 넓은 해역에 걸쳐 오랫동안 불면 급기야 물마루에서 물보라가 공중으로 흩날리기 시작하는데, 이를 '스핀드리프트spindrift'라고 한다. 물결면마다 흰 포말의 줄무늬가 마블링처럼 나타난다. 작가 조지프 콘래드의 묘사에 따르면 "초록색 유리벽에 눈이 내려앉은 듯한" 모습이라고 하는데,[5] 내가 보기엔 격분한 광인이 침을 뱉어내는 모습 같다. 파도는 점점 커져 마침내 유의파고가 5미터를 넘어선다.

〰️ 광포해지는 파도

이제는 화이트캡이 수두룩하게 보인다. 뱃사람들은 이 모습을 '백마white horses'라고 부르기도 한다. 때로는 '선장의 딸들skipper's daughters'이라고도 부르는데, 건드리지 않는 게 상책이라는 의미인 듯하다. 흰 포말은 파도가 부서지고 있다는 신호다. 물마루가 바람

1989년 겨울 북태평양에서 상선 '노블 스타'가 촬영한 폭풍 속 파도. 물결면을 따라 포말이 줄무 늬를 그리고 있다. 보기만 해도 멀미가 날 것 같다.

의 강한 힘에 무너지고 있는 것이다. 침을 뿜어내며 덩치를 키워가는 물 덩어리들은 선박에 더없이 위험한 존재가 된다. 물결면이 그 어느 때보다 가파를 뿐만 아니라, 부서지면서 배를 덮치게 되면 수 톤에 달하는 바닷물을 갑판에 쏟아부을 수도 있다.

뱃사람들이 그런 위험을 피하기 위해 고대부터 써온 비책이 있다. 생선기름을 바다에 붓거나, 기름 적신 천을 자루에 넣고 바닷물에 담그거나 하여 폭풍 속 파도를 잠재우는 것이다. 고대 그리스인들은 수면에 퍼진 기름막이 바람과 수면 사이의 마찰을 줄임으로써 그런 신기한 효과가 일어난다고 짐작한 듯하다. 그리스 역사가 플루타르코스는 이렇게 적었다. "아리스토텔레스가 말하듯, 그런 방법

으로 매끄러워진 수면은 바람이 미끄러지며 아무런 영향을 미치지 못하기에 물결이 일어나지 않는 것인가?"⁶

8세기에 잉글랜드의 수도사이자 학자인 비드는 파도가 고요해진 기적을 기록했는데, 역시 이 현상과 관계가 있는지도 모른다. 그의 저서 《영국민의 교회사》에 따르면, 항해를 떠나는 한 사제에게 에이든 주교라는 사람이 폭풍 때문에 배가 위험해지면 바다에 던지라며 성스러운 기름을 주었다고 한다. 그렇게 했더니 기적처럼 효과가 있었다고 한다. 바람이 즉시 멈추고 폭풍이 잦아들더니 맑고 화창한 날씨가 되었다는 것이다.⁷

1757년, 미국의 박식가 벤저민 프랭클린도 이 현상에 매료되었다. 대서양을 항해하던 중 주변 배들의 뒤에 생기는 물결에서 이상한 점이 그의 눈에 띄었다. 선단에 속한 다른 배들과 달리 유독 두 척의 배가 매끈한 물결을 만들고 있었다. 선장이 설명하길, 요리사들이 배의 배수구를 통해 기름 섞인 물을 버렸을 것이라고 했다. 그러면 물결이 잔잔해진다는 것이다.

〰️ 파도관찰자
벤저민 프랭클린

그 기억이 프랭클린의 뇌리에 강렬히 남았던 모양이다. 16년 후, 그는 친구 윌리엄 브라운리그에게 보낸 편지에서 자기가 런던 체류 중 실험한 이야기를 했다. 기름이 파도 형성에 미치는 영향을 직접 관찰하기 위한 실험이었다.

> 그러다가 클래펌에 있을 때 하루는 공원의 큰 연못에 가서 보니 바람에 물결이 매우 거칠었네. 기름병을 가져와 물에 조금 떨어뜨

려보았지. 기름이 놀랄 만큼 빠르게 수면에 퍼졌지만, 물결이 잔잔해지는 효과는 없더군. 연못에서 바람이 불어가는 쪽, 즉 물결이 가장 큰 곳에 기름을 떨어뜨렸기 때문이었네. 바람이 기름을 물가로 밀어내버린 것이지. 이번엔 바람이 불어오는 쪽, 즉 물결이 생겨나는 곳으로 가서 기름을 티스푼 하나 정도만 떨어뜨렸는데 몇 제곱미터 정도 되는 면적이 바로 잔잔해지더군. 잔잔함이 굉장히 넓게 퍼져나가더니 이윽고 반대쪽까지 이르러, 반 에이커쯤 되어 보이는 연못 한 구역 전체가 유리처럼 매끄러워졌네.[8]

그러나 프랭클린은 기름이 왜 그런 효과를 냈는지 정확히 알 수 없었다. 그리스인들은 물이 미끄러워져서 바람이 겉돌기 때문이라고 추측했지만, 그보다 좀 더 세밀한 이유가 있다.

핵심은 기름이 물의 표면장력에 미치는 영향이다. 기름은 수면 위에 지극히 얇은 막으로 퍼진다. 이 기름막은 수면보다 표면장력이 낮다. 표면장력이 감소한 결과, 바람이 불어도 물이 잘 출랑거리지 않아 1센티미터 높이의 표면장력파가 생기기 어렵다.

폭풍 속에서 집채만 한 파도를 걱정해야 할 판에 그깟 잔물결이 무슨 대수인가 싶을지도 모르겠다. 하지만 그 갓 생겨난 물결이 공기와 물 사이의 마찰을 키우는 구실을 한다는 점을 잊지 말자. 그 덕분에 세찬 바람이 굽이치는 물결면에 맞물리면서 에너지를 물에 더욱 효율적으로 전달할 수 있다. 그런데 기름은 잔물결의 형성을 억제함으로써 바람의 접지력을 떨어뜨린다. 그 결과는 거대한 물마루가 배의 갑판 위로 쏟아지느냐 배 밑으로 지나가느냐의 차이일 수 있다.

 하지만 그렇다고 보트를 타고 놀다가 물결이 조금 거칠어진다고 해서 엔진 오일을 물에 뿌릴 생각은 하지 말자. 현대의 석유계 기름은 별 효과가 없다. 오직 기름진 생선 살 따위에서 뽑은 유기질 기름만이 충분히 넓게, 그리고 충분히 빠르게 퍼져 '선장의 딸들'을 진정시킬 수 있다.

 우리가 프랭클린의 연못 실험에 정신이 팔려 있는 사이, 거세게 몰아치는 폭풍의 가학적인 보호 아래 파도는 유의파고가 12~15미터, 4층 건물 높이에 이르는 괴물로 성장했다. 파장은 자그마치 200미터가 넘는다. 주어진 풍속에서 파도가 이를 수 있는 최대 높이에 도달한 것으로, 이를 '완전히 발달한 풍랑 fully developed sea'이라고 부른다.

 폭풍 속에서 일어나는 파도의 높이를 좌우하는 요인은 풍속뿐만이 아니다. 해양학자들은 중요한 요인을 두 가지 더 밝혀냈다. 하나는 바람이 일정한 방향으로 부는 해역의 크기인 '취송면적 fetch area', 또 하나는 바람이 일정한 방향으로 부는 지속 시간인 '취송吹送시간 fetch duration'이다. 폭풍이 '완전히 발달한 풍랑'을 만드느냐 여부는 결국 그 두 요인에 달려 있다.

 파도가 세 번째 발달 단계를 마쳤을 때의 모습은 런던 국립해양박물관에 소장된 얀 포르셀리스의 1620년작 그림 〈강풍 속의 네덜란드 배〉에 잘 나타나 있다.

 포르셀리스는 동시대 화가 사뮐 판 호흐스트라턴에게서 '해양화계의 라파엘로'라는 찬사를 받았다. 요동치는 물결을 수면에 근접한

"이런 날씨에 보트 빌리자고 한 사람 누구야?" 얀 포르셀리스의 〈강풍 속의 네덜란드 배〉 (1620년경). 거친 환경에서 성장한 파도의 모습이 잘 나타나 있다.

시점에서 묘사한 그의 작품은, 등장한 지 한 세기밖에 되지 않은 해양화를 대중화하는 데 기여했다. 이 시기 포르셀리스의 다른 작품들처럼 크기가 작아서 A4 용지보다 조금 큰 정도에 불과하지만, 낮은 시점에서 극적으로 묘사한 이 그림을 접한 17세기 네덜란드 귀족들은 마치 창문을 통해 격렬한 술집 난투극의 해상 버전을 들여다보는 듯한 착각에 빠졌을 것이다. 광포한 파도가 날뛰는 아수라장의 묘사는 공포와 매혹을 동시에 자아냈을 만하다.

폭풍이 마침내 지나가고 바람이 잦아들 때에야 비로소 파도는 생애의 네 번째 단계에 접어든다. 놀랍게도, 공기의 흐름이 진정된다고 해서 마루와 골의 난립 상태가 부드럽게 넘실거리는 평형 상태로 쉽게 돌아가지는 않는다. 풍랑 속에서 성겨났던 파도는 이제 밀어주는 바람 없이도 수면을 따라 계속 이동한다. 바람의 힘으로 밀려가는 '강제파 forced wave'가 아니라 스스로 나아가는 '자유파 free wave'가 된 것이다. 바야흐로 중년기에 접어든 파도는 과거의 모습을 마침내 벗기 시작하면서, 그 분위기가 몰라크게 달라진다.

이제 해수면은 풍랑이 아닌 '너울'이라는 이름으로 불린다. 그 평온한 특성에 어울리는 이름이다. 폭풍이 지나갔다고 해서 물에 전달된 에너지가 그냥 사라지지는 않는다. 파도는 바람의 추진력을 업지 않고도 계속 나아간다. 그저 묵묵히, 출렁이며 전진한다. 성숙해져가는 파도는 이제 특유의 섬세한 성격을 드러내기 시작한다.

〰️ 편안한 중년기

해수면에 일단 만들어진 파도는 주변으로 잃는 에너지가 놀랍게도 극히 적다. 덕분에 파도는 엄청난 거리를 이동할 수 있다. 파도가 에너지를 조금씩 잃어가는 현상을 '감쇄'라고 하는데, 이는 주로 화이트캡의 형성, 그리고 비교적 가파른 파도의 경우에는 맞바람이 불 때의 공기 저항 때문이다. 오직 갓 생겨난 표면장력파만이 물 자체의 점성으로 인해 에너지를 많이 잃는다. 그렇기에 폭풍 등으로 생겨난 거대한 너울은 대양을 가로질러 어마어마한 거리를 이동하기도 한다.

이 사실을 처음 입증한 사람은 캘리포니아 샌디에이고 인근에 위치한 스크립스해양학연구소의 월터 멍크다. 80대의 나이에 여전히 연구소의 명예교수로 활동 중인 그는 아마도 현존하는 가장 명망 높은 해양학자일 것이다(멍크는 101세의 나이에 타계하기 직전까지 평생을 연구 활동에 매진했다 – 옮긴이). 제2차 세계대전 중 멍크는 파고를 예측하는 방법을 처음으로 고안해냈다. 연합군의 결정적인 북아프리카 상륙 작전은 그의 예측에 따라 바다가 잔잔한 날을 기해 이루어졌다.

1957년, 멍크는 멕시코 서해안의 과달루페섬에 도달한 파도가 1만 4000킬로미터 떨어진 인도양의 폭풍에서 기원했다는 증거를 발견했다.[9] 그로부터 10년 후, 스크립스연구소 동료들과 함께 수행한 다른 연구에서는 남태평양에서 북태평양까지 너울의 이동 경로를 추적했다. 수천 킬로미터 간격으로 배치된 여섯 곳의 측정소에 고감도 파도 측정

파도의 장거리 여행

장비를 설치하여 파도의 진행을 기록한 것이다. 연구진은 남극 근해의 폭풍에서 비롯된 너울이 뉴질랜드, 사모아, 하와이를 거쳐 북태평양의 드넓은 바다를 지나가는 것을 관측했다. 너울은 마침내 1만 1000킬로미터 이상 떨어진 알래스카 야쿠타트에 약 2주 걸려 도달, 그곳의 측정 장비에 기록되었다.[10,11]

이처럼 엄청난 거리를 이동하는 동안 너울의 파고는 극히 미미한 수준으로 낮아졌다. 연구진이 사용한 측정 장비는 파장이 1마일(1.6킬로미터)에 이르고 파고가 겨우 0.1밀리미터밖에 되지 않는 파도까지 감지할 수 있었다. 파고가 이렇게 낮아지는 것은 에너지의 소진 때문이 아니다. 파도가 그 기원에서 부채꼴 모양으로 퍼져나가면서 나타나는 결과일 뿐이다. 폭풍이 수면에 전달한 에너지가

점점 넓은 해역으로 확산되는 것이다.

　나이가 들면 누구나 성격이 부드러워지기 마련이다. 자유롭게 퍼져나가는 원숙기의 너울도, 예전의 광포했던 풍랑에 비하면 다른 너울과 교차할 때 확연히 여유로운 모습을 보인다. 같은 해역에서 마주친 두 너울은 마치 친근한 유령처럼 서로를 관통한다. 서로에게 아무 흔적을 남기지 않고, 가던 길을 계속 간다. 두 너울이 교차하는 순간 해수면은 혼란스러운 모습을 띠기도 하지만, 둘 다 아무 일 없다는 듯 건너편에 다시 모습을 드러낸다.

　풍랑 속에서 생겨난 온갖 다양한 크기의 파도는 대양을 가로지르면서 점차 정돈되기 시작한다. 파장이 긴 파도가 파장이 짧은 파도보다 빨리 이동하기 때문이다. 마라톤 경기에서 선수들의 달리는 속도가 오직 다리 길이에 따라 결정된다고 상상해보자. 출발 신호와 함께 온갖 다양한 키의 선수들이 동시에 출발하지만, 무조건 다

원숙한 너울은 서로를 통과해 아무 일 없다는 듯 계속 나아간다.

리가 길수록 빠르다는 법칙이 적용된다면, 다리 긴 선수들이 선두로 나서고 다리 짧은 선수들이 뒤처지면서 자연스럽게 정렬이 이루어진다.

파도에서도 똑같은 현상이 일어난다. 다양한 크기의 파도가 대양으로 퍼져나갈 때, 파장이 긴 파도는 항상 파장이 짧은 파도보다 빨리 이동한다. 이를테면 시속 50킬로미터 대 시속 30킬로미터의 차이다. 그 결과 너울은 질서정연한 형태로 퍼져나간다.

파도는 에너지가 점점 넓은 면적으로 퍼지면서 높이가 자연히 낮아지고, 그에 따라 모양이 매끄러워진다. 풍랑 시절의 가파르고 뾰족한 트로코이드형 물마루는 보이지 않고, 이제 물마루가 널따랗고 완만한 굴곡을 이룬다. 빅토리아 시대의 예술평론가 존 러스킨은 그 모습을 이렇게 묘사하기도 했다. "온 바다가 낮고 넓게 일렁이는 모습으로, 마치 폭풍의 고통이 지나간 뒤 깊은 숨을 들이쉬느라 가슴이 들썩이는 듯하다."[12]

그 매끈한 형태는 클로드 모네의 작품 〈초록 물결〉 속 너울과 닮았다. 모네는 바다 묘사에 인상주의 기법을 선구적으로 활용했고, 동료 인상주의 화가 에두아르 마네는 그를 '물의 라파엘로'라고 칭했다.

내가 모네였다면, 이왕 칭찬할 거면 좀 참신한 표현으로 해주지 하고 못마땅해했을 것 같다.

───〜───

네 번째 생애 단계에 접어든 파도는, 사실 앞에 예로 든 마라톤 선

클로드 모네의 〈초록 물결〉(1866~1867). 색깔은 신경 쓰지 말고, 매끈하고 가지런한 너울의 형태에 주목하자.

수들보다 훨씬 더 흥미롭고 신비로운 방식으로 대양을 가로지른다. 너울의 마루들이 진행하는 형태는 그야말로 기이한데, 이런 식이다. 큰 파도들이 무리를 지어 지나가고, 간격을 두고 큰 파도들의 다음 무리가 지나간다. 간격을 이루는 파도들은 작거나 극히 미미하다.

그런데 정말 이상한 점은 따로 있다. 마루 하나하나는 자기가 속한 무리보다 빠르게 이동한다는 것. 마루는 무리 뒤의 잔잔한 수면에서 나타나, 무리 속을 통과한 후, 무리 앞의 잔잔한 수면으로 다시 사라진다. 그 특이한

〉〉〉 유령들의 마라톤

움직임을 쉽게 설명할 비유를 찾기는 쉽지 않다. 내가 겨우 생각해 낸 비유는 유령 열차다. 열차 안에는 마라톤 선수의 **유령들**이 달리고 있다.

역으로 접근하는 열차가 대략 조깅하는 속도로 나아가고 있다고 하자. 열차에 탄 승객은 산 사람이 아니라 유령 마라톤 선수들이니 영원히 달리고 있다. 유령들은 각 객차의 뒤쪽에서 나타나, 객차 안

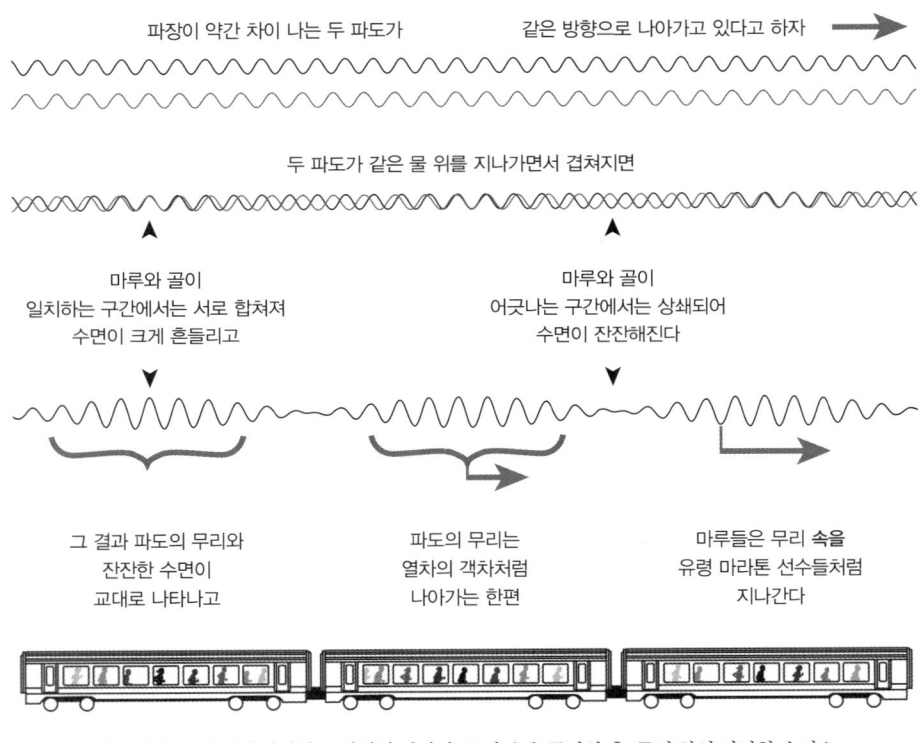

마루들은 무리 뒤의 잔잔한 수면에서 나타나, 무리 속을 통과한 후, 무리 앞의 잔잔한 수면으로 다시 사라진다. 마치 객차 안을 달리는 유령들처럼. 와, 이렇게 깔끔하게 이해되는 현상이 또 있을까?

을 달려서 통과한 후, 객차 앞쪽에서 다시 사라진다. 역에서 열차를 기다리는 사람들의 눈에는 열차가 조깅하는 속도로 지나가고 각 객차 안에서 유령들이 달리는 모습이 보인다. 사람들의 시점에서 보기에 유령들은 객차의 속도보다 두 배 빠르게 움직이고 있다. 이상한 이야기 같지만, 너울의 물결이 실제로 이렇게 움직인다. 마루들은 자신들이 속한 무리의 속도보다 두 배 빠른 속도로 무리 속을 통과한다.

너울의 이 기이한 움직임은 파장이 비슷한 파도들이 겹쳐서 나타난 결과다. 파장이 길고 속도가 빠른 파도와 그보다 약간 파장이 짧고 속도가 느린 파도가 같은 물 위를 지나가면, 두 파도의 마루와 골이 옆 페이지 그림과 같이 합쳐지고 상쇄된다.

너울의 이 기묘한 움직임이 잘 이해되지 않는다면, 내가 제시한 유령의 비유는 잊고 시인 랠프 월도 에머슨의 말처럼 "파도 속에는 환영이 영원히 깃들어 있다"고 그냥 받아들이는 편이 나을지도 모르겠다.[13]

지금까지는 너무 '표면적'인 현상만 이야기했는지도 모르겠다. 파도가 지나갈 때 수면 아래의 물은 어떻게 움직일까?

앞에서 파도가 지나갈 때 수면의 물은 대략 원 모양의 궤적을 그리면서 결국 거의 제자리로 돌아온다고 했다. 사실 수면 아래의 물도 같은 식으로 움직인다. 다만 그 원의 크기가 수심이 깊을수록 작아진다. 파장의 절반에 해당하는 깊이에 이르면 원운동이 소멸하는

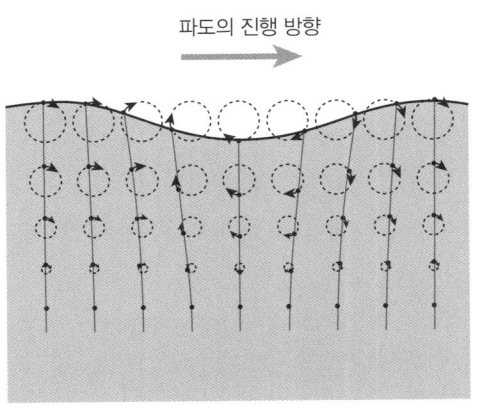

파도가 지나갈 때 물은 원운동을 하며, 수심이 깊을수록 원의 크기는 작아진다.

데, 그 수심을 '파저면 wave base'이라고 한다. 파저면 밑에서는 수면에서 파도가 지나가도 물의 움직임이 거의 없다. 그래서 잠수함이 수심 약 150미터 정도로만 잠수하면 아무리 맹렬한 폭풍의 영향도 피할 수 있다.

하지만 그보다 깊은 수심에서도 파도는 일어난다. 게다가 수면파보다 훨씬 크게 일어날 때가 많다. 이른바 '내부파 internal wave'라 불리는 이 파도는 바닷속을 느릿느릿 움직이는 거인과도 같다. 내부파는 어두운 심해에서도 서로 다른 물의 층 사이에 갑작스러운 경계면이 형성된 곳이라면 어디에서든 일어날 수 있다. 예를 들어 두 층 중 한쪽이 훨씬 더 따뜻하거나 염분이 높아서 두 층의 밀도가 크게 다른 경우, 그 경계면은 마치 해수면과 같은 작용을 한다. 경계면을 따라 파도가 굽이칠 수 있는 것이다. 수면 밖에서는 보이지 않는 파도다.

내부파는 바람이 아닌 조수의 작용으로 발생하며, 수면파보다 크게 일어날 때가 많아서 실로 거대해지기도 한다. 파장이 20킬로미터에 이르고 파고가 200미터를 넘는 경우도 드물지 않다.

잠수함이 물밑으로 깊이 들어가면 폭풍으로 인한 수면의 파도는

피할 수 있어도, 수면 아래 도사리는 파도의 영향
은 피할 수 없다. 1960년대에 지브롤터 해협을 몰
래 통과하려던 러시아 잠수함이 내부파를 정통으로 맞고 석유 시추
시설에 충돌한 일이 있었다. 잠수함 승무원들은 무척 머쓱했을 것
같다.

심해의 괴수

바다는 파도를 통해 자신의 기분을 드러낸다. 평온하고 인자한 바
다는 해변을 부드럽게 어루만지며 우리가 탄 보트를 너울거리는 품
에 안아준다. 한편 자연의 두려움을 제대로 느껴보려면 폭풍이 거
세게 몰아치는 바다만큼 확실한 것도 없다. 파도의 이러한 표현력
덕분에, 바다는 오래전부터 적절한 비유를 건져올리려는 이들에게
더할 나위 없이 비옥한 어장 역할을 해왔다.

호메로스가 그려낸 오디세우스의 해상 모험은, 바다의 신 포세이
돈이 퍼붓는 온갖 폭풍우 속에서 오디세우스가 분투하는 내용으로
가득하다. 《오디세이아》는 '항해자'로서의 인간이라는 오랜 모티프
를 확립한 작품이다. 주인공이 '인생이라는 여정'에 올라, 폭풍에 요
동치는 바다를 건너 여정의 종착지인 평온한 바다를 향해 나아간다
는 구도를 제시한다. 그러나 고대 극작가들, 그리고 일반적으로 시
인들이 보기에 거친 파도는 인간보다 우세한 위치에 있었다. 인간
과 바다의 대결은 언제나 신들의 변덕에 맞서는 불리한 싸움이었
고, 인간의 영웅성과 용기를 검증하는 극한의 시험대였다. 호메로스
가 작품을 쓰고 250년이 지난 후, 그리스 극작가 소포클레스는 이

렇게 썼다. "경이로운 것은 많지만 그중 가장 경이로운 존재는 인간이니, 거친 남풍을 타고 하얗게 일렁이는 바다를 건너며, 집어삼킬 듯한 파도 아래 길을 내며 나아가는 힘을 지닌 존재가 바로 인간이다."[14]

끊임없이 솟아오르고 가라앉는 파도의 움직임은 삶의 굴곡과 순환을 떠올리게 한다. 파도를 바라보고 있노라면 인생을 관조하게 되는 이유가 그 때문일까? 시인 월트 휘트먼이 66세의 나이에 뉴저지의 해변에 밀려오는 파도를 바라보며 사색에 잠겼을 때도, 그 파도가 과연 흘러내리듯 부서지는 엎지름쇄파인지 무너지듯 부서지는 붕괴쇄파인지는 당연히 관심사가 아니었다.

> 오래도록 파도를 응시하다가, 나 자신을 다시 불러내 돌이켜본다
> 물마루마다 일렁이는 빛과 그늘—옛 생각
> 환희, 여행, 공부, 고요한 파노라마—덧없는 장면들
> 먼 과거의 전쟁, 전투, 병원 풍경, 다친 이와 죽은 이들
> 지난 시절을 모두 거쳐온 나—나태했던 청춘—코앞에 다가온
>   노년
> 예순 해 하고도 더 많은 삶을 헤아려보고 또 지나보냈으나
> 그 어떤 거대한 이상에 비추어본들 목적이 없고, 모두 아무것도
>   아닐 뿐
> 그럼에도 하나님의 큰 계획 속 한 방울—한 물결, 또는 물결의
>   일부일까
> 너희 무수한 바다의 한 물결처럼[15]

그리고 물론, 파도가 단순히 하나의 '형태'로서 갖는 매력도 빼놓을 수 없다. 수많은 예술가들은 매끈한 기복을 이루는 파도의 곡선이야말로, 누워 있는 여성의 몸매를 닮은, 더없이 아름다운 형태라고 주장했다. 영국 화가 윌리엄 호가스는 1745년에 그린 자화상 속에 구불구불한 선을 하나 그려넣었다. 그림 왼쪽 하단의 미술용 팔레트에 새겨진 듯한 물결 모양의 곡선으로, 그 아래에는 "아름다움과 우아함의 선The Line of Beauty and Grace"이라는 문구가 적혀 있다. 이 그림이 공개되자, 그 암호 같은 표식에 대한 설명을 요구하는 문의가 빗발쳤다. 이에 대한 답변으로 호가스가 내놓은 것은 〈미의 분석〉이라는 제목의 미학 논문이었다. 그는 이렇게 설명했다. "동시에 이리저리 물결치며 굽어지는 그 곡선의 모습은 우리 눈이 그 다양성의 연속을 즐겁게 따라가게 한다."[16] 호가스는 이어서 "파도에 얹힌 배의 보기 좋은 움직임이 만들어내는" 것 같은 그 선들을 보고 있노라면 "구불구불한 산책로나 굽이치는 강줄기"를 따라갈 때 느껴지는 시각적 쾌감을 얻을 수 있다고 덧붙였다.[17]

만약 롤러코스터가 그 시대에 있었다면, 호가스는 그것도 언급했을지 모른다. 우리가 롤러코스터를 좋아하는 이유는 파도처럼 굽이치는 궤도 때문 아닐까? 우리 삶도 오르막과 내리막으로 점철되어 있다. 실제 인생의 굴곡은 롤러코스터처럼 압축적이진 않지만 말이다. 우리는 늘 험한 고개를 올라 새로운 곳, 새로운 정점, 파도의 마루에 올라섰다가, 필연적으로 아찔하고 섬뜩한 내리막을 맞는다.

바로 이런 면 때문에 극심한 감정 기복을 가리키는 '감정의 롤러코스터emotional rollercoaster'라는 상투적 표현이 오래도록 쓰이고 있는

남몰래 파동 관찰을 즐긴 듯한 윌리엄 호가스의 자화상 〈화가와 그의 퍼그〉(1745)에 들어 있는 암호 같은 표식.

게 아닐까? 물론 현실에서 감정의 나락으로 곤두박질칠 때 양팔을 번쩍 들고 비명을 꽥꽥 지르는 사람은 없는 것 같긴 하다.

인간의 몸 역시 파도와 비슷하다고 할 수 있지 않을까? 노년에 이르면 갓난아기 때 몸을 이루고 있던 분자는 하나도 남아 있지 않을 것이다. 우리가 음식물을 섭취하며 성장하는 과정에서, 아기 때 몸의 모든 성분은 결국 대체된다. 몸을 이루던 특정한 산소, 탄소, 수소, 질소 원자와 그 밖의 원소들은 모두 교체되어버린다. 파도가 물을 잠깐 빌려 지나가는 것처럼, 우리 역시 공기와 물, 음식을 잠깐 빌려 존재한다고 할 수 있겠다.

파도의 비유를 극단적으로 확장하기

이렇게 보면 우리와 파도는 상당히 닮았다. 만약 해변으로 밀려오는 파도를 일시 정지시킬 수 있다면, 우리 눈앞에 마법처럼 멈춰 선 그 물 덩어리를 보며, 그 물 덩어리가 **곧** 파도라고 말하고 싶지 않을까. 그러나 파도는 시간 속에 멈춰 있지 않고, 파도가 품었던 물은 파도가 지나가자마자 그 자리에 남겨진다. 비록 시간의 스케일은 많이 다르지만, 파도가 물이라는 매질을 지나가는 것과 마찬가지로 우리도 우리 몸을 이루는 물질이라는 일종의 매질을 지나간다고 할 수 있다.

이렇듯 바닷물의 일렁임을 들여다보고 있노라면 어쩐지 심란해질 수 있다. 더할 나위 없이 히피스러운 생각들이 꼬리를 문다. 그러다 보면 '뭐랄까, 모든 게 다 이렇게 막, 깊이 들어가면, 이어져 있달까, 느낌 알잖아' 하는 식의 '선禪' 스타일의 영적 몽상 속으로 자기도 모르게 휩쓸려 들어갈 수 있다.

어느덧 우리는 파도 생애의 다섯 번째이자 마지막 단계에 이르렀다. 파도는 앞서 살펴본 기이한 군집 형태의 성년기에 머무른 채 수백, 수천 킬로미터를 이동해 왔을 수도 있다. 육지에 가까워질 때에야 파도는 비로소 마지막 한 차례의 변신을 거친다. 파도의 죽음을 알리는, 어쩌면 가장 극적인 변신일 것이다. 육지 사람들에게는 가장 익숙한, 파도가 해변에 하얀 거품으로 부서지며 에너지를 쏟아내는 시기가 바로 이 최종 단계다.

파도의 마지막 운명은 얕은 물로 들어서면서 시작된다. 물이 파도에 따라 미미하게 겨우 움직이는, 파장의 절반에 해당하는 깊이가 파저면이라고 했다. 파저면이 그 밑에서 솟아오르는 해저와 처

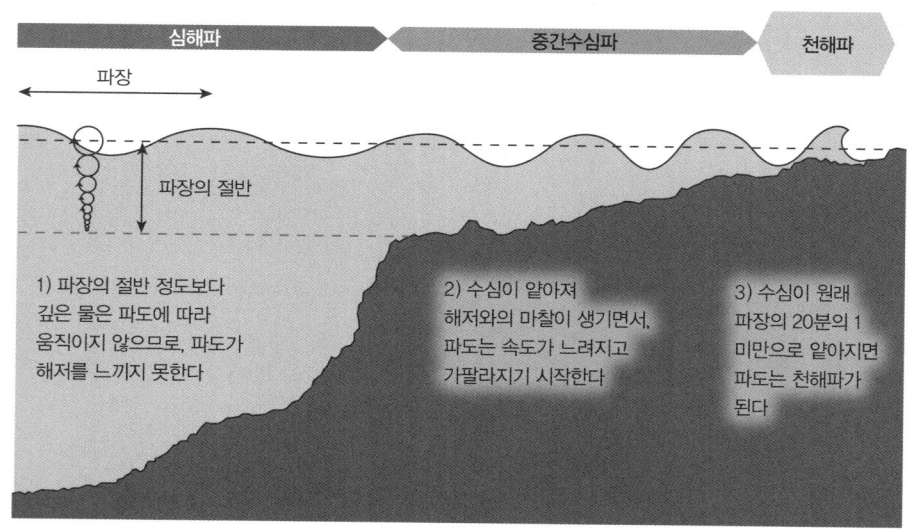

수심이 파장의 절반이 되는 곳에서 노년기의 파도는 종말의 시작을 맞는다.

음 맞닿는 곳에서 파도는 바닥을 '느끼게' 된다. 이제 해저와의 마찰로 인해 파저면의 진행 속도가 느려진다. 느려진 파도가 빽빽이 몰리면서 가팔라짐에 따라, 부드럽게 일렁이던 파형이 뾰족한 봉우리의 트로코이드형으로 바뀐다. 사나운 폭풍에 시달리던 격동의 청소년기를 떠올리게 하는 모습이다.

수심이 파장의 약 20분의 1 수준으로 크게 얕아져 물이 더 이상 원을 그리며 돌지 못하게 되면, 심해파에서 천해파로의 변화가 완성된다. 파도가 지나갈 수 있는 물이 계속 적어지면서 수면 아래 물의 움직임은 점점 납작한 타원 형태로 찌그러들고, 급기야는 물이 거의 앞뒤로만 움직이게 된다.

이제 파도의 움직임을 지배하는 원칙은 한 가지뿐이다. 물이 얕을수록 파도의 이동 속도는 느려진다는 것. 이 간단한 법칙에 따라 파도가 물거품 폭포로 부서지는 장관의 형태가 달라진다.

그 원리는 이렇다. 해저면의 경사로 인해, 앞서가는 물마루들이 뒤따라오는 물마루들보다 먼저 느려진다. 앞서가는 마라톤 선수 한 명이 넘어지면 뒤따라오는 선수들도 넘어지면서 뒤엉키듯, 물의 일렁임도 아코디언처럼 찌부러진다. 파도가 좁은 공간에 몰리면 물은 갈 곳이 없어 위로 솟구칠 수밖에 없다.

해저면의 경사도가 적절하고 파도의 에너지가 충분하면, 파도는 급격히 치솟는 바람에 균형이 무너질 수 있다. 수면 아래 파도의 '발'은 느려지는데 윗부분은 계속 전진하다 보니 파도는 중심을 잃고, 마루가 앞으로 고꾸라지면서 무너지게 된다.

해양학자들은 쇄파, 즉 부서지는 파도를 대략 세 종류로 나눈다.

옆지름쇄파spilling breaker, 권쇄파plunging breaker, 해일형쇄파surging breaker이다. 파도가 그중 어느 형태로 부서지는지는 해저면의 경사도에 달려 있다. 연안의 경사가 매우 완만하면, 파도는 마루에서 고르게 천천히 허물어진다. 흰 거품이 파도의 입술에서 앞면으로 흘러내리는 모습은 마치 파도가 흰 턱받이를 두른 듯하다.

부서지는 파도에도 종류가 있다

영국 화가 존 에버렛의 1919년작 〈콘월의 세넨만〉에 묘사된 파도가 바로 이 옆지름쇄파다. 에버렛은 파도를 연구하고 화폭에 담기 위해 상선의 선원으로 직접 일하기도 하면서 세계 곳곳의 바다를 누볐다. 마땅히 받아야 할 평가를 받지 못한 화가인데, 개인적으로 '쇄파계의 라파엘로'라고 불러주고 싶다.

존 에버렛의 〈콘월의 세넨만〉(1919). 흰 턱받이를 한 모습의 옆지름쇄파를 묘사했다.

권쇄파는 연안이나 암초의 경사가 그보다 더 가파를 때 나타나며, 세 종류의 쇄파 중 가장 아름답다. 파도의 입술 부분이 앞으로 던져져 말려들면서 원통 모양을 만들고는 수면 위로 쏟아진다. 권쇄파가 특히 멋지게 만들어지면 서퍼들이 안에 들어가 타는 '배럴barrel'이라는 형태가 된다. 물의 지붕이 서퍼의 머리 위에 드리워 서퍼가 시야에서 사라지는 장면이 연출된다.

해일형쇄파는 해저면이 매우 가파른 곳에서 나타나는데, 모습이 앞의 두 종류와 전혀 다르다. 엄밀히 말해 쇄파라고 하기도 어렵다. 바닷물이 가파른 해변으로 그냥 출렁거리며 밀려 올라왔다가 다시 물러난다. 우리가 욕조 안에 털썩 주저앉을 때 물이 출렁이며 넘치는 모습과 비슷하다. 흰 거품 턱받이도, 폭포처럼 쏟아지는 지붕도 없는, 민숭민숭한 쇄파다.

교과서에 따라서는 '붕괴쇄파collapsing breaker'라는 것을 언급하기도 한다. 권쇄파와 해일형쇄파의 중간 형태를 가리키는데, 지나치게 세세한 구분이라 하겠다. 사실 파도가 부서지는 형태는 연속선상에 있는 것이어서, 개념 사이에 명확한 경계는 없다. 셋으로 나누든 넷으로 나누든, 아니면 열 가지로 나누든, 모두 자의적인 구분일 수밖에 없다. 그리고 하나의 파도 마루도 해안으로 밀려오는 도중에 여러 형태로 부서질 수 있다. 여기에서는 흘러내리다가, 다시 매끄러워지더니 저기에서는 둥글게 말려들고, 마지막에는 민숭민숭하게 치밀어오르는 식이다. 모든 변화는 물밑 지형, 즉 해저의 높낮이에 따라 연안의 수심이 변화하는 데 따른 것이다. 파도를 종류별로 나누려는 시도는 세상을 항상 쪼개고 분류하여 연속적 실체를 이해하

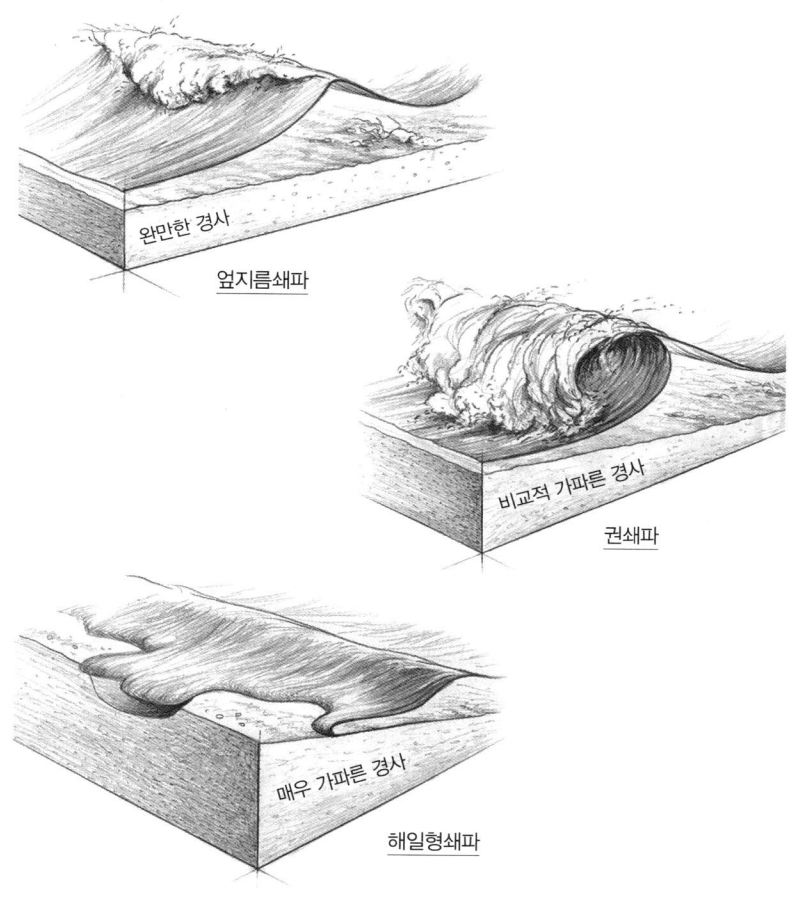

파도라고 다 똑같다고 생각했다면 오산이다. 파동관찰자라면 쇄파의 미묘한 차이쯤은 알고 있어야.

기 쉽게 만들려는 인간 욕구의 소산이다. (파도의 생애를 딱 떨어지는 다섯 단계로 깔끔하게 나누려고 했던 나의 고집스러운 시도도 마찬가지다.)

어떤 형태로 최후를 맞든, 결국 파도는 해변에 이르러 어김없이

에너지가 흩어지면서 생을 마감한다. 파도는 하얀 물
보라 속에서 사라진다. 매슈 아널드의 시 〈도버 해
변〉에 나오는 구절처럼, "파도가 끌어당겼다가 다시 해안가로 던져
올리는 자갈들의 삐걱거리는 포효와 함께… 영원한 슬픔의 음을 전
하며" 소멸한다.[18]

〰️ 여정의 끝

이로써 우리는 파도의 생애 전체를 조명해보았다.

하지만 추도사를 낭독하기엔 아직 좀 이른지도 모른다.

에너지는 결코 소멸하지 않는다. 다만 형태를 바꿀 뿐이다. 파도가 자갈에 밀려와 부서질 때, 그 에너지가 그냥 사라지는 것은 아니다. 에너지는 형태를 바꾸어 계속 나아간다. 예를 들어 앞서 인용한 시구에 나오는 "자갈들의 삐걱거리는 포효"는 파도의 에너지 일부가 소리로 바뀐 것이다.

소리도 파도처럼, 일종의 파동이다.

물이 오르내리는 파동이 아니라, 기압이 변동하는 파동이다. 적어도 소리가 공기를 통해 퍼질 때는 그렇다. 소리는 파도와 전혀 달라 보이는데, 왜 둘 다 파동이라는 걸까? 파도의 에너지가 소리로 환생한다는 것 외에, 파도와 소리 사이에 무슨 공통점이 있을까?

〰️ 파도의 환생

부서지는 파도는 그 밖의 형태로도 생명을 이어간다. 우선, 바다가 거칠 때 땅을 통해 느껴지는 진동이 있다. 부서지는 파도에서 안전한 거리를 두되 짭조름한 물보라가 얼굴에 느껴질 정도로 가까운

곳에서, 반들거리는 검은 갯바위에 등을 기대 누워보라. 진동이 몸 전체에 울려 퍼지는 것을 느낄 수 있을 것이다. '맥동'이라는 이름의 이 진동은 지진으로 발생하는 충격파의 미약한 버전이다. 부서지는 파도의 에너지는 비록 눈에는 띄지 않지만 파동의 형태를 유지하며 땅을 통해 퍼져나간다.

너울의 에너지 일부는 열로도 바뀐다. 열은 물속으로도 전해지고, 해안가의 모래, 자갈, 바위로도 전해진다. 열은 적외선파와 관련이 있다. 적외선 카메라로 사람을 촬영하면 몸에서 나오는 열을 감지하여 보여준다.

적외선은 빛의 한 형태로서, 일부 동물은 볼 수 있지만 우리 눈으로는 볼 수 없으며, 역시 파동의 일종이다. 파도가 해안에 부딪치면서 땅을 살짝 데우면 그때 땅에서 나오는 적외선도, 눈에는 더더욱 띄지 않지만 역시 파도가 환생한 형태다. 하지만 적외선이든 가시광선이든, 빛은 우리에게 익숙한 수면의 파동과는 더없이 동떨어져 보인다.

나는 이 모든 것이 파동이라는 사실을 모르진 않았지만, 마음속에서는 항상 모두 별개의 개념으로 인식하고 있었다. 그러다가 바닷가에서 파도를 바라보던 그날, 모든 구분이 사라져버렸다. 파도의 화려한 죽음 속에서도 그 에너지는 불사조처럼 솟아올라 다른 형태의 파동으로 생명을 이어간다. 자갈 위로 포말과 함께 부서지는 파도는 생애의 끝이 아닌, 생애 제1막의 끝을 알릴 뿐이다.

바다 한가운데의 파도도 좋았지만, 바닷가야말로 모든 일이 벌어지는 곳이라는 사실을 깨달았다. 플로라와 함께 콘월에서 지켜본 파도가 내 관심을 자극했다. 이제 나는 파동의 정체와 세상 속 파동의 신비로워 보이는 역할을 이해하려면 어떻게 해야 하는지 깨달았다. 해변에 부서지는 파도를 깊이 탐구해야 했다. 파도 속에 푹 빠져야 했다. 파도관찰자의 성지, 하와이로 휴가를 떠나지 않으면 안 되었다.

〰️ 파도관찰자의 탄생

아, 내가 휴가라고 했나?

내가 하려던 말은 '연구 출장'이었다.

제1파
몸속을 흐르는 파동
Which passes through us all

문제는 시기였다. 하와이의 파도는 겨울 폭풍이 북태평양을 가로지르면서 거대한 너울이 하와이 열도로 쇄도하는 시기에 가장 장관을 이룬다. 그 웅대한 광경을 관찰하기에 가장 좋은 시기는 12월과 1월이었다. 그렇다면 조금 난감한 것이, 그때가 이미 2월 말이었다.

그래서 일단은 멀리 가지 않고 파동 관찰을 시작해보기로 했다. 그러다가 거울만 봐도 충분하다는 사실을 곧 깨달았다. 파동이란 야외에만 존재한다고 생각하면 큰 오산이다. 사실 파동은 끊임없이 우리 몸속을 지나가고 있다. 대부분의 동물처럼 우리 인간도 파동에 의존해 살아간다.

파동이 일어나는 곳은 말 그대로 생명의 중심인 심장이다. 혈액이 몸 구석구석을 순환하는 수단이 바로 파동이다. 심장은 산소를 머금은 혈액을 하루에 1만 6000리터씩 펌프질하여 동맥과 정맥, 장기로 순환시킨다. 그러기 위해선 하루에 10만 번을 박동해야 한다. 그 하나하나의 박동이 파동 형태로 이루어진다.

심장 근육의 수축은 물결의 일렁임과는 너무나 달라 보이기에, 어떻게 둘 다 파동이라는 것인지 의아할 수도 있다. 이를테면 손에서 미끄러진 비누가 욕조 물에 퐁당 빠지면서 수면에 퍼져나가는 잔물결과 심장박동 사이에 어떤 공통점이 있다는 말일까?

둘 다 흔들림 또는 진동이 퍼져나가는 현상이다. 어떤 지점이 서로 다른 상태를 왔다 갔다 하면, 바로 옆의 지점도 같은 상태 변화를 일으키면서 그 반복 패턴이 주위로 퍼져나간다. 욕조 물에 떨어진 비누는 수면을 교란해 수면을 위아래로 진동시키고, 이 교란 상태는 원 모양으로 퍼져나간다. 심장 속에서 퍼져나가는 진동은 근육세포가 수축하고 이완하는 것이다. 물결이 수면을 따라 퍼져나가듯, 근육세포의 수축과 이완은 심장 조직 내의 한 곳에서 다른 곳으

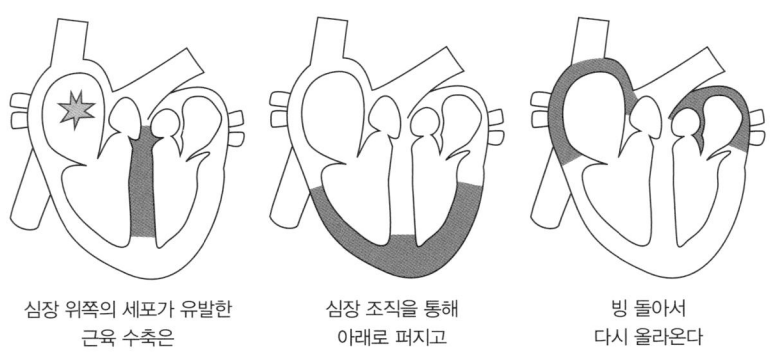

심장 위쪽의 세포가 유발한
근육 수축은

심장 조직을 통해
아래로 퍼지고

빙 돌아서
다시 올라온다

심장의 박동은 정교하게 합을 맞춘 근육의 파동이다.

로 퍼져나간다. 다만 그 퍼져나가는 모습은 물결과 매우 다르다.

심장박동을 이루는 파동은 미세한 전류에 의해 일어난다. 근육 조직의 세포들은 전기 자극을 받으면 수축하는데, 이 수축이 심벽을 따라 빠르게 박자를 맞추어 전파되어야만 심장이 혈액을 효율적으로 뿜어낼 수 있다. 처음 전류를 발생시키는 것은 심장 위쪽의 '심박조율세포' 덩어리로, 이것이 미세한 전기 충격을 만들어내는 역할을 한다. 그 전기가 근육을 통해 퍼져나갈 수 있는 것은 근육세포 하나하나가 수축하면서 이웃 세포로 전류를 전달하기 때문이다.

한 번 신호를 발한 세포는 잠시 동안 다시 신호를 발할 수 없는 상태가 된다. 마치 지쳐서 쉬는 듯한 모습인데, 이 짧은 시기를 '불응기'라고 한다. 불응기가 약 0.1~0.2초간 지속되는 동안은 세포가 자극되지 않으므로, 이는 파동이 근육 조직을 통해 한 번만 전파되도록 자연스럽게 보장하는 역할을 한다. 그러다가 심박조율세포가 스스로 다시 신호를 발하면 새로운 파동이 일어난다.

17세기 의사 윌리엄 하비가 '가정의 수호신'이라고도 표현한 우리의 심장이 날마다 수행하는 작업량은 1킬로그램짜리 물체를 에베레스트산의 두 배 높이로 들어올리는 데 필요한 일의 양과 맞먹는다.[1] (물론 셰르파의 도움도 필요 없다.) 그런 위업을 달성하기 위해서는 타이밍이 극히 중요하다. 심장의 네 개 방이 혈액으로 채워지고 제대로 혈액을 뿜어내려면 철저히 동기화되어 합이 맞는 동작으로 수축과 이완을 반복해야 한다. 심장 오른쪽의 두 방은 폐로 혈액을 통과시켜 혈액이 산소를 머금게 한다. 심장 왼쪽의 두 방은 산소를 머금은 혈액을

⁂ 심혈관계의 경이로움

몸 전체로 뿜어 보낸다. 이 운동의 타이밍이 맞으려면 근육 조직을 통해 전파되는 전기신호가 적절한 형태의 파동을 이루어야 한다. 파동이 심실의 막힌 끝에서 시작해 근육 조직을 따라 규칙적으로 진행한 끝에 혈액을 뿜는 출구인 판막에 도달해야 한다.

하지만 심장이 항상 완벽하게 작동하지는 않는다. 파동의 패턴이 비정상적으로 형성되면 심장의 펌프 기능에 문제가 생긴다. 욕조에 비누를 '퐁' 빠뜨렸을 때 생기는 것과 같은 동심원 모양이야말로 무척 해로운 파형이다. 나선형 파동도 마찬가지인데, 액체로 말하자면 차에 설탕을 넣고 저을 때 찻잔 벽을 따라 높게 빙빙 도는 흐름에 해당하는 파형을 가리킨다. 동심원형 또는 나선형의 파동이 심근 내에 생겨나면 심혈관계 전체의 동작을 좌우하는 정교한 타이밍이 무너지면서, 일반적으로 '부정맥'이라고 하는 상태가 초래된다. 부정맥은 심근에 산소와 영양분을 공급하는 관상동맥이 막히는 것만큼 심근경색의 흔한 원인은 아니지만, 그 영향은 다양하다. 가끔씩 약간 불편감이 드는 심장 두근거림처럼 걱정할 필요가 없는 수준에서부터, 심각하고 반복적인 오작동으로 인해 심근경색과 돌연사에 이르는 경우까지 있다. 그런가 하면 심박조율세포가 전기신호를 제대로 발생시키지 못하는 경우도 있다. 이 경우는 인공 심박조율기로 치료가 가능하다. 인공 심박조율기는 미세한 전기 충격을 일정한 리듬으로 발생시켜 적절한 타이밍에 파동이 일어나게 해준다.

동심원형 또는 나선형의 파동은 전기신호와 그에 따른 근육세포 수축이 심근 조직을 통해 고르게 효율적으로 전파되지 못할 때 발생한다. 이러한 현상이 일어나는 원인은 다양하다. 간혹 일반적인 근육세포 부위가 마치 정체성 혼란에 빠지기라도 한 듯 심박조율세포처럼 동작하면서 엉뚱한 타이밍에 나름의 파동을 일으키는 경우도 있다. 혹은 조직 손상이나 혈전(피떡)으로 인해 전기신호의 전파가 방해받거나 느려질 수도 있다. 이는 부두나 방파제로 인해 파도의 패턴이 흐트러지는 것과 비슷하다.

두 경우 모두 '재진입성 부정맥'이라고 하는 질환을 유발하며, 이것이 극히 심각할 때는 음향 장치의 하울링과 비슷한 되먹임 현상이 일어난다. 다수의 서로 어긋난 파동이 심장 조직을 끊임없이 맴돌면서, 심장이 수축하지 않고 가늘게 떨리기만 한다. 생명이 위태로운 응급 사태다. (이때 의학 드라마에서는 의사들이 "심실세동, 응급 상황. 제세동기 어딨어!" 같은 말을 외치곤 한다.) 혼잡스러운 전기신호를 정리하려면 수십 초 안에 심장에 직류 전류로 충격을 주어야 한다. 컴퓨터를 강제로 재부팅하는 것과 비슷한데, 운이 좋으면 심장이 다시 제대로 펌프질을 시작하게 된다.

심장박동은 우리 몸속을 끊임없이 흐르는 근육 파동 중 한 종류일 뿐이다. 근육의 파동은 서퍼들이 반기는 파동은 아닐지 몰라도, 우리의 생명이 달려 있는 파동이다. 이러한 근육 수축이 불수의적으로(의지와 무관하게 스스로) 일어나고 우리가 인식조차 하지 못하는 이유도 그래서일 것이다.

또 다른 예로, '연동운동파'라는 파동은 삼킨 음식을 식도를 따라 위로 내려보내고, 위에서 소장으로 보내 소화시키게 한다.

이렇듯 파동은 우리 몸 내부의 운송 수단으로 쓰인다. 그중에는 매우 섬세한 움직임도 있는데, 기관 내벽에 나 있는 '섬모'라는 가는 털의 움직임이 그렇다. 이 섬모는 인체 내부의 근육 파동 중에서도 가장 세련되고 영리한 '점액섬모운동'이라는 것을 수행한다. 다만 그 실제 모습은 그리 고상하지는 않다. 기관 내벽은 점액으로 덮여 있어 우리가 숨과 함께 들이마신 먼지와 오염 물질 입자가 모두 점액에 엉겨붙는다. 이 끈적한 점막은 이물질 입자가 폐를 손상시키지 않도록 걸

<u>끈적끈적한 에스컬레이터</u> 〰

러내주는 역할을 톡톡히 해낸다. 그런데 이물질이 엉겨붙은 점액을 기관에서 빼내려면 어떻게 해야 할까? 교양 없는 사람처럼 온 힘을 끌어모아 가래를 뱉어야 할까?

그 해법이 바로 섬모 파동이다. 모든 섬모는 이웃한 섬모와 살짝 엇박자로 끊임없이 진동하면서 파동을 만들어낸다. 바삐 이동하는 지네의 다리에서 관찰할 수 있는 파동과 비슷한 모습이다. 섬모는 이렇게 합을 맞추어 미세하게 움직임으로써 이물질을 품은 점액을 기관을 따라 후두까지 밀어올린다. 섬모 파동의 임무는 거기까지다. 그 결과물을 얌전히 삼키느냐 교양 없게 뱉어내느냐는 파동과는 무관하며 예절과 관련된 문제겠다.

인체 내부의 모든 근육 파동은 너무나 중요하기에 의식적으로 제어할 수 없게 되어 있다. 만약 우리가 연동운동이며 점액섬모운동 등의 박자를 의식적으로 맞추어야 하고, 심장에 나선형 파동이 일어나지 않도록 신경 써야 한다면 어떨까. 세상에서 가장 난이도가 높은 아케이드 게임을 하는 것과 다름없다. 그렇게 신경 쓸 일이 많은 사람은 디너파티의 손님으로 최악일 것이다. 저녁 시간 내내 긴장하고 정신이 팔린 모습으로 침묵을 지키고 있을 테니, 아마 다시

는 초대받기 어려울 것이다.

진정한 파동관찰자라면 파동의 세 가지 기본 형태 정도는 구분할 수 있어야 하겠다. 앞서 파동이 지나가는 물질, 예컨대 파도의 경우는 물, 소리의 경우는 공기를 매질이라고 한다고 했다. 매질의 진동 방향에 따라 파동은 '횡파'와 '종파', 그리고 '비틀림파'로 나뉜다.

명칭은 다소 따분하게 들릴지 모르지만, 모두 흥미로운 움직임이다. 최대한 쉽게 이해할 수 있도록 각 형태의 파동을 이용해 이동하는 동물을 예로 들어보자.

파도타기라면 선수인 돌고래 같은 동물도 있지만, 여기서는 그렇게 파도를 '타는' 동물을 말하는 것이 아니다.

물론 이런 동물을 말하는 것도 아니다.

잭 러셀 테리어 견종의 '버디'가 캘리포니아주 샌디에이그 델마에서 열린 제3회 '서프 도그 서 퍼톤' 대회 소형견 부문에 출전한 모습.

여기서 말하는 것은 몸을 비틀어 근육 파동을 발생시킴으로써 이동하는 동물이다. 가장 전형적인 예라면 뱀이 있겠다. 뱀은 먹잇감을 사냥하는 능력이 탁월하니 그런 이동 방식에는 틀림없이 장점이 있을 만하다. 그리고 뱀의 움직임은 첫 번째 파동 형태인 횡파의 훌륭한 예다.

횡파는 파동의 진행 방향에 대해 수직으로 진동하는 파동이다. 매질이 상하 또는 좌우로 움직임에 따라 파동이 앞으로 나아간다. 뱀이 이런 방식으로 움직이는 것을 '사행蛇行운동'이라고 한다. 뱀의 움직임에는 여러 방식이 있지만, 사행운동은 가장 기본적인 형태다. 킹코브라든 풀뱀이든 뱀이라면 반드시 마스터해야 할 기술이다. 뱀이 이 운동을 할 때는 몸 전체를 지면에 붙인 채 S자 모양으로 좌우로 굽이쳐 파동을 만든다. 이 근육 파동을 머리에서 꼬리 쪽으로 진행시키면서, 동시에 지면을 옆으로 밀어내 추진력을 얻는다. 이 움직임은 지면 위에 구불구불 이어지는 하나의 곡선을 남긴다. 몸의 모든 지점이 같은 경로를 따라 진행하는 것이다. 이는 파동이 몸을 따라 진행하는 속도와 뱀이 앞으로 나아가는 속도가 일치하기 때문이다.

횡파는 뱀파

뱀은 잔가지나 돌멩이 등 불규칙한 요소가 널려 있어서 울퉁불퉁한 지면을 이동할 때 이런 방식을 사용한다. 그런 지면은 접지력이 보장되기 때문이다. 그뿐 아니라 대부분의 뱀은 상황에 따라 이동 방식을 자유롭게 전환할 수 있다. 말이 속보, 구보, 습보 등으로 걸음걸이를 바꿀 수 있는 것과 비슷하다. 뱀이 어떤 이동 방식을 사용하는지는 지면의 상태와 원하는 이동 속도에 따라 달라진다.

모래땅이나 개펄처럼 땅이 특히 부실한 곳에서는 횡파를 멋들어지게 변형해 쓰는 뱀이 많다. '사이드와인딩sidewinding'이라고 하는 방식이다. 자동차로 치면 4륜구동이라고 할까, 지면이 너무 유동적이거나 매끄러워 사행운동을 하기에 접지력이 떨어질 때 적합한 이동법이다. 아니나 다를까, 사막에 사는 뱀들은 특히 이 기술에 능하며 그중에서도 이름 자체가 '사이드와인더'인 살무삿과의 뱀이 대표적이다.

이 운동은 2차원적 사행운동을 3차원화한 형태라고 할 수 있다. 몸이 좌우로 굽이치는 동시에 상하로도 굽이치기 때문이다. 뱀은 수직 파동과 수평 파동을 결합해 나선 모양으로 우아하게 움직인다. 땅에는 몸의 두세 부분만 닿는데, 그래서 땅이 아주 뜨거울 때 유용하다. 뱀이 사이드와인딩을 할 때는 앞으로 나아가지 않고 비스듬한 각도로 나아가며, 모래 위에 J자 형태가 연달아 나타나는 독특한 자취를 남긴다. 사이드와인딩은 뱀의 다양한 움직임 중에서도 가장 매혹적인 형태이자, 그 어떤 동물보다 횡파를 화려하게 사용하는 예라 하겠다.

물에서 헤엄칠 수 있는 뱀 종도 많다. 물론 물속에서는 접지력에 해당하는 힘을 얻기가 훨씬 더 어렵다. 그래서 역시 사행운동을 변형해서 쓰는데, 이른바 '장어형 영법anguilliform swimming'이라고 하는 것이다. 수중에서만 쓰이는 파동 운동으로, 육상에서 쓰이는 파동 운동과 몇 가지 중요한 차이가 있다. 우선, 진동이 몸을 따라 내려가면서 점점 커진다. 다시 말해 파동의 진폭이 밑으로 갈수록 커지면서 꼬리가 머리보다 더 크게 좌우로 흔들린다. 또한 물속에서는 추

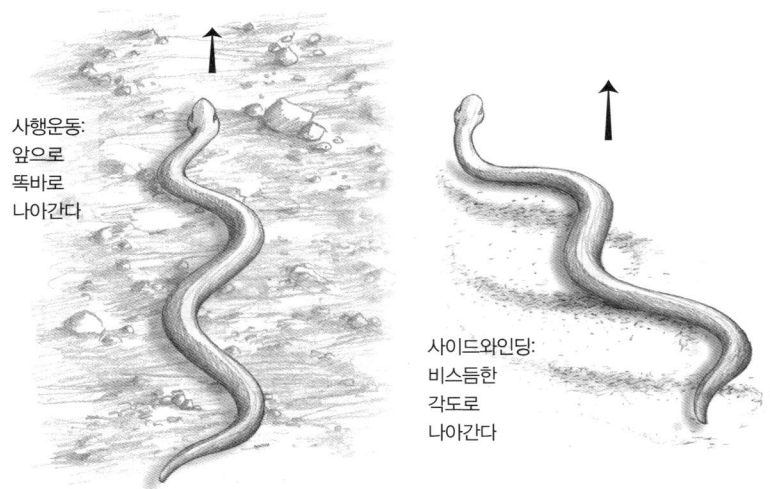

사행운동:
앞으로
똑바로
나아간다

사이드와인딩:
비스듬한
각도로
나아간다

뱀은 횡파를 이용한 이동의 대가다. 특히 '사이드와인딩'을 구사하는 뱀은 최고의 대가라 할 수 있다.

    진력을 얻기 위해 확실히 밀어낼 것이 없으므로 뱀이 앞으로 나아가는 속도보다 파동이 몸을 따라 전파되는 속도가 훨씬 빠르다.

    인도양과 태평양 연안 등 따뜻한 바다에 서식하는 바다뱀 종들은 이 움직임의 대가다. 바다뱀은 지구상에서 가장 독이 강한 생물로 손꼽히므로 만약 발견했다면 곧장 피해 달아나는 것이 상책이다. 바다뱀은 육상동물을 조상으로 두었지만, 바다에서 살도록 진화했다. 꼬리가 세로로 납작하게 길고, 노란배바다뱀 등 일부 바다뱀은 몸의 단면도 가로보다 세로가 약간 더 길다. 그런 특성 덕분에 물속에서 더 강한 추진력을 얻을 수 있다. 바다뱀은 마이클 잭슨처럼 뒤로 가는 재주를 보여주는 유일한 뱀 종류다. 이는 몸의 파동을 꼬리에서 머리로 역방향으로 전파시킴으로써 가능하다. 어느 방향으로 전파되든 파동의 형태는 변함없이 횡파다.

이런 식으로 헤엄치는 것은 바다뱀뿐만이 아니다. 뱀장어, 칠성장어, 먹장어도 같은 방식의 파동을 몸을 따라 전파함으로써 물속에서 추진력을 얻는다. 가오리는 양쪽 날개의 가장자리를 따라 파동을 전파한다. 가오리의 파동은 크고 우아한 곡선을 그리기도 하고, 잔물결처럼 출렁거리기도 한다.

가오리 날개의 진동은 좌우가 아니라 상하 방향이지만 횡파임에는 변함이 없다. 물고기는 일반적으로 꼬리 근육을 좌우로 수축해 일으키는 파동으로 물을 차며 앞으로 나아가지만, 고래나 돌고래와 바다표범 같은 수생 포유류는 일반적으로 꼬리를 위아래로 움직인다. 인어도 아마 같은 방식일 것이다.

좌우 방향이든 상하 방향이든 이와 같은 동물들이 몸으로 일으키는 파동은 모두 횡파다. 파동이 진행하는 방향과 수직으로 진동이 일어나기 때문이다.

파동이 우리 몸속을 의식적 통제와 무관하게 흐른다면, 의식 그 자체는 어떨까? 파동이 데카르트적 이분법의 경계를 넘나들며 우리의 정신 작용에도 관여할까?

뇌 역시 파동을 활용한다는 것은 분명하다. 근육 수축에 의한 파동이 아니라, 찰나의 미세한 전기화학적 반응, 즉 뉴런의 발화에 따른 파동이다.

신경을 따라 흐르는 전기신호가 감각기관에서 뇌로 정보를 전달한다는 사실은 잘 알려져 있다. 또한 신호의 흐름은 양방향이어서, 뇌는 신경을 통해 신호를 내려보내 근육과 분비샘을 조절한다는 것도 주지의 사실이다. 신경은 뉴런이라는 특수한 세포가 모여서 이루어진다. 하나의 뉴런에는 세포체가 하나 있고, 세포체에서 '축삭'이라는 가느다란 관이 뻗어나오며, 축삭의 끝은 가지 모양으로 갈라져 있다. 축삭은 다른 뉴런 또는 그 밖의 세포와 '시냅스'라는 접합부를 통해 연결된다. 축삭은 대개 1밀리미터 이하로 매우 짧지만, 간혹 무척 긴 것도 있다. 다리 전체를 따라 뻗어 있는 좌골신경의 경우가 그런 예다. 뉴런을 따라 전달되는 신호는 전기화학적 파동이다.

뉴런을 따라 신호가 진행하는 모습은 수면의 충격으로 생겨난 물결이 좁은 개울을 따라 진행하는 모습에 비유할 수 있다. 축삭의 내벽과 개울의 둑은 모두 파동이 정해진 경로를 따라가도록 안내하는 도관, 즉 '도파관waveguide'의 역할을 한다. 하지만 두 파동은 그 외의 면에서 완전히 다르다. 우리 몸 곳곳에 신호를 전달해주는 소중한 파동은 물리적 진동이 아니라, 뉴런 내부의 화학 반응으로 인해 발생하는 전압 변화로 이루어진다.

뇌와 몸을 연결하는 신경 속 뉴런들만 이렇게 전기적 파동으로 작동하는 건 아니다. 뇌 속의 뉴런들도 같은 식으로 작동한다. 중추신경계의 중심인 뇌는 뉴런이 복잡하게 얽힌 네트워크다. 뇌 속의 뉴런 하나하나는 전기화학적 신호를 한쪽 끝에서 다른 쪽 끝으로 전달하는 도파관 역할을 한다.

그런데 훨씬 더 미묘한 형태의 뇌파도 있다. 이 뇌파는 개별 뉴런 내에서 진행하는 것이 아니라, 뇌의 넓은 부위를 활성 상태가 물결처럼 **쓸고 지나가는** 형태로 나타난다. 바람이 불 때 밀밭 위로 퍼져 나가는 물결과 비슷하다. 이 파동은 뉴런이 발화함으로써 일어나는 것이 아니라, 뉴런이 발화를 **준비함으로써** 일어난다.

뉴런이 '탈분극depolarization' 상태가 되면 발화할 가능성이 높아진다. 탈분극 상태란 사람이 흥분 상태가 되어 소리를 지를 가능성이 높아지는 것과 비슷하다. 포유류의 뇌가 작동하는 한 가지 방식에 이른바 '흥분의 파동' 현상이 필수적으로 관여한다는 것을 시사하는 연구 결과가 속속 발표되고 있다.[2] 흥분의 파동이 뇌의 한 부위를 지나갈 때 그곳의 뉴런들은 발화할 가능성이 높아진다. 이를 가수가 무대에 등장하기 직전 청중들 사이에 흥분의 물결이 퍼져나가는 것에 비유할 수 있다. 그럴 때는 한 사람 한 사람이 소리를 지르거나 손을 흔들거나 춤을 추기 시작할 가능성이 높아진다.

그렇다면 동물의 뇌 속 뉴런들은 왜 이런 탈분극 파동을 일으킬까? 그리고 흥분한 뉴런의 파동은 실제로 어떤 모습일까?

놀랍게도 이제 신경과학자들은 마취된 동물의 뇌에서 조그만 부위를 노출시켜놓고 그곳을 스쳐가는 파동의 색 변화를 관찰할 수 있다. 특수 염료를 사용해 파동을 눈에 보이게 만든 덕분이다. 이 염료는 뉴런에 결합하며, 뉴런의 발화 가능성을 나타내는 '장 전위field potential'라는 전기적 값에 따라 색이 변하는 특성이 있다. 따라서 이 염료를 사용하면 활동 중인 동물 뇌의 표면을 스쳐가는 흥분의 파동을 시각화할 수 있다. 매우 빠르게 지나가는 이 파동을 관찰하기 위해서는 디지털카메라를 사용해 5밀리미터 너비로 노출된 뇌 부위에서 나타나는 색조 변화를 기록한다. 이 염료가 쓰인 지는 30년이 넘었지만, 최근에야 촬영 장비의 민감도가 충분히 향상되어 파동의 움직임을 정확히 관찰할 수 있게 되었다. 관찰 결과, 뇌 조직을 스쳐가는 흥분의 파동은 매우 친숙한 형태를 띠고 있었다.

조지타운대학교 의료센터의 우젠융 교수는 쥐의 뇌에 나타나는 파동을 연구한 결과를 이렇게 설명했다. "우리가 관찰한 바에 따르면 기본적으로 두 가지 파형이 있는 것으로 보인다. 하나는 동심원형이고 다른 하나는 회전형 또는 나선형이다."

잠깐! 그 둘은 심근에 나타나면 심정지를 유발한다고 했던 파형이 아닌가? 하지만 뇌에서 그런 파형이 작은 규모로 나타나는 것은 문제가 되지 않는 듯하다. 우 교수는 두 파형이 포유류 뇌 활동의 기본 패턴이라고 본다. 실제로 두 파형은 뇌의 가장 바깥층인 신피질의 여러 부위에서 관찰된 바 있다. 신피질은 뇌의 고등 기능에 관여하는 부위로, 감각 정보의 처리, 몸의 움직임, 의식적 사고, 그리고 인간의 경우는 언어 구사도 담당한다.

"전압 감응 염료 영상법으로 관찰한 거의 모든 종류의 피질 처리 과정에서 파동이 나타났다"고 우 교수는 내게 말했다. 거북, 기니피그, 도롱뇽, 원숭이 등 다양한 동물의 신피질 외층에서 이러한 파동이 스쳐가는 것이 확인되었다고 한다. 파동은 동물이 의식 상태에서 냄새, 소리, 빛, 수염의 움직임 등으로 인한 자극을 받았을 때 나타났다.

우 교수는 쥐가 졸음에 빠질 때 나선형 파동이 뇌를 스쳐간다는 사실도 발견했다. "이 미세한 나선형 파동은 매우 국소적인 뉴런 간 상호작용에 의해 발생하며 피질이 시상의 통제에서 벗어나도록 돕는 수단이라고 추측해볼 수 있다." (시상은 신피질 아래에 위치하며 의식과 각성의 조절에 관여하는 뇌 부위다. 다시 말해, 우 교수는 이 뉴런 파동이 신피질 표면을 자동차 와이퍼처럼 쓸고 지나가면서 신피질의 사고 능력을 시상의 자극으로부터 분리시킴으로써 동물이 편안히 잠들 수 있게 한다고 추측한다.) 그는 이렇게 덧붙였다. "이와 같은 파동이야말로 단순한 뉴런의 연결망에서 복잡한 정신 작용이 발생하는 메커니즘의 후보 중 하나라고 본다. 어쨌든 우리의 현재 가설은 그렇다."

이 난해한 뉴런의 흥분 파동을 연구하는 다른 많은 이들처럼, 우 교수도 의문을 떨칠 수 없다. 사실상 전기 스위치처럼 단순한 장치인 뉴런 수십억 개가 서로 연결됨으로써 생각하고 느끼고 추론하는 존재가 만들어질 수 있다는 것은 영원히 풀리지 않는 미스터리다. 그 미스터리에서 이 파동이 뭔가 중요한 역할을 하는 것은 아닐까? 비록 쥐의 경우는 머릿속에 '어떻게 이 집 부엌 찬장을 뚫고 들어갈까' 하는 생각밖에 없다 하더라도 말이다.

이제 파동의 세 가지 형태 이야기로 돌아가보자.

두 번째 형태는 종파다. 횡파가 파동의 진행 방향에 대해 수직으로 진동하는 것과 달리, 종파는 파동의 진행 방향과 나란하게 앞뒤로 진동한다. 횡파가 뱀파라면, 종파는 지렁이파다. 텃밭 가꾸는 사람들에게 없어서는 안 될 꼬마 쟁기꾼, 지렁이는 근육의 수축 및 이완 상태를 몸을 따라 내려보냄으로써 흙을 헤치고 나아간다. 지렁이가 근육에 힘을 준 곳은 몸이 뭉쳐 두꺼워지면서 '강모'라는 미세한 가시 모양 돌기를 이용해 주변 흙에 밀착한다. 이 뭉친 부분이 몸을 따라 파동 형태로 내려가면서 몸이 앞으로 나아간다. 지렁이가 이렇게 땅속을 헤치며 나아갈 때 몸의 분절들은 뱀의 사행운동처럼 좌우로 진동하지 않고, 몸의 이동 방향과 나란하게 앞뒤로 진동한다.

종파는 지렁이파

이렇듯 지렁이의 종파는 뱀의 횡파와는 사뭇 다르다. 그러나 일부 뱀도 종파를 사용해 이동한다. 뱀이 잠행 모드로 살살 기어가고 싶을 때, 또는 뱀 중에 몸집이 너무 커서 좌우로 휘저으며 이동하기 어려운 경우에 그렇게 한다. 좀 혼란스럽지만 뱀이 지렁이파를 구사하는 예가 되겠다.

길이가 6미터에 달하는 아프리카비단뱀이 그런 뚱뚱한 뱀 중 하나로, 몸을 따라 미세한 종파를 물결치듯 흘려보내면서 조금씩 나아간다. 역시 몸집이 후덕한 편인 보아뱀도 같은 방식으로 이동한다. 마치 벨리댄스를 추듯 근육을 수축하고 이완시키며 직선으로 조금씩 나아가는 이 '직선운동' 방식은 지렁이 운동의 일종이다.

근육이 수축하여 뭉치는 부위에서는 배에 덮인 비늘이 몸에서 약간 떨어져 일어선다. 뱀은 이 비늘로 마치 수백 개의 손톱처럼 땅을 파고들 수 있다. 비늘이 지렁이의 강모와 같은 역할을 하는 셈이다. 근육의 수축과 이완이 배를 따라 물결치듯 전파되면서, 땅에 밀착

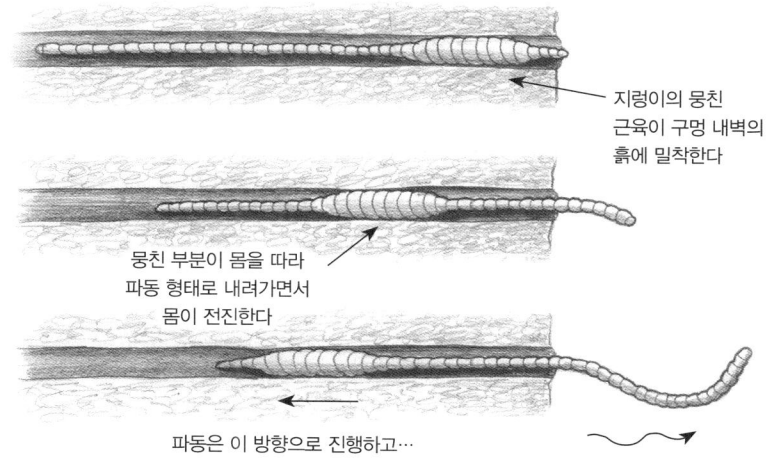

지렁이의 뭉친 근육이 구멍 내벽의 흙에 밀착한다

뭉친 부분이 몸을 따라 파동 형태로 내려가면서 몸이 전진한다

파동은 이 방향으로 진행하고…

지렁이는 저 방향으로 나아간다

지렁이의 종파가 없었더라면 텃밭은 어떻게 가꿀까?

한 부위가 뒤로 가는 힘에 의해 뱀은 앞으로 조금씩 나아간다.

한편 동작이 날쌘 뱀은 먹잇감을 덮치기 직전에 좌우로 휘젓지 않고 일부러 똑바로 나아가면서 '괜찮아, 나 그냥 나뭇가지야' 전략을 쓰기도 한다. 덩치가 큰 뱀이든 작은 뱀이든, 이 이동법을 구사하려면 강하고 발달된 근육과 헐거운 피부라는 두 조건을 모두 갖춰야 한다. 인간으로 치면 이두근은 울퉁불퉁하고 팔뚝 살은 축 처진 셈이니 양립이 불가능한 조건 같다.

이렇게 종파를 이용해 이동하려면 배 근육을 정교하게 제어해야 할 텐데, 덩치가 큰 뱀은 힘이 많이 들 것 같기도 하다. 그러나 직선 운동은 사실 에너지 효율이 굉장히 높다. 근육 전체로 보면 매우 미세한 움직임이 필요할 뿐이다. 거대한 아프리카비단뱀도 그렇게 움직이는 데 하루 20칼로리밖에 소모하지 않는다. 겨우 날 메추리알 하나에 해당하는 칼로리량이다.* 이 정도면 운동량을 오히려 좀 늘려야 하지 않나 싶다.

인간과 쥐의 대뇌피질은 구조적으로 상당히 비슷하다고 하니, 그렇다면 혹시 모른다. 쥐가 잠에 빠질 때 뇌에 나선형 파동이 스쳐간다면, 밤에 누워 있을 때 **우리의** 대뇌피질에 그와 비슷한 전기 소용돌이가 나타나는 게 아닐까? 다음에 머릿속에 지긋지긋한 멜로디가 맴돌면서 잠이 안 오면, 탈분극 파동을 약간이라도 일으키려고 애써보라. 만약 파동을 일으켜 우리 뇌 회색질의 주름을 따라 빙빙 돌게 만들 수 있다면, 신피질을 시상의 자극에서 분리시켜 우리 의식을 지겨운 노랫가락에서 해방시킬 수 있을지도 모른다.

과연 그런 정도의 자기 조절이 가능할까? 터무니없는 소리로 들릴지도 모르겠다. 하지만 이제는 '뉴로피드백'이라는 기술을 통해 자신의 뇌 속에서 일어나는 전기 활동을 관찰할 수 있고 심지어 조절하는 법을 배울 수도 있다. 믿기 어렵겠지만, 이 과정은 오로지 생각만으로 조작하는 컴퓨터 게임을 통해 이루어진다. 조이스틱도, 버튼도, 컨트롤러도 필요 없다. 금으로 된 조그만 센서 두 개를 두피에 붙이기만 하면 센서

손 하나
까딱 않고

● 아프리카비단뱀은 덩치가 가젤이나 악어 또는 인간 청소년 정도 되는 먹이를 한 번 먹으면 1년 동안 아무것도 먹지 않고 생존할 수 있다고 한다.

가 뇌 속의 전기신호를 포착해 화면 속 캐릭터를 움직이게 한다. 뉴로피드백 장치를 통해 뉴런의 발화 리듬을 바꾸는 법을 배움으로써 게임 속 동작을 제어할 수 있는 것이다.

게임이라고는 하지만 그렇게 재미있는 게임은 아니다. 즐기기 위해서가 아니라, 머릿속에 감춰진 전기신호를 드러내어 피드백을 주려는 목적으로 설계된 시시한 게임이다. 그렇지만 일단 신호를 눈으로 볼 수 있게 되면 신호를 조절하는 법을 배울 수 있다.

왜 그런 것을 배우냐고? 뇌전증이나 주의력결핍장애 환자는 그럴 만한 분명한 이유가 있다. 고난도의 음악 공연을 준비하거나, 월드컵 축구 경기에서 페널티킥을 차려고 준비하고 있는 사람도 그렇다.

1924년 독일 과학자 한스 베르거는 최초로 인간의 뇌파를 뇌전도로 기록하면서 인간의 뇌가 규칙적인 리듬으로 발화한다는 사실을 발견했다. 그는 열다섯 살 아들 클라우스의 두피에 은박 전극을 부착해 뇌 속 뉴런에서 발생하는 전기신호를 측정했다.

한 뉴런이 다른 뉴런을 활성화하는 순간, 두 뉴런의 가지와 세포체 사이에 있는 틈, 즉 시냅스에 미세한 전류가 흐른다. 베르거를 비롯한 초창기 신경과학자들은 두피에 금속 전극을 부착하는 조잡한 방법으로 단일 뉴런의 발화를 포착할 수는 없었지만 몇 밀리볼트 수준의 전기신호 변화는 포착할 수 있었다. 전극 바로 아래 대뇌피질에서 뉴런 수천 개의 집단적 활동으로 발생하는 신호였다.

"하나도 안 아프단다, 클라우스야"

아들의 뇌파를 관찰하던 베르거는 특이한 사실을 발견했다. 뉴런 수천 개의 동시 작동으로 발생하는 신호라면 불규칙한 잡음에 불과할 것 같은데, 아니었다. 뚜렷한 맥동 형태였다. 특히 클라우스가 차분하고 맑은 정신 상태로 앉아 있을 때면 전압의 변동은 있었지만 맥동 자체는 놀라울 만큼 규칙적이었다. 하나의 '사이클', 즉 음전압과 양전압을 오가는 진동이 항상 초당 약 10회 일어났다.[3]

베르거 집안은 지루할 틈이 없었을 것 같다. 베르거는 뇌전도 전극을 열네 살 딸 일제의 두피에도 부착하고 196을 7로 나누면 얼마냐고 물었다. 딸이 암산을 하는 동안 맥동 신호는 더 빨라졌다. 십대 아이들이 짜증 내며 뇌파 측정기고 뭐고 집어치우라고 했는지, 베르거는 곧 젖먹이와 유아들의 신호를 측정하기 시작했다. 갓난아기에게서는 맥동을 관찰하지 못했고, 생후 두 달은 돼야 뇌가 충분히 발달해 분명한 리듬이 나타난다고 결론지었다. 그는 마주치는 모든 사람에게 전극을 부착하고 싶은 욕구를 자제할 수 없었던 것 같다. 심지어 죽어가는 개의 신호도 측정했는데, 개의 생명이 꺼지는 순간 뇌전도 파형은 평평한 선으로 변했다.

"일제야, 아빠가 수학 숙제 도와줄까?"

베르거가 관찰한 초당 10회의 리듬은 인간 뇌에서 발생하는 다양한 범위의 뇌파 주파수 중 하나일 뿐이었다. 뇌파의 주종을 이루는 주파수는 전극을 어디에 부착하느냐와 피실험자의 전반적인 각성 상태에 따라 달라진다. 즉, 깨어 있는지 자고 있는지, 눈을 뜨고 있는지 감고 있는지, 정신적 노력이 필요한 과제에 집중하고 있는지 아니면 TV 예능 프로그램을 시청하고 있는지 등에 따라 다르다. 과학자들은 뇌파의 주파수를 네 가지 대역으로 나누었다.

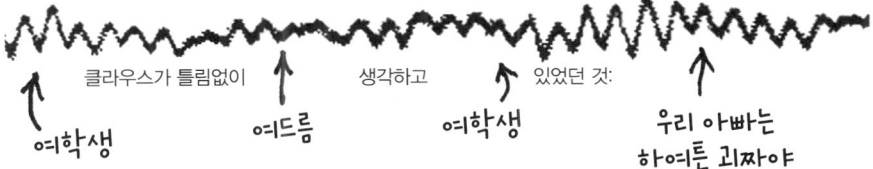

1924년 한스 베르거는 십대 아들의 두피에 전극을 부착해 뇌파를 기록함으로써 뉴런의 발화가 규칙적인 맥동을 나타낸다는 것을 보였다.

가장 낮은 주파수의 뇌파는 '델타파'라고 하며 초당 4회 이하의 진동수를 갖는다. 델타파는 대개 깊은 수면 상태에서 발생하지만, 아기의 경우는 깨어 있을 때도 우세하게 나타난다. 델타파는 혼수상태의 환자에게서도 관찰될 때가 있다. 초당 4~7회의 주파수를 갖는 '세타파'는 주로 잠들기 직전에 나타난다. 세타파는 가장 민망한 뇌파라 할 수 있다. 아침 출근길 열차에서 고개를 떨구고 침을 줄줄 흘리는 광경과 가장 밀접한 관련이 있는 주파수 대역이기 때문이다. 초당 8~12회의 주파수를 갖는 '알파파'는 차분하고 이완된 상태일 때 우세하게 나타난다. 초당 12회가 넘어가는 뇌파는 모두 '베타파'로 간주된다.* 예컨대 지금 이 문장처럼 뭔가 복잡한 것에 집중할 때는 초당 15~18회의 주파수가 우세하게 나타난다.

 상황별로 다양하게 준비된 뇌파

1970년대에 UCLA 의과대학의 배리 스터먼은 뇌전증 환자가 정수리 쪽 특정 뇌 부위의 활동 리듬을 조절하는 법을 배우면 발작 횟수를 현저히 줄일 수 있다는 것을 증명했다.[4,5,6] 뇌전증 환자는 발작을 일으킬 때 뇌파가 비정상적인 모습을 보인다. 발작에는 여러 유형이 있지만, 대개 강력한 전압의 뇌파가 뇌 전체를 휩쓸면서 모든 부위의 맥동이 동기화되는 특징이 나타난다. 평소에는 각종 뇌 부위가 각기 다른 주파수로 각기 다른 작업을 처리하는 것과 극명하게 대조되는 모습이다. 뇌전증 발작은 마치 전기 활동의 해일이 뇌를 휩쓰는 것과도 같다. 성인 환자의 경우 이렇게 동기화된 맥동은 대개 초당 4~7회의 세타파 대역에서 나타난다. 스터먼은 그 점에 착안해 환자들이 동기화된 세타파를 발생시키지 않게 하기 위한 뉴로피드백 훈련을 진행했다.

스터먼이 뇌전도 전극을 부착한 곳은 정수리 부근의 '감각운동피질'이라는 부위 바로 위였다. 감각운동피질은 근육 조절과 관련이 있고, 대부분의 사람은 근육을 능동적으로 이완시킬 때 그곳에서 초당 12~15회의 뇌파 활동이 일어난다. 낮은 베타파에 해당하는 대역인데, 감각운동피질이 이완 상태에서 나타내는 전형적 특징이기에 그 주파수 대역을 아예 '감각운동리듬sensorimotor rhythm', 줄여서 SMR이라고 부르기도 한다. 스터먼은 이런 생각을 했다. 근육 조절은 감각운동피질에서 나타나는 초당 12~15회의 주파수와 관련

- 신경과학자에 따라서는 초당 40회 이상의 고주파 베타파를 '감마파'로 분류하기도 한다. 감마파는 렘수면이나 명상 상태에서 돌발적으로 나타날 때가 있다.

이 있고, 뇌전증 발작은 모든 부위에서 나타나는 초당 4~7회의 주파수와 관련이 있다면, 환자에게 앞의 주파수를 늘리고 뒤의 주파수를 줄이도록 훈련을 통해 가르칠 수 있지 않을까? 스터먼은 불이 들어오는 장치를 뇌파 조절 훈련에 이용했다. 감각운동피질에서 발생하는 뇌파의 주파수가 SMR 범위에 들어오면 장치에 초록불이 켜지고, 세타파 범위로 떨어지면 빨간불이 켜지게 했다.

환자들은 훈련을 받으며 근육 조절과 관련된 뇌파를 강화하는 법을 익혔다. 다만 정확히 어떻게 뇌의 리듬을 바꿀 수 있게 되었는지는 설명하기 어려워했다. 스터먼의 설명에 따르면 초록불을 켜기 위해서는 일종의 능동적 이완, 즉 몸을 진정시키는 데 집중해야 한다. "가만히 있으려고 의식적으로 노력하는 상태다. 운동계의 대기 상태라고 할 수 있다. 일종의 '일시 정지 버튼'이라고 생각해도 좋다."[7] 뇌전증 환자들은 매회 훈련을 거듭하며 초록불을 켜고 빨간불을 끄는 법을 익힘으로써 실제로 SMR 뇌파를 늘리고 세타파를 억제할 수 있었다. 이를 통해 환자들의 상태는 크게 개선되었다.

뉴로피드백 훈련이 뇌전증 환자에게 효과적이라는 사실은 그 후 거듭 입증되었다.[8,9,10] 2000년에 스터먼은 뇌전증 환자의 뉴로피드백 훈련에 관한 전 세계의 연구 사례를 검토하고 '압도적으로 긍정적인 결과'가 보고되었음을 밝혔다. 뇌전증 치료약을 복용하고 있지 않은 환자 열 명 중 여덟 명이 뉴로피드백 훈련 후 발작 빈도가 50퍼센트 이상 감소한 것으로 나타났고, 환자의 5퍼센트는 치료를 마친 **후에도** 1년 동안 발작이 전혀 일어나지 않았다.[11] 뉴로피드백은 현재 약물 치료를 대체할 수 있는 확실하고 효과적인 치료법으

로 자리잡았다.[12]

뉴로피드백은 아동의 주의력결핍 과잉행동장애(ADHD) 같은 신경계 질환을 치료하는 데도 쓰인다.[13] 하지만 주의력에 문제가 있는 아이들의 집중을 유지시키기란 말처럼 쉽지 않다. 그래서 새로 고안된 뉴로피드백 프로그램은 아이의 뇌파를 초록불과 빨간불 대신 컴퓨터 게임을 통해 피드백하게 되어 있다. 바람직한 주파수의 뇌파를 늘리면 게임이 다음 단계로 넘어가고, 바람직하지 않은 주파수로 되돌아가면 같은 단계에 머무는 식이다.

런던에서 활동하는 뉴로피드백 전문가 멀리사 폭스는 "ADHD가 있는 아이들의 대부분은 전두엽에서 빠른 베타파에 비해 느린 세타파가 과도하게 많이 나타난다"고 내게 설명했다. 그런데 세타파는 졸음이 올 때 나타나는 뇌파라고 하지 않았던가? 과잉행동을 보이는 아이에게는 그 뇌파가 더 필요한 것 아닐까?

폭스의 설명은 이렇다. "당신이 고속도로에서 운전 중이라고 하자. 밤늦은 시간이고, 깨어 있으려고 안간힘을 쓰고 있다. 그렇다면 창문을 내리고 라디오를 크게 틀고, 노래를 목청껏 부르는 등 잠을 쫓는 행동이라면 무엇이든 하지 않을까." 과잉행동을 보이는 아이도 마찬가지다. 아이는 졸음과 연관된 세타파에 맞서 싸우고 있는 것이다. ADHD 환자에게 리탈린 같은 **각성제**를 처방하는 경우가 많은 것은 그래서다. 그런 약물이 역설적으로 진정 효과를 가져온다. "아이는 졸음에 빠지지 않으려고 몸부림을 치는데, 그게 교실 환경에서는 매우 부적절한 행동일 수밖에 없다"고 폭스는 덧붙였다.

세타파의 습격

ADHD와 뇌전증에 대한 뉴로피드백의 효과는 엄밀한 임상 연구를 통해 이미 입증되었지만, 뉴로피드백은 그 밖에도 자폐 스펙트럼 장애, 두부 외상, 약물 중독, 우울증 등 다양한 질환의 치료에 이용되고 있다. 다만, 그와 같은 질환에 대한 뉴로피드백의 치료 효과는 개별 사례 연구에 근거한 경우가 많고 과학적으로 확실히 입증되지는 않은 상태다.

뉴로피드백이 뇌 질환 치료에만 쓰이는 것은 아니다. 2006년 월드컵에서 우승한 이탈리아 축구 대표팀의 일부 선수들은 승부차기 상황에서 침착함을 유지하기 위해 뉴로피드백 훈련을 받았다. 다만 비교할 대상이 없기에 뉴로피드백이 실제로 유익한 효과를 냈는지는 확실히 알 수 없다.

런던 왕립음악대학 학생들의 경우는 다르다. 공연을 앞둔 학생들에게 긴장을 완화하기 위한 뉴로피드백 훈련을 받게 했다.[14] 빠른 알파파를 줄이고 느린 세타파를 늘리는 훈련이었는데, 졸음이 몰려올 때 나타나는 뇌파인 세타파가 늘어난다면 학생들이 공연 중에 긴장을 덜 하리라는 논리였다.

학생들이 10회의 치료를 마치기 전과 후에 동일한 곡을 연주하는 모습을 촬영하고, 영상을 외부 심사위원들에게 평가하게 했다. 영상 순서를 무작위로 섞어서 심사위원들이 어떤 영상이 '이전'이고 '이후'인지 알지 못하도록 했고, 뉴로피드백 외의 다양한 긴장 완화 치료를 받은 다른 학생들의 연주 영상도 심사 목록에 함께 올렸다. 다른 학생들의 치료도 모두 동일한 시간 동안 진행되었고, 그 내용은 신체 운동, 정신력 훈

音악계의
실험쥐

련, 알렉산더 기법(자세 교정을 통해 긴장을 완화하는 방법), 혹은 다른 주파수의 뇌파를 강화하는 뉴로피드백 훈련(뉴로피드백이라는 신기해 보이는 치료법에 수반될 수 있는 위약 효과를 감안하기 위해) 등이었다.

채점 결과는 대단히 놀라웠다. 심사위원들은 어떤 학생이 어떤 훈련을 받았는지, 어떤 연주가 '이전'이고 '이후'인지 전혀 모르는 상태에서, 세타파를 증가시키는 뉴로피드백 훈련을 받은 학생들의 연주가 평균 2년의 연주 경력에 해당하는 향상을 보였다고 평가했다. 반면 다른 학생들은 전혀 향상을 보이지 않은 것으로 평가되었다. 그 학생들은 좀 속은 기분이었을 것 같다. 그나마 신체 운동을 한 학생들은 몸이 건강해졌을 테니 손해만 본 건 아니겠지만.

뇌파 이야기에 뇌가 너무 지끈거릴지도 모르니, 이제 좀 더 피부에 와닿는 이야기로 넘어가보자. 역학적 파동의 세 가지 형태 중 마지막으로 '비틀림파'가 남아 있다.

횡파는 양옆으로 진동하고 종파는 앞뒤로 진동하는 반면, 비틀림파는 꼬였다 풀렸다 하는 식으로 진동한다. 이 파동은 워낙 미묘한 움직임일 때가 많아서 쉽게 알아채기 어렵다. 꼬임에 저항해 원래 상태로 돌아가려는 성질을 가진 물체라면 무엇이든 비틀림파를 전파할 수 있다. 예를 들어, 긴 금속봉의 한쪽 끝을 벽에 수직으로 단단히 고정해놓고 반대쪽 끝에는 자동차 핸들을 용접해놓았다고 하자. 핸들을 힘껏 돌린 후 손을 떼면, 비틀림파가 봉의 양쪽 끝을 왕복하면서 봉이 이리 꼬였다 저리 꼬였다 할 것이다. 엥? 그런 희한한 상황을 왜 상상해야 하느냐고?

비틀림파를 진지하게 고민하는 사람은 아마 굴착업계 종사자 정도가 유일할 것이다. 암반을 뚫을 때는 비틀림 응력이 시시각각 변동하므로 드릴링 장비의 봉과 파이프를 따라 비틀림파가 고속으로 왕복하게 된다. 그러니 다음에 혹시 석유 시추 장비를 설계할 일이 있다면 비틀림파를 꼭 고려하도록 하자. 그럴 일이 없다면 비틀림파에 관해선 그리 신경 쓰지 않아도 된다. 횡파나 종파에 비해 훨씬 드물게 나타나니까.

그런데 바로 그래서 좀 문제다.

동물의 움직임으로 파동 형태를 설명하는 3부작을 완성하려면, 비틀림파를 이용해 이동하는 동물을 찾아야 한다. 그런데 아무리 찾아봐도 그런 동물이 하나도 없다.

그나마 비슷한 유일한 예는 엄밀히 말해 동물도 아닌 미생물이다. 박테리아 중에서 인간 정자의 꼬리와 비슷하게 생긴 편모를 사용해 이동하는 종류가 있다. 대표적인 예가 대장균과 살모넬라균이다. 일부 변종은 편모를 흔들어 매우 재빠르게 이동할 뿐 아니라, 사람에게 식중독을 일으켜 화장실이나 병원으로 재빠르게 달려가거나 실려가게 만들기도 한다. 그런데 이런 미생물의 편모는 정자의 꼬리처럼 좌우로 흔들리며 횡파를 만드는 게 아니라, 미세한 모터에 의해 빙빙 회전한다. 편모는 마치 배의 프로펠러에 묶어놓은 밧줄처럼 사방으로 휘날리면서 세포를 앞으로 나아가게 한다.

이 박테리아야말로 완벽한 예인 것 같았다. 그런데 문제가 하나 있었다. 편모를 따라 실제로 비틀림파가 전파된다는 증거가 없다.

일정한 회전 운동은 편모를 상하좌우로 펄럭이는 데 효과적인 방법일 뿐이다. 편모의 움직임은 언뜻 비틀림파로 착각하기 쉬우나 3차원적 횡파에 불과하다.

절망적이다. 비틀림파를 이용해 이동하는 동물의 예를 못 찾겠으니, 비틀림파가 동물의 이동을 **막은** 사례로 대신하면 어떨지?

미리 경고하자면 슬픈 이야기다. 한쪽 다리가 불편한 코커스패니얼 견종의 터비가 주인공인데, 불행한 결말을 맞는다.

터비가 비틀림파를 맞닥뜨린 것은 1940년, 워싱턴주 시애틀 남쪽 60킬로미터 근교의 항만 도시 타코마 인근의 다리를 차로 건너던 중이었다. 지역 신문사에서 일하던 레너드 코츠워스가 운전대를 잡고 있었고, 그의 딸이 애지중지하는 반려견 터비는 뒷자리에 타고 있었다.

터비에게 닥친 비틀림파

타코마 해협교 Tacoma Narrows Bridge는 4개월 전 개통되었을 때부터 흔들거리는 문제가 있었다. 아닌 게 아니라, 건설하는 중에도 워낙 심하게 진동해 '껑충거리는 거티 Galloping Gertie'라는 별명이 붙었고, 많은 작업자가 멀미를 막기 위해 레몬을 씹으며 일하곤 했다. 그래도 그날까지는 그 진동이라는 것이 다리 전체가 바람에 따라 부드럽게 위아래로 들썩이는 정도였다.

교량관리국은 워싱턴주립대학교 공학부의 F. B. 파커슨 교수에게 용역을 맡겨 이 횡파를 완화하는 방안을 연구하게 했다. 아무도 다리를 위험하다고 여기지는 않았고, 흔들림에도 불구하고 통행은 정상적으로 이루어졌다.

그러던 11월 7일, 초속 19미터로 꾸준히 몰아치던 강풍이 이 현수교의 길이 800미터가 넘는 중앙 경간(교각과 교각 사이)에 경악할 만한 비틀림 운동을 일으켰다. 레너드 크츠워스가 다리 중간에 이르렀을 무렵에는 비틀림이 너무 격렬해졌고, 차를 제어할 수 없게 되자 그는 급브레이크를 밟았다. 차 주변의 콘크리트도 갈라지기 시작했기에, 차에서 뛰어내려 콘크리트 바닥에 몸을 던졌다. 차 문에 접근할 수 없어 터비를 포기할 수밖에 없었고, 비틀리며 요동치는 다리 위에서 500미터를 기어 안전한 교탑 지점에 겨우 도달했다. 손과 무릎은 온통 까지고 피투성이였다.

그날 강풍으로 인해 다리가 새로운 양상의 격렬한 진동 모드에 돌입한 것이 분명했다. 파커슨 교수는 다리가 이례적일 정도로 '껑충거리고' 있다는 소식을 듣자마자 비디오카메라를 집어 들고 현장으로 차를 몰았다. 현장에 도착한 그의 눈에 들어온 다리의 진동은 익숙한 상하 방향의 횡파가 아니라 꼬였다 풀렸다 하는 비틀림파였다. 그날 아침, 비틀림파가 중앙 경간의 양 끝을 왕복하면서 차도가 왼쪽이 들렸다가 오른쪽이 들렸다가 하며 울렁대기 시작했다. 다리는 구조적으로 비틀림 운동을 잠재우려는 경향이 있었지만, 바람이 하필 그 안정화 경향을 상쇄하기에 딱 알맞은 속도로 불고 있었다. 따라서 꾸준한 바람이 일으킨 약간의 울렁임은 점점 더 격렬한 비틀림 진동으로 변해갔다.

파커슨 교수는 비틀림의 여파가 거의 미치지 않는 교탑 기둥에 카메라를 설치해놓고, 중앙 경간에서 이리저리 휘청이고 들썩거리

타코마 해협교에서 터비를 구출하려다 돌아오는 파커슨 교수. 이 정도면 '미묘한' 비틀림파라고는 할 수 없을 듯.

는 레너드 코츠워스의 차를 촬영했다.[15] 그는 뒷좌석에 개가 가엾게 웅크리고 있다는 것을 코츠워스에게 들어서 알고 있었다. 파커슨도 평소에 개를 어지간히 좋아하는 사람이었는지, 의로운 일을 하기로 마음먹고 개를 구하러 나섰다.

파커슨은 파이프 담배를 손에 든 채, 카메라가 있는 교탑을 떠나 중앙 경간으로 조심스럽게 걸어갔다. 차도 위에 그어진 중앙선은 비틀림 운동의 축 구실을 하고 있어 비교적 안정적이었으므로 중앙선을 따라 걸었다. 그러나 이제 다리의 좌우 양변은 몇 초마다 약 3미터씩 솟아올랐다 가라앉았다 하고 있었다.

차가 왼쪽 차로에 있었기에 파커슨은 결국 안전한 중앙선을 벗어나, 술 취한 스턴트맨처럼 비틀거리며 왼쪽으로 건너갔다. 차 뒷문을 열고, 터비를 구슬려 꺼내려고 했다. 그러나 들썩거리고 휘청거리는 요동에 잔뜩 겁에 질린 터비는 그만 본능적으로 교수의 손을 물어버렸다. 자신도 다리의 격렬한 요동에 고전하던 그는 결국 터비를 두고 떠나기로 했다. 터비에게는 자신의 생명과 맞바꾼 입질이 되고 만 셈이다.

　파커슨이 비틀거리며 안전지대로 복귀한 지 얼마 지나지 않아 다리의 중앙 경간이 무너져 내렸다. 지속되는 비틀림파에 결국 버티지 못한 철골 구조가 와르르 부서져 바닷물로 떨어지면서 자동차도, 불쌍한 터비도 운명을 함께했다.

　이튿날 신문에 실린 인터뷰에 따르면, 레너드 코츠워스는 다리가 무너지는 순간을 지켜보며 이런 기분을 느꼈다고 한다. "참혹한 비극과 재앙, 산산이 부서진 꿈이 눈앞에 펼쳐진 가운데에도, 지금 이 순간 내게 가장 끔찍하게 느껴지는 것은 몇 시간 안에 딸에게 개가 죽었다고, 내가 살릴 수도 있었는데 그러지 못했다고 말해야 한다는 사실이다."[16]

파동을 횡파, 종파, 비틀림파로(혹은 뱀파, 지렁이파, 터비파로) 나눌 수 있다고는 해도, 실제의 파동은 여러 유형의 특성을 함께 지닌 경우가 많다. 바다의 파도를 예로 들어보자. 파도가 지나갈 때 물이 일으키는 원운동은 상하 운동과 전후 운동이 결합된 형태다. 단순히 오르내리는 것처럼 보일지라도 실제로는 횡파(상하 운동)와 종파(전후 운동)가 결합된 움직임이다. 깊은 바다에서 수영해보면 이를 직접 느낄 수 있다. 파도가 지나갈 때 몸이 떴다 가라앉는 것도 느껴지지만, 다가오는 파도 쪽으로 몸이 끌려들고, 지나가는 파도 쪽으로 몸이 잠깐 끌려가는 것도 느껴진다. 해안 가까이에서는 수면 아래 물의 원운동이 점점 납작한 타원이 되는데, 횡파 운동이 제약을 받기 때문이다.

우리가 앞서 비틀림파에서 좌절했던 일을 생각해보면, 횡파와 종파를 결합해 앞으로 나아가는 동물을 찾기란 불가능하지 않을까 싶기도 하다. 하지만 완벽한 동물이 존재한다. 바로 복족류, 즉 우리에게 친숙한 달팽이와 민달팽이 종류다.

다시 길이 보인다! 좀 끈적끈적한 길이긴 하지만, 무슨 상관이랴.

이 채소밭의 악당들은 횡파와 종파 운동을 교묘히 결합해 당신이 애지중지하는 브로콜리 줄기를 향해 야음을 틈타 슬그머니 다가간다. 그 운동의 정체를 파악하려면 녀석들의 반짝거리는 '발바닥'을 유심히 관찰할 필요가 있다. 워낙 미묘한 움직임이라 파악하기가 쉽지 않지만, 방법은 있다. 유리창을 끈적거리며 기어오르는 모습을 관찰하는 것이다. 창문 반대편에서 들여다보면, 근육이 만들어내는 음영의 물결이 발바닥을 따라 길이 방향으로 진행하는 것을 볼 수 있다. 어두운 띠는 발바닥이 지면의 점액막에서 약간 들뜬 곳이고, 밝은 띠는 밀착된 곳이다. 그런데 놀라운 점은, 일반적인 달팽이나 민달팽이의 경우 이 근육 파동이 꼬리에서 머리 방향으로 진행한다는 점이다. 녀

복족류의
멀티태스킹

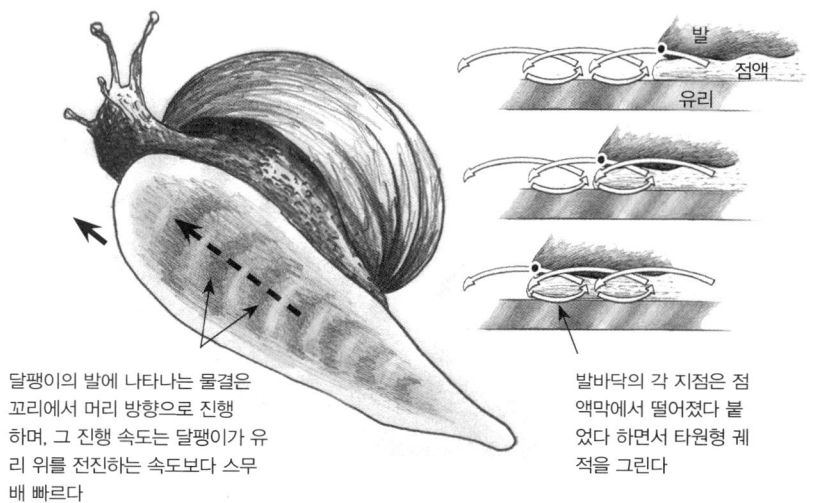

달팽이의 발에 나타나는 물결은 꼬리에서 머리 방향으로 진행하며, 그 진행 속도는 달팽이가 유리 위를 전진하는 속도보다 스무 배 빠르다

발바닥의 각 지점은 점액막에서 떨어졌다 붙었다 하면서 타원형 궤적을 그린다

횡파와 종파를 미묘하게 결합한 달팽이의 근육 파동. 유리창을 통해 관찰할 수 있다.

석은 꼬리를 살짝 들어올려 오므렸다가, 꼬리 끝을 이전보다 약간 더 앞에 내려놓는다. 이렇게 발생한 미미한 굴곡이 앞쪽으로 진행하다가 머리끝에 도달하는 순간, 머리끝을 들어올려 조금 더 앞쪽에 내려놓는다.

이런 파동이 한 번에 여러 개가 동시에 진행된다. 꼬리가 파동 하나를 만들어 전파하자마자, 꼬리가 다시 들렸다가 더 앞에 놓이면서 다음 파동을 전파하는 식이다. 그런가 하면 어떤 복족류는 파동을 머리에서 꼬리 쪽으로 전파시키기도 한다. 또 어떤 종류는 발바닥 좌우 측면을 따라 서로 별개의 파동을 엇박자로 일으켜 왼쪽이 들릴 때 오른쪽은 밀착하는 식의 패턴을 보이기도 한다. 파동이 어느 방향으로 전파되든, 근육의 각 지점은 옆에서 보면 대략 타원형의 궤적을 그린다. 발바닥 표면의 모든 지점이 앞뒤뿐만 아니라 위아래로도 움직이면서 파동이 전파되어 나간다. 달팽이와 파도 사이에 유일한 공통점이 있다면, 바로 이 타원형 궤적이라고 할 수 있을 것이다.

솔 벨로의 소설 《오늘을 잡아라》에는 이런 글귀가 나온다. "자연이 아는 건 딱 하나. 현재, 현재, 현재뿐이야. 이를테면 크고 거대하고 장대한 파도―웅장하고 찬란하고, 삶과 죽음으로 충만한, 하늘로 솟구치며 바다에 우뚝 선 파도 같은 것이지."

우리 몸속의 파동이야말로 우리 몸의 근본을 이루는 내부 운송 시스템 아닐까. 그렇다면 궁금해진다. 우리가 죽으면 그 파동은 어떻게 될까. 해안에 부서지는 파도처럼, '부서져' 버리는 걸까?

몸속에서 음식과 혈액 등 다양한 물질을 운반하는 불수의적 근육 파동, 그리고 신경과 뇌를 통해 정보를 전달하는 전기화학적 파동이 바다의 파도와 본질적으로 다른 점은 하나다. 스스로 유지되지 않는다는 점이다. 해수면의 파동은 바람에 의해 일단 일어나면 중력과 물의 표면장력 덕분에 바람이 계속 밀어주지 않아도 상당한 거리를 이동할 수 있다. 그러나 우리 몸속의 파동은 에너지를 끊임없이 공급받아야만 움직인다. 심장이 한 번 뛸 때마다 에너지가 필요하다. 뉴런 하나가 발화할 때마다 칼로리가 소모된다. 근육과 신경조직을 따라 전파되는 파동은 생명의 숨결이 꺼지면 더 나아가지 못한다. 우리가 죽으면 모두 멈춰버린다. 그 동력을 제공하는 체내 반응이 멎었기 때문이다.

그럼에도 우리 몸이 에너지를 얻어 생동하는 모습은 바닷물이 파도 에너지의 힘으로 살아 움직이는 모습과 닮았다는 느낌을 떨치기 어렵다. 파도가 해안에 부서지면 그 에너지는 주변으로 흩어진다. 에너지는 결코 사라지지 않고, 형태를 바꿀 뿐이다. 생명의 화학적 엔진이 멎으면, 우리를 유지해주던 에너지도 주변으로 흩어진다.

우리 몸속을 밤낮으로 흐르던 파동이 결국 어디에서 부서지는지 누가 알겠는가? 죽음 후에 그 파동이 마침내 닿는 낯선 해변이 어디인지는 아무도 알 수 없다. 지금은 잊힌 19세기 영국 시인 토머스 후드는 이런 시를 남겼다.

> 우리는 밤새 그녀의 숨결을 지켜보았네
>   부드럽고 나지막하게
> 가슴 속 생명의 물결이
>   힘겹게 들썩이는 모습을
>
> 그러나 어슴푸레하고 슬픈 아침이
>   이른 소나기를 뿌리며 서늘하게 다가올 때
> 눈꺼풀이 조용히 감긴 그녀는
>   우리와는 다른 아침을 맞이했네[17]

제2파
세상을 음악으로 채우는 파동
Which fills our world with music

 미국 시인 올리버 웬들 홈스는 이렇게 말했다. "말은 어떤 어조를 띠든, 떨리는 공기의 파동일 뿐이다."[1]

 말소리를 비롯한 각종 소리는 우리 귀에 들리는 '음향파acoustic wave'다. 여기서 '우리 귀에 들리는'이라고 굳이 말한 이유가 있다. 놀랍게도 대부분의 음향파는 들리지 않는다.

 사실 '음향파'는 고체, 액체, 기체를 막론하고 **어떤** 매질의 압축과 팽창을 통해 전파되는 파동을 통틀어 가리키는 말이다. 음향파는 파도 같은 수면파와는 전혀 다르다. 음향파의 '마루'는 매질이 압축되면서 밀도가 높아지는 지점에 해당하고, 음향파의 '골'은 매질이 팽창하면서 밀도가 낮아지는 지점에 해당한다. 다시 말해, 음향파의 매질은 파도처럼 위아래로 진동하지 않고 오직 앞뒤로만 진동한다.

따라서 음향파는 종파로 분류된다. 이때 매질의 진동은 지렁이가 흙 속을 나아갈 때 근육이 수축과 이완을 거듭하는 것과 비슷하다.

그렇다면 들리는 음향파와 들리지 않는 음향파의 차이는 무엇일까? 음향파가 우리 귀에 들리려면 귓속 공기에 전해지는 파형이 압축과 팽창이 **연달아** 나타나는 형태, 곧 '주기적' 파동이어야 한다. 공기 압력이 단 한 번 오르내리는 경우, 즉 종파의 마루 하나는 보통 소리로 인식되지 않는다.˙ 그런데 음향파가 들리려면 필수적인 조건이 또 하나 있다. 진동 속도가 적절해야 한다는 것이다. 귓속 공기를 지나가는 압력파가 고막을 초당 20회에서 2만 회 사이로 진동시켜야만 우리 귀에 들린다. 진동이 느릴수록(주파수가 낮을수록) 낮은 음으로 들리고, 진동이 빠를수록(주파수가 높을수록) 높은음으로 들린다. 그 범위를 벗어나면 귀는 '어쩌라고?' 하며 신경을 끊는다.

우리 주변에 흐르는 음향파 중 실제로 들리는 것은 극히 일부에 불과하다. 주위를 돌아다니는 압축-팽창 파동의 대부분은 우리 감각에 포착되지 않는다. 우리가 들을 수 있는 범위 바로 바깥에는 낮은 주파수의 '초저음파'와 높은 주파수의 '초음파'가 있다. 초저음파는 코끼리가 장거리 대화를 나눌 때 내는 음향파이고, 초음파는 박쥐나 돌고래가 물체의 위치를 탐지할 때 사용하는 음향파다. 이런 음향파도 우리의 고막을 진동시키지만, 소리로 인식되지 않는다. 음향파 자체에

들리지 않는
음향파

- 단, 공기압이 유달리 급격히 변하는 경우는 전기 스파크처럼 '틱' 하는 소리가 들릴 수도 있다. 압력 변화가 특히 크면, 소리라기보다 고막이 '팡' 하고 터지는 듯한 느낌으로 인식되기 쉽다.

본질적으로 들리거나 들리지 않는 속성이 있는 것은 아니다.

우리가 작별 인사로 손을 흔들 때, 소리는 나지 않아도 음향파는 만들어진다. 좌우로 움직이는 손이 양옆의 공기를 압축했다 팽창시켰다 하기 때문이다. 이렇게 생긴 국소적인 압력 차이가 퍼져나가며 음향파를 만든다. 이 파동을 '음파 sound wave'라고 하지 않는 이유는 들리지 않기 때문이다. 그 탓에 스티비 스미스의 시에 등장하는 남자는 절망해야 했다. 바닷물에 빠져 아무리 허우적대도 해변에 있던 사람들이 위급함을 알아채지 못했던 것이다.

> 아무도 듣지 못한 채 죽어간 그 남자
> 아직도 그 자리에 누워 신음하네
> 난 당신들 생각보다 훨씬 멀리 있었고
> 손을 흔든 게 아니라 빠져 죽어가고 있었소[2]

손을 흔드는 소리가 남들에게 들리지 않는 이유는 손을 휘젓는 것으로는 다른 사람의 고막을 진동시킬 만큼 공기압이 많이 변하지 않기 때문이라고 생각할지 모른다. 하지만 우리 귀의 고막은 매우 민감하다. 귀로 흘러들어오는 공기압이 적절한 속도로만 변화하면, 변화량이 0.01퍼센트에 불과해도 소리로 감지할 수 있다. 결국 손 흔드는 소리가 들리지 않는 이유는 공기가 압축되고 팽창하는 양이 적어서가 아니라, 공기압의 변화 속도가 느려서다. 소리가 들리려면 손을 더 빨리 흔들어야 한다는 얘기다.

손 흔들기 대신, 벌의 날갯짓 같은 작은 움직임을 생각해보자. 우리가 바깥에서 피크닉을 즐길 때 벌이 윙 하고 날아오는 소리가 들리는 이유는, 벌이 초당 약 180회 날갯짓을 하기 때문이다. 초당 180회의 주파수를 180 '헤르츠hertz'라고 말한다. 헤르츠는 라디오파의 존재를 처음 실증한 19세기 독일 물리학자 하인리히 헤르츠의 이름을 딴 단위다.

벌집으로 돌아간 벌은 동료들에게 달콤한 간식의 위치를 알려주기 위해 다른 벌들 사이를 기어다니며 배를 흔든다. 그 진동은 날갯짓보다도 크기가 작지만, 속도는 500헤르츠 정도로 더 빠른 편이다.³ 그렇게 미세한 공기압 변화로 생겨난 음향파도, 역시 가청 범위인 20~2만 헤르츠 안에 넉넉히 들어오므로 우리 귀에 아주 잘 들린다. 그리고 날갯짓이든 배 흔들기든, 공기압 변화를 상당히 일정한 속도로 일으키므로 높이가 일정한 음으로 들린다. 음향파의 마루가 우리 귀에 규칙적으로 도달할수록 일정한 음으로 들리는 것이다.

절대음감을 가진 양봉업자라면, 벌이 동료들에게 간식 위치를 알릴 때 배를 흔들며 내는 높은 윙 소리가 B음이라는 것을 알 수 있을지도 모른다. 벌bee이 B음을 낸다니 상당히 적절한 것 같다. 피아노에서 건반의 가운데 C(가온다) 위의 B음이다. 한편, 벌이 날아가면서 날갯짓flapping으로 내는 낮은 윙 소리는 가운데 C 아래의 F# 음에 가깝다.

가운데 C 아래의 F# 음.

우리 고막이 이렇게 민감한 것은 참 다행이다. 대규모 오케스트라가 온 힘을 다해 연주할 때 음파로 전달되는 총 에너지는 100와트 전구 하나가 소비하는 에너지에 불과하다.⁴ 오케스트라에서 우리 귀로 전달되는 것이 공기 자체가 아님을 잊지 말자. 공기는 대체로 제자리에 머물러 있고, 에너지가 공기의 국소적 진동을 통해 우리에게 도달하는 것이다. 음악은 감미로운 '바람'이 아니다.

우리의 청각기관은 또한 엄청나게 정교하다. 생각해보자. 오케스트라의 모든 악기에서 나오는 음파는 하나로 합쳐지고 뭉쳐져서 우리에게 도달한다. 그럴 수밖에 없다. 모든 음파가 같은 공기를 점유하고 있으니까. 어느 시점에서 어느 위치의 공기는 딱 어느 정도만큼 압축되거나 팽창할 수 있을 뿐이다. 따라서 모든 음파는 결합되어 하나의 진동 패턴을 이룬다. 압축과 팽창의 연속으로 이루어진 그 복잡한 진동 패턴이 우리 고막에 닿으면 고막은 거기에 맞춰 진동한다. 그 혼잡스러운 떨림의 연속을 우리 뇌가 해독해낸다는 것은 실로 경이롭다. 너비 7밀리미터, 두께 0.07밀리미터에 불과한 피부 조직의 미세한 움직임을 판독함으로써 두 번째 악장 중간에 바이올린 연주자가 기침하는 소리까지 알아챌 수 있으니 말이다.

바이올린 연주자의 기침 소리

───〜───

소리는 우리 눈으로 확인할 수 있는 파동은 아니지만, 혹시 파동 아니랄까 봐 파동의 전형적인 특성을 잘 보여준다. 예컨대 파동이 방향을 바꾸는 세 가지 방식으로 '반사', '굴절', '회절'이라는 것이 있는데, 음파를 예로 들어 깔끔하게 설명할 수 있다.

  웬 고리타분한 물리 교사들이 만들어낸 용어냐고? 아마 **정말로** 그런 것 같긴 하다. 하지만 그렇다고 재미없을 거라고 단정 짓지는 말자. 이것은 우리가 지각하는 세상을 만들어내는, 파동의 보편적 성질이다. 그 성질을 이해하면 파동 관찰의 높은 경지를 향해 한 걸음 더 나아갈 수 있다.

  우리 가족 사이에서 반사, 굴절, 회절은 일종의 경외 대상이 되어 있어서, 이제는 그냥 간단히 '파동의 이치'라 부르고 있다.

반사부터 시작해보자. 파동의 첫 번째 이치는 다음과 같다.

<u>파동은 무언가에 부딪히면 튕겨 나온다.</u>

흥미롭게도, 사람들이 처음으로 소리와 파도 사이의 공통점을 감지한 계기가 바로 소리가 벽에 반사되어 메아리를 만드는 모습이었다. 한 예로, 기원전 1세기 말경 로마 건축가 마르쿠스 비트루비우스 폴리오(보통 비트루비우스로 불린다)는 극장을 설계할 때 소리의 반사를 고려해야 한다며 이렇게 적었다.

> 목소리는 흐르는 공기의 숨결로, 청각기관과의 접촉을 통해 인지된다. 수없이 많은 동심원의 형태로 진행하며, 이는 고요한 물 위에 돌을 던졌을 때 나타나는 수많은 동심원의 물결과 비슷하다.[5]

잔물결이 욕조 벽에 반사되어 되돌아오는 것을 보면, 소리가 극장 벽에서 반사되는 이유도 일종의 파동이어서가 아닐까 하는 생각을 충분히 할 만하다. 물론 비트루비우스가 소리를 '흐르는 공기의 숨결'이라고 한 것은 '감미로운 바람'처럼 틀린 표현이었다. 방 저쪽에서 누가 내게 악쓰며 소리친다면, 분노의 기운은 전해질지 몰라도 휙 불어오는 바람 같은 것은 느껴지지 않는다. 소리는 공기를 **통해** 진행할 뿐, 공기를 전체적으로 이동시키지는 않는다. 그럼에도 비트루비우스가 소리와 물결이 비슷하다고 본 것은 탁견이었다. 소리는 대개 보이지 않으니, 소리의 '파동성'은 그 외양이 아니라 소리가 일으키는 작용으로부터 추론할 수밖에 없다.

17세기 독일의 예수회 수사로 다방면에 학식이 높았던 아타나시우스 키르허는 메아리에 큰 관심을 보였다. 중국어와 콥트어를 포함해 수십 개 언어를 구사했던 키르허는 지질학, 광학, 천문학, 음향학 등의 분야에서 방대한 저작을 남겼다. 확성기를 발명하기도 했으니, 시위자들의 수호성인으로 모셔도 좋을 것 같다.

1673년에 출간된 저서 《신新음향학》에서 키르허는 한 가지 실험을 소개했다. 한 사람이 벽에 직각으로 연달아 부착된 칸막이들 앞에 서서 단어 하나를 외친다. 칸막이마다 사람과의 거리가 다르므로, 멀리 있는 칸막이에 부딪친 소리일수록 메아리가 긴 지연을 두고 돌아오게 된다. 라틴어로 '외치다'를 뜻하는 단어 clamore(클라모레)를 외친다면, 메아리로 들려오는 단어의 파편이 -amore(아모레),

1673년에 출간된 저서에 실린 아타나시우스 키르허의 그림. 메아리의 지연 시간과 벽까지의 거리 사이에 어떤 관계가 있는지 보여준다.

-more(모레), -ore(오레), -re(레)처럼 점점 짧아질 것이라고 키르허는 생각했다. 메아리의 지연이 점점 길어지면서 원래 단어 발음과 점점 덜 겹치기 때문이다. 그리고 공교롭게도 파편 하나하나가 모두 라틴어로 나름의 의미가 있다. '사랑', '관습', '말ᄅ', '사물'이다.

일종의 언어유희이긴 한데, 그래서 어떻다는 건지는 좀 애매하다. 어쨌든 파편화된 메아리들이 저마다 유의미한 단어가 되는 단어를 찾는 실내용 놀이를 만들면 꽤 재미있을지도 모른다. 다만 엄청나게 큰 동굴 안에서 놀이를 해야 할 것이다.

동굴 안에서는 무슨 말을 외치든 되돌아오긴 하겠지만, 그 되돌아온 소리를 말이 끝난 다음에 들을 수 있으려면 벽이 꽤 멀리 있어야 하기 때문이다. 공간이 작으면 되돌아온 소리와 원래 말소리가 거의 겹쳐서 메아리로 들리지 않는다. 반사된 소리가 그렇게 거의 동시에 들려오는 것을 '잔향'이라고 하는데, 잔향은 어떤 공간의 음향적 특성을 말할 때 빼놓을 수 없는 부분이다. 소리의 반사 특성을 통해 우리는 주변 환경에 관해 온갖 다양한 정보를 얻을 수 있다.

내 딸이 메아리를 흉내 내며 말을 배우는 것처럼 보이던 시절이 있었다. 한 살 반 때였는데, 우리가 무슨 말을 하든 따라 하곤 했다. 내가 장난감집 앞에서 짐짓 정중하게 "아, 플로라 씨군요. 말씀 많이 들었습니다. 정말 반갑네요, 이렇게 만나 봬서" 하고 인사하면, 딸은 기쁘게 악수하면서 이렇게 대답하곤 했다. "만나 봬서."

한동안 딸아이는 마치 고대 그리스 신화에 나오는 에코라는 요정이 환생한 것처럼 보였다. 로마 시인 오비디우스에 따르면, 에코는 "남이 말하면 자기도 꼭 말해야 하고, 자기가 먼저 말할 줄은 모르는" 존재였다.[6] 에코에게 이 불행한 언어 장애를 안겨준 이는 제우스의 아내 헤라였다. 남편이 요정들과 몰래 연애 행각을 벌일 때마다 에코가 수를 쓰는 바람에 현장을 덮치지 못했으니, 화가 날 만도 했다. 에코의 특기는 헤라에게 자꾸 말을 걸어 요정들이 도망칠 시간을 벌어주는 것이었으니, 헤라는 에코가 자기가 하고 싶은 말을 아예 하지 못하고 남이 한 말의 끄트머리만 따라 할 수 있게 만들어버렸다. 하루아침

〰 헤라의 복수

에 남의 말꼬리만 물고 늘어지는 사람이 되어버린 에코의 모습에 다른 요정들은 얼마나 짜증 났을까.

에코는 눈부시게 아름다운 청년 나르키소스에게 홀딱 반했지만, 말을 걸 방법이 없어서 뒤꽁무니만 몰래 쫓아다녀야 했다. 나르키소스를 향한 욕망은 점점 뜨거워졌고, 언젠가 둘만 있을 때 나르키소스가 뭔가 따라 할 만한 말을 해주기만 에코는 간절히 기다렸다.

마침내 기회가 찾아왔다. 친구들과 떨어져 홀로 남게 된 나르키소스가 큰 소리로 외쳤다. "거기 누구 없나?"

에코가 놓치지 않고 받아쳤다. "누구 없나?" 놀리는 듯한 말대답이었다. 그런데 의외로 효과가 있었다. 나르키소스는 신비로운 목소리의 주인에게 호기심을 느꼈다.

"여기서 함께 만나자." 나르키소스가 외쳤다.

"만나자." 에코는 대답하며, 일이 잘 풀려간다는 생각에 기쁨을 가눌 수 없었다.

여기서 그녀는 아주 기본적인 실수를 하고 만다. 너무 성급하게 덤벼든 것이다.

숨어 있던 숲속에서 뛰쳐나온 에코는 나르키소스에게 달려들어 그의 목에 두 팔을 감았다. 오비디우스의 서술에 따르면, 그 결과는 좋지 않았다.

> 그는 그녀에게서 달아나며 소리쳤다. "이 손 치워! 차라리 죽고 말지, 내 몸을 네게 주리?" 그녀는 대답했다. "내 몸을 네게 주리!"[7]

불쌍한 에코. 정말이지 초보적인 실수였다. 여드름투성이 남자아이들이 생애 첫 파티에서나 저지를 법한 실수랄까. 에코는 너무 괴로웠던 나머지 나날이 여위더니 결국 몸은 사라지고 목소리만 남아버렸다. 솔직히 그럴 만도 했다. 이야기를 적으면서도 몸이 오그라드는 기분이다.

파동의 반사가 왜 공이 튀는 것보다 훨씬 더 복잡한 과정인지, 그 이유를 설명하지 않은 것 같다. 그 답은 이렇다. 파동은 반사하면서 분리된다. 파동은 에너지가 한 곳에서 다른 곳으로 이동하는 것이니만큼, 에너지의 일부는 이쪽으로, 일부는 저쪽으로 갈라지는 일도 드물지 않다. 파동의 세계에서 여럿으로 나뉜다는 것은 일상다반사다. 무언가에 부딪혀 반사할 때마다 그런 일이 일어난다.

> 사실은 그냥 튕겨 나오는 게 아니다

파동이 한 매질을 통해 나아가다가 다른 매질, 곧 성질이 크게 다른 물질로 만들어진 매질의 경계면에 도달하면, 에너지의 일부는 반사되고 나머지는 경계면을 넘어 새로운 매질을 관통한다. 이를 '투과'라고 한다. 축구공이 골대에 맞고 튕겨 나갈 때는 일어나지 않는 현상이다. 물론 공도 튕겨 나가면서 골대에 에너지 일부를 전달하지만, 공의 일부는 튕겨 나오고 일부는 골대를 관통하는 그런 일은 없다. 만약 그런 일이 일어난다면 심판이 얼마나 난감할지 상상해보라. 하지만 이런 '부분 반사, 부분 투과' 현상은 소리에서 항상 볼 수 있다. 아니, 들을 수 있다.

예를 들어, 욕조에 앉아 있는데 배우자가 직장에서 그날 있었던 시시콜콜한 일을 죄다 이야기하는 통에 듣다가 지쳤다고 하자. 그럴 때면 잠시 머리를 물속에 담그고 싶어질 수도 있다. 그렇게 하면 시시콜콜한 이야기의 상당 부분은 반사되겠지만 전부는 아니다. 's', 'z', 'sh' 같은 치찰음이 빠진 저주파의 웅웅거리는 소리가 물을 투과해 여전히 고막을 진동시킬 것이다. 다시 말해 욕조 물이라는 방어막 뒤에 숨어도, 홍보팀장이 얼마나 짜증 나는 인간인지에 관해 불분명하게 중얼거리는 소리는 여전히 들리게 된다.

이처럼 소리가 부분적으로 반사되는 특성은 군사 분야에서 지대한 의미가 있다. 잠수함에서 다른 잠수함의 방향과 거리를 탐지하기 위해 사용하는 '능동 소나active SONAR' 장비는 소리 신호를 발사한 후 반사되어 되돌아오는 신호를 감지한다. 그러면 신호가 수신된 방향과 돌아오는 데 걸린 시간을 토대로 적 잠수함이 숨어 있는 위치를 알 수 있다. 그런데 문제는 적 잠수함의 선체에 도달한 소리 에너지가 100퍼센트 반사되지 않는다는 것이다. 일부는 물과 철판의 경계면에서 반사되지 않고 그대로 선체를 투과해버린다. 적 잠수함에서 적절한 마이크만 있으면 이 신호를 감지해 누군가가 근방에 있다는 것을 알 수 있다. 이 때문에 군사 잠수함은 능동 소나를 꺼놓고 다닐 때가 많다.

이 '부분 반사, 부분 투과' 현상이 군사 목적에만 이용되는 건 아니다. 초음파 검사로 우리 몸속을 들여다볼 수 있는 것도 바로 파동의 그 특성 덕분이다.

우리 몸속의 다양한 연조직 간 경계는 뼈와 살의 경계만큼 뚜렷

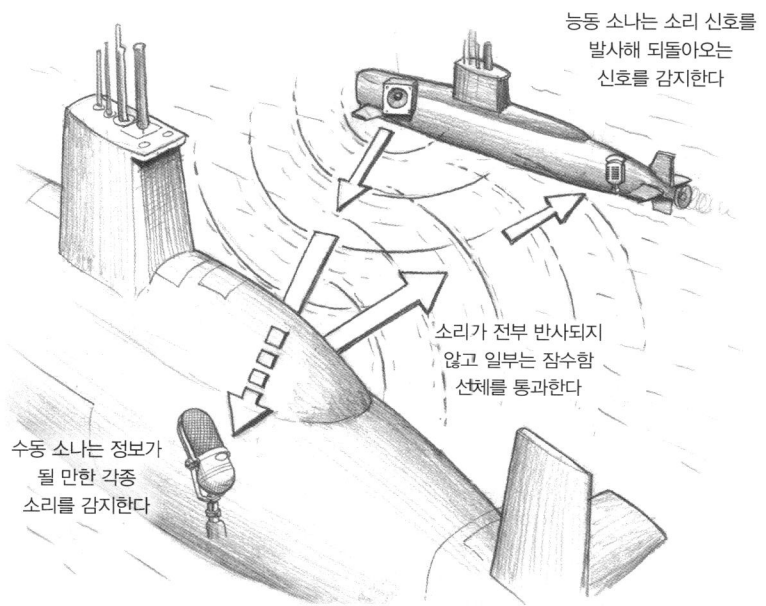

실제로 이렇게 생긴 마이크를 사용한다는 건 아니다.

하지는 않지만, 그럼에도 초음파의 일부를 투과시키지 않고 반사하기에는 충분하다. 이것이 바로 초음파 영상의 원리다. 초음파 검사기는 우리가 들을 수 있는 소리보다 수백 배 높은 주파수의 음파를 맥동 형태로 발생시키면서 그 반향을 감지한다. 일종의 고주파 미니 소나라고 할 수 있다. 몸속 조직의 밀도가 변하는 경계마다 음파의 일부가 반사되어 되돌아온다.

〰️ 몸속에서 일어나는 반사

되돌아오는 데 걸리는 시간으로 경계까지의 거리를 알 수 있고, 되돌아온 음파의 세기로 경계가 얼마나 뚜렷한지 알 수 있다. 근육과 뼈 사이인지, 연조직과 연조직 사이인지 구분할 수 있는 것이다. 어느 경계에서든 음파의 일부는 반사되지 않고 투과하므로, 검사자는 다양한 몸속 깊이를 오가며 영상을 관찰할 수 있다. 한 경계에서 반사된 음파를 토대로 특정 깊이에서의 영상을 얻고, 그 경계를 투과한 후 그 밑의 경계에서 반사된 음파를 토대로 다른 깊이에서의 영상을 얻을 수 있다.

초음파를 생성하고 반향을 감지하는 역할을 하는 탐촉자probe의 표면은 고무 같은 재질로 되어 있는데, 그 밀도가 피하지방층의 밀도와 비슷하다. 따라서 젤을 바른 피부에 탐촉자를 갖다 대면, 음파에너지가 몸속으로 투과하지 않고 반사되는 양을 최소화할 수 있다. 음파가 탐촉자에서 젤을 거쳐 피하지방층으로 나아갈 때 밀도 변화가 거의 없기 때문이다.

이렇듯 파동의 반사와 공의 튕김은 미묘한 차이가 있는데, 파동의 첫 번째 이치로 제시했던 '파동은 무언가에 부딪히면 튕겨 나온다'라는 말에는 그런 점이 잘 나타나지 않는다고 지적할 수도 있겠다. 옳은 지적이다. 파동관찰자는 생각이 많은 사람들이다. 파동이 '튕겨 나오는' 현상을 깊이 생각하다 보면, 파동이란 것은 물질 그 자체가 아니라 물질을 통해 전달되는 에너지라는 근본 진리를 깨닫게 될 것이다.

파동의 두 번째 이치, 굴절은 다음과 같다.

<u>파동은 한 물질에서 다른 물질로 들어갈 때
방향이 바뀌는 경향이 있다.</u>

그렇다, 파동이 어디에 부딪히면 튕겨 나온다는 것만큼이나 시답잖은 소리 같다.

하지만 파동의 기본적인 특성 중 하나가 바로 이 방향 전환 능력이다. 굴절은 파동이 가진 비장의 무기다.

파동이 이렇게 방향을 바꾸려면 두 가지 조건이 충족되어야 한다. 첫째, 파동이 경계면에 직각이 아닌 비스듬한 각도로 도달해야 한다. 둘째, 파동이 두 물질에서 자연적으로 진행하는 속도가 서로 달라야 한다. 속도가 더 느린 물질로 들어가면 진행 방향이 한쪽으로 살짝 바뀌고, 속도가 더 빠른 물질로 들어가면 진행 방향이 반대쪽으로 바뀐다.

소리는 늘 이런 방향 변화를 일으키지만, 대개는 눈에 띄지 않는다. 소리의 속도는 매질에 따라 크게 달라진다. '음속'이란 말을 자주 쓰는데 그것이 고정된 값이 아니라니 좀 의외일 수도 있다. 이를테면 '1947년 미국의 시험비행 조종사 척 예거가 X-1 실험기로 처음 음속을 돌파했다'고 말하지 않는가. 하지만 소리의 속도는 결코 일정하지 않다.

예를 들어 공기 중에서 소리의 속도는 온도에 따라 크게 달라진다. 0°C에서 소리의 속도는 초속 약 331미터다. 그러나 23°C의 실온에서는 TV 뉴스 앵커의 목소리가 귀에 도달하는 속도가 초속 약 345미터다. 일정한 부피의 공기에서 압력 변화가 전파되는 속도는 공기 분자의 운동 속도에 달려 있기 때문이다. 그리고 따뜻한 기체일수록 분자들이 빨리 움직인다.

소리의 속도는 또한 기체보다 액체 속에서 더 빠르다. 공기의 저항보다 물의 저항이 클 텐데 의외라고 생각할 수도 있다. 하지만 그런 저항은 어떤 별개의 물체가 물질 속을 밀며 지나갈 때 적용되는 개념이고, 소리에는 전혀 적용되지 않는다. 소리는 물질 자체의 진동을 통해서 이동한다. 어떤 분자들이 이웃한 분자들과 충돌하고, 그 분자들이 또다시 이웃 분자들과 충돌하는 식이다. 액체는 기체보다 분자들이 더 빽빽하게 밀집해 있으므로 진동이 더 빨리 전파될 수 있다.

가령 25°C의 바닷물 속에서 소리의 속도는 공기 중에서보다 네 배 이상 빠른 초속 약 1530미터다. 그리고 수온이 따뜻해질수록 음속은 더 빨라진다. 그러므로 바다 한편에서 스피커로 음파를 물속으로 쏘아 보내고 건너편에서 마이크로 도달 시간을 정밀하게 측정하는 방법을 쓰면, 수십 년에 걸친 해수 온도의 변화를 파악할 수도 있다. 액체를 통과하는 소리의 속도는 액체의 밀도와 액체가 압축에 저항하는 정도에 따라서도 달라진다.

소리, 가속 페달을 밟다

대부분의 고체는 분자 간의 결합이 단단하여 액체보다도 더 압축되기 어렵다. 그래서 매질의 압력 변화가 한층 더 빨리 전달된다. 결합 구조가 단단할수록 소리의 속도가 빨라지는데, 금을 통해서는 초속 3240미터, 다이아몬드를 통해서는 무려 초속 1만 2000미터에 이른다.

그런데 이런 속도 차이가 '한 물질에서 다른 물질로 들어갈 때 파동의 방향이 바뀌는' 현상과 무슨 관련이 있느냐고? 속도가 바뀌기 때문에 방향이 바뀌게 된다. 파동이 두 물질의 경계에 비스듬히 접근하면, 파동의 한쪽 끝이 다른 부분보다 먼저 경계에 닿으면서 먼저 가속되거나 감속되기 시작한다. 그로 인해 파동의 방향이 틀어진다.

이해를 돕기 위해 이런 예를 들어보자. 사막 한가운데에 추락한 UFO에서 외계인들이 간신히 밖으로 빠져나왔다. 외계인들은 근처에서 편의점이라도 찾아보려고 길을 나선다. 그런데 추락의 충격으로 머리가 띵한 데다가 지구의 가시광선이 고향 별의 가시광선과 파장이 달라 앞이 잘 보이지 않는다. 그래서 손에 손을 잡고 일렬횡대로 조심스럽게 나아간다.

발이 푹푹 빠지는 모래를 벗어나 마침내 도로에 이르자, 땅이 단단해져서 나아가는 속도가 좀 빨라진다. 그런데 이들의 대열이 도로를 향해 비스듬하게 접근하고 있으므로, 도로에 먼저 닿은 맨 끝의 외계인부터 먼저 속도가 붙는다. 손을 맞잡은 외계인의 대열은 방향이 살짝 옆으로 틀어진다. 모든 외계인이 도로에 들어서고 나면 대열의 진행 방향이 처음과는 달라져 있다. 물론 외계인들은 누가 조종을 잘못했다느니 어쨌다느니 옥신각신하느라 그런 것은 신경 쓸 겨를이 없다. 외계인들의 대열이 도로를 벗어나 다시 사막에 이르면 이번엔 반대 현상이 일어난다. 맨 끝의 외계인부터 속도가 느려지면서 대열의 진행 방향이 다시 원래대로 바뀐다. 모두 모래 위에 들어서고 나면 외계인들은 원래 나아가던 방향으로 나아가게 된다.

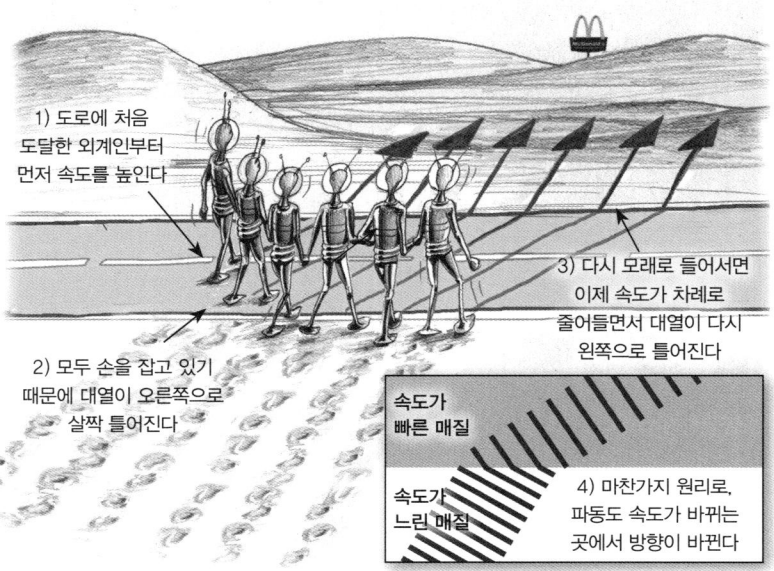

사막에 불시착한 외계인들이 가르쳐주는 파동 굴절의 원리.

    파동이 굴절하는 원리도 똑같다. 음파의 경우, 압력이 높은 지점으로 이루어져 파동의 선두 역할을 하는 '파면wave front'이 외계인의 대열과 같은 움직임을 보인다. 즉, 속도가 더 느린 매질의 경계에 이르면 그 진행 방향이 바뀐다. 경계에 직각이 아닌 비스듬한 각으로 도달할 때 파면의 한쪽 끝부터 먼저 느려지면서 진행 방향이 살짝 틀어지기 때문이다. 파면이 경계를 완전히 통과하고 나면 음파의 진행 방향은 바뀌어 있다. 속도가 더 빠른 매질에 도달하는 경우에는 방향 변화가 반대쪽으로 일어난다. 물론 음파는 땅 위를 걷는 외계인도 아니고, 공기 중을 이동하는 물질도 아니다. 매질의 진동에 따른 압력 변화의 패턴일 뿐이다. 은색 우주복을 입고 있지도 않다.

안개가 낀 날, 멀리서 웃음소리나 교회 종소리가 평소보다 더 잘 들려오는 것처럼 느껴지는 경험을 해보았는지? 나는 그럴 때면 안개 속을 걷는 신비감이 한층 더 커지는 것 같아서 좋다. 그런데 그 현상의 원인은 사실 안개가 아니다. 공기 중에 떠 있는 물 입자는 너무 작아서 소리의 전달에 별 영향을 미치지 못한다. 원인은 지표면 부근의 공기가 차가워서다. 안개가 생기는 것도 그 때문이고, 교회 종소리가 평소보다 멀리 퍼지는 것도 그 때문이다.

 안개 속의 교회 종소리

   소리는 찬 공기보다 따뜻한 공기 중에서 더 빨리 나아간다. 그런데 고도에 따라 기온이 달라지므로, 소리의 굴절 현상이 일어난다. 보통은 고도가 높을수록 기온이 낮아진다. 이때 소리는 위쪽으로 굴절되면서 휘어져 올라간다. 교회 종소리도 위로 떠올라 결국 멀리서는 들리지 않게 된다. 그러나 가끔은 이런 기온 분포가 뒤집혀 지표면 부근의 공기가 더 차가워질 때가 있다. 이를 '기온 역전'이라고 하는데, 그럴 때 잘 생기는 것이 바로 안개다. 그때는 소리가 평소처럼 위로 떠오르지 않고, 오히려 지면 쪽으로 휘어져 내려온다.

   이러한 기온 역전 현상은 맑은 겨울밤에 지표면이 낮 동안 흡수한 열을 대기로 빠르게 방출하면서 하층 공기가 차가워질 때 발생할 수 있다. 또는 유달리 차가운 호수나 해류 위로 공기가 흘러들어 올 때도 발생할 수 있다. 안개가 생긴 원인이 무엇이든, 이제 상층

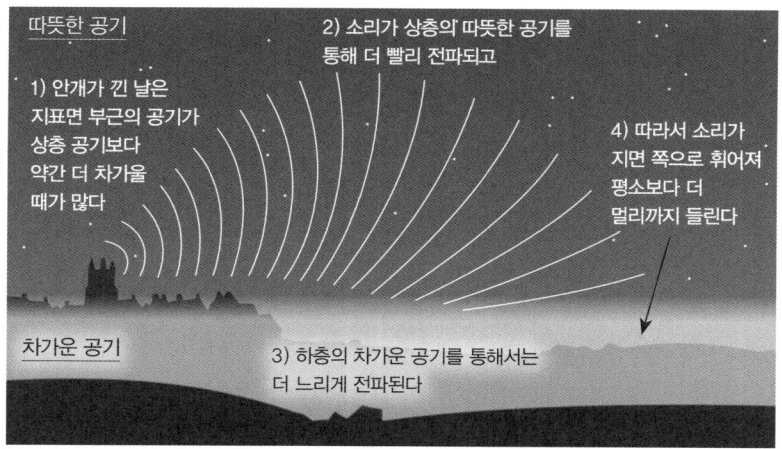

안개 낀 날에 교회 종소리가 더 멀리까지 들리는 이유.

의 따뜻한 공기보다 지표 부근의 차가운 공기를 통해 소리가 더 느리게 나아가게 된다. 이렇게 국지적으로 기온이 역전되면 소리는 아래로 휘어진다. 소리가 지면에 깔리면서 종소리가 평소보다 훨씬 더 멀리까지 들리게 된다.

  소리가 공기 속에서 나아갈 때는 '한 물질에서 다른 물질로' 들어가는 게 아니니 파동의 두 번째 이치가 적용되지 않는다고 생각할지도 모르겠다. 하지만 파동의 방향이 바뀌기 위한 요건은 속도 변화뿐이다. 매질의 성질이 점진적으로 변하면서 속도가 차츰 달라져도 상관없다. 고도에 따른 기온 변화가 그런 경우다. 반드시 뚜렷한 경계면이 있거나 매질 자체가 바뀔 필요는 없다. 파동의 속도가 달라지기만 하면 된다.

  옛 선원들은 소리의 굴절 덕분에 자욱한 안개 속에서 해안에 좌초하는 위험을 피할 수 있었다. 레이더와 GPS가 발명되기 전에는 배가 안개 탓에 연안에서 난파할 위험이 컸다. 그러나 기온 역전으로 소리가 해수면을 타고 멀리까지 전해지면, 선원들은 반향을 이용한 위치 탐지 비슷한 것을 해 볼 수 있었다. 안개 속으로 소리를 외치고, 절벽

〰️ 절벽을 향해 외치는 선원들

에 반사되어 돌아오는 메아리에 귀를 기울였다. 그러면 메아리가 들려오는 방향과 돌아오는 데 걸리는 시간을 토대로 해안선의 위치를 대략 짐작할 수 있었다. 메아리가 빨리 돌아올수록 육지가 가까이 있는 것이다. 그리고 해수면 부근의 찬 공기가 소리를 아래로 굴절시켜주는 덕분에 평소보다 더 멀리서 오는 메아리도 들을 수 있었다.

내가 외계인과 사막이라는 주제를 특별히 좋아하는 건 아니지만, 1947년 로즈웰 사건의 미스터리도 '파동의 굴절 원리를 활용한 감청 시도'로 설명된다는 것을 알고 매우 기뻤다. 뉴멕시코주 사막의 조용한 작은 마을을 UFO의 성지로 만들어놓은 로즈웰 사건의 비밀을 지금부터 알아보자.

'추락한 UFO의 잔해가 로즈웰 인근에서 발견되었는데 미군이 그 사실을 황급히 은폐했다'는 이야기는 역대 가장 생명력이 강한 음모론 가운데 하나로 꼽힌다. 하지만 굴절을 이해한다면 그 의혹을 불식할 수 있다. 소리의 굴절 현상과 UFO 추락 사이에 무슨 관련이 있을까?

〰️ UFO의 정체: 스포일러 주의

제2파 세상을 음악으로 채우는 파동

사건은 한 과학자의 발견으로 거슬러 올라간다.

제2차 세계대전 중 매사추세츠주 우즈홀해양학연구소의 지구물리학자 모리스 유잉 박사는 소리가 심해에서 전파되는 한 가지 원리를 발견했다. 음파를 이용해 해저 지질을 탐사하는 전문가였던 유잉은 미 해군의 요청을 받고 수중 음파의 성질을 연구하고 있었다. 수중 음파는 잠수함전에서 지극히 중요한 요소였다. 1943년, 그는 해수면에서 약 1000미터 깊이(위도에 따라 다르다)에 '심해 음파 통로' 라는 것이 존재한다는 사실을 입증했다. 이 통로는 수중 음파를 그 안에 가두어 음파가 다른 깊이에서보다 훨씬 멀리까지 전달되게 하는 효과가 있다. 그것이 가능한 이유가 바로 소리의 굴절이다.

중위도의 일반적 해역을 기준으로 하면(적도에서 극지방에 이르기까지 수온 차이가 크기 때문에 위도가 중요하다), 해수면 부근에서 소리는 초속 약 1520미터로 퍼져나간다. 수심이 깊어질수록 수온이 낮아져서 약 1200미터 깊이에서는 속도가 초속 약 1490미터로 느려진다. 더 깊이 들어가면 수온은 더 내려가지 않지만, 수압이 계속 높아지므로 음속이 다시 빨라지는 효과가 있다. 약 5000미터 깊이에 이르면 음속이 초속 1540미터 정도까지 올라간다. 심해 음파 통로는 음속이 가장 느려지는 깊이인 수심 약 1000미터에 위치한다(열대의 따뜻한 바다에서는 더 깊고, 극지방에 가까울수록 더 얕아진다). 이 수심에서는 굴절 현상으로 인해 음파 에너지의 상당 부분이 위나 아래로 퍼지지 못하고 수평 방향으로만 전파된다.

이 음파 통로 안에서 혹등고래 한 마리가 소리를 내고 있다고 하자. 여느 물속에서라면 음파는 점점 커지는 구 형태로 퍼져나갈 것이다. 하지만 음파 통로 안에서는 다르다. 수면 쪽으로 올라가던 일부 음파는 속도가 빨라지면서 아래로 휘어져 돌아오고, 바다 밑을 향해 내려가던 일부 음파는 역시 속도가 빨라지면서 위로 휘어져 돌아온다. 위로는 따뜻한 수온의 '천장'이 막고 있고, 아래로는 높은 수압의 '바닥'이 막고 있으니, 그 사이에서 음파는 구 형태가 아니라 원기둥 형태로 퍼져나간다. 퍼지는 물의 부피가 더 적기 때문에 혹등고래의 노래는 음파 통로 안에 있는 다른 고래들에게 아주 멀리까지 전해질 수 있다. 어쩌면 수백 킬로미터까지도 전파될지 모른다. 해양생물학자들은 일찍이 1970년대부터 혹등고래와 북방짱구고래 같은 종들이 심해 음파 통로를 사용해 소통할 가능성을 제기했지만, 실제로 그렇게 하고 있는지는 여전히 추측의 영역이다.

〰️ 울려 퍼지는 고래의 노래

고래들은 수만 년 전부터 알고 있었는지 몰라도, 심해 음파 통로를 처음 발견한 인간은 유잉이었다. 이 통로는 '소파SOFAR(sound fixing and ranging) 채널'이라는 이름으로 불리게 되었고, 미 해군은 군사적 활용 방법을 모색하기 위해 유잉의 연구를 전폭적으로 지원했다. 유잉은 바다에 추락한 조종사의 위치를 파악하기 위한 '수중 청음기'의 연결망을 설치할 것을 제안하기도 했다. 그 원리는 이렇다. 사고를 당한 조종사는 '소파 구체'라고 하는 속이 빈 금속 공을 물속으로 방출한다. 이 공은 가라앉다가 약 1000미터 깊이에 도달하면 수압으로 인해 폭발하여 수중 음파를 발생시킨다. 이렇게 발생한 신호는 음파 통로를 통해 수천 킬로미터 거리에서도 감지될 수 있으므로, 여러 곳에 놓인 수중 청음기의 측정값을 비교해 삼각

측량법으로 음파 발생 위치를 구할 수 있다.

종전 후에 군의 관심이 소련으로 옮겨가면서, 컬럼비아대학교에 있던 유잉은 소련의 핵실험을 탐지할 방법을 연구해달라는 요청을 받았다. 그는 대기에서도 바다에서와 같은 원리가 적용될 것이라는 생각을 이미 하고 있었다. 고도에 따른 기온 차이로 인해 대기 중에도 음파의 통로가 존재할 것이라는 추측이었다. 그 음파 통로를 이용하면 지구 반대편에서 발생한 폭발음도 들을 수 있지 않을까?

대기권의 최하층인 '대류권'에서는 일반적으로 높이 올라갈수록 공기가 차가워진다. 대류권은 극지방에서는 고도 약 11킬로미터, 적도에서는 약 18킬로미터까지다. 그런데 대류권 위의 '성층권'에는 태양열을 잘 흡수하는 오존 등의 기체가 더 밀집되어 있다. 따라서 성층권 하부 어디쯤에서부터는 높이 올라갈수록 공기가 차가워지지 않고 오히려 더 따뜻해지기 시작한다. 다시 말해, 대류권 꼭대기의 차가운 공기층이 위아래의 따뜻한 공기층 사이에 샌드위치처럼 끼어 있는 셈이다. 공기 중에서 소리의 속도는 온도에 따라서만 변하므로, 이 차가운 공기층은 수중의 소파 채널과 비슷하게 작용한다. 즉, 음파가 차가운 공기층 안에 갇히는 경향이 나타난다. 위로 벗어나거나 아래로 벗어난 음파가 따뜻한 공기층에서 속도가 붙어 다시 휘어져 돌아오기 때문이다. 물속에서와 마찬가지로, 음속이 느려지는 층이 음파 에너지를 가두는 역할을 하는 것이다.

유잉은 이 대기 중의 음파 통로를 통해 소련 핵실험으로 발생한 음파가 전 세계로 퍼질 것이라고 확신했고, 미 공군 참모총장에게도 그 가능성을 납득시켰다. 적절한 높이에서 소리를 들어보기만

하면 핵실험을 탐지할 수 있다고 했다.

하지만 대기 음파 통로는 고도 14킬로미터 부근에 있기 때문에 이를 실행에 옮기는 일은 간단하지 않았다. 유잉은 커다란 풍선에 마이크 장비를 매달아 띄우는 방법을 제안했다. 마이크로 수집한 데이터를 전파로 쏘아 지상에서, 또는 특수 장비를 갖춘 비행기에서 받아보자고 했다. 유잉이 여러 대학교의 연구진과 함께 개발한 이 극비 계획은 '모굴 프로젝트Project Mogul'라 명명되었다.

연구와 개발은 보안이 삼엄한 외딴 실험실에서 이루어졌으며, 시험 발사는 뉴멕시코 사막의 앨라모고도 공군기지 같은 외진 시설에서 진행되었다. 앨라모고도 기지는 1945년에 미국의 첫 핵실험이 이루어졌던 곳에서 멀지 않았다. 이 감청 프로젝트는 워낙 민감한 비밀이었기에 앨라모고도의 군 관계자들은 프로젝트를 코드명으로만 알고 있었으며, 뉴욕대학교에서 파견된 연구진의 감독 아래 바로 다음에 수행할 업무만을 전달받았다. 그래서 자신이 맡은 일이 전체 프로젝트에서 어떤 역할을 하는지 거의 알지 못했다. 모굴 프로젝트에 관한 정보는 북동쪽으로 약 150킬로미터 떨어져 있던 로즈웰 육군 항공기지의 관계자들과도 공유되지 않았다.

그러나 아무래도 감출 수 없는 것이 한 가지 있었으니, 바로 거대한 풍선들이었다. 풍선들은 줄줄이 연결되어 총 길이가 무려 200미터에 달하기도 했다. 많게는 30개의 풍선이 사용되었고, 마이크와 무선 송수신기, 그리고 장비를 추적하기 쉽도록 육각형의 은박 레이더 반사판까지 장착되었다. 게다가 이 풍선들은 최적의 성능을 내려

🔊 그다지
비밀스럽지
못했던 계획

제2파 세상을 음악으로 채우는 파동

면 낮에 띄워 올려야 했기에 비밀 유지가 매우 어려웠다. 더군다나 풍선의 움직임을 제어할 방법이 없어서 바람에 떠다니게 놓아두는 수밖에 없었다.

시험 발사가 1946년 11월 말부터 1947년까지 이어졌지만, 그해에 모굴 프로젝트는 취소되고 만다. 지진계를 이용해 지구 반대편의 핵폭발을 훨씬 더 경제적으로, 게다가 은밀하게 탐지할 수 있다는 사실이 금방 알려졌기 때문이다. 프로젝트를 비밀에 부치기 위해 군은 추락한 풍선과 장비를 찾아 회수하는 데 큰 노력을 기울였다. 지역 라디오 방송에 나오는 UFO 관련 보도도 잔해를 찾는 데 유용했다. 하늘에 떠다니는 은색의 육각형 금속판이 주민들의 눈에 띄지 않을 리가 없었다. 그러나 잔해를 미처 회수하지 못할 때도 있었으니, 1947년 6월 4일에 있었던 시험 발사도 그런 경우였다.

장비가 발사된 지 열흘 뒤, 뉴멕시코주 로즈웰에서 북서쪽으로 몇 킬로미터 떨어진 곳에서 목장주 윌리엄 브래즐은 여덟 살 아들과 함께 "고무 조각, 은박 포일, 아주 길진 종이, 막대기 등으로 이루어진 잔해가 밝게 빛나며 넓게 흩어져 있는 구역"을 발견했다.[8] 처음에는 그다지 신경 쓰지 않고 그대로 두고 갔다. 그러다가 몇 주 후에 불가사의한 '비행접시'가 근방에서 목격되었다는 보도를 언론에서 듣고, 브래즐은 인근 마을 로즈웰의 보안관에게 연락해 잔해에 관해 알렸다. 보안관은 즉시 로즈웰 육군 항공기지에 연락했고, 한 정보 장교가 브래즐과 함께 미확인 잔해를 수거하러 현장에 나섰다. 장교를 비롯한 로즈웰 기지 사람들은 앨라모고도 항공기지에서 극비리에 진행 중이던 풍선 시험 프로그램에 대해 전혀 알지 못했다.

"음파를 찾아 지구에 왔소."
위: 모굴 프로젝트의 일환으로 뉴멕시코주 상공에서 소련발 음파 탐지 장비를 시험하는 데 쓰인 30미터짜리 폴리에틸렌 풍선.
오른쪽: 풍선은 모양이 납작해서 지상에서 비행접시처럼 보일 때도 많았고, 은박 레이더 반사판이 주렁주렁 매달려 있기도 했다.

로즈웰 기지 공보실은 지역신문들에 보도 자료를 배포해 "비행접시에 관한 여러 소문이 어제 사실로 드러났다"며 기지 정보국이 미확인 장비를 확보했다고 밝혔다. 이튿날인 7월 8일, 일간지 〈로즈웰 데일리 레코드〉는 1면에 "육군 항공기지, 로즈웰 인근 목장에서 비행접시 포획"이라는 제목의 기사를 실었다.

잔해는 정밀 검사를 위해 텍사스주의 포트워스 육군 비행장으로 이송되었다. 그곳의 준장이 모굴 프로젝트에 대해 알고 있었는지는 불분명한데, 어쨌든 그는 달갑지 않은 언론의 관심에 찬물을 끼얹었다. 공연한 야단법석이라며, 발견된 잔해는 추락한 기상 관측용 풍선이라고 발표했다. 그리고 〈앨라모고도 데일리 뉴스〉 기자를 불러 잔해의 사진을 찍게 했다. 적어도 사진에 찍힌 잔해는 그의 설명에 부합했다.

결국 해프닝이었다는 결론에 이르면서 언론의 관심은 빠르게 식었다. 하지만 목격자 진술의 불일치에다 고위급의 은폐 공작이 있었다는 군 내부의 소문이 겹치면서 당시 일고 있던 'UFO' 목격담

1947년 7월 8일자 〈로즈웰 데일리 레코드〉. 신문 편집자라면 누구나 꿈꿀 만한 특종.

열풍에 기름을 부었고, 음모론자들은 외계 비행접시의 잔해를 정부가 은닉했다는 주장을 폈다.

1995년 미 공군이 철저하고 포괄적인 조사를 수행한 결과, 로즈웰에서 발견된 잔해는 소련 핵실험으로 전 세계에 굴절되어 퍼지는 음파를 포착하기 위해 극비리에 제작된 음파 청취기의 시험 장비일 뿐이라는 의심의 여지 없는 결론이 나왔다.[9] 조사 결과를 납득한 UFO 연구자들도 있었지만, '미 공군이라면 당연히 그렇게 말하겠지'라는 반응을 보이는 이들도 있었다.

로즈웰 사건은 오늘날 UFO를 둘러싼 속설에서 떼려야 뗄 수 없는 요소로서, 외계인의 시신이 발견되어 네바다 사막의 극비 군사기지인 '51구역'에서 부검되었다는 주장까지 더해져 각색이 심화되었다. 매년 7월 4일 독립기념일 주말이면 로즈웰 시에서는 UFO 페스티벌이 열리고,  풍선을 탄 윌 스미스

UFO론자들이 강연과 패널 토론을 진행한다. 로즈웰 사건은 이제 대중문화의 일부로 자리잡았다. 할리우드 SF 영화 〈인디펜던스 데이〉도 로즈웰에서 회수된 잔해를 복원해 우주선을 만들고, 이를 이용해 외계인의 침공에 맞서 지구를 지킨다는 내용을 축으로 한다. 만약 영화 제작진이 사실에 더 충실했더라면, 윌 스미스는 풍선, 마이크, 은박 레이더 반사판으로 무장하고 거대한 외계 모선에 맞서야 했을 것이다.

온도 차가 있는 공기를 통과하면서 굴절하는 것은 음파뿐만이 아니

다. 빛도 같은 식으로 굴절한다. 뜨거운 태양 아래 멀리 뻗어 있는 도로를 바라보면 빛의 굴절 효과를 볼 수 있다. 아스팔트에 접한 뜨거운 공기와 그 위의 차가운 공기 사이에서 빛이 휘어지면서 풍경이 도로에 반사된 것처럼 보인다. 뜨거운 공기가 상승하면서 생기는 소용돌이는 빛을 이리저리 굴절시켜 아른거리는 아지랑이를 만들어낸다.

물잔에 담근 숟가락이 꺾여 보이는 모습에서도 빛의 굴절을 확인할 수 있다. 빛이 물속에서 나오는 순간 속도가 빨라지면서 진행 방향을 갑자기 바꾸는 탓에 상이 왜곡되므로, 숟가락이 마치 부러진 것처럼 보인다.

굴절 현상으로 설명되는 것이 또 하나 있는데, 바로 내가 늘 이해할 수 없었던 파도의 특성이다. 해변에 밀려오는 파도는 왜 항상 해변과 나란한 대열을 이룰까? 다시 말해, 파도는 왜 해변에 직각 방향으로 이동해 올까? 파도가 먼바다의 폭풍에서 유래한다면, 가끔은 해변을 향해 곧장 다가오지 않고 해변을 따라 훑는 방향으로도 진행해야 하지 않을까?

그러지 않는 이유는 굴절 때문이다. 물이 얕아질수록 파도의 속도는 느려지기 때문에, 물 밑 모랫바닥의 경사 방향과 어긋나게 비스듬히 다가오는 파도가 있다면, 해변에 가까운 쪽의 파도 끝부터 먼저 느려진다. 따라서 파도는 방향을 틀어 해안선을 결국 정면으로 향하게 된다.

만약 파도가 해변을 향해 이렇게 대략 정면으로 밀려오지 않는다면 얼마나 이상할지, 상상해보면 흥미롭다. 정확히 뭐가 문제인지

꼬집어 말하진 못해도, 뭔가 분명히 자연스럽지 않다는 느낌은 들 것이다. 파동관찰자건 아니건, 사람들은 대부분 굴절이라는 현상에 대해 별다른 인식이 없다. 그냥 그 결과를 당연하게 받아들인다. 파동이 다른 매질로 들어갈 때 속도가 변하면서 방향을 바꾼다는 사실이 우리에게 무슨 의미가 있겠는가? 파도가 해변에 대략 정면으로 다가오는 이유가 굴절 때문이라는 것을 알게 되었다 해도, 파도의 그런 모습 자체를 애초에 알아차리지 못했다면 별 감흥이 없을 것이다. 파동관찰이라는 취미의 핵심이 바로, 일상 속에 숨어 있는 것들을 알아차리는 것이다.

 파도가 옆으로 밀려온다면?

　물론 파동관찰자는 그저 아무 생각 없이 파도를 바라보는 것에서도 충분히 낙을 찾을 수 있다. 최고의 명상법이 될 수 있다고 생각한다. 하지만 더 넓은 의미의 파동관찰자란 종류가 전혀 다른 파동, 즉 해변의 파도처럼 눈에 잘 보이는 파동과 소리처럼 눈에 보이지 않는 파동 사이에서 연결고리와 유사성을 찾는 사람이다. 세상의 파동스러운 성질은 워낙 미묘한지라 많은 사람이 전혀 모른 채로 살아가지만, 워낙 근본적이기에 일단 알아차리고 나면 어디에서나 보이기 시작한다.

그렇다면 파동의 세 번째이자 마지막 이치인 회절에 대해 알아볼 차례다. 다음과 같다.

> 파동은 작은 장애물을 만나면
> 장애물이 없다는 듯 완전히 감싸며 돌아 나간다.
> 또 좁은 틈을 통과할 때는
> 모든 방향으로 퍼져나간다.

장애물이 파동에 미치는 영향은 장애물과 파장의 상대적 크기 관계에 좌우된다. 파장보다 훨씬 크기가 작은 장애물은 파동의 진행에 별 영향을 미치지 않는다.

공기 중에서 소리의 파장은 다양해서 가청 범위 상한에서는 몇 센티미터에 불과하지만, 가청 범위 하한에서는 몇 미터에 달한다. 그러므로 각종 소리는 일상 속 물체 주위에서 다양한 양상으로 회절한다. 나무, 울타리, 자동차 같은 물체는 높은음의 센티미터 단위 파장에 비해 훨씬 크지만, 낮은음의 미터 단위 파장보다는 작다. 복잡한 도로를 건너려고 횡단보도에 서 있으면, 노면을 스치는 타이어의 날카로운 소리부터 부웅거리는 트럭 엔진 소리까지 다양한 높낮이의 소음이 들려온다. 하지만 모퉁이나 벽 같은 장애물이 도로를 가리고 있다면, 낮게 부웅거리는 엔진 소리만 주로 들리고 높은 소리는 걸러져서 들리지 않는다.

스테레오 스피커를 최적의 위치에 배치할 때도 같은 원리가 적용된다. 저음 스피커(우퍼)는 방 어디에 둬도 괜찮다. 이를테면 테이블 아래에 놓더라도 긴 파장의 소리는 두꺼운 물체나 모퉁이를 쉽게 돌아서 귀에 도달하니 괜찮다. 반면 고음 스피커(트위터)는 중간에 장애물 없이 듣는 사람을 정면으로 향하게 놓아야 짧은 파장의 소리가 명확히 들린다.

그런가 하면 소리가 오는 방향을 판단할 수 있는 것도 소리의 회절 덕분이다. 음파가 우리 몸의 두꺼운 부위를 돌아서 퍼져나가기 때문인데, 그 부위는 바로 우리의 머리다.

우리는 소리의 파장이 머리 주위를 쉽게 회절할 수 있을 만큼 긴지 아닌지에 따라 두 가지 방법으로 소리의 방향을 판단한다. 파장이 머리 폭보다 훨씬 짧은 고음은 머리 주위를 쉽게 회절하지 못해 먼 쪽 귀에 잘 닿지 않는다. 이런 고음의 경우, 우리 뇌는 양쪽 귀에 도달하는 소리의 **강도**를 비교해 그 차이로 소리의 방향을 판단한다. 반면, 파장이 충분히 긴 저음은 머리 주위에 '음향 그늘'을 만들지 않고 쉽게 회절하므로 양쪽 귀에 모두 잘 도달한다. 이런 저음의 경우, 우리 뇌는 소리가 양쪽 귀에 도달하는 데 걸리는 **시간**의 미세한 차이를 비교한다. 머리 주위를 돌아가려면 길이 조금 더 멀기 때문에 소리는 음원에서 먼 쪽 귀에 약간 더 늦게 도달하기 마련이다. 여기서 '약간'은 영국식의 절제된 표현이 아니다. 그 차이는 0.6밀리초도 되지 않는다.

우리 뇌가 소리의 도달 시간과 강도의 차이를 지극히 정밀하게 감지할 수 있기에, 인간은 소리가 오는 방향을 수평적으로 판단하는 데 대단히 뛰어나다.˙ 소리가 대략 정면에서 들려오는 경우 두 음원의 방위각 차이가 2° 미만이어도 구별할 수 있다. 인간은 조용한

● 다만, 스쿠버다이빙을 해본 사람은 알겠지만 물속에서 소리의 방향을 판단하는 능력은 형편없다. 물속에서 소리의 속도는 공기 중에서보다 네 배 이상 빠르기 때문에, 두 귀에 도달하는 시간의 차이가 훨씬 작다.

소리나 고주파와 저주파를 듣는 능력은 다른 동물에 비해 떨어지는 경우가 많지만, 소리의 **방향**을 감지하는 데는 상당히 뛰어나서 고양이, 개, 박쥐 등 다른 어떤 포유류에도 뒤지지 않는다.[10,11] 불과 얼마 전까지만 해도, 우리는 인간이 몇몇 부엉이 종을 제외하고 **그 어떤 동물보다** 소리의 방향을 잘 감지한다고 알고 있었다. 그러나 미국 남부와 멕시코 북부에 서식하는 오르미아 오크라케아_Ormia ochracea_라는 포식 기생성 파리가 그 착각을 보기 좋게 깨주었다. 그 작은 노란색 파리가 인간만큼 미세한 각도 차이의 음원을 구별할 수 있다는 사실을 2001년에 코넬대학교 연구진이 밝혀낸 것이다.[12]

<u>소리 방향감이 탁월한 파리</u>

오르미아 파리의 뛰어난 소리 방향감은 귀뚜라미에게 치명적 결과를 초래한다. 밤중에 암컷 오르미아가 그 예민한 청력으로 수컷 귀뚜라미가 짝을 부르는 소리를 듣고 정확히 찾아가기 때문이다. 오르미아는 어둠 속에서 귀뚜라미 가까이에 내려앉은 다음, 마지막은 달려서 목표 지점에 이른다. 불쌍한 귀뚜라미가 알아채기도 전에, 오르미아는 수백 마리의 유충을 귀뚜라미 몸 또는 근처에 투하한다. 몸길이가 1밀리미터도 안 되는 검은색 유충들 중 한 마리 이상은 귀뚜라미의 몸속으로 파고든다. 유충은 일주일 동안 숙주의 몸속에서 먹고 자란 뒤 세상 밖으로 나온다. 귀뚜라미는 유충이 사라져서 속이 시원할 것 같지만, 그렇다 해도 잠시뿐, 곧 쓰러져 죽고 만다.

오르미아 파리의 음원 구별 능력이 인간과 대등하다면, 적어도 인간이 대결에서 진 것은 아니니 다행이다. 아니, 정말 그럴까? 인간의 양쪽 귀 사이 간격은 약 150밀리미터인 반면, 오르미아 파리의 경우는 0.5밀리미터다. 크기를 감안하면 암컷 오르미아 파리가 귀뚜라미를 찾아내는 능력은 인간보다 훨씬 대단하다고 할 수밖에 없다. 양쪽 고막의 간격이 그렇게 미미하니, 음파가 양쪽에 도달하는 시간의 차이는 500억분의 1초 정도다. 인간은 1만분의 6초이니 명함도 내밀기 어렵다. 참 대단한 파리다.

인간은 소리의 수평 방향을 판단하는 데는 꽤 능해도, 소리의 높낮이, 즉 위아래 각도를 판단하는 데는 영 서툴다. 귀가 좌우대칭으로 나 있기 때문이다. 일단 고개를 수평으로 돌려 소리가 나는 쪽을 향하고 나면, 소리가 어느 높이에서 오든 양쪽 귀까지의 거리가 같으므로 도달하는 음파에 아무 차이가 없다. 다행히 우리 삶은 기본적으로 2차원 공간에서 이루어지므로 이것이 큰 문제가 되진 않는다.

하지만 원숭이올빼미의 삶은 우리와 사뭇 다르다. 원숭이올빼미에게는 소리의 수직 방향을 정확히 파악하는 것이 무척 중요하다. 원숭이올빼미의 시각은 인간보다 빛에 두 배 더 민감하지만, 깜깜한 밤에 풀잎과 나뭇잎, 심지어 눈 속을 잽싸게 이동하는 조그만 설치류를 포착하는 데는 큰 도움이 되지 않는다. 대신 원숭이올빼미는 귀를 기울인다. 나뭇가지에 앉아 쥐가 바스락거리는 지점을 정확히 찾으려면, 소리의 방향을 수평 및 수직으로 예민하게 감지하는 능력이 필수다. 그래서 원숭이올빼미의 귀는 대칭이 아니다. 왼쪽 귓

〰️ 원숭이올빼미의
짝짝이 귀

구멍이 오른쪽 귓구멍보다 약 1센티미터 위에 있다.

원숭이올빼미를 비롯해 귀가 비대칭인 올빼미 종들은 미관상 다행스럽게도 짝짝이 귀가 깃털로 슬쩍 덮여 있다. 생쥐, 들쥐, 땃쥐에게는 불행하게도, 올빼미는 그 귀 덕분에 바스락 소리가 나는 방향을 정밀하게 탐지할 수 있다. 올빼미가 소리가 나는 방향으로 고개를 수평 회전해 굴절 현상을 없애고 양쪽 귀에 도달하는 음파의 강도를 고르게 맞춘 후에도, 음파가 양쪽 귀에 도달하는 시간에는 여전히 약간의 차이가 나게 된다.

고개를 수직 방향으로도 조절해 소리가 나는 방향을 똑바로 향하기 전에는 음원에서 양쪽 귀까지의 거리가 약간 다르기 때문이다. 이제 음파의 강도 차이는 없지만, 고개를 위아래로 움직이며 음파의 도달 시간을 똑같이 맞추면 먹잇감의 위치를 정확히 파악할 수 있다. 원숭이올빼미가 소리의 수직 방향을 감지하는 능력은 그야말로 탁월해서, 훈련을 받으면 완전히 깜깜한 어둠 속에서도 수평, 수직 방향 모두 오차 1° 이내로 '소리 표적물'을 타격할 수 있다.[13]

회절은 파동의 이치 중 하나이니, 소리에만 국한된 현상이 아니다. 회절의 효과는 온갖 종류의 파동에서 나타난다.

빛의 회절 효과를 관찰하려면 창문으로 들어오는 햇빛을 손으로 가려 벽에 토끼 모양 그림자를 만들어보면 된다. 손을 벽 가까이에 댈수록 그림자의 윤곽은 선명해진다. 손을 벽에서 멀리 떼면 그림자는 흐릿해진다. 토끼인지 올빼미인지, 아니면 오르미아 파리인지

도통 알 수 없다.

이렇게 그림자가 흐릿해지는 현상은 너무 흔해서 대수롭지 않아 보이지만, 회절을 아주 잘 보여주는 예다. 손은 가시광선의 파장에 비해 거대한 장애물이다. 가시광선의 파장은 500나노미터, 즉 1밀리미터의 2000분의 1 정도에 불과하다. 따라서 손은 그림자를 확실히 만든다. 빛이 손을 완전히 감싸며 돌아 나가지 않는다. 하지만 파동은 항상 어느 정도는 회절하므로 손 주위로 약간은 휘어진다. 손을 벽에서 멀리 뗄수록 빛의 휘어짐이 확연하게 드러난다.*

       그림자 놀이

회절은 전파의 일종인 라디오파에서도 흔히 나타나는 현상이다. 파장이 몇 미터 정도 되는 전파를 이용하는 FM 라디오 방송이 전국에 중계소 네트워크를 구축해야 하는 이유다. 언덕과 산이 전파의 파장보다 훨씬 크기 때문에, 전파가 직접 닿지 않는 골짜기에는 전파 수신이

       시골에 드리운 전파 그늘

불량한 '그늘'이 생길 수밖에 없다. 반면 파장이 수백 미터에서 1킬로미터 이상에 이르는 AM 라디오 방송은 그런 문제가 적다. 전파가 언덕을 쉽게 회절하여 골짜기까지 닿을 수 있으므로 거의 나라 전체를 하나의 송신소로 커버할 수 있다.

회절은 수면파에서도 관찰할 수 있다. 섬은 파도의 파장보다 훨씬 크기 때문에 섬 뒤에 물결이 잔잔한 그림자가 생긴다.

- 그림자의 가장자리가 흐릿한 것은 회절 때문만은 아니다. 태양은 점광원이 아니라 어느 정도 크기가 있는 광원이기 때문에 태양의 일부만 가려지는 그림자 가장자리에는 빛이 어느 정도 닿게 된다.

제2파 세상을 음악으로 채우는 파동

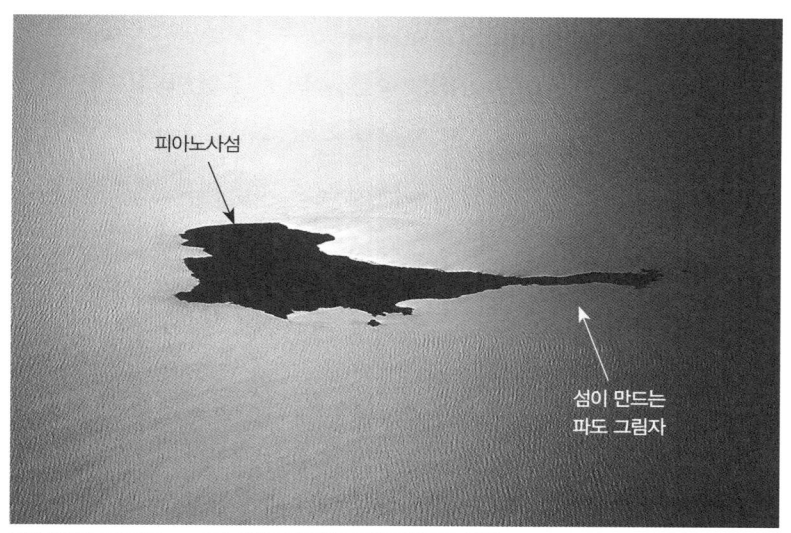

위: 이탈리아 지중해 연안의 피아노사섬. 섬이 파도의 파장보다 훨씬 크므로 그림자가 뚜렷하게 생긴다.
왼쪽: 잔교의 기둥은 파도의 파장보다 훨씬 얇으므로 파도가 기둥을 감싸며 돌아 나가서 그림자가 생기지 않는다.

　한편 잔교(물가에서 물 위로 뻗은 다리)의 기둥은 파도의 파장보다 훨씬 얇기 때문에 뒤에 그림자가 생기지 않는다. 파도가 기둥을 완전히 감싸며 돌아 나가는 모습이다.

　태평양 미크로네시아 지역의 뱃사람들은 파도가 파동의 세 가지 이

치에 따라 어떻게 움직이는지 잘 알고 있어야만 했다. 숙련된 항해사들은 카누를 저어 섬에서 섬으로 이동할 때 너울의 움직임을 읽어 방향을 잡았다. 이들은 두말할 것 없이 그 누구보다 대단한 파동 관찰자였다. 특히 하와이와 뉴기니 사이에 위치한 마셜제도는 섬과 환초들이 해수면에서 고작 1미터 정도밖에 솟아 있지 않아 멀리서 알아보기가 매우 어렵다. 따라서 항해하려면 별을 보고 방향을 잡아야 했고, 별이 보이지 않을 때는 파도를 읽었다.

이 독특한 항해술은 이제 거의 명맥이 끊겼지만, 과거에는 '마탕'이라고 하는 일종의 해도를 사용해 후대로 전수했다. 마탕은 코코

대영박물관에 소장된 19세기 마셜제도의 '마탕' 해도. 야자수 잎으로 만든 물건으로, 초보 항해사들에게 바다의 너울이 섬(왼쪽과 오른쪽의 작은 조개껍데기로 표시)과 만나 반사, 굴절, 회절되는 형태를 가르치는 데 사용되었다.

넛 야자수 잎줄기를 격자 모양으로 엮어 만든 물건으로, 너울이 섬에 부딪혀 반사되고 섬 주위에서 굴절 및 회절되는 형태를 보여준다. 이 마탕에 작은 조개껍데기를 붙여 섬을 나타냈다. 너울은 일정한 방향에서 오는 경향이 있기에, 뱃사람들은 너울의 진행 경로가 섬에 의해 바뀌는 모습을 관찰함으로써 60킬로미터 이상 떨어진 거리에서도 섬이 있는 방향을 가늠할 수 있었다.[14]

참으로 굉장한 파동관찰자라고 할 수 있겠는데, 사실 엄밀히 말하면 파동을 **관찰했다**기보다 파동을 **느꼈다**고 해야 하겠다. 1862년에 한 선교사는 이렇게 적었다. "항해사는 카누 바닥에 오른쪽 귀를 대고 몇 분 동안 누워 있다가, 동료들에게 육지가 뒤에 있다, 왼쪽이나 오른쪽에 있다, 아니면 앞에 있다고 말하곤 했다."[15]

이 선교사는 '귀를 바닥에 댔다'는 그 동작을 뭔가 오해한 것 같다. 이후 이루어진 연구에 따르면, 항해사들이 살핀 것은 소리가 아니라 카누의 흔들림이었다. 선미가 선수보다 먼저 들썩이면 너울이 뒤에서 오는 것이고, 좌현이 우현보다 먼저 들썩이면 너울이 왼쪽에서 오는 것이다. 그래서 어린 초보 항해사를 훈련시킬 때는 바다 위에 누운 채 떠서 파도에 몸이 흔들리는 느낌을 익히도록 하기도 했다.[16]

소리가 파동의 세 가지 이치를 아무리 잘 보여준다 한들, 파동관찰자에게 소리는 그다지 만족스럽지 못한 관찰 대상으로 생각될 수도 있다. 어차피 눈에 보이지 않으니 말이다.

하지만 소리는 내게 파동 관찰의 중요한 교훈을 가르쳐주었다. 때로는 파동을 그 모습이 아니라 그 작용을 통해 경험해야 한다는 사실이다. 파동성은 늘 겉으로 드러나지는 않는 법이다. 믿기 힘들 수도 있겠지만, 나는 태평양의 그 초보 항해사들에게 일종의 감정이입을 느꼈다. 관건은 파동을 **눈으로 찾는** 것이 아니라 그 속에 **몸을 담그는** 것임을 깨달았다.

그래서 그해 5월, 나는 소리 속에 몸을 담갔다. 물론 우리는 이미 소리 속에 살고 있다. 하지만 그 사실에 좀 더 주의를 기울여보았다. 방에 들어설 때 주변의 소리가 어떻게 달라지는지, 타일로 둘러싸인 욕실에서 내 목소리와 발소리가 어떻게 울리는지 귀를 기울였다. 저녁을 먹다가도 나이프 손잡이가 와인잔 가장자리를 스칠 때 소리굽쇠처럼 맑게 울리는 음에 귀를 기울였다. 섬세한 잔이 과연 어떤 식으로 진동했기에 그런 감미롭고 낭랑한 소리가 났을지 생각해보았다. 반면, 냄비 뚜껑이 바닥에 떨어졌을 때는 꽹과리처럼 불특정한 음의 소리가 났다. 여러 진동이 뒤섞인 소리였기에 주파수가 일정하지 않았고 음색도 맑지 않았다. 요리사의 욕설에 배경으로 깔리는 소음으로나 어울릴까.

〰️ 소리에 온몸을 담그기

소리는 보통 우리 눈에 보이지 않지만, 그 효과는 눈으로 볼 수 있다. 혹시 레게 공연장에 갈 일이 있다면, 흡연자에게 라이터를 빌려 베이스 스피커 앞에 들고 있어보라. 눈앞에서 불꽃이 음악에 맞춰 춤출 것이다. 불꽃은 압력파에 따라 솟았다 가라앉았다 깜박거렸다 한다. 그것은 소리의 근본적 움직임, 그 물리적 진동 자체다. 불꽃이 마치 현란한 스트리트댄스를 추듯 거기에 맞춰 움직이는 모습이다. 소리의 파동은 물론 몸으로도 느낄 수 있다. 흉강이 소리에 진동할 때, 소리가 우리 몸을 휩쓸고 지나가는 물리적 현상임은 의심할 여지가 없다.

레게가 취향이 아니라서 우렁차게 울리는 서브우퍼 대신 80인조 오케스트라 앞에 앉아 있다 해도, 음악의 물리적 성질을 한껏 음미해볼 수 있다. 눈을 감아보자. 소리의 파도 위에 누워 둥둥 떠 있다고 상상해보자. 파도가 아래로 지나갈 때 몸이 이리저리 흔들리는 것을 느껴보라. 팀파니 드럼의 조율된 가죽이 내는 저주파음은 몸속을 울린다. 마치 몸 전체를 들썩이게 하는 너울과도 같다. 진동하는 드럼 가죽의 깊은 박동이 하나하나 느껴질 정도다. 반면 현악기 섹션에서 들려오는 고음의 비브라토는 그렇지 않다. 연주자가 현을 누른 채 손가락을 떨어 현의 길이를 미세하게 변화시킴으로써 주파수를 빠르게 오르내리게 하는 소리다. 몸속을 뒤흔드는 파동은 아니라 해도, 감정이 북받치는 사람의 떨리는 목소리를 연상시키지 않는가? 그 파동도 소리의 바다에 떠 있는 우리를 나름의 방식으로 움직인다.

칠판이나 교과서에 적힌 물리 공식에 국한된 이야기가 아니다. 음악이 우리 안에 불러일으키는 모든 감정의 물리적 근원을 말하고 있는 것이다. 우리가 듣는 모든 음악은 음파의 연속에 지나지 않는다. 폄하하려는 것이 아니라, 그토록 강렬하고 다층적인 음색과 음조의 흐름이 그토록 평범한 수단을 통해 우리에게 전해진다는 사실의 특별함을 상기시키려는 것이다. 작곡가가 곡에 담아내려고 했던 모든 열망, 연주자들이 연주에 쏟아부은 모든 감정, 수많은 악기가 동시에 맞물려 어우러지거나 부딪치는 모든 화음이, 우리 귓속 공기의 얌전한 진동으로 다 전달될 수 있다는 사실이 참으로 경이롭지 않은가.

제3파
정보화 시대의 기반이 되는 파동
On which our information age depends

    우리 집 근처 들판에는 작은 강이 흐른다. 일이 잘 안 될 때면 강가로 나가보곤 한다. 보름 넘게 비가 내리지 않았던 어느 6월 아침, 강물은 흐르는 낌새가 전혀 없었다. 그날은 바람도 한 점 없어 수면이 유리처럼 매끈했다.

    물이 이렇게 잔잔할 때면 물에 비친 구름을 관찰하곤 한다. 그날 하늘에는 맑은 날씨를 알리는 '편평적운'이 느리게 흘러가고 있었다. 처음에는 수면이 완전히 고요한 줄 알았는데, 구름이 비친 모습을 보니 미세하게 움직이고 있었다. 물에 비친 구름은 무심하게 춤추듯 느리게 흔들거렸다. 강이 살짝 굽은 지점을 돌아서는데 갑자기 앞쪽에서 첨벙 하는 소리가 들렸다. 상류 쪽 물에 비친 구름이 통통 튀기 시작했다. 뭐지? 물고기인가?

눈을 들어 찾아봤지만 뭔지 몰라도 이미 사라지고 없었다. 하지만 녀석은 흔적을 남겼으니, 잔잔한 수면 위에 파문이 퍼지고 있었다. 거기엔 신호가 담겨 있었다. 반원 모양으로 확산 중인 파문이 시작된 곳은 반대편 강기슭이었다. 그 발원점을 눈으로 찾아가니 수면 바로 위의 작은 구멍으로 이어졌다. 그렇다면 물고기는 아니다. 물 땃쥐나 물밭쥐, 아니면 물 햄스터…? 여하튼 뭐 그런 종류였을 것이다. 무엇인지는 몰라도 저 강기슭의 구멍 속에 사는 녀석이고, 방금 그 파문으로 자신의 존재를 노출한 셈이다.

나는 생각에 잠겼다.

파동을 단지 에너지의 이동이라고만 할 수는 없다. 파동은 정보를 담고 있기도 하다. '정보'라니 그리 낭만적이지 않다고 생각할지 모르지만, 파동을 '매질을 통해 전파되는 교란 상태'로 설명하는 것보다는 나을 듯싶다. 어찌 됐든, 모든 파동은 그 발생 원인이었던 교란에 관해 알려주는 단서를 필연적으로 담고 있다. 강에 사는 그 미지의 생물은 뜻하지 않게 자신의 움직임과 행방에 관한 정보를 전달했으니, 물 밖으로 나오면서 낸 첨벙 소리, 그리고 수면에 퍼진 파문을 통해서였다.

강물에 비친 구름은 이제 다시 안정화되어 '본격적으로 춤추기에 쑥스러운 사람이 몸을 좌우로 기웃거리기만 하는' 듯한 그 동작을 하고 있었다. 그 모습을 보고 있으니 유명한 낚시꾼 크리스 예이츠에게서 들은 이야기가 생각났다. 낚시하는 사람은 온종일 물에 비친 하늘을 보기 때문에 일종의 거꾸로 된 구름 관찰을 하게 된다고 했다. 물고기는 수면에 일으킨 파문으로 인해 본의 아니게 자신의

구름이 아직 느리게 춤추고 있을 때의 모습이다.

존재를 숙련된 낚시꾼에게 간파당하곤 한다. 그렇다면 낚시꾼은 구름관찰자이자 파동관찰자일까? 파문의 패턴만 보고 물고기의 종류를 알 수도 있을까?

크리스에게 전화해 파동 관찰에 관해 물었더니, 이렇게 설명했다. "수면이 아주 고요할 때 파문을 항상 주시합니다. 특히 달밤에 보면 좋아요. 물고기는 눈에 띄지 않게 움직이는데, 호수가 워낙 고요하니 파문이 갑자기 나타나는 게 보이죠. 보통은 큰 물결 하나가 일고

제3파 정보화 시대의 기반이 되는 파동

앞뒤로 작은 물결이 몇 개씩 딸려 옵니다."

수면의 파문이 전해주는 메시지는 상당히 미묘할 때도 있다고 했다. 예를 들면 물고기가 수면을 치지 않고, 바다에서 먹이를 먹다가 새우 같은 것을 잡으려고 몸을 홱 틀 때다. 수면 부근에서 꼬리를 차며 몸을 틀면 "듣기 좋은 물결 소리가 나면서 파문이 퍼져나간다"고 한다.

물고기가 수면을 칠 때는 대개 물 위에 떠 있는 뭔가를 낚아채려고 입만 수면에 대는 경우다. 크리스는 이렇게 설명했다. "송어는 항상 특유의 원형 파문을 만듭니다. 그러므로 눈앞에 물이 한 50미터 펼쳐져 있다면, 항상 빛을 적절히 확보해 수면에 파문이 조금이라도 일면 보일 수 있게 해야 해요. 송어가 물 위에 앉은 곤충을 잡으면서 생긴 파문일 수 있으니까요."

물고기 입이 만드는 파동

가장 극적인 신호라면 물고기가 물 밖으로 뛰어오르는 동작이다. 아마도 아가미에 낀 진흙을 털어내기 위한 행동일 것이다. "큰 잉어가 바닥에서 먹이를 찾을 때, 가령 진흙 속에서 깔따구 유충 같은 걸 찾다 보면, 아가미에 흙이 많이 낄 수 있습니다. 큰 호수라면 첨벙 소리는 안 들릴 수도 있지만, 수면이 고요하면 파문은 보입니다."

1980년의 어느 전설적인 날, 크리스는 잉글랜드 헤리퍼드셔의 레드마이어 저수지에서 23킬로그램짜리 잉어를 낚았다. 당시까지 잉글랜드에서 잡힌 가장 큰 담수어였고, 그 기록은 이후 15년간 깨지지 않았다. "레드마이어 한쪽 끝의 둑에 앉아 있었는데, 200미터 떨어진 호수 반대쪽 끝의 얕은 물에서 물고기가 풍덩 하는 소리가 들려왔습니다. 그 소리가 들린 후 정말 한참이 지나서야 마침내 파문이 도달해 물에 비친 달빛이 흔들렸죠."

크리스는 잉어가 다시 뛰면 파문이 도달하는 데 걸리는 시간을 재야겠다고 생각했다. "그 후 두 번을 더 뛰었는데, 뛰고 나서 파문에 달빛이 흐트러지기까지 2분 30초가 걸렸어요. 200미터를 오는 데 2분 30초가 걸린 거예요."

"파문의 호가 굽은 정도로 미루어 호수나 강물 위에 있는 원의 중심을 찾아가면 그곳에 바로 물고기가 있습니다. 그런 신호가 나타나면 나는 항상 더 가까운 곳으로 접근해요. 그건 정말 강력한 단서거든요. 수면을 주시한다는 것은 레이더 화면을 보는 것과 똑같습니다."

파동은 '이동하는 교란 상태'로서, 자신을 발생시킨 사건에 관한 정보를 전달한다. 그 사건은 잉어가 몇 분 전에 물에서 뛰어오른 사건일 수도 있고, 137억 년 전 우주의 탄생처럼 훨씬 더 오래된 사건일 수도 있다. 실제로, 빅뱅으로 생겨난 전자기파는 지금까지도 '우주 마이크로파 배경 복사'라는 형태로 우주 공간에 퍼져나가고 있다.

〽️ 빅뱅 파동

크리스 예이츠가 날카로운 낚시꾼의 눈으로 수면의 파문을 읽어 물고기의 위치를 파악하듯, 우주학자들은 마이크로파를 감지하는 우주 탐사체를 이용해 과거의 중요한 '우주 교란'에 관한 증거를 찾는다. 탐지된 마이크로파 덕분에 우주의 기원과 구성에 대해 많은 사실을 알 수 있었으며, 수십 년간 이어졌던 우주의 기본 성분에 대한 논쟁이 종결되기도 했다. 그 마이크로파는 우주가 늘 안정된 상

세상에서 가장 큰 교란으로 인해 발생한 파동을 탐색 중인 플랑크 위성. 2009년 5월에 발사되어 빅뱅으로부터 38만 년 후에 발생한 마이크로파를 측정했다.

태였던 것이 아니라 빅뱅으로 시작되었음을 말해주는 가장 중요한 증거다.

우주의 마이크로파를 측정하고 관찰하기 위해서는 우주에 띄운 관측 장치를 이용한다. 그 첫 번째는 2001년 NASA에서 발사한 '윌킨슨 마이크로파 비등방성 탐색기'로, 지구에서 약 150만 킬로미터 떨어진 궤도를 돌며 우주의 다양한 방향에서 오는 마이크로파의 미세한 강도 차이를 측정했다. '우주 마이크로파 배경 복사'의 분포에 미묘한 차이가 있다는 사실을 발견한 덕분에 천체물리학자들은 우주의 초기 모습을 그려낼 수 있었고, 우주의 팽창 속도와 밀도, 그리고 나이를 이전보다 훨씬 높은 정확도로 계산할 수 있었다.

TV에 방송 신호가 잡히지 않을 때 나오는 지지직거리는 화면에서 잡음의 약 1퍼센트는 우주 배경 복사 때문인 것으로 알려져 있다.˙ 나머지 99퍼센트는 주로 가전제품에서 나오는 전자기파 잡음, 그리고 지구상에서 생성되어 우리 주변을 끊임없이 떠도는 라디오파와 마이크로파 등 각종 통신 신호다. 윌킨슨 탐색기와 그 뒤를 이은 더욱 고성능의 플랑크 위성은 지구에서 멀리 떨어진 궤도에 띄워져 있을 뿐 아니라, 항상 지구의 그림자 속에 위치하게 되어 있다. 지구에서 오는 전자기 소음의 간섭도 줄이고 태양에서 오는 방사선도 피하기 위해서다. 지구와 더 가까운 곳에서 우주 마이크로파를 탐지한다면? 강풍이 부는 날 거친 물결 속에서 송어가 수면에 입을 스쳐 만든 파문을 찾으려고 하는 것과 비슷할 것이다.

자신이 만든 파동 탓에 존재를 들키는 것은 물고기뿐만이 아니다. 우리 모두는 움직이는 교란체다. 본의 아니게 늘 이런저런 형태의 파동을 발산하고 있어서, 감지할 줄 아는 상대에게 정체를 들키고 만다.

 쥐가 풀 속을 뒤지며 바스락거리는 소리, 급강하하는 올빼미의 깃털이 공기를 가르는 희미한 소리 등 모든 생물의 모든 움직임은 어떤 음향파를 만들어낸다. 물론 동물의 모습 자체도 빛이라는 파동을 교란하는 역할을 한다. 어떤 동물은 인간의 눈에 보이지 않는 낮

● 지지직거리는 TV 화면은 이제 디지털 TV의 보급과 신호가 잡히지 않을 때 화면을 검게 처리하는 회로 덕분에 과거의 유물이 되어가고 있다.

은 주파수의 전자기파를 감지할 수 있도록 진화했다. 우리는 동물이 체열로 방출하는 따뜻한 적외선을 피부로 느낄 수는 있어도 눈으로 볼 수는 없다. 그러나 중앙아메리카 열대우림에 서식하는 '점핑 핏 바이퍼jumping pit viper'라는 뱀은 눈과 콧구멍 사이에 있는 열 감지 구멍으로 적외선을 감지하여 먹잇감이 되는 설치류를 놀라울 정도로 정확히 덮칠 수 있다.

이처럼 뜻하지 않게 발생된 파동 신호 탓에 다른 동물의 먹이가 된다는 것은 참 불운한 일일 수 있겠다. 하지만 만약 동물이 파동을 아예 발생시키지 **못한다면** 어떻게 될까? 아마 진화의 막다른 길 끝에서 굉장히 외롭게 살아야 하지 않을까. 번식이란 본질적으로 협력이 필요한 일이니, 모종의 소통은 모든 종의 생존에 필수적이다.

소리는 두말할 것 없이 이성을 유혹하는 훌륭한 수단이다. 이른 봄에 짝을 찾는 수컷 되새의 날카로운 노랫소리부터, 5년마다 발정기에 접어드는 암컷 아프리카코끼리가 내는 초저음파의 묵직한 울음소리까지 그 양상도 다양하다. 후자의 경우 인간에게는 거의 들리지 않지만 수 킬로미터 밖에서도 수컷 코끼리를 끌어들인다.

수컷 공작의 깃털이 빛 파동을 산란시켜 만드는 화려한 색깔은 위장에는 전혀 도움이 되지 않지만, 암컷에게 어필하는 데는 적잖은 도움이 된다. 반딧불이도 마찬가지 이유로 배에서 빛을 깜빡여 신호한다. 갑오징어는 피부의 색소 세포 2천만 개를 이용해 몸 색깔을 현란하게 바꾼다. 짝에게는 "이리 오라", 적에게는 "물러서라"라는 신호를 보내고, 포식자에게는 주변과 똑같이 위장해 자신의 존재를 감추기 위해서다.

그렇다면 인간은 어떨까? 여느 동물과 마찬가지로 우리도 파동을 만드는 능력으로 짝을 유혹한다.

물론 서로에게 건네는 말의 내용도 중요하지만, 성적인 상호작용에서 더 중요한 것은 목소리의 톤과 음색이다. 남자는 자기도 모르게 목소리를 조절해 더 깊고 동굴 같은 목소리를 내곤 한다. 강하고 든든한 체격에서 나오는 목소리를 흉내 내는 것이다. 여자는 반대로 보호 본능을 자극하기 위해 가늘고 떨리는 목소리를 내곤 한다. 아니면 섹시한 느낌을 주기 위해 허스키한 소리를 내기도 한다. (허스키한 음색은 술 마시고 담배 피우며 내숭 없고 거침없어서 무엇에든 응하는 타입을 암시할 수 있다.)

〰️ 섹시한 파동

우리는 성적 매력을 위해 빛의 파동도 조절한다. 립스틱과 블러셔의 붉은색은 성적으로 흥분할 때 피부에 피가 몰리는 모습을 흉내 낸 것 아닐까? 그리고 페라리 스포츠카의 상징적인 색은 왜 붉은색일까? 이성에게 작업을 거는 방법치고 너무 노골적인 느낌도 들지만, 페라리 테스타로사에 강한 매력을 느끼는 여성이 실제로 많은 것이 틀림없다. (페라리의 명차 '테스타로사'는 이탈리아어로 '붉은 머리'라는 뜻인데, 제조사 말대로 정열적인 유혹녀의 머리카락을 가리킬 수도 **있겠지만** 어쩐지 다른 것을 암시하는 듯한 느낌을 지울 수 없다.)

물론 **모든 것**이 성적인

색깔은 다 아시죠?

목적은 아니다. 우리가 주고받는 모든 말, 우리가 듣는 모든 멜로디, 우리가 보는 모든 영화, 우리가 읽는 모든 책, 신문, 표정은 음파나 광파를 통해 우리에게 도달한다. 파동은 매개자다. 우리 주변에 늘 존재하고, 우리가 끊임없이 보고 듣지만 거의 의식하지 않는 존재다. 그중에서도 현대 인류의 소통에 그야말로 근본적인 역할을 하는 파동이 있다. 가시광선은 그 파동의 극히 미미한 일부를 차지할 뿐이다. 오늘날 정보화 시대는 그 파동이 없으면 돌아가지 못한다. 그 파동은 바로 전자기파다.

좀 더 친근한 이름으로 불러주고 싶은 마음이 굴뚝같다. 전자기파 electromagnetic wave 대신 'EM파'라고 하는 사람도 있지만, 딱히 더 나은 이름 같지는 않다. 전자기파가 얼마나 경이로운 현상인지를 생각하면, 좀 더 산뜻한 명칭의 도입이 시급하다 하겠다.

전자기파의 범위는 가장 파장이 긴 라디오파에서 시작해 마이크로파, 적외선, 가시광선, 자외선, X선을 거쳐 가장 파장이 짧은 감마선에 이른다. 스펙트럼의 중간 부분에 위치한 적외선, 가시광선, 자외선은 태양에서 쏟아져 나온다.

아주 긴 파동과
아주 짧은 파동

그리고 극히 긴 파장에서 극히 짧은 파장에 이르기까지 **온갖** 크기의 전자기파가 우주 곳곳에 흩어져 있는 별, 은하, 블랙홀, 고온의 가스 등에서 방출된다.

전자기파의 파장에 상한이나 하한이 있다는 증거는 아직까지 없다. 지금까지 관찰된 전자기파 중 가장 파장이 짧은 감마선의 파장은 분자 크기의 10억분의 1 수준에 불과한데, 상상하기조차 어려운 크기다. 가장 긴 라디오파 파장의 추정값은 지구와 태양 사이 거리에서 그 천 배에 이르기까지 다양하다. 숫자로 말하자면, 알려진 전자기파의 파장은 10^{-18}미터에서 10^{-11}미터 사이라고 할 수 있다. (이 장에서 언급하는 모든 파장값은 진공 속을 나아가는 전자기파를 기준으로 한 것이다. 다른 매질을 통과할 때는 속도가 느려지면서 파장이 더 짧아진다.)

이처럼 상상하기 어려울 만큼 광범위한 파장 스펙트럼의 중간쯤에 가시광선이라는 아주 좁은 대역이 있다. 가시광선의 파장은 빨간색 쪽 끝에서 약 700~750나노미터, 보라색 쪽 끝에서 약 400~450나노미터로, 어느 쪽이든 사람 머리카락 굵기의 100분의 1이 채 되지 않는다(나노미터는 밀리미터의 백만분의 일로, 약자로 nm이라고 쓴다). 가시광선도 라디오파나 X선 등 다른 전자기파와 정확히 똑같은 성분으로 이루어져 있다. 유일한 차이점은 파장, 즉 마루와 마루 사이의 거리뿐이다.

전자기파의 한 가지 규칙은 파장이 짧고 주파수가 높을수록 에너지가 크다는 것이다.* 통신에 쓰이는 전자기파는 파장이 길고 에너지가 작은 종류다. 의외라고 생각될 수도 있다. 왜 에너지가 **작은** 파동이 정보를 전달하는 데 더 유리할까? 에너지가 크면 더 멀리 전파되고 신호도 더 강할 것 같은데 말이다. 그 의문에 대한 답은 간단하다. 파장이 아주 짧은 파동은 너무 위험하다는 것.

● 전자기파가 여느 파동과 다른 점이다. 일반적인 파동의 에너지는 진폭, 즉 파동의 높이에 따라 결정된다. 이에 대해서는 '제8파'에서 더 자세히 설명한다.

높은 주파수의 자외선, X선, 감마선은 에너지가 너무 강해 원자에서 전자를 떼어내는 '이온화' 과정을 통해 분자를 영구적으로 변화시킬 수 있다. 생체 세포가 자외선과 X선에 장기간 노출되면 암을 유발하는 세포 기능 이상이 발생할 위험이 있으며, 에너지가 더 강한 감마선에는 잠깐만 노출되어도 세포가 파괴될 수 있다. 감마선이 암세포를 죽이는 방사선 치료에 쓰이는 이유다.

어쨌든 정보통신 시대의 기반이 되는 파동은 전자기파 스펙트럼에서 그 반대쪽에 있는 종류다.

그럼 전자기파 통신에 쓰이는 파동을 한 가지씩 소개하겠다. 가장 파장이 긴 것은 라디오파 중에서도 냉전 시대 초강대국들이 깊은 바닷속 잠수함에 메시지를 보내는 데 썼던 종류다. 당시 사용했던 라디오파는 파장이 4000킬로미터에 이르며, 바닷물을 몇 미터 이상 투과할 수 있는 유일한 전자기파다. 소금물은 전기가 잘 통하는 물질이어서 대부분의 전자기파를 흡수하지만, 파장이 매우 긴 라디오파만은 통과시킨다. 그 정도로 긴 파장을 만들려면 지극히 낮은 주파수로 신호를 발생시켜야 하는데, 비용이 많이 들고 거대한 송신 장비가 필요하다. 미국은 미시간주와 위스콘신주에 각각 송출국을 두고 동기화해 운영했다. 송출국마다 전신주를 따라 23킬로미터에서 거의 50킬로미터에 이르는 거리에 걸쳐 케이블을 가설해놓고, 전용 발전소를 가동해야 했다. 한편 소련은 무르만스크 부근 한 곳에만 송신 장비를 두었다.

그 거대한 파장의 라디오파를 만들어내기 위해 미국과 소련 두 나라 모두 땅속 깊이 전신주를 매설하고 지구 자체를 안테나로 사

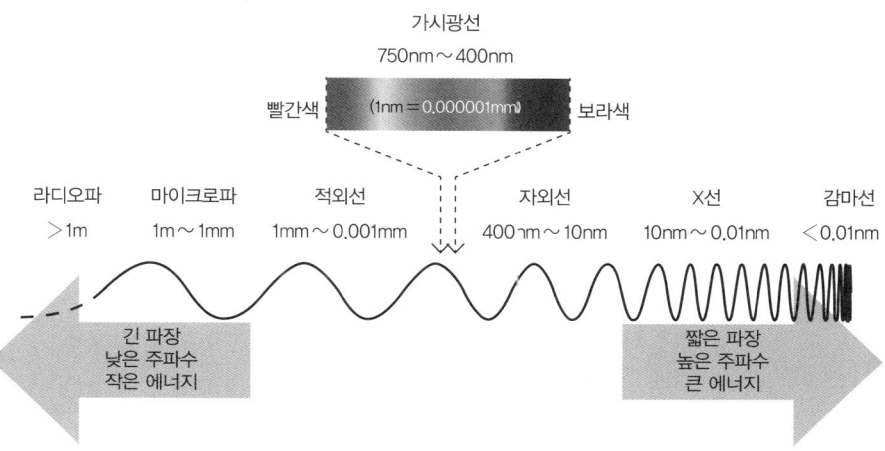

나중에 시험 칠 예정이니 모두 외워놓도록 하자.

용해야 했다. 냉전이 끝나면서 그런 송신 장비를 운영하는 데 드는 엄청난 비용을 정당화하기 어려워졌고, 이후에는 잠수함이 수면 가까이 떠올라 사령부와 통신하는 방법을 쓰게 되었다. 그러면 더 주파수가 높고 실용적인, 파장이 몇 킬로미터에서 1미터 사이 정도인 일반적인 라디오파를 쓸 수 있다. 이 대역의 라디오파는 정보화 시대의 '짐꾼'과도 같다. 쓰이는 곳의 예를 몇 가지만 들면 라디오 방송, TV 방송, 베이비 모니터, 차고 문 리모컨, 심박 모니터, 눈사태 구조용 신호기, 항공기 통신, 표준 시보 송출, 상점의 도난 방지 태그 등이다.

그다음으로는 파장이 1미터에서 1밀리미터 사이인 전자기파가 있는데, 보통 마이크로파로 불린다. 마이크로파는 전자레인지로 음식을 데우는 데도 쓰이지만, 훨씬 낮은 강도로는 휴대폰이나 노트

북으로 와이파이망에 접속하는 데도 쓰인다. 휴대 기기의 블루투스 연결, 자동차 내비게이션의 GPS, 인공위성을 이용하는 장거리 전화에도 사용된다. 사실 지구와 인공위성 간의 모든 통신이 마이크로파로 이루어지며, 주로 짧은 파장 대역인 10센티미터에서 1밀리미터 사이를 사용한다.

나처럼 마이크로파가 즉석식품을 데우고 해동하는 데나 쓰이는 것으로 알았던 독자라면, 마이크로파가 통신기기에서 이렇게 중심적 역할을 한다는 사실이 놀라울 수도 있다. 전자레인지에 사용되는 마이크로파는 파장이 12.2센티미터로, 음식 안의 물 분자를(그리고 어느 정도는 지방 화합물도) 이리저리 회전시켜 음식을 데운다. H_2O 분자는 양 끝에 각각 양전하와 음전하를 띠고 있어서, 마이크로파가 음식을 통과하면서 전기장의 방향을 초당 24억 5천만 번 바꾸면 거기에 맞춰 고장 난 나침반 바늘처럼 이리 돌았다 저리 돌았다 한다. 유리 접시와 도자기 그릇은 수분이 들어 있지 않으므로 마이크로파를 쬐어도 뜨거워지지 않는다.

한편 그 외의 파장을 갖는 마이크로파는 대부분 주파수가 너무 높거나 낮아 그 에너지가 물에 잘 흡수되지 않는다. 즉석식품에 함유된 물이든 대기 중에 떠 있는 물이든 마찬가지다. 또한 마이크로파는 라디오파와 달리 '전리층'의 전하를 띤 입자들과 상호작용하지 않으므로 대기를 쉽게 통과할 수 있다. 이러한 이유로 마이크로파는 인공위성과 통신하는 데 가장 적합할 뿐만 아니라, 지구 궤도를 멀리 벗어난 우주선과 통신하는 데도 일반적으로 사용된다. 인류 역사상 지구에서 가장 멀리까지 나아간 인공 물체인 NASA의 우주 탐사선 보이저 1호와 지금까지 교신이 유지되는 것도 마이크로파를 통해서다.

보이저 1호

1977년 9월 5일에 발사된 보이저 1호는 현재 지구에서 250억 킬로미터 떨어져 있어 공식적으로 태양계를 벗어난 지 오래고, 하루에 약 150만 킬로미터씩 더 멀어지고 있다. 모든 전자기파가 그렇듯, 지구와 우주 간의 마이크로파 통신도 빛의 속도로 이동한다. 현재 보이저 1호에서 보내는 신호가 지구에 도달하는 데 걸리는 시간은 약 23시간으로, 우리가 장거리 통화할 때 가끔 느껴지는 지연은 거기에 비하면 새 발의 피다(문단 내 숫자는 2025년 봄 기준이다 – 옮긴이).

250억 킬로미터

하지만 지금은 전화 통화도 인터넷 트래픽이나 케이블 TV와 마찬가지로 광섬유를 통해 적외선으로 전송되기 때문에, 통화 지연 현상은 이제 거의 경험할 일이 없다. 적외선은 마이크로파보다 주파수가 높은 대역으로 1밀리미터에서 750나노미터 사이의 파장을 가지며, 고체 물질로 쉽게 차단된다. 그래서 적외선은 TV 리모컨에 가장 적합한 전자기파이기도 하다. 만약 벽을 통과하는 전자기파가 리모컨에 쓰인다면? 이웃 간의 신호 간섭으로 싸움이 잦아들 날이 없을 것이다.

태양 지구

"들리세요? 감이 좀 머네요." 인류 역사상 가장 먼 거리의 통신은 마이크로파를 사용한다.

제3파 정보화 시대의 기반이 되는 파동 *147*

이 모든 종류의 전자기파는 오직 파장과 주파수만 다르다는 사실을 잊지 말자. 모두 본질적으로 똑같은 파동이고 스케일만 다를 뿐이다. 또한 우리가 평소 의식하지 않아도 어디에나 존재하며, 어디에서든 우리 몸속을 지나가고 있다. 메시지와 신호와 정보가 끊임없이 겹치고 교차하고 합쳐지면서 퍼져나간다. 우리 눈으로 볼 수 있는 것은 그 전자기파의 아수라장 속에서 극히 좁은 범위에 불과하지만, 모두 우리 주위에 존재하는 것은 틀림없다. 봉고를 연주하는 물리학자, 리처드 파인만은 이를 가리켜 이렇게 말했다.

> 그 모든 것이 방 안을 동시에 지나가고 있다는 사실을 모르는 사람은 없겠지만, 자연의 복잡함과 상상하기조차 어려운 그 성질을 제대로 음미하려면 잠시 멈춰 곰곰이 생각해볼 필요가 있다.[1]

그렇다면 그 전자기파의 홍수 속에서 베이비 모니터 같은 장치는 과연 어떻게 필요한 신호만을 가려낼 수 있는지 궁금해진다. 본질적으로는 똑같은데 스케일만 다른 전자기파들이 그렇게 섞여 있다는 건, 음파로 말하자면 상상을 초월하는 규모의 수많은 사람과 사물이 동시에 소리를 내고 있는 상황과 같을 텐데, 아기 울음소리를 담은 신호만을 어떻게 잡아낼 수 있을까?

전자기파를 이용하는 모든 통신 장치는 '공명'이라는 물리 현상에 의존한다. 전자기파는 물론이고 모든 파동이 세상과 맞물리는 방식이 바로 공명이다. 파동과 진동의 밀접한 관계 속에서 태어난 공명은 그 어떤 파동 현상보다 우리에게 큰 쾌감을 준다.

무명 음악가 마브는 방금 새 기타를 샀다.

그의 기타 실력은 그리 뛰어나지 않다. 어쩌면 그래서 여전히 무명인지도 모른다. 그래도 시내에서 버스킹을 하며 그럭저럭 생계를 이어간다. 몇 달 동안 〈더 하우스 오브 더 라이징 선〉만 연주한 끝에, 마침내 낡은 기타를 바꿀 수 있을 만큼 동전을 모았다. 마브는 뿌듯한 기분으로 새 기타를 자신의 원룸으로 가져와 처음으로 조율을 한다.

그가 새 기타의 D줄을 튕기자, 줄은 초당 약 147번 진동한다. 기타의 상판을 이루는 광나게 래커칠된 울림판도 이에 따라 똑같이 진동한다. 기타 소리의 대부분은 이렇게 만들어진다. 떨리는 울림판에서 D음의 파동이 사방으로 퍼져나가며, 칙칙한 방의 차가운 공기를 따뜻하고 맑은 음으로 채운다.

파동과 진동은 떼려야 뗄 수 없는 관계다. 진동이 파동을 만들지만, 그 관계는 단방향이 아니다. 파동 역시 진동을 만든다. 특히 주기적인 파동은 결국 진동의 움직이는 패턴이기에 더욱 그렇다. 마브의 새 기타 울림판에서 퍼져나오는 따뜻한 D음도 마찬가지다. 그의 등 뒤 방구석에는 이전에 쓰던 기타가 놓여 있다. 여기저기 긁히고 풍파에 닳았고, 스티커가 잔뜩 붙어 있다. 지난 5년간 버스킹을 함께하며 다음 기타를 살 동전을 벌어준 기타다. 이제 새 모델에게 자리를 내어주었지만, 여전히 조율은 잘 되어 있다.

〽️ 파동과 진동

낡은 기타의 D줄도 역시 초당 147번 진동하게 되어 있다. 그래서 마브가 D음을 치면 147헤르츠의 음파가 방 안에 퍼지면서 낡은 기타의 D줄도 살며시 함께 진동한다.˙ 음파의 주파수가 줄이 본래 진동하는 속도와 일치하기 때문이다. 음파를 이루는 압축과 팽창의 연속이 줄의 자연적인 떨림과 맞아떨어지는 것이다. 도달한 음파의 진동 하나하나가 줄의 떨림을 차츰 키워가고, 마침내 줄은 스스로 음을 내기 시작한다. 이제 두 기타는 같은 음을 함께 내고 있다.

마브가 놀이터에서 아들을 그네에 태우고 밀어줄 때도 비슷한 현상이 일어난다. 아들은 "더 높이! 더 높이!" 하고 외치지만, 마브는 종일 서 있었던 데다가 이런저런 생각을 하느라 온 힘을 다하지 않고 있다. 어깨높이까지 그네를 최대한 끌어올렸다가 놓을 수도 있지만, 그렇게 하지 않는다. 우선 가볍게 밀어준 다음, 그네의 자연적인 리듬에 맞춰 계속 밀어주며 진폭을 점점 늘려간다. 마브는 무의식적으로 타이밍을 맞춰 밀고 있다. 만약 그네의 자연적인 리듬, 즉 그네의 '고유 진동수'보다 빠르거나 느리게 민다면, 아들과 부딪혔다가 허공을 밀었다가 할 것이다. 그네의 진폭은 전혀 커지지 않을 것이고, 아들은 아빠가 그네를 너무 못 민다고 투덜댈 것이다.

방구석에 놓인 낡은 기타도 마찬가지다. 마브가 방금 친 D음의 영향을 받아 울리는 줄은 D줄뿐이다. 다른 줄들의 고유 진동수는 D줄의 고유 진동수와 다르기 때문이다. 다른 줄들에게는 음파의 마루 하나하나가 타이밍이 어긋난 그네 밀기와 같아서, 진동을 키워

- 이때 D줄과 '배음 진동수'를 공유하는 A줄과 G줄도 약간 울리게 된다. 하지만 이 효과는 D줄의 공명에 비해 훨씬 미미하다.

주는 효과가 없다.

하지만 낡은 기타의 다른 줄들도 저마다 가장 강하게 공명하는 주파수가 하나씩 있다. 바로 각 줄의 기본 진동 모드와 일치하는 주파수다. 그래서 마브가 새 기타로 연주를 시작하면(곡은 안타깝게도 여전히 〈더 하우스 오브 더 라이징 선〉), 낡은 기타의 줄들도 특정 음에 반응하여 자연스럽게 살며시 울린다. 마치 기타가 그동안 수없이 연주했던 곡을 외워 스스로 반주를 하기라도 하는 것처럼. 물론 마브는 이 공명음의 반주를 알아차리지 못한다. 지금 치고 있는 기타 소리에 묻혀 들리지 않지만, 낡은 기타 줄들도 분명히 각자의 진동수가 울릴 때마다 공명에 의해 미세하게 울리고 있다. 마브는 새 기타의 줄을 손으로 눌러 음악을 멈추고 나서야 비로소 낡은 기타의 잦아드는 울림을 듣게 된다.

- 사실, 두 기타 모두 이 진동수는 그 줄이 갖는 '기본 진동수'다. 동시에 줄은 다른 '배음 진동수'로도 진동한다. 배음은 기본 진동수의 두 배, 세 배, 네 배…와 같이 올라가며, 각기 다른 '진동 모드'에서 나는 소리다. 다시 말해, 기타 줄을 튕길 때 줄은 아래의 기본 모드로만 진동하는 게 아니다.

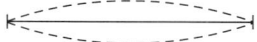

D줄의 경우 이 진동이 바로 D음인데, 여기에 동시에 겹쳐서 아래와 같은 진동도 일어난다.

각각 2배음과 3배음을 만드는 진동을 보인 것으로, 한 옥타브 위의 D음과 A음에 해당한다. 줄을 하나 튕기면 이런 식으로 여러 진동 모드가 한꺼번에 발생하기 때문에, 기본음에 항상 배음들이 섞여 한층 더 따뜻한 음색을 만든다.

이렇게 한 줄이 울릴 때 다른 줄도 공명으로 떨리는 현상은 여러 악기의 설계에 활용된 바 있다. 그 한 예로 '비올라 다모레'라는 바로크 시대의 현악기를 들 수 있다.

그 디자인은 경우에 따라 조금씩 달랐지만, 인기가 정점에 이르렀던 18세기에 제작된 비올라 다모레는 거의 모두 한 가지 독특한 특징이 있었다. 여느 바이올린이나 비올라처럼 활로 켜고 손가락으로 누를 수 있는 6~7개의 주현主絃 외에도, 지판 아래에 같은 개수의 '공명현'이 있었던 것이다. 공명현은 연주자가 건드리지 않는 현이다. 하지만 주현과 같은 음으로 조율되어 있었으므로, 연주자가 켜는 현의 음파에 맞춰 함께 울렸다. 이 공명 효과 덕분에 비올라 다모레는 특유의 따뜻하고 풍부한 음색을 냈다. 이를 가리켜 볼프강 아마데우스 모차르트의 아버지 레오폴트 모차르트는 "고요한 저녁에 특히 아름답게 울린다"고 평하기도 했다.[2]

비올라 다모레의 상판에 나 있는 소리 구멍은 불꽃이나 이슬람의 칼을 형상화한 모양을 하고 있어, 이 악기가 중동 지역에서 유래했을 가능성을 시사한다(비올라 다모레viola d'amore라는 이름도 '무어인의 비올라viola of the Moors'에서 비롯되었을 가능성이 있다). 줄감개 위의 끝부분은 바이올린처럼 회오리 모양으로 만들지 않고 대신 정교하게 조각된 두상을 얹곤 했다. 두상은 보통 눈이 가려진 큐피드의 머리였는데, 보이지 않는 곳에서 짝지어 함께 울리는 공명현의 존재를 상징하는 듯한 적절한 장식이었다.

19세기에 들어서면서 공명은 단순히 사랑의 상징을 넘어 인간적

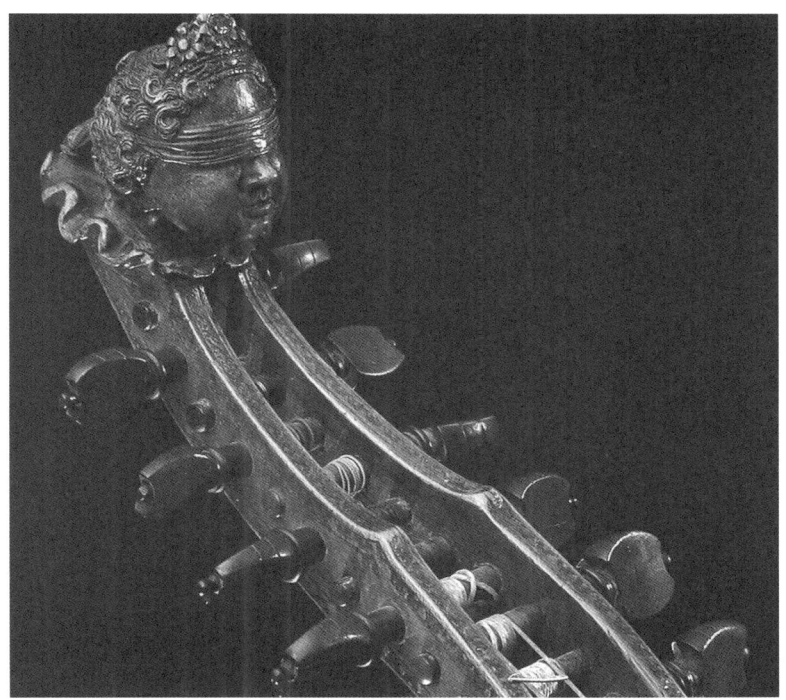

"잠깐만, 나 이 곡 알아… 비발디 곡이지?" 장 바티스트 데셰 살로몽이 1740년경 제작한 비올라 다모레.

공감을 나타내는 비유로도 쓰이기 시작했다. 다시 말해, 한 사람이 다른 사람에게 느끼는 정서적·직관적 차원의 교감을 뜻하게 된 것이다. 칼뱅주의 계열의 평론가 토머스 칼라일이 1828년에 같은 스코틀랜드 출신의 시인 로버트 번스를 묘사한 글에도 그 점이 잘 나타난다. "그는 눈물을 머금고, 불길을 품었다. 마치 여름 구름의 물방울 속에 번개가 도사리듯이. 그는 인간 감정의 모든 음과 어우러지는 공명을 가슴속에 지녔다."[3]

제3파 정보화 시대의 기반이 되는 파동

공명의 비유는 서로 코드가 맞는 두 사람 간에 말을 하지 않고 텔레파시처럼 통하는 소통 방식을 가리키는 데도 쓰였다. 예를 들면 에밀리 브론테가 1847년에 쓴 고전《폭풍의 언덕》첫 장에서, 화자인 록우드는 무뚝뚝한 집주인 히스클리프를 직관적으로 이해하는 순간을 이렇게 묘사한다. "사람들은 그를 교양 없고 거만한 사람으로 여길지도 모른다. 하지만 내 안에 있는 공명의 현은 그렇지 않다고 말한다. 나는 본능적으로 안다. 그의 과묵함은 요란스러운 감정 표현에 대한 반감에서 비롯된 것임을."⁴ 그로부터 100여 년 후 쓰인 잭 케루악의《길 위에서》에서도 공명은 비슷한 의미로 등장한다. 윌리엄 버로스와 그의 아내 제인 볼머의 관계에는 독특한 공명이 존재하는 것으로 묘사된다. "그들 사이에는 어딘가 무정하고 냉담한 분위기가 흘렀지만, 사실 그것은 둘만의 미묘한 진동을 주고받는 방식이자 일종의 유머였다."⁵

<small>사람 간의 공명</small>

1960년대 말에서 1970년대에 이르러 이 비유는 다시 원점으로 돌아왔다. 공명은 다시금 주변 세상과 주파수가 맞는 상태를 뜻하게 된 것이다. 다만 그 세상은 이제 일정한 틀 안에서 돌아가는 체계가 아니라, 클럽 벽면에 투사된 몽환적인 불빛 쇼에 가까웠다. 비치 보이스는 〈굿 바이브레이션스〉의 가사에서 "좋은 진동이 몸에 퍼진다I'm picking up good vibrations"라고 노래했고, 톰 울프의 소설《일렉트릭 쿨에이드 애시드 테스트》에는 "분위기 험악해지네, 진동이 안 좋아there's bad vibrations"라는 표현이 나온다.⁶ 1966년 티모시 리어리는 "깨어나라, 주파수를 맞추라, 벗어나라Turn on, tune in, drop out"라고 외

쳤고, 이후 "'주파수를 맞추라'는 주변 세상과 조화롭게 교감하라는 의미"라고 설명했다.[7]

올해 어느 날, 마을 회관에서 한 밴드의 공연을 보면서 내내 공명에 대해 생각했다. 18세기 악기 비올라 다모레를 연주하는 악단이었냐고? 그건 아니다. 오히려 한 연주자는 2000년 스위스에서 발명된, 솥뚜껑 같기도 하고 비행접시 같기도 한 '항'이라는 최신 타악기를 연주하고 있었다. 내가 공명을 떠올린 이유는 음악 자체의 감동 때문이었다.

내가 바깥바람을 너무 오랜만에 쐬어서 그랬던 것일 수도 있지만, 음악이 너무 좋았다. 내 몸이 음악에 공명해 실제로 진동하는 듯한 기분이었다. 살짝 황홀경에 빠질 정도였다. 다른 관객들도 같은 느낌이었을까? 공연은 큰 호응을 얻었지만, 관객마다 그 음악에서 느낀 감정은 다 달랐을 것이다. 그 점도 공명의 비유와 맞아떨어지는 것 같다. 기타 줄이 저마다 다른 주파수에 공명하듯, 내게 감동적인 음악이 다른 사람에게는 울림이 없을 수도 있다. 심지어 다른 날, 다른 장소였다면 내게도 별 감흥이 없었을지 모른다. 음악이 우리 마음을 그토록 크게 움직이는 이유는 지금까지도 풀리지 않는 수수께끼다.

고대 그리스인들은 음악의 마법 같은 힘에 큰 흥미를 보였다. 특히 인간의 영혼을 들뜨게 하거나 가라앉게 하는 음악의 힘에 관심이 많았다. 피타고라스는 수학과 음악을 모두 깊이 파고들다가 화음의 밑바탕에 수학적 원리가 있다는 사실을 발견했다. 알고 보니 가장 아름다운 음 간격(1옥타브, 완전5도, 완전4도)이란 다른 게 아니라 가장 단순한 수학적 비율을 이루는 음들이었다. 현악기로 설명하자면, 무게와 장력이 같은 두 줄은 줄 길이가 단순한 정수비를 이룰 때 서로 어울리는 소리를 낸다. 그 비가 1:2일 때, 즉 한 줄이 다른 줄보다 두 배 길 때 1옥타브(12반음 차이)의 음정이 된다. 2:3일 때는 완전5도(7반음 차이), 3:4일 때는 완전4도(5반음 차이)가 된다. 우리 귀에 아름답게 들리는 소리에 이처럼 간단한 수학적 원리가 있다는 사실에 깊은 영감을 받은 피타고라스와 그의 제자들은, 화음의 수학이야말로 삶과 우주를 비롯한 모든 것의 원리를 설명해줄 수 있다고 주장했다.

그리고 이 개념을 열심히 확장해 나갔는데, 솔직히 조금 많이 나간 감이 있다. 피타고라스는 달과 행성, 별들이 밤하늘에서 움직이는 방식도 화음의 수학적 관계를 그대로 따르고 있으며, 그럼으로써 우리 귀에는 들리지 않지만 완벽한 화음을 이루는 '천구의 음악'을 만들어낸다고 주장했다.[8] 더 나아가 인간 역시 귀에 들리지 않는 음악을 끊임없이 만들어내는 존재라고 했다. 또한 인간은 공명을 일으키는 일종의 악기이니, 피타고라스 학설에 따르면 귀에 들리는 일반적인 음악이 인간의 마음을 크게 움직이는 이유가 바로 그것이다. 그뿐 아니라, 인간이라는 악기는 들리지 않는 천구의 음악에도 때때로 호응하여 함께 울릴 수 있다고 했다. 비치 보이스의 노랫말도 그런 의미가 아니었을까.

공명(또는 전기 계통에서 일반적으로 쓰는 말로 '공진')은 소통과 교감의 비유로 쓰이는 데 그치지 않고, 정보통신의 세계에서 훨씬 더 실용적인 역할을 한다.

모든 휴대폰, 와이파이 수신기, 자동차 라디오, 베이비 모니터의 중심에는 '공진 회로'가 있다. 공진 회로는 저마다 특정한 고유 진동수를 가지고 있어서, 그 진동수로 가장 쉽게 진동하게 되어 있다. 여기서 말하는 진동이란 회로의 전선을 따라 전류가 왔다 갔다 하는 움직임을 뜻한다. 그리고 고유 진동수는 회로 내 저항기 등 전자 부품의 구성에 따라 결정된다. 놀이터의 그네와 비슷하게, 회로마다 '전류가 전선을 따라 가장 쉽게 왕복하는 진동수'가 존재하는 것이다.

〰 전자기 공진

여기서 그네를 밀어주는 역할을 하는 것이 바로 라디오파다. 라디오파는 전자기파이므로, 라디오파가 금속 안테나에 흐르면 안테나 속의 전자들이 자극받아 이리저리 움직인다. 다시 말해, 안테나에 미세한 전류가 '유도'된다. 사실 라디오파는 난롯가의 부지깽이든 침대의 스프링이든 금속으로 된 물체를 지나갈 때 항상 그런 작용을 하지만, 이때 발생하는 전류, 즉 전자들의 움직임은 극히 미미하다. 그러나 안테나가 공진 회로에 연결되어 있고, 라디오파가 전자를 이리저리 미는 타이밍이 회로의 '공진 주파수'와 일치한다면 상황이 달라진다. 놀이터의 그네를 아무리 작은 힘으로라도 그네의 고유 진동수에 맞춰 밀어주면 점점 더 크게 움직이는 것처럼, 라디오파가 전자를 살짝 밀어주는 작용도 회로의 공진 주파수와 맞으면 점점 더 큰 전류를 만들어낼 수 있다.

사실 기기의 안테나를 지나가는 전자기파는 무수히 많고, 모두 회로 내 전자들이 이리저리 진동하도록 자극한다. 하지만 그중 회로의 공진 주파수와 일치하는 전자기파만이 정확하게 맞아떨어지는 효과를 낸다. 그것만이 그네를 타이밍에 맞춰 미는 힘과 같다.

이처럼 회로는 특정한 신호에만 반응한다. 수많은 전자기파의 혼란 속에서 자신이 받아야 할 신호만을 걸러내는 것이다. 여기서 공진 주파수와 일치해 회로의 반응을 일으키는 라디오파를 '반송파搬送波, carrier wave'라고 부른다. 반송파는 다른 모든 전자기파의 그 어떤 잡음보다 훨씬 큰 전류를 만들어낸다. 이 반송파 위에 실제로 전달하고자 하는 정보를 얹게 된다(바다의 큰 너울 위에 잔물결이 겹쳐지는 것과 비슷하다). 즉, 라디오 음악, 전화 통화, 아기 울음소리 같은 중요한 신호는 반송파 위에 실려 전달되는 것이다. 파동은 서로 더하거나 뺄 수 있는 성질이 있으므로, 여기서 반송파를 제거하면 원하는 신호만 남게 된다(너울을 평평하게 펴서 표면의 잔물결만 남기는 셈이다).

베이비 모니터처럼 공진 주파수가 고정된 기기도 있지만, 라디오처럼 다이얼을 돌려 공진 주파수를 바꿀 수 있는 기기도 있다. 기타도 줄감개를 돌려 줄의 고유 진동수를 바꾸면 그 줄이 반응하여 공명할 수 있는 음파가 바뀐다. 같은 원리다.

공명은 정보통신 시대에 없어서는 안 될 도구다. 전자기파의 아수라장 속에서 원하는 특정 신호를 걸러내는 수단이 바로 공명이기 때문이다.

런던 북서부에 있던 우리 집의 조그만 뜰에는 창고가 하나 있었다. 그 창고에서 작업하던 시절, 공명 현상을 자주 경험하곤 했다. 창고는 팔각형 건물이고 지붕에 검은색 펠트 타일이 깔려 있었는데, 비가 올 때 안에 있으면 정말 아늑했다. 개인적으로 빗소리는 제대로 된 평가를 받지 못하고 있다고 생각한다. 지붕을 두들기는 빗방울의 듣기 좋은 백색소음은 항상 생각을 집중하는 데 도움이 됐다. 하지만 지나가는 헬기 소리는 전혀 그렇지 못했다.

창고의 공명

이 지역은 길거리 범죄가 유독 많아서 경찰이 칼부림하는 열세 살짜리 아이들을 뒤쫓으며 헬기를 띄우는 일이 잦았다. 헬기가 지나갈 때면 날개 치는 소리가 창고 안에 공명을 자주 일으키곤 했다. 안이 비어 있고 창문이 열려 있는 창고는 거대한 악기 같은 구실을 했다. 클라리넷의 관 속 공기기둥이 리드의 진동으로 인한 공기압 변화에 요동하듯이, 창고 안의 공기도 헬기의 날개 소리가 만드는 공기압 변화에 요동했다. 속이 비어 있고 구멍이 뚫린 공간은 기타 줄처럼 특정한 공진 진동수를 갖는다. (유리병의 열린 입구 위로 입바람을 불 때 나는 소리도 바로 병의 공진 진동수다.) 우리 집 창고 건물은 그 형태와 재질에 따른 고유 진동수, 즉 공진 진동수가 공교롭게도 헬기 날개의 진동수와 일치하는 바람에 공명을 일으킨 것이다. 창문을 닫지 않으면 헬기 소리가 밖보다 오히려 안에서 더 크게 들리곤 했다. 가끔은 그 소리가 너무 커서 귀가 먹먹해질 정도였는데, 그때마다 소리는 공기압의 변화로 이루어진다는 사실을 새삼 절감하곤 했다.

우리 지역 국회의원에게 탄원서라도 보내 항의할 걸 그랬을까? 동네에 휘몰아치는 청소년 범죄의 파도로 인한 공명 현상에 시달리고 있다고 말이다. '범죄의 여파에 귀가 망가지게 생겼다'고 따질 걸 그랬다. 아니면 스웨덴의 창고 제조사에 항의 편지를 보내, 스웨덴에도 헬기가 있지 않느냐, 왜 공명 문제를 고려해 제조하지 않았냐고 따질 걸 그랬나?

―〰―

신석기시대의 석실묘를 지은 이들에게 그런 이유로 항의한 사람은 없었을 것 같다. 유럽에서 신석기시대가 저물어가던 기원전 4000~2000년경은 오늘날 남아 있는 대부분의 거석 기념물이 세워진 시기다. 흙무더기나 선돌, 또는 스톤헨지처럼 선돌이 둥글게 늘어선 유적도 많지만, 흙이나 돌로 덮인 석실(돌방)의 형태도 많다. 석실은 하나 이상의 통로를 통해 드나들게 되어 있고, 통로는 십자 형태인 것이 많다. 석실은 안에서 사람 뼈가 자주 발견되기는 했으나, 주 용도가 무덤이었는지는 확실하지 않다. 오히려 조상 숭배와 관련된 제사 시설에 가깝게 쓰였을 가능성도 제기된다. '음향 고고학'이라고 하여 고대 축조물의 음향적 특성을 연구하는, 비교적 최근에 등장한 분야가 있다. 그쪽 연구에 따르면 이 석실을 설계하고 지은 사람들은 땅속 공간의 공명 특성을 매우 세심하게 고려한 것으로 보인다.

이들 고대 축조물의 용도를 밝히기 위해, 저술가 폴 데버루와 프

석실묘의 공명

린스턴대학교 교수 로버트 G. 얀은 잉글랜드와 아일랜드에 남아 있는 선사시대 석실 여러 곳의 음향적 특성을 연구했다.[9] 이들이 조사한 유적은 잉글랜드 콘월주의 흙으로 덮여 있던 고인돌 '춘 쿼이트', 잉글랜드 버크셔주의 장방형 고분 '웨일랜즈 스미디', 아일랜드 미스주의 십자형 방과 통로를 갖춘 거대 고분 '뉴그레인지', 같은 주의 로크루 힐스에 있는 돌무지 두 곳 등이었다. 이들 유적의 석실 내부에서 연구진은 스피커로 다양한 높이의 음을 내면서 소리의 진동 강도가 공간 내에서 가장 크게 증폭되는 주파수, 그리고 소리가 가장 커지는 주파수를 찾았다. 석실의 공명 현상은 음파가 통로를 따라 이동하다가 끝에서 반사되어 되돌아오면서 서로 겹쳐져 증폭됨에 따라 일어났다. 연구진이 그런 식으로 공명을 가장 강하게 일으키는 주파수들을 비교해보니 놀라운 사실이 드러났다.

이 축조물들은 크기, 형태, 건축 재료가 크게 달랐음에도 불구하고 모두 95~112헤르츠라는 매우 좁은 주파수 범위 내에서 공명을 일으켰다. 사람의 목소리 음역대, 구체적으로 남성 바리톤의 음역대에 쏙 들어오는 주파수다. 이와 같은 축조물들은 내부에서 발견된 인골로 보아 무덤으로 사용되었다는 것이 고고학계의 중론이다. 그러나 연구진은 이런 가설을 제시했다. 석실들이 공통적으로 나타내는 매우 특정한 공명 특성으로 봤을 때, 혹시 매장에 사용되기 전이나 매장에 사용되는 동시에, 일종의 성가를 부르거나 읊조리는 의례의 공간으로 사용된 건 아닐까? 석실의 공진 주파수에 맞춰 노래를 부르거나 읊조리면 목소리의 크기와 울림이 증폭되는 효과가 있었을 테고, 그로 인해 신이나 조상의 영혼 등 초자연적 대상의 존재

감이 강렬하게 부각되었을 수 있다는 것이다.[10]

　영국 레딩대학교 연구진은 스코틀랜드의 신석기시대 통로형 무덤인 '캠스터 라운드'의 음향적 특성을 연구하는 과정에서 그 공명 특성을 조사하기 위해 정확한 축소 모형을 제작해 분석했다. 연구진은 좁은 통로가 원형 석실로 이어지는 무덤의 형태로 보아, 빈 병의 입구 위로 입바람을 불 때처럼 내부에서 공명이 일어나리라고 생각했다. 병 내부의 공기가 한 덩어리로 팽창과 수축을 반복하면서 특정한 음을 만들어내는 그 현상을 '헬름홀츠 공명'이라고 한다. 축소 모형을 분석한 연구진은 이 신석기시대 축조물이 거대한 병의 구실을 하리라고 추측했다. 석실 내부에서 소리를 내면 공명이 일어날 수 있다는 것이다(신석기인들이 석실 입구 앞에서 열심히 입바람을 불었을 것 같지는 않고). 모형 실험 결과, 이 축조물의 헬름홀츠 공명 주파수는 4~5헤르츠 정도로 예상되었다.[11] 그런데 잠깐. 그건 사람의 목소리 음역에도, 악기의 음역에도 미치지 않는 매우 낮은 주파수다. 사람은 20헤르츠 밑의 소리는 아예 듣지도 못한다. 그렇다면 신석기인들이 캠스터 라운드에서 의식을 치르면서 공명을 일으켰다는 가설은 폐기해야 하지 않을까?

　연구진은 그렇게 생각하지 않았다. 우리가 음으로 인식하지 않는 낮은 주파수에서도 소리 진동을 증폭할 방법이 있을지 모른다. 순수한 음은 공기압의 맥동으로 이루어지고, 맥동 하나하나는 우리 귀에 소리로 인식되지 않는다. 맥동이 초당 20회 이상 반복되어 고막을 진동시켜야 비로소 우리는 그것을 특정한 높이의 음으로 인식한다. 하지만 초당 네다섯 번의 속도로 북을 두드린다면, 북소리는

잉글랜드 서머싯주의 스토니 리틀턴 장방형 고분. 내가 사는 지역의 신석기시대 석실묘다. 이곳도 노랫소리에 한층 힘을 실어주는 공명실 역할을 했을까?

 들린다. 북소리가 4~5헤르츠의 주파수로 반복될 것이다. 타격 한 번이 음파의 맥동 한 번을 만들지만, 그것으로 끝나는 게 아니라 북 가죽의 울림이 뒤따르고, 북 가죽의 울림은 당연히 우리 귀에 들리기 때문이다. 다시 말해 초당 네 번의 속도로 빠르게 울리는 북소리는, 비록 우리 뇌가 뭉뚱그려서 특정 높이의 음으로 인식할 만큼 빠르지는 않더라도, 분명히 우리 귀에 들린다.

 이제 북을 들고 스코틀랜드로 떠날 차례였다.

연구진은 석실 내부에 청중을 모아놓고 북을 초당 네 번, 즉 4헤르츠의 속도로 두드렸다. 참여자들은 북소리가 울려 퍼지는 동안 이상한 감각을 느꼈다고 보고했다. 특히 맥박과 호흡 패턴이 북소리에 동조되는 듯한 느낌이 들었다고 했다. 북소리가 너무 오래 지속되면 과호흡 상태가 될 것 같았다고 하는 사람들도 있었다. 같은 크기의 소리로 북을 두드리되 박자를 더 느리게 해서 석실의 공명을 일으키지 않았을 때는 그런 호소를 하는 이들이 더 적었다.

이러한 보고는 어디까지나 주관적이지만, NASA에서 로켓 설계와 관련해 진동이 인체에 미치는 영향을 연구한 결과, 성인 몸의 여러 부위가 각기 특정 주파수에서 공명한다는 사실이 밝혀졌다. 다양한 내부 장기가 특정 주파수에서 진동시키면 더 강하게 진동하며, 이는 심각한 "수행 능력 저하와 불편감"을 초래한다고 한다.[12] 그렇다면 인간 몸통의 공진 주파수는? 연구자들이 밝혀낸 캠스터 라운드 석실의 공진 주파수와 동일한 4~5헤르츠다.

신석기인들은 북소리가 초저음파 공명을 일으켜준 덕분에 영혼이나 신 또는 조상과 소통하고 있다고 느꼈던 것일까? 1970년대에 수행된 연구에 따르면, 4~5헤르츠 부근의 주파수는 (진동이 증폭되어 내장을 뒤흔드는 느낌 때문에) 사람을 어지럽고 불편하게 만들 뿐만 아니라, 졸음을 유발하고 추락하거나 휘청거리는 듯한 느낌을 일으킨다고 한다.[13] 신석기시대의 건축자들은 그런 공명 특성을 염두에 두고 축조물을 설계한 걸까? 공명음은 그들에게 별세상 소리처럼 들리고, 더 나아가 몸 안에 초저음파 진동을 유도하여 의식 상태를 바꿔놓기에 이르렀을까? 그리고 이웃 사람들은 '시끄러우니 좀 조용히 하라'고 불평하지 않았을까?

～

'그러고 보니 난 전자기파란 게 뭔지 도통 모르겠어.' 밤에 자다가 불현듯 그런 사실을 깨닫고 소스라치게 놀라 깬 적이 있는지? 나도 없다. 하지만 전자기파는 우리 주변 모든 곳에 있으니, 이참에 알아보는 것도 좋을 것 같다.

전자기파가 음파나 수면파 같은 '역학적 파동'과 결정적으로 다른 점은, 전달되는 데 매질이 필요하지 않다는 것이다.

그렇다면 우리가 갖고 있던 파동의 개념을 좀 수정해야 할지도 모른다. 매질 없이 진행하는 파동을 상상하기란 쉽지 않다. 파동이 나아가려면 물리적으로 **움직이는** 무언가가 있어야 한다고 생각된다. 이를테면 파도를 보자. 물 없이 파도를 논한다는 것은 말이 되지 않는다. 파도는 어떤 매질(이 경우는 '물')을 통해 전달되는 물리적 운동의 패턴이고, 따라서 역학적 파동이다.

소리도 매질이 필요하다는 점은 파도만큼 자명하지는 않지만, 쉽게 증명할 수 있다. 소리는 압력의 변화로 이루어지는 파동이므로 매질을 통해서만 전달될 수 있다. 공기든, 물이든, 옆집에서 쩌렁쩌렁 울리는 헤비메탈 음악을 전해주는 벽이든, 뭔가 물리적인 매질이 있어야 한다. 의심스 〽️ 진공 속의 소리 럽다면, 유리병 안에 작은 종을 매달고 병 안의 공기를 진공 펌프로 빼낸 후에 흔들어보자(누가 집에 진공 펌프가 있겠냐마는…). 그러면 소리가 나지 **않는다**는 사실을 직접 확인할 수 있다.

진공에 둘러싸인 종의 진동은 전달될 방법이 없기 때문이다. 영화 〈에이리언〉의 유명한 홍보 문구, "우주에서는 아무도 당신의 비명을 듣지 못한다"가 성립하는 이유다. 비명은커녕 우주선이 폭발하는 소리조차 들리지 않는다. SF 영화 속의 장렬한 우주 폭발 장면은 사실 완전한 정적 속에서 펼쳐져야 맞다. 우주 공간에는 기체가 충분하지 않아 압축과 팽창으로 이루어지는 파동이 전파될 수 없기 때문이다. 영화 제작자들은 우주 전투 장면의 긴박감을 살리기 위해 찰리 채플린 무성영화 스타일의 피아노 반주를 다시 도입해보면 어떨까.

'천구의 음악'이라는 것도 그냥 아름다운 상상으로 남겨두는 게 좋겠다.

반면 전자기파는 진공 속에서도 거침없이 진행한다. 태양은 귀로 들을 수 없지만, 눈으로 보고 피부로 느낄 수 있다. 앞서 말한 진공 유리병 속에 종 대신 백열 필라멘트를 넣는다면, 빛이 나는 모습을 쉽게 볼 수 있을 것이다. (초기의 백열전구는 실제로 부분 진공 상태였고, 나중에 가서야 불활성 기체로 내부를 채웠다.)

전자기파가 물리적인 매질 없이도 전달될 수 있다면, 전자기파는 도대체 무엇의 진동일까? 물리학자들은 전기장과 자기장이 함께 진동하는 것이라고 설명한다. 하지만 솔직히 말하면 나도 그 모습이 머리에 잘 그려지지 않는다.

물리학자와 수학자들은 전자기파의 작용을 매우 정밀하게 기술하고 예측할 수 있다. 전자기파가 어떻게 생성되고 어떻게 전파되는지, 또 물질이나 전기장, 자기장, 중력장과 어떻게 상호작용하는

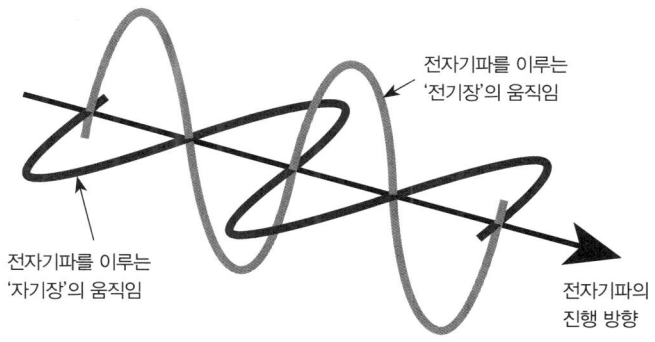

전자기파는 동시에 서로 다른 방향으로 진동한다.

지 속속들이 알고 있다. 전자기파의 특성을 이렇게 수학적으로 완벽히 기술할 수 있게 된 것은 스코틀랜드의 천재 물리학자이자 수학자인 제임스 클러크 맥스웰 덕분이다. 맥스웰은 1864년에 전자기파를 전기장과 자기장의 진동으로 정의하는 몇 가지 방정식을 도출했다. 맥스웰의 방정식은 전자기파의 작용을 워낙 잘 설명하기에 오늘날까지도 계속 사용되고 있다.

맥스웰 덕분에 전자기파를 수학적으로 기술하는 일은 간단해졌다. 어려운 부분은 그 전기장과 자기장의 진동이란 게 도대체 **무엇인지** 이해하는 것이다. 전기장과 자기장은 둘 다 공간의 어떤 성질이다. 전기장 속에서는 전하가 힘을 받고, 자기장 속에서는 자석이 힘을 받는다. 둘은 동전의 양면처럼 밀접하게 얽혀 있다. 전하가 움직이면 자기장이 생겨나고, 자석이 움직이면 전기장이 생겨나기 때문이다. 전자기파가 진공 속에서 전달되는 원리는 바로 이 상호 의존성인 듯하다.

전자기파가 정확히 무엇인지 이해하기는 쉽지 않으니, 이제 심호흡을 한 번 하고 가보자.

전기장의 파동은 그에 상응하는 자기장의 파동을 수직 방향으로 일으키고, 자기장의 파동은 다시 전기장의 파동을 수직 방향으로 유발한다. 그런 식으로 계속 이어진다. 한쪽의 변화가 다른 쪽의 변화를 유발하면서 진공 속을 나아가는 모습은, 마치 옛날 영화에서 두 사람이 철길 위에서 트롤리를 타고 레버를 시소처럼 번갈아 내렸다 올렸다 하며 앞으로 나아가는 모습과도 같다. 전자기파의 에너지는 서로 직교하는 전기장과 자기장이라는 두 성분으로 이루어진 횡파의 형태로 진행한다.*

진공 속에서 모든 전자기파의 속도는 똑같다. 초속 약 3억 미터, 곧 빛의 속도다.** 전자기파는 지금까지 알려진 가장 빠른 존재이며, 그 속도는 어떤 것도 절대 넘어설 수 없는 우주의 한계 속도로 여겨진다.

1981년, 논란 많은 생물학자 루퍼트 셸드레이크 박사는 악기나 회로 또는 석실의 공명과 전혀 다른 형태의 공명이 존재한다는 가설을 제기했다. 이른바 '형태 공명morphic resonance'이라는 것으로,[14] 이

- 어떤 상황에서는 전자기파가 파동이 아니라 마치 질량이 없는 입자('광자')와 같은 성질을 보이기도 한다. 전자기 스펙트럼을 이렇게 전혀 다른 식으로 보는 관점에 대해선 '제8파'에서 논한다. 이 장에서는 전자기파를 오직 파동으로만 다룬다.
- ●● 정확히 말하자면 초속 299,792,458미터다.

원리로 세상의 많은 현상을 설명할 수 있다고 했다. 예컨대 배아에서 어떻게 복잡한 생명체가 발생할 수 있는지도 설명된다는 것이다. 셸드레이크에 따르면, 생물학적 패턴이든 물리적 패턴이든 어떤 패턴이 자연 속에서 한 번 발생하면 이후 같은 패턴이 다시 나타날 확률이 높아진다. 세포, 결정, 생명체, 사회와 같은 자기조직계self-organizing system는 모종의 영속적·집단적 '기억'을 활용하고 있으며, 향후 같은 계가 조직될 때 그 기억이 참고가 되고 영향을 미친다는 것이다.

셸드레이크는 자신의 가설을 뒷받침하는 근거 중 하나로 1954년에 발표된 한 연구를 들었다.[15] 20년에 걸쳐 실험용 쥐 50세대의 학습 능력을 조사한 연구였다. 연구진은 쥐가 과제를 학습하는 데 걸리는 시간을 세대 간에 비교함으로써 학습된 기술이 후대에 전해지는지를 확인하고자 했다. 연구 결과, 과제를 학습한 쥐의 후손들은 세대가 바뀔수록 해당 과제를 점점 더 빠르게 습득했다. 과제를 학습한 세대가 모종의 '향상된 과제 습득 능력'을 다음 세대에 유전적으로 물려주는 것처럼 보였다.

쥐가 더 똑똑해지다

하지만 자세히 보면 그렇지 않았다. 연구 결과의 놀라운 점은 따로 있었다. '대조군'

"우리 지금 텔레파시 통하는 거야?"

에서도 같은 현상이 관찰된 것이다. 즉, 과제를 배운 적이 없는 쥐의 후손도 학습 속도가 마찬가지로 빨라졌다. 아랫세대는 항상 윗세대보다 과제를 빨리 배우는 현상이 나타났고, 자신의 혈통에서 처음으로 그 과제를 학습한 세대라 해도 마찬가지였다. 나이 든 쥐에게 새 기술을 가르치는 것도 가능하지만, 어린 쥐에게 옛 기술을 가르치면 훨씬 성적이 좋다는 것이다.

셸드레이크는 이 원리가 인간의 학습 능력에도 영향을 미친다고 주장했다. 즉, 내가 어떤 컴퓨터 게임을 자주 할수록 내 실력이 늘 뿐 아니라, 남들도 그 게임을 더 쉽게 배울 수 있게 된다는 것이다. 이 이야기가 청소년 자녀의 귀에 들어가지 않게 주의하자. 하루 종일 게임만 하는 데 대한 변명거리를 쥐여주는 셈이니까("다음 세대 청소년들을 위해 연습하는 중이란 말예요!").

셸드레이크는 실험실의 쥐든 게임하는 청소년이든 세대가 거듭될수록 학습 능력이 향상되는 이유를 모종의 공명으로 설명할 수 있다는 가설을 제시했다. 그런 '형태 공명'이 어떤 원리로 작용하는지는 설명하지 않고, 단지 복잡계와 관련된 여러 가지 현상을 설명하는 한 방법으로 제시했을 뿐이다. 물체가 자연적으로 일으키는 물리적 진동이 파동을 통해 다른 유사한 물체에 공명을 유도할 수 있는 것처럼, 물리계나 생체계도 뭔가 비슷한 방식으로 서로의 구조에 영향을 주는 게 아니냐는 것이다. 셸드레이크는 이렇게 지적한다. "원자, 분자, 결정, 세포소기관, 세포, 조직, 기관, 그리고 생명체는 모두 끊임없이 진동하는 부분들로 이루어져 있으며, 각자 고유한 진동 패턴과 내부 리듬을 가지고 있다."[16]

마치 1960~1970년대 약물 문화 속에서 나온 학술 이론처럼 들리기도 한다. '우주의 어떤 신비한 진동이 이 형태 공명을 매개하는 게 아닐까?'라고 생각하는 순간, 어느새 티모시 리어리처럼 의식의 확장에 심취한 몽상가가 되어 있을지도 모른다. 과연 셸드레이크가 뭔가 심오한 진리를 발견한 걸까? 그러나 그의 가설은 처음 등장하자마자 기성 과학계의 거센 반발을 샀다.

저명한 과학 학술지 〈네이처〉 편집장이던 존 매덕스가 셸드레이크의 형태 공명 가설을 신랄하게 비판한 것은 잘 알려져 있다. 매덕스는 셸드레이크의 저서 《생명의 신과학: 형성적 인과 가설》에 대해 "여러 해 동안 불태우기에 가장 적합한 후보"라고 평했으며,[17] 1994년 〈BBC〉 인터뷰에서는 "셸드레이크가 제시하는 것은 과학이 아니라 마법"이라고 주장했다.

매덕스는 셸드레이크의 책을 가리켜 "교황청이 갈릴레오를 비난했던 것과 똑같은 표현과 이유로 비난받을 만하다. 이단이니까"라고 말하기도 했다. (갈릴레오가 결국 옳았고 교황청이 틀렸다는 사실은 의아하게도 간과한 듯하다.)

매덕스를 비롯해 셸드레이크 가설에 회의적인 이들은 그 가설의 내용과 범위가 워낙 포괄적이라 사실상 반증이 불가능하다고 지적하면서, 과학이 아니라 유사과학의 영역에 속하는 것으로 취급했다.

셸드레이크를 공격한 사람은 반증 가능성을 중시하는 과학자들뿐만이 아니었다. 2008년 4월, 셸드레이크는 미국 뉴멕시코주 산타페에서 강연하던 중 청중 한 명에게 다리를 칼로 찔려 가벼운 부상을 입었다. 한 일

기니피그의 반격

본인 남성이 체포되어 기소되었는데, 그는 이후 자신이 셸드레이크의 '원격 텔레파시'를 이용한 마인드 컨트롤 실험에서 실험동물 '기니피그' 구실을 한 것으로 믿었다고 주장했다.[18]

음향 예술가 브루스 오들랜드와 샘 아우잉거는 음향 공명의 원리를 활용해 '하모닉 브리지Harmonic Bridge'라는 작품을 제작했다. 이 작품은 1998년부터 매사추세츠 현대미술관 인근의 2번 고속도로 고가도로에 설치되어 있다. '튜닝 튜브'라고 하는 알루미늄관 두 개가 차량의 소음에 직접 노출되도록 고가도로 난간에 부착되어 있고, 관 내부의 특정 위치에 장착된 마이크가 소리를 포착한다. 소리는 증폭을 거쳐 고가도로 아래 보행로에 놓인 스피커로 전달된다.

두 개의 관은 거대한 악기 구실을 한다. 배관공이 만든 대형 피리라고 해도 될 것이다. 관은 고가도로를 지나는 차량들이 부르릉 달리고 끼익 제동하는 소리에 반응한다. 양 끝이 뚫려 있고 길이는 약 5미터로, 공명이 일어나는 기본 진동수가 33헤르츠에 가깝도록 만들어졌다. 33헤르츠는 피아노의 가운데 C음보다 세 옥타브 낮은 C음에 해당한다.

기타 줄이 그렇듯이, 이 관도 기본 진동수 외에 공명이 일어나는 진동수가 또 있다. 바로 기본음 C의 배음들이다. 두 예술가는 관 내부의 마이크 위치를 조정해가면서 기본음 C뿐만 아니라 배음들도 강조되게 했다. 스피커에서 나오는 소리가 마음에 들 때까지 미세한 조정을 거듭했다. 한 관에는 마이크를 관 길이의 6분의 1 지점

'하모닉 브리지.' 매사추세츠 현대미술관 인근 소재. O+A(브루스 오들랜드, 샘 아우잉거) 작품. **위**: 고가도로 난간에 설치된 '튜닝 튜브'. **아래**: 다리 아래에서 공명음을 재생하는 스피커.

에 위치시켰는데, 이 위치에서는 6배음과 12배음이 강조된다. 두 배음 모두 G음으로, 하나는 가운데 C보다 낮고 하나는 높다. 다른 관에는 마이크를 관 길이의 7분의 2 지점에 위치시켰으며, 여기서는 7배음인 $B_♭$(B 플랫)이 강조된다. $B_♭$은 C와 온음 하나 차이로, 배음 중에서는 상당히 불협화음에 가깝다. 두 예술가는 이 음이 아래쪽 스피커에서 나는 소리에 블루스적인 분위기를 더해주는 점이 마음에 들었다.

이 두 개의 투박한 악기는 지나가는 차량이 내는 거칠고 혼잡한 소음에서 불순한 요소를 걸러내고, 관 속 공기기둥에 공명을 일으키는 순수한 진동수만 남긴다. 아래쪽 스피커에서 나오는 소리는 두 관의 공명음이 합쳐진 것으로, C, G, $B_♭$음을 중심으로 화음을 이룬다. 차량 소음의 변화에 따라 각 배음의 세기가 달라지면서 소리는 미묘하게 변한다. 버스나 트럭처럼 저음이 강한 차량이 지나갈 때는 낮은음들이 관 속에서 더 많이 공명하고, 승용차나 오토바이, 보행자들의 목소리 같은 비교적 고음역대의 소리는 높은 배음들을 더 강조한다. 두 예술가는 이 작품이 "다리 밑 풍경의 감성을 인간적으로 변화시켰으며, 잊혀진 도시 공간을 사람들이 머물 수 있는 장소로 되돌려놓았다"고 자평한다.[19]

공명 현상은 파동과 진동의 긴밀한 관계에서 비롯되며, 다음 세 가지 사실로 간단히 정리할 수 있다.

파동과 진동은 뗄 수 없는 관계다. 진동은 파동을 만들고, 파동은 이동하는 진동 패턴이다.

진동하는 모든 물체는 특정한 고유 진동수에서 가장 쉽게 진동하는 경향이 있다.

어떤 물체의 고유 진동수와 진동수가 일치하는 파동은, 그 물체의 진동을 점점 키워 뚜렷하게 만드는 경향이 있다.

좋은 와인잔을 가볍게 두드려보면 순수한 음이 들린다. 와인잔의 고유 진동 모드에서 나는 소리다. 와인잔에서 떨어져 방 끝으로 가서 같은 음을 목소리로 내보자(옥타브는 달라도 상관없다). 다시 가까이 다가가 들어보면, 와인잔이 내가 발생시킨 음파에 공명하여 여전히 울리고 있음을 알 수 있다.

공명은 단순히 파동과 진동의 산물일지 몰라도, 항상 어딘가 신비롭게 느껴진다. 공명이 일어날 때마다 마치 파동의 작은 기적이 펼쳐지는 듯한 느낌이 든다. 다양한 음을 차례로 불러보면, 와인잔은 자신의 고유 진동수와 일치하는 음에만 반응하여 울리는 것을 확인할 수 있다.

이 같은 공명 현상은 물리적 진동과 역학적 파동 사이에서만 일어나는 것이 아니다. 전류의 진동과 라디오파 같은 전자기파 사이에서도 일어난다. 베이비 모니터에서 우주선 통신망에 이르기까지 각종 통신 장비의 수신기에 들어 있는 공명 회로 덕분에, 우리는 주변의 전자기파에 실린 혼잡하고 난해한 신호를 걸러낼 수 있다.

모든 파동은 소식을 전한다. 자신을 발생시킨 원인에 관한 모종의 정보를 담고 있다. 이는 파동의 본질적 특성이다. 모든 파동은 어떤 원인에 의해 생겨나기 때문이다. 교란이든 떨림이든 진동이든, 순간적인 것이든 지속적인 것이든, **원인**이 있어야 파동이 발생한다.

간혹 다른 파동의 간섭이 거의 없는 환경에서는 파동을 쉽게 감지하고 파동에 담긴 소식을 읽어낼 수 있다. 고요하고 맑은 날 밤에 호수 건너편에서 물고기가 뛰어오르면 수면에 비친 달빛이 흔들리고, 낚시꾼은 낚싯줄을 던져야 할 곳을 알 수 있다. 그러나 대부분의 경우, 특히 현대의 통신 환경에서는 무수한 파동이 우리가 원하는 파동과 뒤섞여 있다. 오늘날 '방송'을 뜻하는 '브로드캐스트broadcast'라는 단어 자체가 원래 씨를 넓고 고르게 흩뿌리는 행위에서 유래했다. 전자기파를 이용한 방송도 넓은 지역에 신호를 퍼뜨려 많은 사람이 수신하도록 되어 있다. 우리는 매 순간 전자기 메시지의 바닷속을 걷고 있다. 우리 주변을 메운 파동 형태로 퍼져나가는 메시지들은 라디오 방송, 응급 구조 통신, 국제 시보, 휴대폰 통화, 와이파이 전송, 위성 연결, 항공 관제, 문자 메시지, 과속 카메라, TV 방송, 기상 레이더 등 종류도 무궁무진하다. 그 모든 파동이 겹치고 뒤엉켜 서로 간섭하고 영향을 주고받으며 이합집산하는 모습은 상상만 해도 어지럽다.

그 아수라장 속에서 우리는 원하는 단 하나의 씨앗, 단 한 가지 정보를 공명을 통해 건져낸다. 공명 덕분에 파동에 담긴 메시지와 신호를 가려낼 수 있는 것이다. 공명이야말로 일상의 거대한 소음 속

그야말로
북새통

에서 질서와 명확함, 때로는 아름다움마저 이끌어내는 마법 같은 원리다.

제4파

흐름을 타는 파동

Which goes with the flow

'얼음 개울'을 뜻하는 아이스바흐는 독일 뮌헨을 흐르는 이자르강에서 갈라져 나온 인공 수로다. 이 수로를 지나는 물은 도심 밑을 지나는 터널을 따라 흐르다가, 마침내 영국 정원(엥글리셔 가르텐)에 이르러 터널의 아치형 출구에서 힘차게 쏟아져 나온다.

이끼빛 녹색 물살은 출구에서 나오자마자 수로의 콘크리트 바닥에 과속방지턱처럼 불쑥 솟아 있는 둔덕에 부딪힌다. 튕겨 오른 물살은 높이 약 1미터의 '정상파定常波, standing wave'를 만든다. 물살이 매끄러운 곡선을 그리며 솟았다가 내려앉은 후, 흰 물거품으로 부서져 콸콸 흘러간다. 긴 여름날 오후에는 위쪽 프린츠레겐텐 거리의 인도에 모여든 관광객들이 돌 난간에 매달려 사진을 찍고 손가락으로 가리키며 아래에서 펼쳐지는 광경을 구경한다.

관광객들이 구경하는 것은 파도라기보다, 그 위에서 파도타기를 하는 서퍼들이다. 서퍼들은 얼음장처럼 찬 정상파의 물살 위에서 서프보드를 아슬아슬하게 타고 양 끝을 왕복한다. 뮌헨 도심 한복판에서 큰길 하나만 건너면 나오는 이 장소에서 시민들이 아이스바흐의 파도를 탄 것은 1970년대 초부터였다. 수로 폭이 약 10미터에 불과해서 한 번에 한 명만 서핑할 수 있기에 서퍼들은 줄을 서서 기다린다. 차례가 된 서퍼는 정상파의 앞쪽 사면에 뛰어올라, 파도를 타고 수로의 양변을 오간다. 발밑으로 물살은 세차게 흘러가지만, 파도는 정지해 있고 서퍼도 물살에 쓸려가지 않는다. 물이 워낙 차서 늘 웨트슈트(습식 잠수복) 차림인 서퍼들은 물살 위에서 점프와 회전을 구사하며 차가운 물보라를 흩뿌린다.

서핑은 서핑인데 파도를 타고 어디로 이동하지 않고 제자리에 머문다. 덕분에 관중들이 서퍼의 동작 하나하나를 눈앞에서 볼 수 있다. 바다에서 서핑할 때는 불가능한 일이다. 서퍼가 균형을 잃거나 보드 끝이 물살에 휘말리면 급류에 휩쓸려 떠내려가고, 곧바로 다음 서퍼가 파도 위로 뛰어든다.

<u>제자리에서 파도 타기</u>

정상파 서핑은 뮌헨에서 점점 인기를 끌고 있다. 같은 이자르강의 다른 지류인 플로스카날에서도 이 스포츠를 즐길 수 있다. 뮌헨 남쪽의 플로슬렌데라는 곳으로 가면 되는데, 이곳은 아이스바흐보다 물살이 느리고 파도 높이가 낮아서 서핑 난이도는 더 낮다. 하지만 수로 폭이 더 넓고 관람 공간이 넉넉해서, 매년 7월 마지막 토요일에 '뮌헨 서프 오픈'이 개최된다. 바다에서 300킬로미터 이상 떨어

이것이 뮌헨 스타일 서핑.

진 내륙에서 열리는 세계 유일의 서핑 대회로, 이 대회가 열릴 수 있는 것은 흐르는 물살 속에서 생기는 정상파 덕분이다.

그렇다면 정상파란 무엇인가?

정상파는 진행하지 않는 파동이다. 일반적인 '진행파progressive wave'는 어떤 근원에서 출발해 진동의 형태로 매질을 통해 퍼져나간다(매질 자체는 전체적으로 이동할 필요가 없다). 반면 정상파의 마루와 골은 일정 위치에 머무른다. 그런 모습은 파동답지 않아 보인다. 정상파는 왜 한자리에 머무르는 걸까? 여기엔 두 가지 전혀 다른 이유가 있을 수 있다. 두 경우는 정상파의 매질 자체가 흐르고 있느냐(뮌헨 수로의 물살처럼) 아니냐에 따라 구분된다.

　매질의 흐름 **없이** 생기는 정상파는 악기에서 찾아볼 수 있다. 정상파 덕분에 악기는 순수한 음을 낼 수 있다. 예컨대 플루트의 취구(부는 구멍) 위로 바람을 불면, 평범한 진행파 형태의 음파가 관 내부의 공기기둥을 오르내린다.• 관의 양 끝에서 음파가 반사해 되돌아가면서, 동일한 음파들이 하나의 공기기둥을 오르내리게 된다. 아래쪽 끝에서 반사된 음파와 위쪽 끝에서 내려오는 음파가 서로 겹치는 것이다. 관 내부의 어떤 위치에서 공기가 압축되거나 팽창하는 정도는 상향하는 음파와 하향하는 음파가 어떻게 겹치느냐에 달려 있다. 이렇게 두 파동이 겹쳐서 파동이 강해지거나 약해지는 현상을 '간섭'이라고 한다. 두 음파의 최대 압축부(마루)가 겹치면 공기는 두 배로 압축된다. 반대로 한 음파의 압축부와 다른 음파의 팽창부가 겹치면(즉 마루와 골이 겹치면) 상쇄되어 공기압은 정상이 된다. 이렇게 동일한 음파들이 하나의 공기기둥을 오르내리며 서로 간섭할 때 어떤 결과가 일어날까? 파동은 제자리에서 진동한다. '마디$_{node}$'와 '배$_{antinode}$'가 번갈아 공간상의 고정된 위치에 나타나는 모습이다. 마디는 두 파동이 항상 상쇄되어 공기압의 변동이 거의 없는 지점이고, 배는 두 파동이 항상 서로 더해져 공기압이 가장 크게 요동하는 지점이다.

● 플루트는 입으로 분 공기의 흐름이 플루트 내부로 들어가는 것이 아니라 취구 **위를** 흐르면서 취구 근처 공기기둥의 압력이 빠르게 오르내리는 일종의 공명 효과를 일으킨다. 이 공기압 변화가 공기기둥을 따라 음파 형태로 퍼져나가는 것이다.

동일한 진행파들이 서로 반대 방향으로 진행하면 이렇게 정상파 패턴이 형성되고, 그 패턴의 형태는 공기기둥의 길이에 따라 결정된다. 패턴은 관을 따라 이동하지 않고 일정 위치에 머무른다. 이것이 바로 취구 부근의 공기압 변동으로 평범한 진행파가 퍼져나갈 때 플루트가 하나의 순수한 진동수로 공명하는 원리다. 그렇게 하여 플루트는 일정한 음을 지속해서 낼 수 있는 것이다. 플루트의 구멍을 손가락으로 열거나 닫으면 정상파의 '배'가 형성되는 위치들이 달라지며, 그에 따라 소리의 높낮이가 바뀐다.

훌륭한 연주자의 손에서 플루트가 내는 부드러우면서 깊은 음색을 꼭 이렇게 딱딱하게 설명해야 하느냐고? 이제 오페라 〈카르멘〉 3막을 여는 그 아름다운 플루트 독주도 마디와 배 생각에 머리가 복잡해서 제대로 못 듣겠다느니, 내가 다 망쳐버렸다느니 하는 원성이 들리는 것 같다. 사실은 현악기도 마찬가지여서, 현을 따라 왕복하는 횡파가 고정된 양 끝에서 반사되어 서로 간섭을 일으키면서 정상파가 형성된다는 설명을 이어갈 수도 있겠지만, 바흐의 첼로 모음곡 감상까지 망칠 수는 없으니 여기까지만 하겠다. 이 유형의 정상파를 다른 정상파와 구분해 부르는 명칭은 딱히 없지만, '간섭 정상파'라고 부르면 적절하지 않을까 싶다.

〰️ 클래식 음악 망치기

눈으로 더 쉽게 확인할 수 있는 예도 있다. 만, 강어귀, 항구 등 바다가 육지 쪽으로 굽어 들어온 곳에서 그런 정상파가 발생할 수 있다. 바다에서 들어온 파도가 해안에 반사되어 되돌아가다가 새로 들어오는 파도와 간섭을 일으킬 때다. 이때 대부분의 경우는 만의 수면에 마루와 골이 불규칙하게 난립하는 데 그치지만, 간혹 파도의 주기(곧 속도)가 딱 적절할 때는 반사된 마루와 골이 새로 들어오는 마루와 골과 같은 지점에서 마주치게 된다. 그러면 진동 패턴이 고정되면서 정상파가 생겨난다. 이 같은 파도를 '세이시$_{seiche}$'라고 한다. 세이시는 수면이 제자리에서 솟았다 가라앉았다 하는 정상파로, 역시 마디와 배가 번갈아 나타난다. 마디는 입사파와 반사파가 항상 상쇄되어 수면이 평탄한 지점이고, 배는 입사파와 반사파가 서로 더해져 수면이 크게 요동하는 지점이다.

항구의 크기와 형태에 따라 결정되는 특정 주기 값과 파도의 주기가 우연히 맞아떨어지면, 세이시가 대단히 크게 일어날 수도 있다. 정박된 배들이 항구 벽에 내동댕이쳐지기도 하고, 심하면 뭍으로 던져 올려지기도 한다. 지진이 발생할 때 호수처럼 땅으로 둘러싸인 물에서도 세이시가 격렬하게 일어날 수 있다. 물가에서 반사되어 왕복하는 물결이 서로 겹치면서 수면이 크게 요동한다. (수프 그릇을 들고 가다가 발을 헛디뎌 수프가 양옆으로 출렁일 때도 같은 현상이 일어날 수 있다. 그릇 가장자리에는 수프가 요동하는 배가 형성되고, 그릇 중앙에는 고정된 수위가 유지되는 마디가 형성된다.)

항구와 수프 그릇

그러나 뮌헨의 서퍼들이 타는 파도는 이와 같은 '간섭 정상파'와는 다른 유형으로, 흐름 속에서 생기는 정상파다. 이 유형도 딱히 정해진 명칭은 없는데, 나는 '유동 정상파'라고 부른다. 이 현상은 주변에서 쉽게 관찰할 수 있다. 개울물이 수면 바로 밑에 깔린 돌 위를 지나가는 모습을 보자.

장애물 뒤쪽(물살이 흘러가는 방향)으로 수위가 불쑥 뛰는 모습이 나타나거나, 아니면 물살이 비교적 느린 경우는 매끈한 물결 모양의 굴곡이 형성된 채 제자리에 멈춰 있다. 물살은 장애물을 지나가면서 방향이 위로 꺾여 평형 수위보다 높이 떠올라 마루를 이루고, 중력에 의해 다시 당겨지며 평형 수위 밑으로 가라앉아 골을 만든다. 물살은 흘러가다가 결국 중간 수위로 안정된다.

땅거미가 질 무렵이면 동화 속의 용감한 두더지나 쥐들이 사람의 눈을 피해 강물에서 나무껍질을 타고 유동 정상파 서핑을 즐기지 않을까 상상해보게 된다.

유동 정상파는 대기의 흐름 속에서도 생겨나며, 때때로 '렌즈구름 lenticularis'을 발생시켜 자신의 존재를 알린다. 렌즈구름은 바람이 언덕이나 산 같은 대형 장애물에 부딪혀 상승하는 곳에서 나타나는 구름으로, 그 영어 이름은 '렌틸콩'을 뜻하는 라틴어에서 유래했다.

웬 콩이냐고 생각할지 모르지만 그렇게 터무니없는 이름은 아니다. 하늘에 몇 킬로미터에 걸쳐 퍼져 있는 흰 구름이지만, 어찌 보면 렌틸콩과 닮았다.

대기 흐름을 튕겨 올리는 지형 장애물의 역할은, 개울의 돌이나 뮌헨 수로의 바닥에 솟아오른 둔덕이 하는 역할과 같다. 기상 용어로 대기가 '안정된' 상태라면, 산봉우리 뒤쪽으로 넘어온 기류는 마치 흐르는 물결처럼 오르내린다. 이 보이지 않는 대기의 정상파는 바람이 일정하게 유지되는 한 산봉우리 뒤쪽에 일정한 형태로 머무른다. 이때 대기의 온도와 습도가 알맞다면 파동의 마루 하나 또는 둘 이상에 렌즈구름이 나타난다.

파동 앞쪽에서 대기가 상승 및 팽창하면서 차가워지면, 내부의 수분이 응결해 물방울이 된다. 이것이 우리 눈에 보이는 구름이다. 세찬 바람 속에서 제자리에 머물러 있는 렌즈구름은 대기의 정상파가 가시화된 형태인 셈이다. 파동 앞쪽에서 생겨난 물방울은 바람을 타고 상승하다가, 대기가 파동 뒤쪽에서 다시 하강하며 따뜻해지면 증발해 사라진다. 구름은 공중에 멈춰 있는 모습이지만, 사실 물방울은 상승하고 하강하는 기류에 실려 구름 속을 쌩쌩 통과하고 있다.

산악 지대가 활공 비행을 즐기기에 최적의 장소인 이유 중 하나

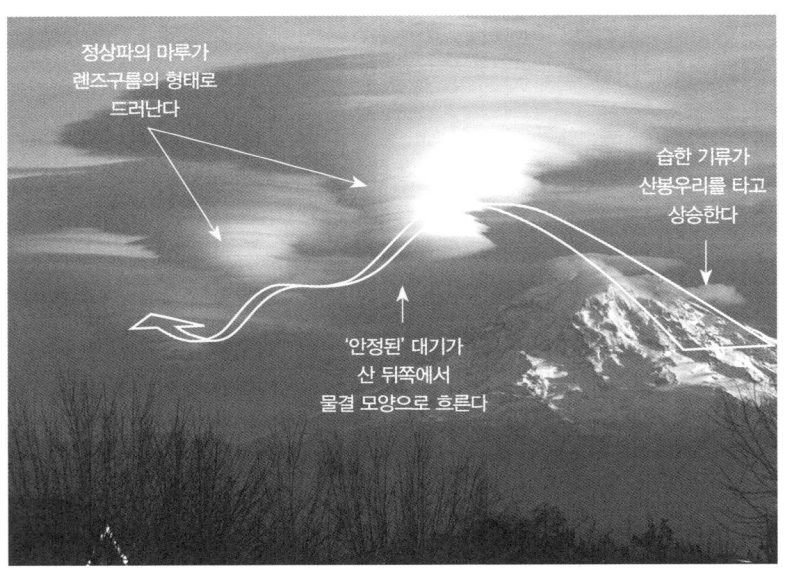

산봉우리 뒤쪽을 흐르는 대기의 유동 정상파는 눈에 보이지 않지만, 정상파의 마루에 나타나는 렌즈구름은 보인다.

가 바로 렌즈구름이다. 활공기 조종사가 산봉우리 뒤쪽(바람이 불어가는 쪽)의 정상파를 타는 모습은 뮌헨의 서퍼와 다를 바 없다. 조종사는 상승기류 내에서 활공기를 좌우로 조종하며 공중을 누빈다. 렌즈구름은 조종사에게 파동의 마루를 표시하는 신호등 역할을 한다. 보이지 않는  하늘을 나는 서퍼

상승기류를 타고 소중한 양력을 얻을 수 있는 구간이 어디인지도, 하강기류에 휩쓸려 활공기가 땅으로 처박힐 수 있는 구간이 어디인지도, 렌즈구름 덕분에 알 수 있다.

유동 정상파는 매질의 흐름이 있어야 형성될 수 있는 반면, 일반적인 진행파는 정지한 매질을 통해 쉽게 퍼져나간다고 했다. 그런데 안타깝게도 실상은 그렇게 명확히 구분되지 않는다. 파동이란 게 원래 모호한 면이 많다. 바다의 파도를 예로 들어보자. 지구상의 모든 바다에는 해류가 흐르는데, 해류는 일반적인 진행파 형태로 나아가는 파도에 어떤 영향을 미칠까? 곳에 따라서는 괴물처럼 거대한 파도를 일으킬 수 있다.

  아굴라스 해류는 아프리카 동해안을 따라 남서쪽으로 흐른다. 그러다가 아프리카 대륙의 최남단인 아굴라스곶에 이르면, 남대서양의 폭풍에서 발생해 밀려오는 파도와 마주친다. 해류와 맞닥뜨린 파도는 속도가 느려진다. 그렇다면 아무래도 파도의 위세가 줄어들지 않을까 싶은데, 그렇지가 않다. 1488년에 아프리카 남단을 항해한 포르투갈의 탐험가 바르톨로메우 디아스가 이 근방의 희망봉을

'폭풍의 곶'이라 이름 붙인 데에는 그럴 만한 이유가 있었다.

마주 오는 해류와 맞닥뜨렸을 때 파도가 왜 더 높아질까? 앞의 장에서 지구에 불시착했던 외계인들 이야기로 돌아가보자.

앞에서 우연히 발견한 길을 따라가던 외계인들은 마침내 한 소도시에 도착해 쇼핑몰 안에 들어오게 되었다. 그러나 주민들의 비명과 아우성에 겁을 잔뜩 먹고 만다. 쇼핑몰 안을 도망치듯 달리던 외계인들은 2층으로 피신하려고 에스컬레이터로 향한다. 하지만 익숙지 않은 기계에 당황한 나머지 내려오는 에스컬레이터에 올라타는 실수를 하고 만다. 첫 번째 외계인이 에스컬레이터에 오르자마자 달리는 속도가 자연히 느려진다. 바로 뒤따라오던 외계인은 앞 외계인과의 간격을 조금 좁힌 후 에스컬레이터에 오르게 된다. 그 뒤에 오는 외계인들도 마찬가지여서, 결국 외계인들의 행렬은 평지에서보다 간격이 촘촘해진 채로 에스컬레이터를 힘겹게 오른다. 외계인들은 2층 여성 속옷 매장에서 에스컬레이터를 빠져나와 한 명씩 평지에 발을 내디디면서 비로소 서로 간의 간격을 다시 넓힌다.

돌아온 외계인들

파도가 해류를 맞닥뜨릴 때도 비슷한 현상이 일어난다. 파도의 진행 속도가 해류 속에서 느려지므로, 해류와 만나는 순간 파도의 마루 사이 간격이 촘촘해진다. 다시 말해 파장이 줄어든다. 파도가 아코디언처럼 짜부라지면서, 물이 어디로 갈 데가 없으니 결국 파고가 높아진다.

이 같은 파도의 압축 효과는 아굴라스곶 앞바다에서 거대한 너울이 만들어지는 이유 중 하나다. 그런데 여기에 기여하는 요인이 두

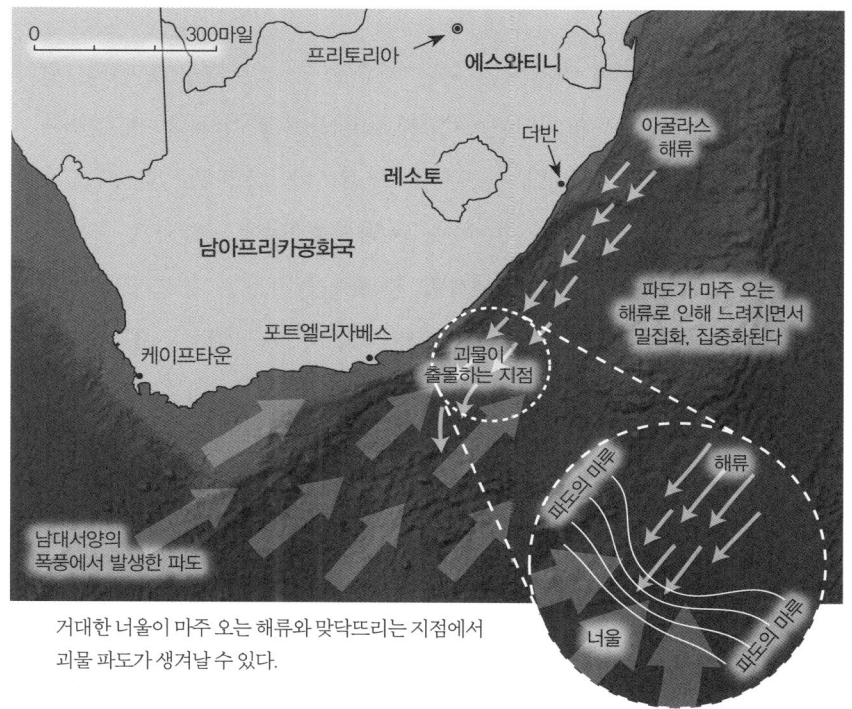

거대한 너울이 마주 오는 해류와 맞닥뜨리는 지점에서 괴물 파도가 생겨날 수 있다.

가지 더 있다. 하나는 '광란의 40도대Roaring Forties'다. 지구의 남위 40~50도 바다에는 바람을 가로막을 대륙이 없어서 바람이 끊임없이 세차게 부는데, 이 바람을 가리키는 용어다. 아굴라스 해류와 반대 방향으로 부는 이 바람은, 파도의 마루를 밀면서 해수면에 계속 에너지를 보탠다. 또 한 가지 요인은 해류로 인해 파도의 에너지가 한곳으로 모이는 효과다.

한편 쇼핑몰 2층에 당도한 외계인들은 연대를 위해 다시 손을 맞잡고, 비명을 지르며 매장 사이를 뛰어다니고 있다. 줄 가운데 있는 외계인이 체력이 약해 뒤처지기 시작한다. 그러자 양 끝에서 전력 질주하던 외계인들은 가운데 쪽으로 자연히 끌려온다.

아굴라스 해류의 양옆에 나타난 파도도 같은 현상을 보인다. 줄 끝에 선 체력 좋은 외계인들처럼, 해류의 방해 없이 계속 빠르게 나아간다. 그러면서 동시에 안쪽으로 끌려온다. 가운데 있는 파도가 체력이 약해서가 아니라, 마주 오는 해류로 인해 느려지기 때문이다. 이는 굴절의 일종이다. 해류를 통과하는 파도의 속도가 느려지면서 일어나는 굴절이다. 결과적으로 파도는 가운데로 모여들고, 해류 속의 좁은 영역에 에너지가 집중되면서 파고가 더욱 높아진다.

아굴라스곶 앞바다의 파고가 골에서 마루까지 30미터, 약 10층 건물 높이로 치솟을 수 있는 이유가 바로 이것이다. 설상가상으로

"아, 거기 긁힌 자국이요? 처음 렌트할 때부터 있었는데요." 노르웨이 유조선 '윌스타'가 1974년 폭풍 속에서 아굴라스 해류를 항해하던 중 돌발중첩파에 강타당한 모습. 뱃머리 부분이 스팸 캔 뚜껑처럼 뜯겨 나갔다.

아코디언처럼 짜부라지는 효과 때문에 파도의 사면이 극도로 가팔라지기도 한다. 이 같은 괴물 파도는 일반적이지 않아서 '돌발중첩파rogue wave'라고 불리며, 발생하면 일반적인 파도보다 두 배 이상 높이 솟아오른다.

 돌발중첩파가 발생하는 상황은 폭풍으로 비롯된 둘 이상의 파도가, 해류의 저항으로 이미 높고 가팔라진 상태에서, 같은 수역을 정확히 동시에 지날 때인 것으로 보인다. 파도들이 일시적으로 합쳐져 다른 파도를 압도하는 거대한 파도가 만들어지는 것이다. 때로는 마루만큼 깊은 골이 마루에 앞서 진행하기도 한다. 그런 골은 마지막 순간까지 눈에 띄지 않다가 배가 이전 파도의 마루에 올라타는 순간에야 모습을 드러내기 때문에 특히 위험할 수 있다.[1] 아프리카 남단의 바다 밑에 난파선의 잔해가 가득한 것도 놀랍지 않다.

얼마 전, 미국 시인 로버트 프로스트가 1920년대에 쓴 시구를 우연히 읽게 되었다.

> 푸른색의 젖은 파도가
> 소멸한 자리에서
> 더욱 광활한 물결이 솟아오르니
> 그 물결은 갈색에 말라 있다
>
> 육지로 화한 바다는

어촌 마을로 밀려와

굳은 모래 속에 묻어버린다

바다에서 살아남은 자들을²

시를 읽고 나니 '모래파sand wave'란 과연 무엇인지 궁금해졌다. 그것도 파동의 일종인가, 아니면 파동과 모양이 닮았을 뿐인가?

해변의 얕은 물에 발을 담글 때 발밑에 느껴지는 자잘한 모래 둔덕을 생각해보자. 나는 그 단단하고 촘촘한 모래결이 발바닥을 어루만지는 느낌이 항상 좋았다. 그런 모래결은 파도가 해변으로 밀려왔다가 쓸려 나가면서, 또는 조류(밀물과 썰물의 흐름)가 평탄한 모랫바닥을 휩쓸며 흐를 때 만들어진다. 모래결의 간격은 몇 센티미터에 불과할 수도 있다. 하지만 물살이 빠르게 꾸준히 흐르는 곳, 예를 들어 육지 사이의 좁은 해협을 따라 조류가 급류를 이루는 곳에서는 1미터가 넘는 크기의 굴곡이 모래에 생기기도 한다. 물살이 그렇게 빠르고 모래알도 굵은 곳이라면 모래결이 더 커져서 마루 사이 간격이 1~15미터에 이르는 경우도 있다. 그런 큰 굴곡을 영어로는 '메가리플megaripple'이라고 한다. 바닷가에서 파는 소용돌이 막대사탕에 붙일 법한 재미있는 이름이다.

'모래파'는 그보다 더 큰 굴곡을 부르는 명칭이다. 한 예로, 강한 해류가 휩쓰는 네덜란드 연안의 해저에는 모래파가 약 14,000제곱킬로미터 넓이로 펼쳐져 있다. 때로는 그 파장이 800미터가 넘고 파고가 18미터에 이르기도 한다. 이 모래파는 해류 방향으로 1년에 10~150미터씩 이동한다고 한다.³

해변을 오르내리는 조류에 의해 촘촘하게 형성된 모래결. 과연 실제 물결과 관계가 있을까, 아니면 모양만 닮은 걸까?

이와 같은 퇴적 구조는 정말 파도 **같아 보인다**. 아닌 게 아니라 물살 속에서 만들어지며, 명칭도 모래결이나 모래파라고 한다. 하지만 그런 것들도 정말 **파동일까**?

모래가 바람에 날려 굴곡을 이루는 것은 어떨까? 이 '메마른 사촌'은 물속에 생기는 모래결과 닮은 점이 있을까?

이들 역시 촉촉한 사촌들처럼 다양한 크기로 나타난다. 가장 작은 형태는 건조하고 바람 부는 해변의 모래사장에 끝없이 펼쳐진 모래의 물결이다. 바람이 거세던 7월 중순의 어느 날, 해변에서 그런 모

제4파 흐름을 타는 파동

래결을 자세히 관찰해보았다. 더운 오후였지만, 일광욕보다는 산책에 적합한 날씨였다. 강한 바람에 지표면으로부터 약 10센티미터 높이에서 모래 입자의 얇은 장막이 공중에 흩날려서, 바닥에 눕기라도 하면 모래가 뺨을 따갑게 때리고 귓구멍을 가득 채울 기세였다. 따가운 모래바람을 견디면서 관찰했다. 눈에 잘 보이지도 않는 몇 센티미터 두께의 모래바람 장막이 지표면의 모래결을 조금씩 이동시키고 있었다. 그 움직임은 마치 물결이 슬로모션으로 나아가는 것 같았다. 이것도 바람이 만든 일종의 파도일까? 이 모래결은 대기의 정상파가 만드는 렌즈구름처럼 바람 속에서 만들어지지만, 바람이 멈추어야 비로소 이동을 멈춘다. 반면 렌즈구름은 바람이 사라지면 함께 소멸해버린다. 그렇다면 로버트 프로스트의 말은 맞는 걸까? 이 모래결은 메마르고 느리게 움직이는, 일종의 파도일까?

물론 프로스트가 말한 것은 모래 **언덕**이었다. 풀이 자라고 굳어서 이동이 멈춘 사구(모래언덕)도 있지만, 그런 사구가 아니라 바람에 자유롭게 이동하는 사구를 말한 것이다.

이러한 이동성 사구는 식생이 정착할 수 없을 정도로 건조한 지역, 예컨대 리비아와 이집트의 끝없는 '모래바다' 같은 곳에서 나타난다. 그런 광대한 사막에서는 모래가 완전히 자유롭게 바람에 날리는 경우가 많다. 따라서 끝없이 펼쳐진 사구들이 연중 일정한 방향으로 부는 바람에 해마다 조금씩 이동한다. 그런 모래바다의 풍경을 보면 사구들이 마치 바다의 잔잔한 너울처럼 부드럽고 완만하게 솟아 있기도 하고, 거칠게 일렁이는 풍랑처럼 뾰족하게 솟아 있고 잔물결 무늬가 져 있기도 하다.

사하라의 모래바다를 뒤덮은 것은 일종의 느리고 메마른 파도일까?

미동하는 사막의 사구는 바다의 파도만큼이나 영원해 보인다. 랠프 월도 에머슨의 시구를 빌리면 "영원히 변치 않는 무언가를 암시하는" 듯하다.[4] 하지만 세계 곳곳에서 사구는 시간의 촉박함을 상징하는 존재가 되어가고 있다. 과도한 방목, 삼림 벌채, 수자원 남용이 불러온 사막화로 인해 사구가 확산되면서 농지, 도로, 철도, 마을들이 점령당하고 있다.

사막화의 위협이 가장 심각한 나라는 중국이다. 중국 북부와 서북부에 걸친 광대한 사막이 동쪽으로 확산하고 있다. 2001년 아시아개발은행이 발표한 간쑤성 지역의 조사 결과에 따르면 이미 1300제곱킬로미터에 달하는 농지가 사구에 삼켜졌고, 마을 4천 군

데가 뒤덮일 위기에 처했다.[5] 실크로드에 위치한 고대 동서 교역의 거점이었던 둔황시도 예외가 아니어서, 500미터 높이의 사구들이 시의 남쪽 경계에 우뚝 서 있다. 거대한 산맥 같은 사구들에 둘러싸인 초승달 모양의 오아시스 '월아천'은 물이 점점 줄고 있어, 1960년대에 10미터였던 수심이 이제 1미터에 불과하다. 1990년대 후반 동안 중국 전역에서 매년 1만 제곱킬로미터 이상의 농지와 목초지가 사구에 뒤덮였다.[6]

사구의 침공이다, 어서 도망쳐!

모래의 거침없는 확산은 비단 중국만의 문제가 아니다. 최근 10년간 보고된 사례에 따르면 아프가니스탄 시스탄 분지의 마을 100군데 이상이 사구에 파묻혔고, 이란에서는 적어도 124군데 마을이 사라졌다. 사막화 현상은 브라질, 인도, 멕시코, 케냐, 나이지리아, 예멘에서도 점점 심각해지고 있다.[7]

중국 정부는 베이징에서 불과 200여 킬로미터 떨어진 곳까지 접근한 사막의 물결을 막기 위해, 70년에 걸친 대규모 조림造林 프로젝트에 착수했다. 일명 '녹색장성'으로 불리는 이 계획은 약 4500킬로미터에 걸친 방풍림을 조성하는 것이 목표다. 나무뿌리가 토양을 단단히 고정해주고, 더 나아가 바람에 실려오는 모래를 차단해 사막화를 막을 수 있으리라는 계산이다.

이 같은 사막의 모래 굴곡은 바다와는 한참 떨어져 있지만, "육지로 화한 바다"가 "바다에서 살아남은 자들을 굳은 모래 속에 묻어버린다"는 프로스트의 시구를 떠올리게 한다.

나는 그 시구를 되새기며, 이제 이 모호한 사구의 정체를 확실히 밝혀야겠다고 결심했다. 과연 모래결, 메가리플, 모래파, 사구 등은 파동의 일종일까? 알아내기 위해서는 전문가에게 물어보는 수밖에 없었다.

그런데 사구 전문가를 어떻게 찾을까? 간단하다. 여기저기 묻고 다니다 보면 마침내 '풍성 지형학자'라고 하는 사람을 찾을 수 있다.

런던 킹스칼리지 자연지리학과의 안드레아스 바스 교수가 그런 사람 중 하나다. 그와 통화할 기회에 괜히 들뜬 내 모습이 조금은 부끄러웠다. 마침내, 물살이나 바람 속에서 나타나는 모래의 움직이는 굴곡이 비록 느리고 입자 형태이긴 해도 파동이 맞다는 사실을 확인해줄 사람을 만난 것이다. 그러니 그에게서 내 생각이 완전히 틀렸다는 말을 들었을 때 내 실망감은 이만저만이 아니었다.

"저희 지형학자들은 사구를 파동으로 간주하길 항상 아주 꺼려합니다." 그는 대뜸 이렇게 말했다. "왜냐하면 사구의 형성 메커니즘 자체가 바다의 파도와는 전혀 다르기 때문이죠."

그러더니 내 사구 이론을 모래 속에 파묻어버릴 논거를 제시하기 시작했다. 물론 더없이 친절한 논박이었지만, 모래의 굴곡이 파동의 일종이라는 내 주장은 처음부터 승산이 없어 보였다.

통화를 시작한 지 얼마 되지도 않아 그가 첫 번째 일격을 가했다. 사구가 파도와 근본적으로 다른 점은, 바람이 수면을 변형시킬 때처럼 모래 표면을 들어올리고 비틀지 않는다는 것이다. 파도의 경우 바닷물은 다시 원래 자리로 가라앉고, 교란 상태가 수면을 따라

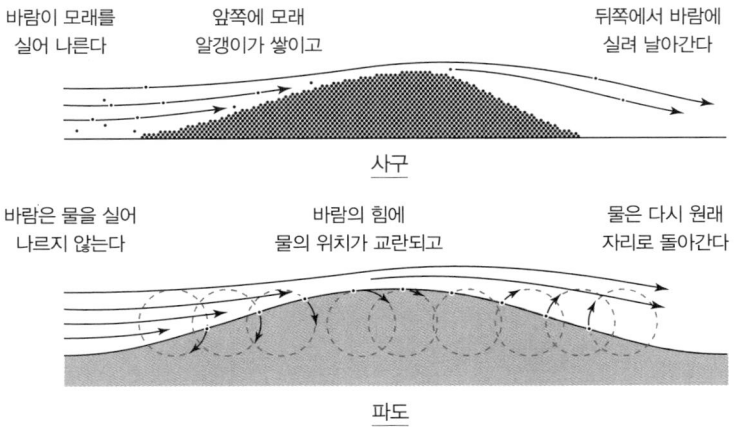

사구는 바람에 실려오는 모래의 흐름이 있어야 발달하지만, 파도는 물의 흐름을 필요로 하지 않는다.

퍼져나간다. 반면 사구의 경우 바람에 모래가 실려오고, 이 모래가 장애물이나 작은 융기 주변에 쌓여가면서 더미를 만든다. 즉, 사구와 파도는 생겨나는 방식이 위 그림과 같이 다르다는 것인데, 곰곰이 생각해보니 일리가 있는 이야기였다.

한 방 먹었지만, 그래도 반격을 시도했다. 흐르는 물 속에서 생겨나는 정상파도 있지 않나? 그런 파동은 흐름 속에서, 게다가 장애물 주위에서 형성되지 않나?

"그 경우는 물이 파동의 **형태를 따라** 흐르는 것이죠." 바스 교수는 차분하게 답했다. 물의 유동 정상파와 달리, 바람에 날리는 모래는 사구의 형태를 따라 흐르지 않는다. 거대한 모래 더미 속의 알갱이들은 바람이 불어도 어디 가지 않는다. 마치 산사태가 수평으로 일어나듯 모래가 이동한다면 모를까, 모래의 전체적인 흐름이 사구의 모양을 만드는 것이 아니다. 오직 맨 윗층의 모래만이 들어올려져 바람에 실려 이동한다.

그렇지만 바스 교수가 사구와 흐르는 정상파를 비교하는 것은 조금 더 복잡한 문제임을 인정하자 약간 위안이 되긴 했다.

그는 설명을 이어가며, 사구가 파도와 근본적으로 다른 두 번째 이유는 형태 때문이라고 했다. "사구는 비대칭인 반면, 파도는 대칭 형태입니다. 파도의 앞면과 뒷면은 본질적으로 동일하거든요."

알고 보니, 사구의 바람을 받는 쪽 사면은 약 11° 정도로 완만한 반면, 후면은 30° 이상의 가파른 '미끄럼면'으로 이루어져 있다. 사구가 바람에 밀려 조금씩 나아갈 때, 후면에서는 주기적으로 모래가 작은 산사태처럼 흘러내린다.

이번에는 재빨리 방어하며 나름 절묘한 반격을 시도했다. 그렇다면 해안에서 부서지는 파도는 어떤가? 그런 파도는 뒤쪽은 완만한 경사를 이루고, 앞쪽은 급격히 떨어지는 폭포 형태가 되지 않나?

"네, 그건 조금 더 비슷하다고 볼 수 있겠네요." 그가 잠시 생각하더니 말했다. "부서지는 파도는 물이 전체적으로 흐르고 있지요. 그때는 물이 파도와 함께 실제로 앞으로 나아가고 있어요."

그럼 내가 한 점 딴 걸까?

하지만 그가 곧바로 세 번째 반론을 내놓자 내 얼굴에 번진 미소는 사라졌다. "물론 파도와 달리, 사구는 표층의 물질이 운반됨으로써 이동합니다." 즉, 바람에 밀려 전진하는 사구 속 모래의 움직임은 수면을 따라 전파되는 파도 속 물의 움직임과 근본적으로 다르다는 것이다. 바람은 사구의 한쪽 면에 모래를 쌓고, '도약운동 saltation'이

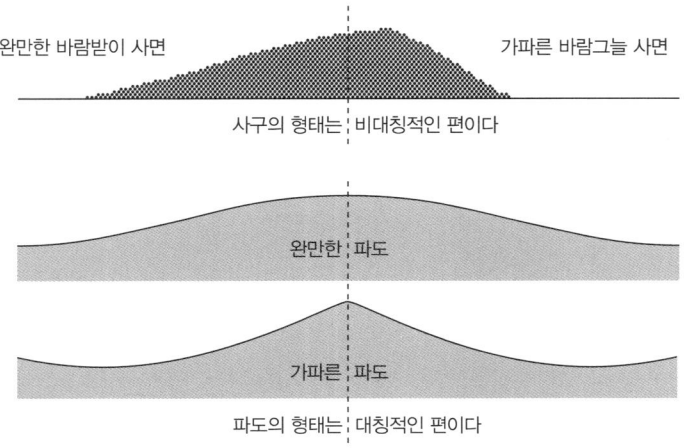

사구와 파도는 형태조차 다른 경우가 많다.

라고 하는 연속적인 점프를 통해 모래 알갱이를 사면으로 밀어올려 마루 너머로 넘긴다. 사구의 뒷면에서는 때때로 작은 모래 사태가 발생하고, 그에 따라 사구 전체가 아주 느리게 가는 탱크의 무한궤도처럼 전진한다.

내 방어 논리가 무너지고 있었다. 바스 교수의 반론에 내 사구 파동론은 너덜너덜해졌다. 사구와 파도가 얼마나 근본적으로 다른지는 바람이 멈췄을 때 어떻게 되는지 생각해보면 잘 알 수 있다. 사구의 경우는 그 자리에 우두커니 서 있을 뿐이다. 사구는 외부에서 에너지를 끊임없이 공급받아야만 전진할 수 있다. 그에 반해, 수면을 손바닥으로 찰싹 때려 물결을 만들면 처음에 가해준 에너지로 인해 교란 상태가 계속 전파된다. 계속 밀어줄 필요가 없다. 마찬가지로, 폭풍이 해수면에 전달한 에너지는 폭풍이 소멸한 지 오래여도 파도

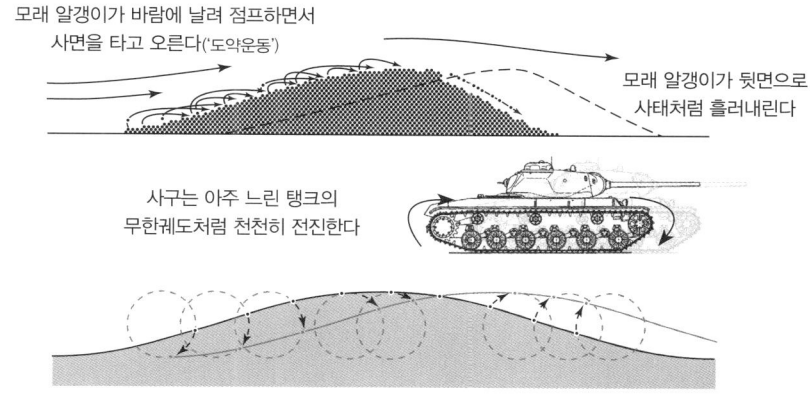

사구와 파도는 전혀 다른 방식으로 움직인다. 젠장.

를 계속 전진시킨다. 바람이 멈춘 뒤에도 파도는 너울이 되어, 때로는 수백 킬로미터를 계속 나아간다.

젠장. 이건 반박이 불가능했다. 나는 완전히 패배했다.

그때 문득 번뜩이는 생각이 떠올랐다. 얼마 전 교통 정체에 관한 글을 읽었었다. 교통 정체는 일종의 파동 형태로 도로 위를 이동한다고 하지 않던가? 물론 위아래로 출렁이는 형태가 아니라 압축파의 형태로 말이다. 차량의 밀집 패턴이 도로를 따라 움직이는 것이다. 사구는 한쪽 끝에 모래가 쌓이고 다른 쪽 끝에서 모래가 사라지면서 움직인다. 그렇다면 한쪽 끝에 차가 쌓이고 다른 쪽 끝에서는 차가 사라지는 교통 정체와 비슷하다고 볼 수 있지 않을까?

"맞아요. 사실 아주 비슷합니다." 바스 교수의 답변이 돌아왔다. "결국 파동이라는 개념을 얼마나 느슨하게 정의하느냐에 달려 있는 것 같네요." 그는 승자의 여유로운 태도로 덧붙였다.

나는 이제 내가 생각하는 파동의 정의가 뭔지도 잘 알 수 없었다. 하지만 한 가지는 확실했다. 내 정의는 아주, 아주 느슨하다는 것.

런던에서의 옛 삶을 떠나 서머싯의 전원생활로 들어선 이후, 나는 잉글랜드 남서부를 관통하는 A303 간선도로 위에서 생각보다 많은 시간을 보내게 되었다. 평소에도 교통 상황이 나쁘지만, 주말 즈음에 이 길을 택하는 어리석음을 범하면 도로는 마치 혈전증에라도 걸린 듯 꽉 막히고 만다.

이 도로는 짜증스럽게도 편도 2차로 구간과 1차로 구간이 계속 번갈아 나타난다. 그래서 교통량이 많을 때는 두 차로가 하나로 합쳐지는 지점마다 어김없이 차량 행렬이 수 킬로미터까지 이어진다.

여기까지는 충분히 이해가 간다. 그런데 가끔은 아무 이유 없이 정체가 발생하는 것처럼 보일 때가 있다(추월 차로를 최대한 끝까지 질주한 후 맨 앞에서 끼어드는 **얌체족** 때문도 아니다).

분명히 방금 전까지만 해도 다들 잘 가고 있었다. 차량 간격이 다소 빽빽하긴 해도 흐름은 안정적이었다. 그러다가 저 멀리 평원에 떠 있는 구름을 감상하는 찰나, 갑자기 다들 느려지더니 급기야 멈춰버리고, 거북이걸음으로 겨우 나아가기 시작한다.

무슨 일일까? 도로 공사 중인가? 고장 난 차가 서 있는 걸까? 멍하니 구름 구경을 하다 운전대를 놓친 사람이라도 있는 걸까? 단서는 없지만, 분명 다음 커브를 돌면 이유를 알 수 있을 것 같은 기분이다. 그때 갑자기 앞차가 속도를 내고, 차량 흐름은 아무 일도 없었다는 듯 다시 원활해진다.

대체 무슨 일이었을까?

일본 나고야대학교의 스기야마 유키 교수는 '교통 흐름 수학회'라는 학회를 운영하고 있다. 혹시 이 학회에 가입하고 싶어졌다면 미리 말해두어야 하겠는데, 이 학회는 "교통 흐름 역학에 관련된 연구를 하는 물리학자, 공학자, 수학자, 생물학자"만 가입할 수 있다.

스기야마 교수에게 전화해 이른바 교통파traffic wave에 대해 물었더니, 교통 정체는 딱히 병목 지점이 없어도 발생한다고 설명해주었다. "사람들의 운전에는 항상 변동이 존재하기 때문에 차량의 평균 밀도가 임계값을 넘어서면 누구라도 정체를 유발하는 방아쇠가 될 수 있습니다." 다시 말해, 도로 위에 차량이 너무 많으면 교통 흐름이 불안정해진다. 그럴 때는 어떤 운전자라도 본의 아니게 정체를 유발할 수 있으며, 언젠가 결국 유발하게 된다.

스기야마 교수가 방해물이 전혀 없는 붐비는 도로에서도 정체가 발생한다고 확신하는 이유는, 실험으로 직접 입증했기 때문이다. 아무 방해물도 없는 원형 트랙을 차들이 계속 빙빙 돌게 한 실험이었다.[8]

교통 흐름을 연구하는 여느 과학자들처럼 스기야마 교수도 오랜 세월 동안 컴퓨터 모델로 교통 정체에 대해 모의실험을 했다. 하지만 교통 정체가 자연적으로 발생한다는 사실을 실제 실험으로 보인

수도권순환고속도로가 너무 지루하다고? 이 원형 트랙을 한번 돌아보시라.

것은 그가 최초였다.

길이 230미터의 원형 트랙 위에 22명의 운전자를 일정 간격으로 배치하고, 앞차와 안전거리를 유지하면서 시속 30킬로미터로 최대한 정속 주행할 것을 지시했다.

한두 바퀴 돌고 나자 벌써 차량 간 간격에 변동이 나타나기 시작했다. 이는 특정 운전자의 잘못이 아니었고, 운전 미숙 때문도 아니었다. 운전 중에는 누구나 속도가 조금씩 바뀌기 마련이다. 그런데 차량이 트랙 위에 꽤 빽빽이 배치되어 있었기에 이러한 무작위적 변동은 교통 흐름의 일정성에 교란을 일으켰고, 교란은 곧 누적되기 시작했다.

앞차와의 거리가 조금 가까워졌음을 인지한 운전자는 브레이크를 살짝 밟지만 약간 과잉보상하여 조금 과하게 감속하게 된다. 그러면 뒤따르는 운전자는 자연히 그보다 조금 더 과잉보상하게 된다. 이런 식으로 교통 흐름의 '교란'이 누적되면서, 이른바 '가다서다 파동stop-and-go wave'이 순식간에 생겨났다. 평균 다섯 대의 차량이 잠시 멈췄다가 다시 움직이는 '미니' 교통 정체가 발생한 것이다.

정체 대열에 속했다가 잠시 후 대열의 맨 앞에 서게 된 차는 다시 시속 30킬로미터로 가속하며 떠나갔다. 동시에 새로운 차들이 정체 대열의 맨 뒤에 합류했다. 차들은 항상 앞으로 이동하지만, 미니 정체의 위치는 교통 흐름을 따라 뒤로 이동하는 모습이었다.

비록 다섯 대의 차로 이루어진 미미한 정체였지만, 교통 정체임은 분명했다. 이로써 병목 지점이 없어도 차량이 충분히 밀집되어 있다면 정체가 발생할 수 있음이 입증되었다. 현실의 고속도로에서는 차량 밀도가 그 이상으로 높아지면 흐름이 불안정해지는 마법의 숫자가 존재한다. 이 임계 밀도는 나라에 따라 다르지 않고, 제한 속도와도 무관하다. 독일과 일본의 여러 고속도로에서 측정한 결과, 차량 흐름이 원활 상태에서 정체 상태로 바뀌는 변화는 항상 차량 밀도가 킬로미터당 25대에 도달할 때 일어났다.[9] 고속도로에 그보다 많은 차량이 몰리면 흐름이 불안정해지면서, 운전자들이 불가피하게 일으키는 작은 속도 변동이 곧 '가다서다 파동'으로 발전하게 된다.

스기야마의 실험에서 미니 정체가 교통 흐름을 따라 뒤로 이동한 속도는 실제 고속도로에서 관찰되는 가다서다 파동의 진행 속도와 거의 일치했다. 항공 촬영 영상을 관찰해보면, 자연적으로 생겨난 정체가 도로를 따라 뒤로 전파되는 속도는 정체의 규모와 관계없이 항상 시속 20킬로미터 정도다.[10] 가령 고속도로 위에 3킬로미터 길이의 정체 대열이 형성되어 있다고 하자. 고속도로 위 차량 수가 일정하다고 가정하면, 정체 대열의 맨 앞에서 차량이 이탈하고 맨 뒤에 차량이 새로 합류하면서 정체 대열의 위치는 도로를 따라 점점 뒤로 이동한다. 한 시간이 지나면, 이 3킬로미터 길이의 정체 대열은 약 20킬로미터 뒤에가 있을 것이다.

교통파의 고유 속도

정체의 규모나 도로의 제한 속도와 관계없이 교통파가 항상 같은 속도로 전파된다는 것이 이상하다면, 교통파의 진행 속도는 주로 운전자의 반응 시간에 좌우된다는 점을 기억하자. 즉, 앞길이 막혔다가 뚫렸을 때 운전자가 얼마나 빨리 출발해 나아가느냐에 달려 있는데, 이는 세계 어디서나 거의 같고 제한 속도와도 상관이 없다.

마침내 결정적인 질문을 할 차례였다.

교통 흐름 속에서 나타나는 파동은 **진정한** 파동인가? 만약 그렇다면, 어떤 종류의 파동인가?

"가다서다 파동은 에너지가 보존되지 않는 소산계dissipative system 의 군집 해cluster solution 입니다." 스기야마 교수가 설명했다.

(뭐, 뭐라고요…?)

대화를 통해 결국, 가다서다 교통파가 실제로 사구와 비슷한 식으로 움직인다는 점을 확인했다. 그러나 그 둘은 수면파와는 많이 다르다. 강이나 바다의 흐름 속에서 생겨나는 수면파라 해도 말이다.

교통 정체와 사구는 '소산계'로 분류된다. 계 내의 에너지가 보존되지 않고 계속 새어나간다는 의미다. 이 때문에 파형이 어딘가로 이동하려면 에너지를 계속 공급받아야 한다. 만약 바람이 모래 알갱이를 계속 밀어주지 않는다면, 사구는 가만히 쌓여 있는 모래 더미에 불과하다. 마찬가지로, 정체 대열의 맨 앞에 서게 된 운전자가 가속 페달을 밟으며 연료를 소비해 앞으로 나아가지 않는다면, 교통파는 도로를 따라 뒤로 진행하지 않을 것이다. 모든 차가 도로 위에 그대로 며칠이고 서 있게 될 것이다. 우리가 익히 아는 명절 귀성길 풍경이다.

 결정적인 대답

이에 비하면, 수면을 따라 이동하는 일반적인 진행파가 속한 계는 에너지가 거의 소산되지 않는다. 일단 수면이 한 번 교란되면, 교란 상태는 파형을 이루어 저절로 계속 이동한다.

적어도 내가 이해한 바로는 그런 말이었다.

"교통 정체 같은 현상을 물리적으로 해석하는 일은 완전히 새로운, 떠오르는 물리학 분야입니다." 스기야마 교수가 위안하듯 말했다. "교통 정체는 우리에게 익숙한 현상이지만, 그 발생 원리를 제대로 이해하기는 아직도 너무 어렵습니다."

통화를 마무리하기 전, 그가 어떻게 교통 현상의 세세한 속성을 그렇게 파고들게 되었는지 궁금했다. 혹시 일본의 정체된 고속도로에 갇혀 있을 때 그런 아이디어가 떠오른 걸까? 그의 대답은 이랬다.

"아, 전혀요. 저는 지하철 타고 다닙니다. 운전은 해본 적도 없네요. 운전면허증도 없어요."

교통 체증 이야기에 복잡해진 머리를 식히려고 다시 강가에 산책을 나갔다. 이제 7월 말에 접어든 하늘에는 거대한 적란운이 떠 있었다. 구름이 며칠간 쏟아낸 폭우로 강물이 불어나 거의 둑 끝까지 차올랐고, 평소에는 느릿하던 물살이 힘차게 흐르고 있었다.

버드나무 그늘 아래, 평소 물 위로 튀어나와 있던 바위가 이제 물속에 살짝 잠겨 있었다. 물살이 바위를 타고 세차게 흐르며 졸졸 듣기 좋은 소리를 냈다. 근심 걱정을 씻어내는 듯한 물소리였다.

그리고 바위 뒤쪽 수면에는 우리의 친구, 유동 정상파가 붕 떠 있었다. '흐름 속의 파동' 생각이 머릿속에 가득하지 않았다면 아마 쳐다보지도 않았을 것이다. 그도 그럴 것이, 아무 특별할 게 없는 광경이었다. 그냥 물살이 오르내리는 평범한 모습이었으니, 바람에 흔들리는 버드나무 가지처럼 흔한 장면이었다.

그런데 정상파가 떠 있는 모습을 가만히 들여다보고 있으니, 거기에 뭐랄까, 어떤 **깊은** 의미가 있다는 느낌이 들었다. 정상파는 마치 흐름 속의 일시 정지된 순간처럼 그 자리에 떠 있었다. 지금 이 순간 오르내리면서 저 굴곡을 만드는 물은 다음 순간 흘러가고 없었다. 그러나 파형은 항상 그 자리에 있었다. 새로운 물이 끊임없이 그 자리를 통과하고 있기 때문이다.

이렇게 말하면 혼자 너무 생각에 빠져든 것 아니냐고 할지 모르지만, 나는 눈앞에 떠 있는 저 파동이 과연 하나의 '존재'인지 궁금해졌다. 분명 그것은 보고 가리키고 생각할 수 있는 어떤 것이었다. 그러나 동시에 그것은 단지 물살의 작은 일탈에 불과했다. 참으로 추상적인 파동의 사례가 아닐 수 없었다. 사실, 이 '흐름 속 파동'이라는 것은 그 본질을 이거다 하고 시원하게 말하기가 어려웠다. 군집 해, 소산계, 임계 밀도…. 용어가 딱딱해질수록 개념은 더 추상적이고 손에 잡히지 않는 듯했다. 머릿속이 말 그대로 파동처럼 어지러웠다. 파동이란 것이 이제 너무 추상적인 개념이 되어버려서, 나를 다시 단단한 땅에 발붙이게 해줄 누군가의 조언이 절실했다.

집으로 돌아온 나는 대학 시절의 철학 교수를 찾아 연락했다. '흐름 속 파동'의 의미에 관해 무슨 말을 한 철학자가 혹시 있는지 물어보기 위해서였다.

헤라클레이토스라는 사람이 있다는 답이 돌아왔다. 기원전 500년경에 살았던, 소크라테스 이전의 그리스 철학자다.

헤라클레이토스가 정상파, 아니 어떤 종류의 파동에 대해서라도 글 한 줄 남겼다는 증거는 없다. 다만 강물과 흐름에 관해서는 그가 남긴 것으로 전해지는 문장이 몇 개 있으나, 그의 저작은 하나도 남아 있지 않다. 헤라클레이토스의 철학에 대해 알 수 있는 자료는 남들이 인용하거나 고쳐 쓴 글뿐으로, 모두 2차 저작자의 해석을 거친 단편적 글이다.

전해지는 인용문들을 보면, 헤라클레이토스는 돌려서 말하길 좋아하고 더 나아가 역설적 표현을 즐겼던 사람임이 드러난다.[●] 자기

● 이러한 성향은 결국 그에게 좋은 결과로 돌아오지 않았다. 전기 작가 디오게네스 라에르티오스에 따르면, 헤라클레이토스는 70세의 나이에 피이한 죽음을 맞았다. 수종에 걸려 눈 주변 피부가 체액으로 퉁퉁 부어오른 그는 의사들에게 특유의 수수께끼 같은 말투로 "비 온 뒤에 가뭄을 일으킬 수 있느냐"고 물었다. 의사들이 무슨 말인지 알아듣지 못하자, 헤라

모순적 격언을 많이 남겼는데, 예를 들면 "올라가는 길과 내려가는 길은 동일하다", "원주 상에서 시작과 끝은 같다", "산 자와 죽은 자, 깨어 있는 자와 잠든 자, 젊은이와 늙은이는 본질적으로 같으니, 후자는 전자로 돌아가고 전자는 다시 후자로 돌아간다" 등이다.[11] 그에게 '어두운 철학자'라거나 '수수께끼꾼'이라는 별명이 붙은 것도 이상하지 않다.

헤라클레이토스는 **모든 것**이 끊임없이 변하고 있다고 보았다. 밝은 빛을 내며 깜빡이는 불꽃은 하나의 '존재'처럼 보이지만, 사실 그것은 하나의 과정이다. 어떤 것이 한 상태에서 다른 상태로 변화하면서 거치는 가시적 단계일 뿐이다. 강도 마찬가지다. 헤라클레이토스는 "같은 강물에 두 번 발을 담글 수 없다. 새로운 물이 끊임없이 흘러들어오기 때문이다"라고 말했다.[12] 지붕을 받치는 참나무 대들보는 꽤 영구적인 존재처럼 보일지 모르지만, 이는 단지 그 변화가 우리 눈에 확연하게 보이지 않기 때문이다.

대들보는 수백 년에 걸쳐 변하고, 바위는 수천 년에 걸쳐 모래로 부서진다. 아리스토텔레스는 헤라클레이토스의 사상을 이렇게 요약했다. "모든 것은 항상 움직이고 있으나 … 우리의 감각이 이를 포착하지 못할 뿐이다."[13] 헤라클레이토스는 "태양은 매일 새롭다"고 말하기도 했다.[14] 물론 태양은 하나의 거대한 핵반응체로서, 타오르면서 에너지

수수께끼꾼의 조언

클레이토스는 자가 치료를 택했다. 그 방법이란 외양간에 들어앉아 몸에 소똥을 묻히는 것이었다. 소똥의 온기에 체액이 몸에서 증발하리라 믿었던 것으로 보인다. 결국 그는 외양간에서 온몸에 소똥을 뒤집어쓴 채 죽음을 맞이했다.

를 내뿜고 있으니 끊임없이 변화하고 있다. 그런 사실을 알고 있는 오늘날에는 꽤 타당한 말로 들린다.

훨씬 후대의 위대한 철학자 버트런드 러셀에 따르면, 과학은 언제나 "끊임없는 변화의 원리로부터 벗어나기 위해 변하는 현상 속에서도 변하지 않는 밑바탕을 찾으려 했다"고 한다.[15] 다시 말해, 과학자들은 현미경을 들여다보며 세상의 모든 변화 속에서도 고정되어 있는 무언가를 찾으려 한다. 처음에는 원자가 더 이상 쪼갤 수 없는 기본 단위라고 생각했으나, 방사능이 발견되면서 원자도 붕괴될 수 있음이 밝혀졌다. 그 후 한동안은 원자를 구성하는 전자와 양성자가 결코 변하지 않는 존재라고 생각했다. 이들은 그저 재배열되어 다양한 물질을 이룰 뿐이라고 보았다. 그러다가 그 아원자입자들이 서로 충돌하면 순수한 에너지로 전환될 수 있으며 이때 어마어마한 양의 전자기파가 방출된다는 사실이 밝혀졌다. 불변하는 존재를 찾는 과정에서 결국 마지막까지 남은 것은 에너지였다.

아마도 그래서 나는 그 조그만 정상파가 그렇게 흥미롭게 느껴졌는지 모른다. 흐름 속에서 미세하게 떨리는 그 물결은 분명 파동이었다. 그런가 하면 그것은 스쳐가는 순간들의 연속이자, 지속적인 과정의 한 단계이자, 물의 흐름 속에서 잠깐 일어나는 굴곡일 뿐이었다. 세상의 모든 것이 단지 에너지라면, 변화의 화신이자 그 이름조차 그리스어로 '활동'을 뜻하는 단어에서 유래한 에너지라면, 그 소소한 물결은 우리가 영원하다고 여기는 모든 것의 덧없음을 표상하는 반짝이는 상징이었다.

제5파
파동이 험악해질 때
When waves turn nasty

 폭발의 충격이 차량 측면을 강타해 산산조각 낸 것은 데이비드 에미 하사가 차량에 장착된 기관총을 겨누며 이동하고 있을 때였다.
 2004년 11월 19일, 이라크 북서부의 소도시 탈아파르에서 벌어진 일이었다. 당시 서른두 살이던 에미 미군 하사는 이라크의 신입 경찰부대원을 수송하는 호송대의 일원이었다. 행렬이 출발하자마자 에미 하사는 뭔가 이상하다고 느꼈다. 평소와 다르게 탈아파르는 지나치게 조용했다. 흙먼지 날리는 거리에서 늘 뛰놀며 소리 지르던 아이들이 보이지 않았다. 십대 소년 몇 명만 길모퉁이에 서 있었고, 그중 한 명은 호송대가 지나갈 때 에미 하사를 보며 손으로 목을 긋는 제스처를 했다.
 에미 하사는 무전으로 대원들에게 자신이 본 상황을 알리며, 뭔가 느낌이 불길하니 모두 경계를 늦추지 말라고 경고했다. 호송대가 다음 로터리를 지나는 순간, 예감은 적중하고 말았다.

도로 왼쪽 가에 숨겨져 있던 사제 폭발물이 호송대가 지나가는 순간 폭발한 것이다. 맹렬한 고압의 장벽을 앞세우며 화염 덩어리 기체가 확 터져 나왔고, 그 속에 실린 파편이 에미 하사가 탄 트럭의 측면을 갈가리 찢어놓았다. 에미 하사는 그 어떤 파동보다 무시무시한 파동인 '충격파'의 직격을 받았다.

가장 흉악한 파동

트럭 안에서 정신을 차리고 보니 제대로 보이지도, 들리지도 않았다. 파편이 왼쪽 눈에 박히고 폭발의 충격에 왼쪽 고막이 터져버린 상태였다. 근처 건물에 숨어 있던 약 25명의 반군이 에미 하사의 트럭과 호송 대열을 향해 사격을 퍼붓기 시작했다.

에미 하사가 다음으로 기억하는 것은 운전병이 자신을 트럭에서 끌어내어 스트라이커 장갑차 쪽으로 질질 끌고 가던 순간이다. 발밑으로 총알이 휙휙 스쳐 지나갔고, 로켓추진유탄이 사방에서 터졌다. 다른 하사가 파손된 트럭에 대신 올라가 기관총을 잡고, 차량 폭탄을 몰고 돌진해 오는 반군 한 명을 사살했다. 발이 묶여 꼼짝 못하는 호송대를 차량이 들이받기 직전이었다.

상대적으로 안전한 장갑차 안으로 몸을 피한 에미와 운전병은 도시 외곽의 전초 기지로 긴급 이송됐다. 에미는 장갑차의 탑승 램프를 겨우 걸어 내려가 기다리던 의료진에게 인계되었으나, 곧 혼수상태에 빠졌다. 이후 에미는 발라드의 전투 지원 병원으로 후송되었다가, 다시 바그다드로 옮겨졌다. 폭발에 고막이 터지고 눈이 다친 것 외에도 두개골이 골절되고 왼쪽 뇌에 심한 타박상을 입은 상태였다. 바그다드의 신경외과 의사들은 그의 뇌가 부풀어 오를 공간을 확보하기 위해 좌측 측두부의 두개골을 크게 들어내는 두개절제술을 시행했다. 에미가 의식을 되찾은 것은 열흘 뒤, 워싱턴 D.C.에 있는 월터리드 육군의료센터의 중환자실에서였다.

그곳에서 에미는 간호사들을 CIA 요원으로 착각하며 자신이 바그다드에 있다고 믿었다. 하는 말은 앞뒤가 맞지 않았고, 간단한 지시조차 따르지 못했다. 사고력, 기억력, 문제 해결 능력에 심각한 장애가 나타났으며, 5개월간의 인지 치료를 받고서야 서서히 회복되기 시작했다. 에미의 사례는 이라크 전쟁과 아프가니스탄 전쟁의 대표적 부상으로 알려진 외상성 뇌손상의 전형적인 경우다. 발생 원인은 도로변에 설치된 사제 폭발물의 충격파였다.[1]

에미처럼 외상성 뇌손상을 입은 참전 군인들에게는 즉각적인 인지 장애 외에도 보다 일반적이고 장기적인 증상이 흔히 나타난다. 흔히 외상 후 스트레스 장애post-traumatic stress disorder(PTSD)로 불리는 이 질환은 불안, 우울증, 알코올 중독 등의 증상이 따르며, 자살률 증가와도 관련이 있다. '이라크 자유 작전' 참전 군인을 대상으로 한 2008년 연구에 따르면, 전쟁에서 복귀한 지 3~4개월 후 PTSD 증상을 보인 군인들은 그러지 않은 군인들보다 근거리 폭발의 충격파에 노출되었던 비율이 현저히 높았다.[2]

랜드연구소RAND Corporation의 2008년 조사에 따르면,[3] 2001년부터 이라크 전쟁과 아프가니스탄의 '항구적 자유 작전'에 배치된 164만 명의 미군 중 무려 32만 명이 임무 중 외상성 뇌손상을 겪었을 가능성이 높은 것으로 추정된다. 거의 다섯 명 중 한 명꼴로 근거리 폭발을 겪었다는 뜻이다. 이 수치가 이렇게 높은 이유는 반군이 사제 폭발물을 많이 설치하기 때문만은 아니다. 아이러니하게도 현대의 케블라 방탄복이 매우 효과적인 데도 기인한다. 방탄복이 파편으로 인한 부상을 막아주기에, 과거 전쟁에 비해 훨씬 더 많은 군인들이 근거리 폭발을 겪고도 살아남을 수 있게 된 것이다. 이전 같았으면 이들 중 상당수가 현장에서 사망했을 것이다.

충격파가 뇌에 미치는 영향은 설령 신체적 외상의 징후가 없다 해도 극심할 수 있다. 폭발은 공기압을 순간적으로 격렬히 상승시킨 후 급격히 떨어뜨림으로써 잠깐 동안이지만 맹렬한 '폭발풍'을 만들어낸다. 폭발풍의 속도는 허리케인보다 약 열 배 빠른 초속 350미터에 달하기도 한다.[4] 이렇게 극심한 압력 변화는 두개골을 변형시켜 뇌진탕이나 뇌 조직의 타박상을 유발한다. 또한 혈관 내에 공기 방울을 만들고, 이것이 뇌로 이동하면 뇌 조직이 손상될 수 있다. 컴퓨터 시뮬레이션에 따르면, 격심한 충격파는 헬멧과 머리 사이의 틈새를 휩쓸고 지나가면서 두개골에 물결치는 듯한 형태의 변형을 가한다. 이때 부드러운 뇌 조직에 가해지는 충격은 격렬한 자동차 사고로 머리를 강하게 부딪히는 것과 비슷하다.[5] 케블라 헬멧은 날아오는 파편으로부터 머리를 보호해줄 수는 있어도, 충격파에 대해서는 방어 효과가 거의 없다.

충격파가 군인들에게 미치는 영향은 그 심각성이 제대로 인식되지 않고 있다. 겉으로 외상이 남지 않는 경우가 많고, 많은 군인들이 경력에 해가 될까 봐 복무 후의 정신적 문제를 보고하길 꺼린다. 충격파 부상은 단순히 현대전의 속성으로 치부할 수 있는 것이 아니다. 보이지 않는 전염병처럼 확산될 위험이 있다.

그렇다면 충격파란 무엇인가?

충격파는 파도, 전자기파, 음향파처럼 파동의 한 **종류**라기보다, 이런 파동이 '기분이 엉망일 때' 나타나는 모습이라고 할 수 있다. 즉, 어떤 종류의 파동이든 너무 격심해져서 평소의 '순한' 모습과는 전혀 다르게 작용할 때, 우리는 그것을 충격파라고 부른다.

가장 극적이고 눈에 띄는 충격파는 음향 충격파다. 폭발로 퍼져나가는 압력파가 바로 음향 충격파다. 우리 귀에 소리로 들리기도 하는 압축과 팽창의 파동이 유달리 격렬한 형태로 나타난 것이다. 그렇지만 혼동을 피하기 위해 이 책에서는 음향 충격파를 '압력 충격파'라고 부르겠다. 혹은 고체를 통과할 때는 '밀도 충격파'라고 부르겠다. 보통 '음향'이라고 하면 일반적인 음파만 떠올라서 고막을 날려버리는 강력한 파동을 연상하기 어렵기 때문이다.

이렇게 기분 변화에 빗대어 충격파와 일반 파동을 구분하는 것은 물론 과학적으로 정립된 설명은 아니다. 하지만 일반 파동이 충격파로 발전하기도 하고 그 반대도 가능하기 때문에 내가 보기엔 꽤 적절한 비유 같다. 그렇다면 파동의 기분이 엉망이라는 것은 어떤 상태일까? 파도라거나 압력파라거나 하는 파동의 종류와 관계없이, 충격파는 다음의 뚜렷한 특징을 한 가지 이상 보이는 경향이 있다.

전함의 15인치 함포 발사로 발생한 충격파가 해수면에 그 자취를 드러내고 있다.

순한 파동과 달리 일그러진 형태를 갖는다. 충격파의 파형은 일반적인 파동처럼 깔끔하고 대칭적인 모양이 아닐 때가 많다. 예를 들어 압력 충격파가 공기를 통해 전파될 때는 보통 한 차례 이상의 급격한 압력 점프가 나타난 뒤에 비교적 서서히 정상 압력으로 돌아간다. 반면 순한 압력파는 공기압의 상승과 하강이 대칭적인 형태로 이루어진다.

보통 황급히 움직인다. 충격파는 일반적인 파동보다 매질을 더 빠르게 통과하는 것이 보통이다. 순한 파동은 주파수나 강도에 관계없이 특정 매질에서 일정한 속도로 진행하는 경우가 많지만, 충격파는 더 빠르게 진행한다. 그리고 강도가 셀수록 더 빨라진다.

너무 격분한 상태여서 '파동의 이치' 따위는 따르지 않는다. 충격파는 순한 파동과 같은 방식으로 반사, 굴절, 회절하지 않는 경우가 많으며, 두 충격파가 겹쳐질 때도 간단하게 합쳐지거나 상쇄되지 않는다.

지나간 자리는 쑥대밭이 되곤 한다. 충격파는 통과한 매질에 영구적이거나 파괴적인 변화를 남길 때가 많다. 예를 들어 밀도 충격파가 고체 매질을 통과할 때는 매질을 산산이 부숴버릴 수 있다. 매질이 액체나 기체인 경우에는 온도를 상승시켜 극심한 고온을 만들기도 한다. 반면 순한 파동은 매질에 흔적을 남기지 않고 얌전히 지나가곤 한다.

물론 물리학자들은 이렇게 기분 변화에 비유하기보다는 훨씬 엄밀한 방식으로 충격파를 정의한다. 지금 그 정의를 간단히 소개하려고 하는데, 과학적 내용에 관심이 없는 사람이라면 잠시 눈을 돌려도 좋다. 물리학자들은 일반적인 파동이 '선형적'으로 작용하는 반면, 충격파는 '비선형적'으로 작용한다고 말한다. 여기서 비선형성의 정의는 파동이 '중첩 원리'를 따르지 않는다는 것이다. 중첩 원리는 두 파동이 겹쳐질 때 생기는 파동은 각 파동의 골과 마루를 간단히 서로 합한 것과 같다는 원리다.

자, 이제 다시 봐도 된다. 다 끝났다.

충격파의 발생 원인 중 가장 쉬운 예는 당연히 폭발이다. 그런데 폭발은 인간만 일으키지 않는다. 한 예로 1883년 인도네시아 크라카토아섬의 꼭대기를 날려버린 엄청난 화산 폭발이 있다. 이때 발생한 대기 충격파는 10시간 20분 만에 1만 1600킬로미터 떨어진 런던까지 도달했다. 그리니치 천문대의 기압계에는 급격한 기압 상승에 이은 급격한 기압 하락이 기록되었고, 이후 기압은 서서히 정상 수준으로 돌아갔다.[6]

<u>화산 충격파</u>

기민한 파동관찰자라면 그 거리를 10시간 20분 만에 이동했다는 데서 이 압력파의 속도가 의외로 느렸다는 점을 눈치챘을지도 모른다. 실제로 5°C에서 공기 중 음속(즉, 압력파가 전파되는 속도)은 초속 330미터 정도인데, 1만 1600킬로미터를 10시간 20분에 이동했다면 평균 초속 310미터 정도에 해당한다. 그렇다면 일반적인 파동보다 빠르다는 충격파의 두 번째 특징과 상충하는 결과처럼 보인다. 그러나 이 충격파는 대기 중에서 위아래로 반사되며 이동했을 테니 실제 이동 거리는 직선거리보다 훨씬 길었을 것이다.

충격파를 자연적으로 일으키는 원인이라면 번개도 있다. 우리가 듣는 천둥소리가 곧 충격파의 소리다. 번개의 엄청난 열로 인해 공기가 폭발적으로 팽창하면서, 앞쪽에서는 기압이 극도로 가파르게 상승하고 뒤쪽에서는 비교적 완만하게 정상 기압으로 돌아가는 형태의 압력파가 발생한다. 그렇다면 그런 형태의 압력파가 우리 귀에 우르릉쾅쾅 하는 천둥소리로 들리는 걸까? 나는 미국 버지니아 공과대학의 충격파 전문가인 마크 크레이머 교수에게 바로 그 질문을 했다. 그에 따르면, 우리 귀는 그처럼 급격한 압력 변화를 "자동차 배터리에 케이블을 연결할 때 전기 스파크가 일어나는 '딱' 소리나 당구공이 부딪힐 때 나는 소리"와 비슷하게 인식한다.

천둥과 번개

그렇다면 왜 천둥소리는 (가까운 거리에 있는 경우) 우르릉쾅쾅 하고 부서지는 듯한, 귀청이 찢어지는 굉음으로 들리는 걸까? 한 가지 이유는 "우리 눈에 하나의 번개로 보이는 것이 사실은 여러 차례의 방전으로 이루어졌기 때문"이라고 한다. 여러 차례의 충격파가 빠르게 연속적으로 발생하면서 소리가 어느 정도 길게 이어진다는 것이다. 또 한 가지 이유는 "천둥이 보통 몇 킬로미터에 이르는 번개의 전체 길이에 걸쳐 생성된다"는 점이다. 즉, 번개의 이리저리 뻗어나간 갈래를 따라 여러 곳에서 충격파가 발생한다. 가까운 곳에서 발생한 충격파는 우리에게 먼저 도달하고, 먼 곳에서 발생한 충격파는 나중에 도달한다. 이 두 가지 이유 때문에 우리는 하나의 충격파가 내는 전기 스파크 같은 '딱' 소리가 아니라, 여러 충격파가 이어진 굉음을 듣게 된다.

번개가 만들어내는 천둥의 압력파는 충격파 특유의 급격한 전면을 가질 뿐 아니라, 일반적인 음파보다 빠르게 이동한다. 그리고 강도가 셀수록 더 빠르게 이동한다는 충격파의 규칙을 따른다. 시끄러운 압력파가 조용한 압력파보다 더 빠르게 전파되는 것이다. 크레이머 교수는 이것이 멀리서 오는 천둥소리는 묵직하게 우르릉거리고, 가까이서 오는 천둥소리는 찢어지듯 날카롭게 들리는 이유 중 하나라고 설명했다. "파동의 속도가 진폭에 따라 달라집니다." 압력파의 진폭은 그 강도, 즉 음량과 직결되는 값이다. "따라서 파동의 서로 다른 부분이 각기 다른 속도로 전파되면서, 파동 자체가 변형됩니다." 천둥소리가 거리에 따라 달라지는 이유는 바로 그 변형에 있다는 말이었다.

 폭탄이 터지는 폭발이든, 번개를 따라 공기가 급격히 팽창하는 폭발이든, 폭발은 온갖 주파수와 온갖 강도의 소리를 한꺼번에 발생시킨다. 날카로운 소리와 묵직한 소리, 큰 소리와 작은 소리가 모두 뒤섞이는 것이다. 번개 근처에서는 이러한 압력 충격파들이 합쳐져 귀를 찢는 굉음으로 들려온다. 하지만 멀리 떨어질수록 소리가 점점 길게 늘어진다. 이는 강하고 시끄러운 충격파가 더 속도가 빨라서 약하고 조용한 충격파를 제치고 앞서 나가기 때문이다. 따라서 일련의 충격파는 멀리 나아갈수록 서로 간의 간격이 점점 벌어지고, 그 조합은 점점 묵직한 소리로 들리게 된다. 이 현상은 막대기를 철제 난간에 대고 달리면서 긁는 소리와 비슷하다. 막대기를 빠르게 움직이면 각각의 울림이 빠르게 이어지면서 높은음으로 들리고, 천천히 움직이면 낮은음으로 들린다. 하나하나의 울림 자체는 같지만, 얼마나 빠르게 연속되느냐에 따라 들리는 음의 높낮이가 달라지는 것이다. 이렇게 충격파의 연속 간격이 늘어나는 현상이 바로 천둥소리가 거리에 따라 음색이 확연히 달라지는 이유 중 하나다.*

충격파의 소리는 자유롭게 상상해서 직접 내보자.

다행히 폭탄이나 번개에 맞지 않고도 충격파를 직접 느껴볼 수 있다.

- 또 한 가지 이유는 천둥소리가 멀리서 올수록 건물이나 언덕에 부딪혀 반사된 후 도달하는 비율이 높아서 메아리처럼 울리는 잔향 효과가 커지기 때문이다. 또한 높은 주파수의 소리는 낮은 주파수의 소리보다 빠르게 감쇠하므로, 멀리서 온 충격파가 우리에게 도달할 즈음에는 높은 소리가 많이 사라진 상태다.

무릎을 가슴에 붙여 몸을 동그랗게 말고 수영장 물속으로 '대포알 다이빙'을 하면 된다. 몸이 수면을 강타할 때 사방으로 솟구쳐오르는 물의 장벽이 바로 번개가 일으키는 천둥소리와 같은 충격파다.

수영 선수들은 대체로 충격파를 썩 좋아하지 않는다. 충격파는 곧 에너지 낭비이므로, 최대한 피하려고 한다. 200미터 자유형 경기의 출발 신호가 울릴 때 선수들이 '대포알 다이빙'을 하며 엄청난 물보라를 일으키지 않는 이유다(개인적으로 그런 모습을 보고 싶긴 하지만). 오히려 물이 가급적 튀지 않도록 손끝부터 입수한다. 물의 저항을 최소화하고, 아울러 물이 밀려나면서 발생하는 충격파도 최소화하는 방법이다. 충격파를 줄일수록 에너지를 물에 덜 빼앗긴다. 그러나 일단 출발하고 나면 또 하나의 원치 않는 충격파가 나타나게 되어 있으니, 물을 가르며 나아갈 때 머리 바로 앞쪽에 생겨나는 그 파동을 '선수파船首波, bow wave'라고 한다('선수'는 뱃머리를 뜻한다).

그런데 잠깐. 고작 선수파라고? 뱃머리에 이는 파도? 충격파라면 '꽝' '쿵' 하는 폭발음이나 적어도 '풍덩' 하는 소리는 나야 하지 않을까? 물론 폭발은 충격파의 가장 명백한 발생 원인이지만, 유일한 원인은 아니다. 충격파는 수영 선수, 물 위를 달리는 배, 공기 중을 나아가는 물체 등 운동체의 전면에서 퍼져나가는 선수파에서도 나타날 수 있다.

약골 충격파

단, 운동체가 매질 속에서 충분히 빠르게 나아가야 한다. 구체적으로 말해, 물체의 운동 속도가 적어도 그 매질에서 파동이 자연적으로 진행하는 속도만큼 빨라야 한다. 그래야 파동이 충분히 빨리 달아나지 못해 차곡차곡 겹쳐지면서 선수파가 충격파로 발전한다.

수영 선수가 만드는 선수파라니, 아무래도 충격파치고 좀 약해 보인다고? 그렇다면 같은 원리로 만들어지는 다른 충격파를 소개한다. 비행기가 초음속으로 날아갈 때 발생하는 충격파, 이른바 '소닉 붐sonic boom'(음속폭음)이다.

이 역시 우리 귀로 들을 수 있는, 공기압 충격파의 하나다. 그러나 수면에서 일어나는 충격파와 원리는 같다. 비행기는 기체의 전면과 후면에서 압력파를 발생시킨다. 비행기가 나아가면서 공기를 밀어내므로 전방에서는 공기가 급히 비켜나야 하고, 후방에서는 비행기가 지나간 자리를 메우기 위해 공기가 다시 몰려들기 때문이다. 이처럼 급격한 공기의 움직임은 공기압의 순간적 상승과 하락을 일으키고, 이는 비행기를 중심으로 압력파의 형태로 퍼져나간다. 압력파는 비행기의 기수에서도, 꼬리에서도 발산하며 구 모양으로 뻗어나간다. 그리고 비행기의 속도와 관계없이 항상 형성된다. 보통 압력파는 우리 귀에 소리로 들리지만, 비행기의 압력파는 엔진 소음에 묻혀서 평소에는 안 들린다. 그런데 비행기가 음속에 도달하거나 음속을 초과하면 이야기가 달라져서, 그때는 아주 확실히 귀에 들린다.

〽️ 좀 더 제대로 된 충격파

음속, 즉 '마하 1*'에 도달한 비행기는 자신이 만들어내는 압력파와 같은 속도로 이동하게 된다. 이때 비행기 기수에서 발생하는 압력파는 비행기에 계속 따라잡혀서 앞으로 달아나지 못한다. 그 결

● 구체적인 속도 대신 '마하 1', '마하 2'라는 용어를 사용하는 이유는 음속이 기온에 따라 달라지기 때문이다. 가령 0°C에서는 마하 1이 초속 약 331미터이고, 영하 20°C에서는 초속 약 319미터다.

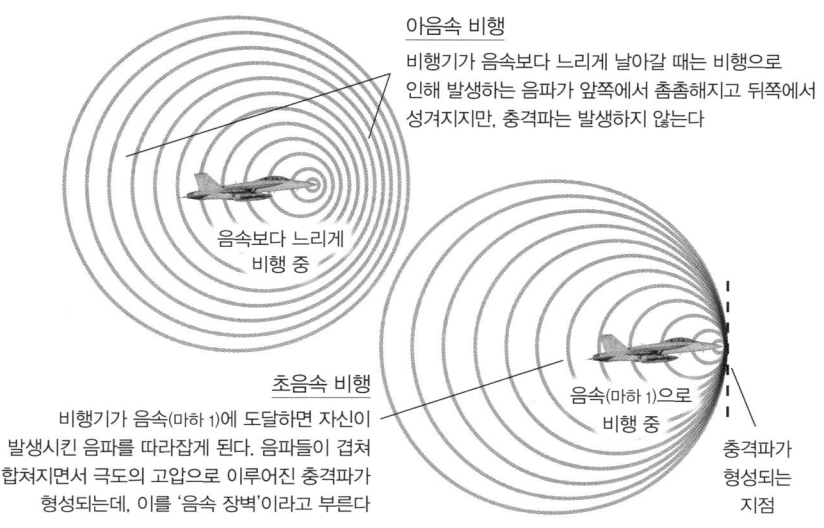

비행기가 음속으로 날아갈 때 충격파가 형성되는 원리.

과, 압력파의 마루 하나하나가 선행하는 마루와 계속 겹쳐지면서 누적되어 점점 강한 선수파가 형성된다. 이렇게 비행기가 음속으로 비행하면 압력파가 한데 뭉쳐 충격파가 된다. 즉, 기수에서는 선수파가 비행기와 나란히 음속으로 나아가면서 바깥쪽으로 뻗어나가는 고압의 충격파를 이루고, 반대로 후미에서는 저압의 충격파가 뻗어나가는데 이는 일종의 '선미파 stern wave'라고 할 수 있다.

이때 지상에서는 머리 위로 날아가는 비행기와 함께 고압과 저압의 충격파가 지나가면서 폭발음을 듣게 된다. 앞쪽 충격파가 먼저 지나가고, 곧바로 뒤쪽 충격파가 지나간다(다만 비행 고도가 높지 않으면 보통 두 폭발음이 너무 가까이 붙어 있어서 구분하기 어렵다). 반면 조종사는 이와 전혀 다른 경험을 하는데, 마하 1로 비행할 때는 폭발음을 듣지 못한다. 충격파의 전면이 비행기의 기수보다 항상 살짝 앞에 있기 때문이다. 조종사는 비행기의 추력을 충분히 높여 음속을 능가하는 순간에야 비로소 충격파의 폭발음을 듣게 된다. 이때 '음속 장벽sound barrier'을 돌파했다고 표현하는데, 음속 장벽이란 기수 바로 앞에 있는 고압의 충격파를 말한다. 장벽이라고 하는 이유는, 이 고압 영역을 통과하려면 상당한 추력이 추가로 필요하기 때문이다. 가령 지금 비행하는 대기 중의 음속이 초속 330미터라면, 비행 속도를 330에서 340으로 올리는 데 필요한 추가 추력은 320에서 330으로 올릴 때보다 훨씬 크다. 단순한 가속이 아니라, 음속 즉 마하 1을 넘김으로써 충격파의 전면을 이루는 고압 영역을 추월하는 과정이기 때문이다. 음속 장벽을 돌파하는 순간, 충격파의 고압 영역이 조종석을 쓿고 지나가면서 조종사는 폭발음을 듣게 된다.

비행 속도가 마하 1을 넘어서면 충격파 전면의 형태도 변화한다. 마하 1에서는 기수를 중심으로 밖으로 뻗어나가서, 마치 거대한 고압의 원반이 기수 코끝에 붙어 있는 듯한 모양이다. 기체 꼬리에도 마찬가지로 저압의 원반이 붙어 있는 모양이다. 음속 장벽을 돌파하면 두 원반은 원뿔 모양으로 변해 비행기 앞뒤에서 각각 후방으로 뻗어나간다. 음속의 두 배인 마하 2에 이르면 두 원뿔은 각각 45°의 각도를 띤다. 초음속 비행기가 마하 2로 머리 위를 지나간다면, 소닉붐이 들리는 타이밍은 비행기가 지나가고 나서 뒤따라오는 충격파 원뿔이 지면을 훑고 지나갈 때다.

공기를 비롯한 모든 기체는 압축되면 온도가 올라가고, 팽창하면

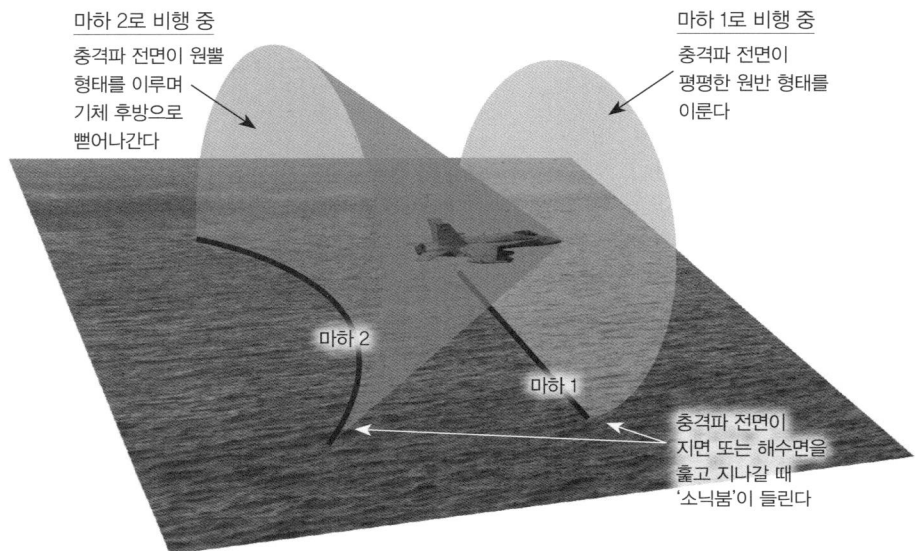

비행 속도가 음속을 초과하면 충격파 전면이 평평한 원반 모양에서 원뿔 모양으로 변한다.

온도가 내려간다. 이 때문에 초음속 비행기가 만드는 충격파가 마치 유령 같은 구름 형태로 잠깐 나타나기도 하는데, 이를 '충격 고리shock collar' 또는 '충격 알shock egg'이라고 한다. 충격파 전면의 초고압부 바로 뒤에는 저압 영역이 존재하는데, 압력이 급히 떨어지면서 공기가 워낙 크게 식는 바람에 수증기가 순간적으로 응결하여 물방울이 되는 것이다. 이 초음속 구름은 마하 1에서는 원반 형태로, 마하 1보다 빠를 때는 원뿔 형태로 비행기 동체에 붙어 나타난다.

그 모습은 레스토랑에서 계산서와 함께 가져다주는 박하사탕과 비슷해 보이기도 한다.

초음속 충격파의 소리도 비행 고도에 따라 달라진다. 고도가 매우

음속 장벽을 돌파하는 F/A-18 호넷(위)과 슈퍼 호넷(아래). 커다란 박하사탕을 끼고 나는 듯한 모습이다.

높다면 비행기 앞뒤에 형성된 충격파 원뿔이 지상에 도달하는 과정에서 분산되어 성겨지므로, 폭발음이 묵직하고 둔탁한 '쿵' 소리로 들린다. 반면 고도가 낮다면 더 날카로운 소리로 들린다. 연속된 두 발의 총성, 또는 사자 조련사가 채찍을 휘두를 때 나는 '딱' 소리와도 비슷하다(정확히 말하자면 두 명의 조련사가 채찍을 거의 동시에 휘두를 때 나는 소리). 쿵 소리든 딱 소리든 충격파가 지나가고 나면, 곧바로 비행기 엔진의 맹렬한 굉음이 뒤따른다.

초음속 비행기를 채찍에 비유한 것은 사실 근거 없는 이야기가 아닙니다. 채찍을 휘두를 때 나는 소리도 초음속 운동으로 인한 충격파에서 비롯된다. 카우보이나 마부가 내려치는 채찍의 속도는 만만히 볼 것이 아니다. 제대로 휘두르면 채찍 끝에 달린 '크래커cracker'라고 하는 가느다란 끈이 음속보다 빠르게 움직이면서 충격파의 '딱' 소리를 낸다. 숙련된 카우보이나 마부는 손을 가볍게 휘두르는 동작만으로도 그런 채찍 소리를 낼 수 있다.

가죽줄
충격파

채찍을 휘두르면 손의 운동 에너지가 가죽줄을 타고 고리 형태로 이동하며 퍼져나간다. 이때 카우보이는 손잡이를 다시 당겨 채찍을 더 팽팽하게 만든다. 이 고리는 처음에는 느긋한 속도로 출발했다가, 채찍이 끝으로 갈수록 점점 가늘고 유연해지기 때문에 채찍 끝에서는 초음속으로 격렬히 움직인다.

채찍 손잡이에 붙은 가장 굵은 부분을 '송thong'이라 부르며, 여러 개의 가죽끈을 꼬아 만든다. 채찍은 점점 가늘어지다가, '폴fall'이라

내 채찍 소리, 너무 요란한가?

고 하는 유연한 가죽끈으로 이어진다. 그 끝에 나일론이나 와이어로 된 매우 유연한 끈이 달려 있는데 이것이 '크래커'다.

하천이 좁고 얕아질 때 물결의 에너지가 집중되어 파면이 더 가파르고 빨라지는 것처럼, 채찍도 점점 가늘어지는 형태 때문에 고리나 물결 모양으로 퍼져나가는 에너지가 점점 좁은 영역으로 모이게 된다. 애리조나대학교 수학자들의 연구에 따르면, 일반적인 2미터 길이의 채찍 끝에 달린 크래커의 굵기가 손잡이 쪽 송 굵기의 10분의 1이라면, 채찍의 운동 에너지가 집중됨에 따라 고리의 이동 속도가 채찍 끝에서는 손잡이 쪽에서보다 32배 빨라진다.[7]

따라서 연습만 하면 어렵지 않게 고리를 초음속으로 움직일 수 있다. 고속 카메라 영상으로 밝혀진 바에 따르면, 고리가 채찍 끝에서 음속에 도달해 충격파를 발생시킬 때 크래커 자체는 음속의 두 배 속도로 움직이게 된다. 와우!

~

앞서 충격파의 특징을 들면서 급격한 전면부 탓에 갑작스럽게 출현한다는 점, 일반적인 파동보다 빠르게 진행하는 경향이 있다는 점 외에도, 때로는 파괴적일 만큼 큰 영향을 매질에 미친다는 점을 언급했다. 에미 하사의 경우도 두개골과 뇌를 관통한 충격파에 심각한 타박상을 입는 등 충격파의 영구적 영향을 직접 겪은 사례다. 물론 불행히 더 근거리에서 폭발에 노출된 군인의 경우엔 충격파가 몸을 관통하는 바람에 목숨을 잃기도 한다.

충격파가 공기를 통과할 때는 충격파 전면의 극심한 압력 때문에 공기의 온도가 대단히 높아지기도 한다. 극단적인 경우는 공기가 너무 뜨거워져 화학적 변화를 일으킬 수도 있다. 한번은 지구 대기권 바깥층에서 일어난 그 현상으로 인해 우주 비행 역사상 가장 손에 땀을 쥐게 한 순간이 연출되기도 했다. NASA의 실패한 유인 달 탐사 계획, 아폴로 13호 임무에서 벌어진 일이었다. 충격파가 결정적 역할을 한 순간은 우주 비행의 가장 마지막 단계에서였으니, 끝까지 읽어주기 바란다.

1970년 4월 11일 아폴로 13호가 발사된 후 세계 언론은 별다른 관심을 보이지 않았다. 바로 전해에 이미 아폴로 11호에 이어 12호까지 달 착륙에 시끌벅적하게 성공한 뒤였고, 이번에도 그저 같은 임무의 반복처럼 보였다. 하지만 상황이 꼬이기 시작하자 아폴로 13호는 순식간에 전 세계 뉴스의 헤드라인을 장식했다. 모든 상황이 시시각각 TV로 생중계되면서, 전 세계 사람들이 숨을 죽인 채 세 명의 우주비행사가 무사히 돌아올 수 있을지 지켜보았다.

〰️ 또 한 번의 달 탐사 임무

문제는 발사 이틀 만에 일어났다. 한 승무원이 선내에 탑재된 액체 산소 탱크 두 대의 내용물을 저어주기 위해 탱크 내부의 팬을 가동시켰다. 늘상 하던 절차였다. 그런데 그 순간, 한 탱크 안의 피복이 벗겨진 전선에서 불꽃이 일면서 탱크가 폭발했다. 이 폭발로 인해 탱크가 탑재된 기계선(추진 장치, 전력 공급 장치, 공기 순환 장치 등이 설치된 무인 구획)의 측면이 박살 났고, 다른 산소 탱크도 망가졌다.

굉음이 들리자 승무원들은 심각한 문제가 발생했음을 직감했다. 경고등이 깜빡이고 전력 시스템이 멈췄으며 계기판이 오작동을 일으켰지만, 정확히 무슨 문제인지는 알 수 없었다. 그러던 중 짐 러벨 선장이 창밖을 내다보니 우주선에서 산소가 우주로 새어 나가는 모습이 보였다. 이때 그가 휴스턴의 관제센터에 보낸 유명한 교신이 바로 "휴스턴, 문제가 생겼다 Houston, we've had a problem"이다.

휴스턴의 존슨우주센터에서는 달 착륙을 포기하고, 세 명의 우주비행사를 무사히 귀환시키는 일에 총력을 기울였다. 일단 승무원들에게 문제가 생긴 사령선 '오디세이'에서 달착륙선 '아쿠아리우스'로 옮겨 탈 것을 지시했다. 사령선은 지구 이착륙과 궤도 비행 중 승무원들이 머무는 모듈이고, 달착륙선은 달에 착륙하고 이륙할 때 쓰는 모듈이다. 이제 달에 내릴 일은 없으니, 달착륙선을 일종의 구명 보트로 써야 하는 상황이었다. 그러나 달착륙선 내의 산소 공급은 최대 45시간 유지될 수 있어서 예상 귀환 시점까지 버티기에 많이 부족했다. 따라서 휴스턴 관계자들은 우주선을 더 빨리 지구로 돌려 보내기 위해 위험한 새 경로를 계산해야 했다. 논의 끝에 달착륙선의 연료 대부분을 사용해 귀환 경로를 수정, 달의 뒷면을 빙 돌아오기로 했다. 그러면 비행시간을 아홉 시간 단축할 수 있었다. 모든 것이 계획대로 된다면, 달의 중력이 우주선을 품었다가 새총처럼 지구로 튕겨 보내게 된다. 만약 실패한다면? 다른 대안은 없었다.

가까스로 올바른 귀환 경로에 오른 후에도, 승무원들은 모자라는 전력을 아끼기 위해 항법 컴퓨터, 유도 장치, 난방 장치를 모두 꺼야 했다. 이제 남은 것은 지구와 교신할 수 있는 라디오 송신기와 공기 순환 시스템뿐이었다. 난방이 되지 않으니 선내 온도는 4°C까지 떨어졌다.

그다음으로 발생한 큰 문제는, 승무원들이 내뿜는 이산화탄소를 제거하는 필터 장치의 부족이었다. 달착륙선에 구비된 필터는 단 몇 시간만 쓸 수 있었다. 애초에 지구 귀환용이 아니라 달 착륙 임무에만 쓰기 위한 용도였다. 공기 중 이산화탄소 농도가 위험할 정도로 높아져가는 상황에서 NASA 과학자들은 해결책을 강구해야 했다. 결국 사령선에 있는 여분의 필터를 달착륙선에서 쓸 수 있도록 선내에서 구할 수 있는 덕트 테이프, 플라스틱 조각, 두꺼운 판지를 가지고 임시변통으로 연결하게 했다. 그 와중에 또 다른 문제가 불거졌으니, 우주선의 지구 진입 각도가 너무 낮다는 사실을 관제센터에서 알려왔다. 이대로라면 우주선은 지구로 들어오지 못하고 튕겨져 나가 광대한 궤도를 영원히 떠돌게 될 수도 있었다. 관제센터에서는 달착륙선의 하강 추진 장치를 이용해 경로를 수동으로 수정하도록 지시했다. 승무원들은 우주선 창문을 통해 직접 지구를 바라보며 방향을 맞춰야 했다.

올바른 경로에 다시 오른 후에도 긴장을 늦출 수 없었다. 승무원들은 이제 지구로 하강하기 위해 사령선으로 다시 옮겨 타고 달착륙선을 분리해야 했다. 그러나 앞서 일어난 폭발에 사령선의 내열판이 무사한지 여부는 아무도 알 수 없었다. 내열판은 대기권 재진입 중 승무원들의 안전을 보장하는 방어막이다. 여기서 드디어 충격파가 결정적으로 중요해진다.

〽️ 알았다, 이제 본론으로 들어간다

확실한 것은, 사령선이 시속 4만 킬로미터로 대기권에 돌입할 때 사령선 전면의 대기에 극심한 선수파가 형성되리라는 사실이었다. 그러면 공기압이 엄청나게 높아지면서 공기 온도가 2700°C까지 치솟게 된다. 그 같은 고열에서는 주변 대기가 기체에서 '플라스마' 상태로 변한다. 공기가 너무 뜨거워진 나머지 전자가 원자로부터 분리된다는 뜻이다.

사령선 전면에 형성되는 맹렬한 선수파는 충격파의 위력뿐 아니라 충격파로 인해 매질이 어떻게 변형될 수 있는지 생생히 보여주는 현상이었다.

플라스마는 떠돌아다니는 자유전자로 인해 매우 높은 전기 전도성을 띠므로 재진입 시에 교신에 쓰이는 전자기파를 차단한다는 사실을 승무원들도, 관제센터도 잘 알고 있었다. 즉, 하강 속도가 어느

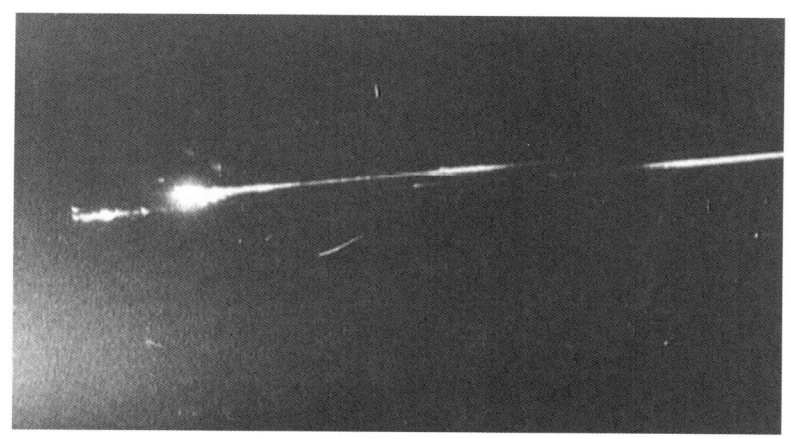

아폴로 13호의 분리된 기계선(서비스 모듈)과 달착륙선이 대기권에 재진입하는 순간 불타는 모습. 피지제도에서 뉴질랜드로 향하던 여객기의 탑승객이 촬영했다. 과연 우주비행사 세 명을 태운 망가진 사령선은 같은 운명을 피할 수 있을 것인가?

정도 이상으로 빨라져 충격파가 플라스마를 형성하는 약 3분 동안은 교신이 완전히 끊긴다.

가장 큰 미지수는 내열판의 상태였다. 거기에 승무원들의 목숨이 달려 있었다. 내열판이 무사할까? 충격파의 극심한 고온을 버틸 수 있을까?

사령선은 대기권 바깥층에 진입했고, 고압의 충격파가 공기를 달구어 전자기파를 차단하는 플라스마를 형성했다. 사령선과 관제센터 간 교신은 끊겼고, 전 세계의 뉴스 앵커들은 화면을 주시하는 시청자들에게 이제 할 수 있는 일은 기다리는 것뿐이라고 전했다.

3분 후, 관제센터가 교신을 시도했다. "오디세이, 휴스턴. 대기 중, 오버." 아무런 응답이 없었다.

1분이 더 지났지만 여전히 아무 신호가 오지 않았다.

태평양 한복판 미국령 사모아 남동쪽의 예상 착수 지점에서는 구조 헬기들이 공중에 대기하고 있었다. 존슨우주센터 관제실에 있는 모든 사람의 눈이 초조하게 초시계를 응시했다. 4분 30초가 지나자 최악의 결과를 예감하는 사람들도 있었다.

그때, 지지직거리는 잡음과 함께 조종사 잭 스위거트의 목소리가 들려왔다. 전 세계가 안도의 한숨을 내쉬는 순간이었을 것이다.

대부분의 영화가 긴박한 순간을 길게 늘려 연출하는 것과 달리, 론 하워드 감독의 영화 〈아폴로 13〉은 충격파로 인한 교신 두절 시간을 실제보다 짧게 줄였다. 굳이 긴장감을 더 높이기 위해 길게 끌 필요가

귀환 전

귀환 중

귀환 후

관제센터에서 바라본 아폴로 13호 귀환 작전. 긴장감을 극적으로 고조하는 데 한몫한 것은 충격파였다.

없었던 것이다. 현실 자체가 이미 할리우드를 뛰어넘는 드라마였다.

다만 그 결정적 순간의 시나리오는 약간 각색되었다. 영화에서는

웅장한 오케스트라 음악이 절정을 향해 치닫는 가운데, 스위거트가 이렇게 응답한다. "휴스턴, 여기는 오디세이. 다시 만나 반갑다." 하지만 실제로 했던 응답은 상당히 밋밋했다. "오케이, 조."

충격파의 이미지를 너무 나쁘게만 묘사했는지도 모르겠다. 사실 충격파가 매질을 파괴하는 작용은 좋은 소식이 될 수도 있다. 특히 신장 결석 환자에게는 더욱 그렇다.

'체외 충격파 쇄석술'이라는 것이 있다. 신장에 생긴 단단한 결석을 충격파로 깨뜨리는 비침습적 치료법이다. 환자가 특수 침대에 누우면, 충격파 발생기가 고강도의 음파를 신장 결석에 집중적으로 쏘아 보낸다. 이 치료의 핵심 원리는 체내 밀도가 급격히 변화하는 경계면에서 충격파의 에너지가 가장 많이 흡수된다는 사실이다. 충격파가 부드러운 신장 조직을 거쳐 단단한 결석을 관통하고 다시 몸 밖으로 빠져나가는 과정에서 결석 내부에 변형력이 가해져 결석이 부서진다. 1~2센티미터 정도의 보통 크기 결석은 한 시간 동안 8000회쯤 충격파를 가하면 충분히 부서져, 소변으로 배출될 만큼 작은 입자가 된다. 상당히 편리한 치료법이다.

하지만 뼈나 연골 같은 주변 조직에 불필요한 손상을 주지 않으려면 충격파를 정확히 결석 부위에 집중해야 한다. 이를 위해 보조적으로 사용되는 것이 덜 공격적인 성질의 파동이다. 초음파나 실시간 X선 스캐너를 이용해 결석의 위치를 정확히 파악할 수 있는데,

신장 결석 깨부수기

둘 다 충격파가 아닌 파동을 이용한다. 초음파 스캐너는 인체에 무해한 고주파 음향파를 쏘면서 잠수함의 스나처럼 반향을 분석해 이미지를 만든다. (그렇게 비유하자면 충격파로 파괴할 결석은 잠수함이 어뢰로 파괴해야 할 바닷속 기뢰라고도 할 수 있겠다.) 한편 '투시조영기'라고도 하는 X선 스캐너는 저강도의 고주파 전자기파를 환자의 몸에 투과시킨다. 신장 결석처럼 단단한 물질은 부드러운 조직보다 X선을 더 많이 흡수하고 산란시키므로 반대편 감지기에 그림자로 나타난다.

훨씬 큰 스케일로 가면, 지구도 부드러운 '조직' 속에 단단한 덩어리가 들어 있다. 지표에서 약 5100킬로미터, 그러니까 지구 반지름의 4분의 3 정도를 뚫고 들어가면 단단한 핵이 나온다.

지구 내부에 관해서는 놀랄 만큼 많은 사실이 알려져 있다. 가장 바깥층은 단단한 껍질인 지각으로, 평균 두께가 30킬로미터 정도다. 그 아래에는 다양한 암석으로 이루어진 고체층인 맨틀이 있는데, 깊이 약 60~70킬로미터까지는 단단하고 그 아래로는 점성이 매우 높다. 깊이 약 2900킬로미터부터는 외핵이 자리하고 있다. 외핵은 액체 상태의 철과 니켈로 이루어져 있으며, 외핵에서 일어나는 대류 흐름이 지구 자기장을 만드는 원인으로 추측된다. 그리고 이 액체층 한가운데에 바로 내핵이 들어 있다. 내핵은 지름이 약 2400킬로미터로 달의 4분의 3에 가까우며, 그 성분은 고체 상태의 철과 니켈이다.

지구의 내부

인류가 지금까지 땅을 가장 깊이 뚫어본 기록이 12.3킬로미터에 불과한데(소련이 북극권의 콜라반도에서 달성한 위업이다), 이런 걸 어떻게 다 알 수 있을까? 그 열쇠는 지진으로 인해 발생하는 충격파다.

1967년에 완성된 '세계표준지진관측망WWSSN'은 핵폭발로 인한 충격파를 감지하는 범세계적 관측망이었다. 이 국제 모니터링 체계는 미국, 영국, 소련 간에 지상 핵무기 실험을 금지하기 위해 1963년에 체결한 핵실험 금지 조약을 준수하는지 감시하려는 목적에서 구축되었다.

이 전 세계적인 지진 관측망 덕분에 지진 계측의 정확도 또한 비약적으로 향상되었다. 삼각측량법을 활용하면 여러 관측소에 지진파가 처음 도달한 시각을 비교해 지진의 발생 위치를 정확히 알 수 있었다. 이를 통해 '진앙'(암석 파괴가 일어나 지진이 시작된 곳인 '진원'의 바로 위 지표상 지점)의 분포에 일정한 패턴이 있다는 사실이 처음으로 드러났다. 진앙은 아무렇게나 위치하는 것이 아니라, 뚜렷한 단층선을 따라 집중적으로 나타났다. 이 발견은 지각을 완전히 새로운 관점에서 이해하는 계기가 되었으며, '판구조론'을 확립하는 증거가 되었다. 판구조론에 따르면 지구 표면은 여러 개의 거대하고 단단한 판으로 이루어져 있으며, 판들의 상대적 위치는 계속 서서히 변하고 있다. 지진은 판들이 맞닿은 경계에서 엄청난 마찰력이 갑자기 해소되면서 주로 발생하며, 이때 판들이 격렬하게 엇갈리면서 발생하는 충격파는 지구의 겉과 속에 울려 퍼진다. 국지적으로 느껴질 만큼 강한 지진은 전 세계에서 매일 약 50건이 발생하는데, 실제로 그중 몇몇은 워낙 강력해서 전 지구 모든 지진계에서 감지된다.[8]

지진이 땅속에서 일으키는 파동은 다양한 양상이 뒤섞여 있으며, 모두 각기 조금씩 다른 방식으로 움직인다. 지진파는 크게 두 범주로 나뉘는데, 하나는 지구 내부를 통과하는 것, 다른 하나는 지표를 따라서만 전파되는 것이다.

지구 내부를 통과하는 '실체파body wave'는 지표로 전파되는 '표면파surface wave'보다 훨씬 속도가 빠르다. 앞에서 지진파가 여러 관측소에 도달한 시각을 비교해 지진 발생 위치를 알아낼 수 있다고 했는데, 이때 이용되는 지진파가 바로 실체파다. 가장 속도가 빨라서 가장 먼저 도달하는 지진파가 '일차파primary wave' 또는 'P파P wave'라고 불리는 종류다. P파는 초당 약 8~13킬로미터로 지구 속을 이동한다.[9] P파는 지구 내부 물질의 압축과 팽창으로 이루어지는 종파다. 즉, 파동의 진행 방향을 따라 매질이 앞뒤로 진동하면서 전파되는 밀도파다. P파는 압축과 팽창으로 이루어진다는 점에서 음향파의 일종이라고도 할 수 있지만 충격파라는 점에서 다르다. 우리가 물속이나 벽을 통해서도 소리를 들을 수 있듯이, P파도 지구 내부의 액체 부분과 고체 부분을 모두 통과할 수 있다. 다만 일반적인 음향파와 달리 급격하고 격렬한 파면을 가지며, 진동 강도가 훨씬 크다.

큰 지진이 일어나면, 진원으로부터 수천 킬로미터 떨어진 지점에서 먼저 P파의 도착을 기록한 지진계는 몇 분 뒤에 다른 종류의 지진파를 감지하게 된다. 이것이 바로 '이차파secondary wave' 또는 'S파S wave'라고 불리는, 두 번째 종류의 실체파다. S파는 P파의 60퍼센트 정도 되는 초당 약 4~12킬로미터의 속도로 지구 내부를 통해 전

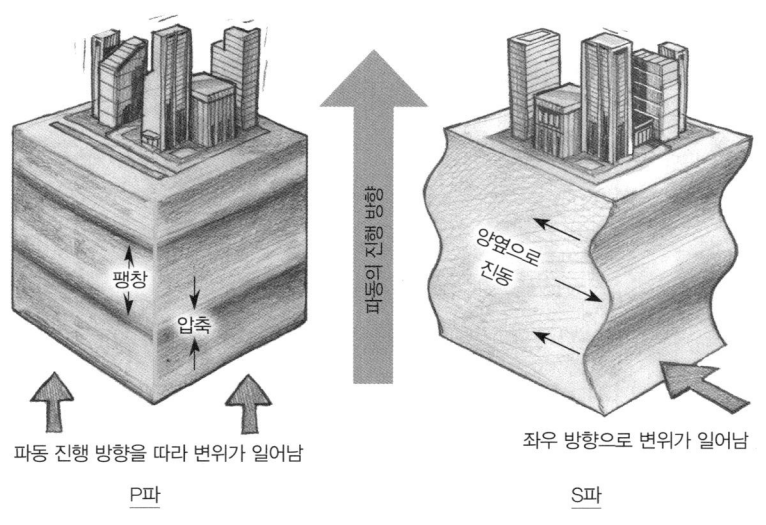

실체파는 지구 내부를 통해 전파된다. P파는 종파, S파는 횡파다.

파된다.[10] S파는 횡파이므로, 암석이 파동 진행 방향과 수직으로 좌우 또는 상하로 흔들린다.

지진이 발생한 직후에 어떤 종류의 지진파가 어느 관측소의 지진계에 어느 시점에 도착하는지를 정밀하게 분석함으로써 지질학자들은 지구 내부의 정확한 구조를 밝혀낼 수 있었다.

예를 들어, 지진 발생 지점에서 지구 반대편에는 항상 S파가 감지되지 않는 현상이 나타난다. 마치 빛의 그림자처럼 지진파의 거대한 그림자가 만들어지는 셈인데, 이는 지구 중심부에 S파의 진행을 막는 무언가가 존재한다는 증거다. 그림자의 크기를 분석해보면 이 S파 차단 영역은 화성보다 약간 큰 크기로 추정된다. 이 그림자 덕분에 지질학자들은 맨틀 아래에 외핵이라는 액체층이 존재한다는 사실을 알 수 있었다. S파처럼 좌우로 흔들리는 횡파는 액체를 통과하지 못하기 때문이다.

왜 통과하지 못할까? 액체는 고체와 달리 좌우로 움직일 때 되돌아가려는 성질이 없기 때문이다. 액체는 엇갈리는 움직임에 저항하여 복원되려는 힘이 없어서 횡파가 매질을 통해 나아갈 수 없다. S파는 엇갈림에 대한 저항력이 있는 고체를 통해서만 진행할 수 있다. 즉, 단단한 암석의 내부는 한쪽으로 흔들리면 원래 상태로 되돌아가려는 성질이 있기 때문에 S파가 진행할 수 있다. 반면 모든 액체는 양옆으로 흔들리는 진동에 저항하지 않고 진동을 흡수해 출렁거리기만 한다. 따라서 지구 내부에 존재하는 어떤 액체층이 횡파인 S파를 차단하고 있으며, 이로 인해 지구 반대편에 S파의 그림자가 만들어진다는 추론이 가능하다.

이런 식의 추론을 통해 지질학자들은 단단한 지각이 점성의 맨틀로, 그리고 액체 상태의 외핵으로, 마지막으로 고체 상태의 내핵으로 이어지는 층상 구조의 모델을 구축할 수 있었다. P파와 S파 모두 지구 내부의 다양한 밀도 구간을 지나면서 속도가 변한다는 사실에서도 단서를 추가로 얻을 수 있다. 속도 변화는 파동의 진행 방향이 바뀌는 굴절 현상을 일으킨다. 즉, 층 내에서는 밀도의 점진적 변화에 따라 호를 그리면서 진행하고, 층 간 경계에서는 급격히 방향을 바꾼다. 그러나 이러한 단서를 종합해 추론하는 일은 간단하지 않다. 게다가 마치 가짜 단서를 뿌리듯, 파동이 중간에 다른 종류로 바뀌기도 한다. S파가 P파로, 또는 P파가 S파로 바뀔 수 있다.

지진계의 연결망은 지구 전체를 대상으로 한 거대한 의료용 스캐너와도 같다. 임신부의 자궁 속으로 초음파를 쏘아 흡수되고 산란되는 형태를 분석하면 태아의 모습을 볼 수 있듯이, 지진으로 인한 충격파가 나아가는 형태를 분석하면 지구 속의 모습을 들여다볼 수 있다.

지진파 이야기를 하면서 정작 우리에게 가장 중요한 특성을 아직 언급하지 않은 것이 이상하다고 생각할 수도 있겠다. 바로 지표면에서 발휘하는 엄청난 파괴력이다. 그런데 사실 피해의 대부분을 일으키는 것은 보통 실체파가 아니라 표면파다. 이름이 말해주듯이, 표면파는 지구의 가장 바깥층에서만 전파된다. 진앙에서 퍼져나가면서 지구

가장
파괴적인
지진파

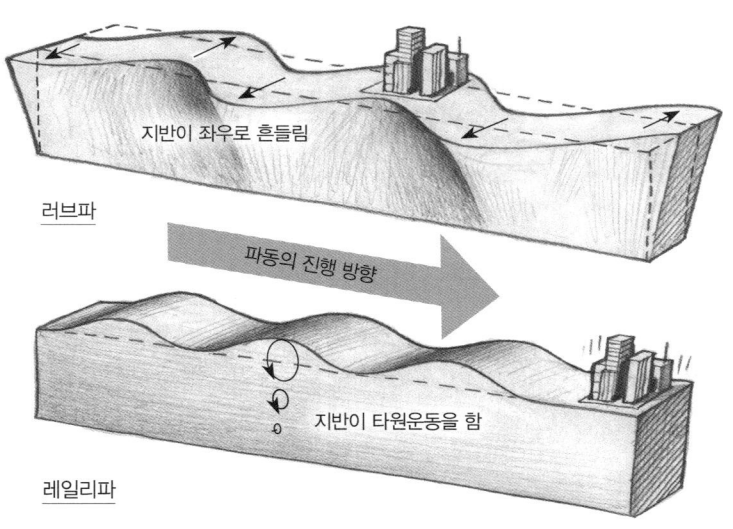

표면파는 지표를 따라 전파되며, 실체파보다 피해가 크다. 지반이 좌우로 흔들리는 경우 러브파, 위아래로 출렁이는 경우 레일리파라고 부른다.

244

내부를 통하지 않고 단단한 지각을 따라 이동한다. 속도는 S파보다 약간 느려서, 보통 세 번째로 지진계에 감지되는 지진파다.

표면파는 '러브파Love wave'와 '레일리파Rayleigh wave'의 두 종류가 있다. 각각 처음 이론적으로 설명한 과학자의 이름을 따서 명명되었다. 러브파는 지반을 수평 방향으로, 즉 파동의 진행 방향에 대해 좌우로 흔든다. 반면 레일리파는 위아래로 출렁이며 진행하는데, 이때 지반은 타원 궤도를 그리며 움직인다. 이 점에서 레일리파는 바다의 파도와 비슷하다.●

레일리파와 파도의 유사성은 1886년 미국 사우스캐롤라이나주 찰스턴을 강타한 지진을 직접 본 목격자에 의해 다음과 같이 기록된 바 있다.

> 땅이 바다처럼 너울거리기 시작했다. … 수천 번도 넘게 본, 설리번스 아일랜드 해변에 밀려오는 파도처럼 뚜렷하게 땅의 파도가 지나갔다. … 파도는 남서쪽과 북서쪽에서 오는 듯했으며, 거리를 대각선으로 가로지르며 서로 교차하고 있었다. 파도는 내 몸을 마치 거친 바다 위에 서 있는 것처럼 들어올렸다가 내려놓았다.¹¹

표면파의 등급과 파괴력은 지진의 규모뿐만 아니라 진원의 깊이에 따라서도 달라진다. 큰 지진이라 해도 깊이 300킬로미터 이상에서 발생했다면 지표 근처에서 발생한 지진에 비해 약한 표면파를 일으

● 단, 지반이 회전하는 방향은 파도의 물이 회전하는 방향과 반대다.

키는 데 그친다. 2010년 1월 아이티의 포르토프랭스를 초토화시킨 규모 7.0의 대지진은 지표 밑 고작 13킬로미터 지점에서 발생했다. 따라서 지반에 엄청난 요동을 일으켜 수도 포르토프랭스와 인근 소도시들을 거의 완전히 붕괴시켰다. 아이티의 열악한 건축물과 기반시설은 이를 견디기에는 너무나도 취약했고, 이후 계속된 여진까지 더해지면서 피해가 극심했다. 일련의 지진파로 인해 단 몇 시간 만에 약 23만 명이 목숨을 잃은 것으로 추산된다.

충격파를 자유자재로 다루는 동물이 있다. 녀석의 모습은 다음 페이지의 사진에서 확인할 수 있다.

딱총새우는 딱총새우과에 속하는 갑각류로, 전 세계 열대 및 온대 바다의 연안에 서식한다. 길이가 보통 몇 센티미터에 불과해 충격파를 마음대로 부리기에는 너무 작아 보일지도 모른다. 하지만 충격파를 결정짓는 요소는 크기가 아님을 명심하자. 충격파의 특징은 급격한 전면, 빠른 진행 속도, 그리고 매질에 미치는 영향이다. 미세한 충격파도 당당히 존재할 뿐 아니라, 딱총새우에게 없어서는 안 될 무기다. 한쪽 집게발이 유난히 큰 이 새우의 모습은 흡사 한쪽 글러브를 잃어버린 권투 선수를 연상케 한다.

딱총새우는 거대한 집게발을 엄청난 속도로 닫아 '딱' 소리를 내며 의사소통을 한다. 딱총새우 군락지에 잠수해 들어가보면 마치 바다 밑 팝콘 공장에 온 듯한 착각이 들 정도로 소리가 요란하다. 실

크기가 전부는 아니다

물러서라. 이 집게는 장난감이 아니다!

제로 제2차 세계대전 당시, 딱총새우의 집단 소음이 잠수함의 대잠 탐지를 방해한다는 사실이 밝혀지기도 했다.

이 소리는 그저 새우들 간의 모스부호 구실만 하는 것이 아니라, 무척 치명적인 용도로도 쓰인다. 딱총새우의 집게발은 닫히는 순간 시속 105킬로미터로 물줄기를 내뿜는다. 수영장에서 아이들이 주

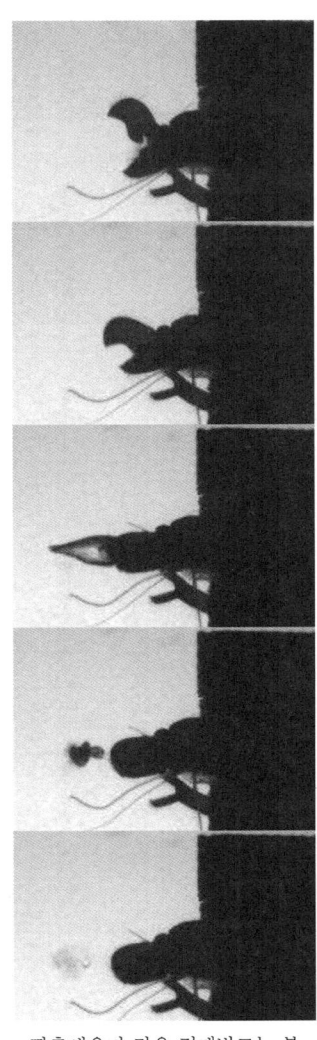

딱총새우가 작은 집게발로는 불가능한 기술을 큰 집게발로 구사하고 있다. 공동空洞 기포를 만들어 충격파를 발생시킴으로써 먹잇감을 기절시킨다.

먹을 꽉 쥐어 물을 뿜는 장난과 비슷한데, 훨씬 극단적인 속도다. 딱총새우는 이 물줄기로 작은 물고기나 다른 종의 새우를 기절시키거나 심지어 죽이기까지 한다. 여기까지만 해도 대단한데, 더 놀라운 점은 따로 있다. 집게발이 캐스터네츠처럼 세게 닫히면서 딱 소리를 내고 먹잇감을 기절시키는 게 아니다. 그 효과를 일으키는 주인공은 수중 충격파다.[12]

이 충격파는 비록 규모는 미미하지만, 크라카토아 화산 폭발에 맞먹는 충격을 유발한다. 딱총새우가 내뿜는 물줄기는 워낙 빨라서 '공동空洞 기포cavitation bubble'를 만든다. 물줄기가 지나간 자리의 수압이 급격히 낮아져 바닷물이 순간적으로 수증기 방울로 변하는 것이다. 이 기포는 불과 몇 밀리초 만에 격렬하게 붕괴하는데, 이때 발생하는 충격파가 급증한 수압의 형태로 물속을 퍼져나가며 4센티미터 거리에서 먹잇감을 기절시킨다.

 기포가 붕괴할 때 그 안의 수증기는 순식간에 응축되어 액체로 돌아가면서 온도가 약 4700°C까지 올라간다. 믿기 어렵겠지만 태양 표면의 온도에 맞먹는 뜨거운 열로, 순간적으로 빛이 방출되기까지 한다. 빛은 1밀리초도 지속되지 않아 육안으로는 볼 수 없지만, 분당 4만 프레임의 초고속 카메라로 촬영하면 확인할 수 있다. 이렇게 압력 충격파로 인해 빛이 발생하는 현상을 '음향발광sonoluminescence'이라고 하는데, 이 현상을 딱총새우를 통해 자연에서 처음 포착한 연구자들은 여기에 '새우발광shrimpoluminescence'이라는 이름을 붙였다.[13]

파동의 가장 뚜렷한 특징 하나라면, 눈에 잘 띄지 않는다는 점이다.

 앞뒤가 안 맞는 것 같지만 일리가 있는 말이다. 우리는 파동에 실린 정보에는 주의를 기울이지만, 파동 자체를 꼭 인지할 필요는 없다. 은밀하면서 활달하게 움직이는 메신저를 꼭 알아야 할 이유는 없는 것이다. 사물을 보기 위해 빛의 작용 원리를 알아야 할 필요가 있겠는가. 사랑한다는 말을 들을 때 그 말이 주기적인 압력파의 형태로 전해지고 있다는 사실을 의식하는 사람은 없을 것이다.

 이 점에서도 충격파는 일반적인 파동과 확실히 구별된다. 충격파는 그런 은밀함이 없다. 파동계의 사나운 야수, 충격파는 그 자체가 곧 메시지다.

 지금까지 살펴봤듯이, 충격파는 두 가지 방식으로 형성될 수 있다. 하나는 폭발이다. 폭탄이나 화산 분출, 혹은 딱총새우의 집게발이 여기에 해당한다. 다른 하나는 매질 속을 파동의 정상 진행 속도와 같거나 더 빠른 속도로 이동하는 물체 전면에 형성되는 선수파다. 그런데 사실 충격파가 형성되는 경우가 한 가지 더 있다. 어떤 특정 종류의 파동이 생을 마감할 때다.

그것은 우리에게 가장 익숙한 충격파이기도 하다. 눈을 감고 파동을 떠올려보라. 아마도 머릿속에 그 모습이 그려질 것이다.

무슨 이야기인지 감이 오는가?

바로 우리의 정다운 벗, 해변에서 부서지는 파도다. 앞에서 알아봤듯이, 파도가 연안의 얕은 물에 이르면 속도가 느려지면서 앞뒤 간격이 좁아지고, 점점 가팔라지다가 결국 윗부분이 무거워져 불안정해진다. 윗부분이 앞으로 허물어지는 바로 그 순간, 파도는 충격파로 변한다.

생각해보자. 쇄파는 충격파의 모든 특징을 지니고 있다. 우선 급격한 전면을 가지고 있다. 허물어지고 흘러내리고 치밀어오르는 쇄파의 전면은 뒤쪽의 완만한 사면보다 훨씬 가파르다. 그리고 일반적인 파도보다 빠르게 이동한다. 적어도 물이 앞으로 고꾸라지면서 멋지게 무너지는 쇄파는 그렇다. 또한 흰 거품으로 마구 부서지는 단계에 이른 파도는 이제 제멋대로여서 반사, 굴절, 회절이라는 '파동의 이치'를 따르지 않는다. 그런가 하면, 물이 가진 운동 에너지의 상당 부분은 파도로 계속 진행하지 않고 열과 소리로 주변에 흩어진다.

우리 눈에 익은 충격파

모든 충격파가 그렇듯, 해변의 쇄파도 위험하고 파괴적일 수 있다. 서퍼라면 누구나 알듯이, 큰 파도가 부서지는 순간 엉뚱한 자리에 있다가는 치명적인 결과를 초래할 수도 있다. 하지만 거대한 파도 한가운데 휩쓸릴 만큼 어리석거나 불운하지 않은 사람에게 그 모습은 그저 가장 아름다운 형태의 충격파일 뿐이다. 나는 그 광경을 몇 시간이고 바라볼 수 있다. 평범한 파도가 충격파로 바뀌는 순간은 마법과도 같다.

방금 전까지만 해도 질서 정연하게 일렁이던 수면이, 이내 공기를 머금은 물, 물을 머금은 공기가 뒤섞인 혼돈의 소용돌이로 변한다. 질서에서 혼돈으로의 추락이 이토록 우아하게 끊임없이 펼쳐지는 광경을 또 어디에서 볼 수 있을까? 선형 파동이 비선형 파동으로 바뀌는 과정이라고 하면 이론적으로는 맞는 말이겠지만, 그 말만으로는 이 장관을 담아내지 못한다.

파도의 부서짐은 곧 파도의 죽음이다. 아니, 물로서의 수명을 다하는 순간이고, 그 에너지는 다른 형태로 계속 이어진다. 파도는 충격파가 됨으로써 그 마지막 생명의 힘을 공기와 해변에 바친다.

시인 앨프리드 테니슨은 이렇게 노래했다.

> 부서지고, 부서지고, 또 부서져라.
> 오 바다여, 너의 절벽 아래에서!
> 그러나 지나간 날의 포근한 은총은
> 다시는 내게 돌아오지 않으리.[14]

제6파

군집 속을 흐르는 파동

Which flows between us

1989년작 로맨틱 코미디 영화 〈해리가 샐리를 만났을 때〉에는 배우 빌리 크리스탈이 연기한 주인공 해리가 결혼 생활에 닥친 위기를 친구 제스에게 털어놓는 장면이 나온다. 두 사람은 미식축구장에 앉아 있지만 눈앞의 경기에는 관심이 없다. 장면이 시작될 때 관중들은 파도타기 응원에 참여하느라 일어났다가 다시 앉고 있다.

아내가 당분간 별거하자는 말을 꺼냈다고 해리가 설명한다. 얼굴은 삶이 송두리째 무너진 사람의 멍한 표정이다.

"내가 물어봤지. '날 이제 사랑하지 않는 거야?' 그랬더니 뭐라고 하는지 알아?" 제스가 고개를 젓는다. "'내가 당신을 사랑하긴 했는지 모르겠어' 그러는 거야."

"아, 그건 너무하네." 제스가 말하는 순간, 관중들의 함성 소리가 점점 높아지더니 파도가 다시 한번 지나간다. 두 사람은 기계적으로 파도에 맞춰 양손을 들고 일어섰다가 다시 앉아서 대화를 이어 간다.

해리가 말하길, 아내가 친구 아파트에 들어가 살 생각이라고 말하자마자 초인종이 울렸다고 한다. 해리가 문을 여니 이삿짐센터 직원들이 서 있었다. "내가 '헬렌, 이사 계획 언제 잡은 거야?' 하고 물으니 '일주일 전'이라고 하더라고. '일주일 전부터 계획했는데 왜 나한테 말 안 했어?' 했더니 '당신 생일 망치고 싶지 않아서'라는 거야." 바로 그때 함성 소리가 또 높아지더니 관중들이 자리에서 벌떡 일어난다. 두 사람도 멍한 표정으로 자동 반사처럼 일어나 파도에 참여한 뒤 다시 대화를 계속한다.

해리가 나중에 알고 보니 아내는 거짓말을 했고, 집을 나가 세무사 내연남과 동거하고 있었다. 제스가 훈수를 둔다. "결혼이 깨지는 건 바람 때문이 아니야. 바람은 뭔가 다른 문제가 있을 때 나타나는 증상이야."

"아, 그래?" 해리가 대꾸하는 순간, 함성이 고조되면서 파도가 마지막으로 한 번 더 지나간다. "증상이든 뭐든, 그 작자가 내 아내랑 자고 있다고."

처음 이 영화를 봤을 때 두 사람이 파도타기 응원에 수동적으로 휩쓸리는 모습이 우스웠던 것이 기억난다. 파경이라는 운명의 흐름이 밀려오는 것을 막지 못하는 해리의 처지와 묘하게 겹쳐 보였다. 물론 관중이 경기장의 파도에 휩쓸린다고는 할 수 없다. 관중들 스스로 참여해야 비로소 파도가 경기장을 돌 수 있다. 그럼에도 이 파도는 나름의 생명을 가지고 살아 움직이는 듯한 느낌이 없지 않다. 관중의 집단적 에너지가 동력이 되어 흘러가는 그 모습은 부분의 단순한 합보다 커 보인다. 충격으로 멍하니 앉아 있는 사람이 있다면, 파도가 지나가면서 그 사람을 얼마든지 꼭두각시 인형처럼 들어올릴 수 있을 것도 같다.

미국에서는 간단히 '더 웨이브the Wave'라고 하고 라틴아메리카에서는 스페인어로 '라 올라la Ola'라고 하는 파도타기 응원은 1986년 멕시코에서 열린 FIFA 월드컵 때 세계 언론의 주목을 받았다.

코카콜라는 마케팅의 대가답게 관중들의 이 자발적인 응원에 편승해 파도타기 응원 장면을 활용한 TV 광고를 재빨리 내놓았고, 광고의 마지막을 "코카콜라, 라 올라 델 문디알(월드컵 파도)"이라는 문구로 장식했다. 월드컵 공식 스폰서였던 코카콜라의 이 광고는 총 135억 명의 누적 시청자에게 노출되었다.[1]

사람들 대부분은 한 번쯤 파도타기 응원을 해 봤을 것이다. 영국인이라면 로즈 크리켓 그라운드에서 열린 크리켓 국가대항전에서든, 웸블리 스타디움에서 열린 콜드플레이 공연에 서든 그럴 기회가 있었을 것이다(웸블리 스타디움에서는 관객들이 어둠 속에서 휴대폰 불빛으로 파도타기를 만드는 장관을 연출하기도 했다). 나는 런던의 축구 경기장에서 경험했던 파도타기가 기억난다. 그 순간 내 개별성을 완전히 내려놓고 군중의 집단적 의지에 몸을 맡긴다는 것이 재미있었다. 그게 바로 파

> 군중에
> 몸을 맡기다

제6파 군집 속을 흐르는 파동

도타기 응원의 매력 중 하나인지도 모른다. 물론 누구나 자기의 고유성을 영영 잃게 되는 상상을 하면 공포를 느낀다(그건 우리가 자기의 고유성을 과대평가하는 쪽으로 애당초 스스로를 속이고 있어서일 수도 있다). 그래서 오히려 가끔은 고유성을 내려놓는 데서 묘한 쾌감을 느끼는 게 아닐까? 아이가 굳이 부모를 졸라 괴물에게 쫓기는 놀이를 하고 싶어 하는 것처럼 말이다. 실제 괴물은 생각만 해도 무섭지만, 가상의 괴물은 즐길 수 있다.

파도를 감상하는 것도 즐겁고 파도를 타는 것도 짜릿하지만, 실제로 파도가 **된다**는 것은 또 다른 경험이다. 우리가 파도의 매질이 되는 것이다. 그 집단적 에너지의 작은 일부가 되는 것이다.

―

남아시아와 동남아시아에 서식하는 왕꿀벌 Apis dorsata 은 양봉꿀벌처럼 밀폐된 공간에 벌집을 짓지 않는다. 높은 나뭇가지나 절벽에 매달린 형태의 벌집을 짓고, 무수히 많은 벌들이 윙윙거리며 그 주위를 감돈다.[2]

왕꿀벌의 벌집은 곤충 세계에서도 가장 인상적인 광경 중 하나다. 1×1.5미터 크기의 거대한 벌집이 5만 마리가 넘는 벌들의 보호막으로 덮여 있는 모습은 가히 장관이다. 그런데 정말 놀라운 특징은 따로 있다. 벌집 표면에 주기적으로 일어나는, 마치 응원의 파도 같은 물결이다. 파도는 무리의 겉에 있는 벌들이 일사불란하게 순차적으로 '엉덩이를 치켜드는' 동작을 함으로써 전파된다. 이를 '물결춤 shimmering'이라고 한다.

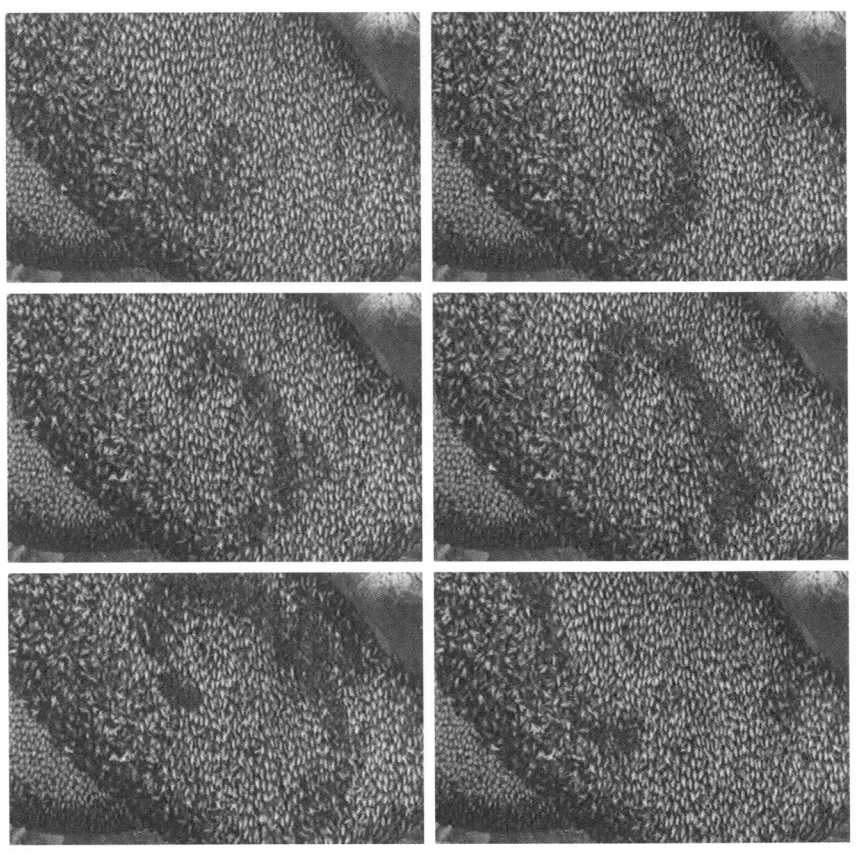

왕꿀벌의 물결춤. 자연에서 찾아볼 수 있는 가장 화려한 엉덩이춤이다.

왕꿀벌의 배 밑면은 등의 노란색보다 어두운 색을 띤다. 그래서 이 순차적인 엉덩이춤은 검은색 띠가 벌집 표면을 이동하는 듯한 시각적 효과로 나타난다. 물결은 보통 한 점에서 시작해 나선형으로 퍼져나간다.

왕꿀벌은 왜 이런 현란한 공연을 펼치는 걸까? 이 행동은 말벌과 같은 천적을 쫓아내기 위해 진화한 방어 전략으로 보인다. 일부 말벌 종은 꿀벌의 벌집을 공격해 안에 든 번데기와 꿀을 노린다. 꿀벌은 침을 한 번 쏘고 나면 죽기 때문에 더 안전한 방어 전략을 개발한 것이다. 파도는 바로 말벌이 공격하려고 하는 지점에서 시작된다. 결과적으로 벌들보다 훨씬 거대한 어떤 존재가 말벌을 상대하기 위해 나타난 것 같은 착각을 불러일으킨다.³ 하지만 이 전략은 덩치 큰 포식자에게는 효과가 없어서, 새가 벌집을 공격해 오면 왕꿀벌은 침을 쏘는 자살 공격에 나설 수밖에 없다. 워낙 맹렬한 기세로 달려들기에 왕꿀벌은 세계에서 가장 공격적인 꿀벌 종으로 악명이 높기도 하다.

꿀벌 vs. 말벌

그런데 말벌이 언젠가는 이 파도가 착시라는 사실을 깨닫지 않을까? 그건 말벌의 지능을 과대평가한 것이다. 개별적으로 행동하는 말벌은 집단의 속임수를 간파할 만큼 영리하지 않다. 왕꿀벌의 물결춤은 집단 지성이 개별 포식자를 슬기롭게 이기는 전형적 사례다. 그리고 군집 속에서 전파되는 파동의 좋은 예이기도 하다.

개체의 군집 속에서 전파되는 파동은 먹을 것이 부족할 때 생존 가능성을 높여주는 역할도 할 수 있다. 딕티오스텔리움 디스코이데움 *Dictyostelium discoideum*, 줄여서 '딕티'라는 독특한 아메바 종이 바로 그런 경우다.

이 아메바는 낙엽수림의 흙 속에 서식하며 썩은 잎의 박테리아를 먹고 산다. 그런데 살기가 힘들어지면 개체들이 뭉치는 특성이 있어서 '사회적 아메바'로 불리기도 한다. 평소에 잡아먹을 박테리아가 풍부할 때는 혼자 먹고, 혼자 증식하고, 혼자 돌아다니는 등 철저히 단세포로 생활한다. 그럴 때는 사회성이라고는 없는 여느 아메바 종과 다를 바 없는 모습이다. 서로 말도 안 섞고, 연락도 안 하고, 각자 알아서 산다. 그러다가 박테리아가 씨가 말라 굶을 위기에 처하면 비로소 서로 아는 척을 한다.

〰️ 방금까진 남이더니, 갑자기 친구라고?

그런데 그 변화가 실로 극단적이다. 몇몇 아메바가 화학 물질을 방출하면 이것이 주변 아메바들을 끌어당기는 신호 역할을 한다. 아메바들은 신호가 오는 쪽으로 이동하는 동시에 자신들도 같은 화학 물질을 방출한다. 이렇게 집결하라는 메시지가 화학 신호와 집결 운동의 파동 형태로 아메바 개체군 전체에 퍼진다. 굶주린 상태의 딕티 아메바를 실험실에서 배양 접시에 분포시키고 저속 촬영하면, 검은색 띠가 나선형으로 퍼져나가는 형태로 파동이 나타난다. 아메바 단세포는 너무 작아 육안으로 보이지 않지만(길이가 몇천분의 1밀리미터 정도), 세포들이 이동하는 과정에서 몸을 늘리기 때문에 군집의 표면에 검은색이 나타나게 된다. 디세한 명암의 물결이 퍼져나가는 그 모습은 매우 아름답지만, 딕티 아메바가 집결한 이후에 벌어지는 일은 그리 우아하지 않다.

몇 시간 만에 20~30회의 파동이 지나간 후 아메바들은 10만 개에 달하는 세포로 이루어진 덩어리로 응집하는데, 이를 '슬러그slug'라고 한다. 슬러그는 반투명한 바셀린 덩어리처럼 보이는데 길이는 몇 밀리미터에

〰️ 아메바에서 민달팽이로

불과하다. 정원에서 흔히 볼 수 있는 연체동물인 민달팽이slug와는 전혀 다른 존재지만, 같은 이름으로 불리는 이유가 있다. 이 아메바 덩어리는 끈적끈적한 점액질을 분비해 자신을 전체적으로 감싸서 보호한다. 점액질은 덩어리가 한 몸으로 움직이는 데도 도움이 된다.

즉, 아메바들의 일사불란한 파동은 한 덩어리로 합쳐진 후에도 끝나지 않는다. 슬러그 내부에서도 앞서와 비슷하게 화학 물질 방출과 움직임으로 이루어진 파동이 진행하면서, 슬러그를 마치 하나의 생명체처럼 앞으로 나아가게 만든다. 슬러그의 몸체를 이루는 아메바들은 앞뒤로 움직이며 수축과 이완의 종방향 맥동을 일으켜 슬러그를 전진시킨다. 지면에서 살짝 들린 슬러그 앞쪽 끝에 위치한 아메바들은 나선형 물결을 그리며 움직임으로써 맥동을 슬러그의 몸을 따라 질서 정연하게 퍼뜨리는 역할을 한다.[4]

10만 마리의 아메바가 한 몸처럼 움직이는 슬러그는 더 나은 환경을 찾아, 점액질의 흔적을 남기며 스르르 나아간다. 더 밝고 따뜻한 장소를 찾으면, 바닥에서 솟아올라 균류처럼 자라며 끝부분에 자실체fruiting body라는 기관을 형성한다. 이 과정에서 아메바들 중 운이 나빠 낙점된 약 20퍼센트는 대의를 위해 희생하는데, 다른 개체들을 하늘 위로 약 3밀리미터라는 까마득한 높이까지 밀어올린 후 죽는다. 꼭대기에 올라간 운 좋은 개체들은 포자가 되어 바람에 날려 흩어진다. 잡아먹을 박테리아가 풍부한 곳에 다시 도달하면, 포자는 발아하여 새로운 딕티 아메바 개체가 된다. 그리고 아메바들은 아무 일 없었다는 듯이, 혼자 먹고 혼자 증식하는 생활로 돌아간다. 인사도 아는 체도 않고 서로 무관심하게 스쳐 지나가다가, 먹

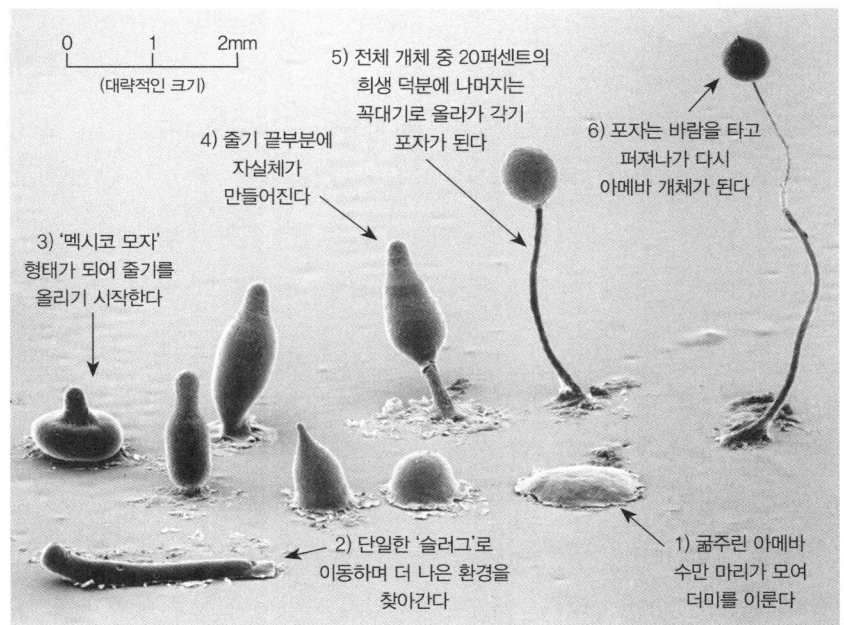

미생물 세계에서 펼쳐지는 팀워크. 굶주린 딕티오스텔리움 아메바들은 화학 신호의 파동을 이용해 집결하고, 슬러그를 형성해 더 나은 환경을 찾아 이동한다.

이가 떨어지면 또다시 파동이 출현하면서 같은 과정이 반복된다.

'일반적인' 역학적 파동은 대부분 에너지가 파동과 함께 전파되고, 매질은(물이든 공기든 암석이든) 대체로 원래 위치를 유지한다. 그러나 운동 경기장, 왕꿀벌 벌집 표면, 사회적 아메바 집단에 퍼져나가는 파동은 그와 뚜렷이 다르다.

그 세 경우를 생각해보면, 각 개체는 에너지를 소비하지만 에너지를 이웃 개체에게 전달하지는 않는다. 관객, 벌, 아메바는 단순히 이웃 개체의 움직임에 휩쓸리는 수동적 대상이 아니다. 바다의 파도가 지나갈 때 물 입자들이 원운동에 휩쓸리는 것과는 다르다. 세 집단에서 개체 간에 전달되는 것은 에너지가 아니라, 그와 전혀 다른 어떤 것이다. 그것은 바로 정보다. 군집 속에서 이동하는 것은 오로지 각 개체가 언제, 어떻게 움직여야 파동에 참여할 수 있는지를 알려주는 신호뿐이다.

이것은 꽤 논란이 될 만한 개념이다.

논란이 되는 이유는 간단하다. '일반적인' 파동 역시 정보를 전달하기 때문이다. 사실 우리가 파동에 민감한 존재가 된 이유도 그래서다. 우리가 보는 빛의 파동은 반사된 물체에 대한 정보를 전달하고, 우리가 듣는 소리의 파동은 발생시킨 사람이나 사물에 대한 정보를 알려준다. 또한 우리가 통신에 파동을 이용하는 이유도 그래서다. 예를 들면 라디오파에 방송 신호를 실어 송신기에서 라디오로 전달한다. 그렇다고는 해도, 이러한 모든 파동은 **에너지**의 이동이다.

반면 축구장, 벌집, 아메바 덩어리에 퍼져나가는 파동은 오직 정보만으로 이루어져 있다. 그러한 집단 속에서 파동과 함께 전달되는 것은 오로지 각 개체에게 어떤 행동을 지시하는 신호뿐이다.

물리학자에게 물어보면 파도타기 응원은 '진짜' 파동이 아니라고 할 것이다. 매질을 통한 에너지의 이동이 아니라, 매질이 에너지를 사용해 어떤 규칙적인 움직임을 보이는 현상이라고 할 것이다. 하지만 그래도 우리 눈에는 파동으로 보인다. 그렇다면 진정한 파동으로 칠 이유가 충분히 된다고 생각한다. 꿀벌의 엉덩이춤, 집결하는 아메바도 마찬가지다. 다른 파동과 똑같은 물리 법칙을 따르지 않는다 한들 무슨 상관인가? 이들 파동은 출신 성분 자체가 다르다.

과학자들은 동의하지 않을지도 모른다.

그렇다면 나는 5만 마리 벌의 엉덩이춤으로 응수하겠다.

파도타기 응원을 직접 시작하고 싶다면 친구들 여럿의 도움이 필요하다. 정확히 말하면 스물네 명이 필요하다. 영국 축구 경기장의 광란 속에서 당신과 친구 한 명이 양손을 들고 벌떡 일어선다고 무슨 일이 일어날 턱이 없다.

스물넷이라는 숫자가 밝혀진 것은 헝가리 외트뵈시 로란드대학교의 비체크 터마시 교수가 수행한 연구 덕분이다.[5,6] 비체크 교수와 공동 연구자들은 경기장에서 응원 파도를 일으키려면 적어도 스물다섯 명이 가담해서 모두 동시에 뛰어올라야 한다는 결론을 내렸다. 이 스물다섯 명이 반드시 취해 있어야 하는지, 혹은 웃통을 벗고 외설적인 구호를 외쳐야 하는지는 연구에서 다루지 않았다.

내가 연구에 관해 문의하자 비체크 교수는 이렇게 설명했다. "스물다섯 명이라는 숫자가 틀렸다고 연락해 오는 사람들도 있었어요. 친구 네 명만 데리고도 파도를 일으켰다는 거지요. 그런데 알고 보면 다섯 명이 처음 뛰어오를 때는 파도가 일어나지 않습니다. 서너 번 시도하다 보면 주변 사람들이 합류하면서 결국 스물네 명 이상이 확보되 다섯 명으로는 부족하다는 거죠."

 비체크 교수가 파도타기 응원에 관심을 갖게 된 것은 열렬한 스포츠 팬이서가 아니라, 군중 행동에 대해 연구하던 중 자연스럽게 주제가 이어지면서였다. 바로 전에 연구한 주제는 관객들이 앙코르 요청을 할 때 박수 소리를 짝짝 맞춰서 내게 되는 원리였다. 또 대규모 집단에서 무언가 이상이 발생했을 때 공포가 퍼지는 원리를 연구하기도 했다. 비체크 교수는 한 스포츠 경기 현장에서 그 연구에 관한 TV 인터뷰에 응하던 중 마침 파도타기 응원이 관중석에 퍼져 나가는 것을 보고 호기심이 동했다.

 비체크 교수는 스포츠 경기 영상을 분석하면서 파도타기 응원이 어떻게 시작되고 전파되는지 연구했다. 그리고 관중의 행동을 단순하게 시뮬레이션하는 컴퓨터 모델을 고안했다. 모델 속의 가상 관중은 실제 관중을 아주 단순화하여 사람마다 단 세 가지 상태만을 가질 수 있게 했다. 앉아서 파도에 참여할 준비가 된 '호응 상태', 일어나서 손을 흔들고 있는 '활동 상태', 방금 파도에 참여해서 당분간 다시 일어나고 싶지 않은 '불응 상태'였다. 나는 비체크 교수에게 축구장 관중의 상당수는 그런 단순한 모델로 충분할 것 같다는 의견을 제시했다.

 단순한 모델이었지만 비체크와 동료 연구자들은 이 모델로 실제 관중의 파도타기 응원을 정확하게 재현할 수 있었다. 또한 설정값을 조정해가면서 파도의 이동 속도가 관중의 반응 속도에 의해 결정된다는 사실도 밝혀냈다. 실제 경기장의 파도는 초속 12미터(시속 43킬로미터) 정도로 빠르게 움직인다.

"자, 가보자… 그런데 왼쪽으로 가나, 오른쪽으로 가나?" 파도타기가 전 세계적으로 유명해진 1986년 멕시코 월드컵.

경험 많은 관중들은 파도타기에 한층 더 정교한 요소를 도입하기도 한다. 비체크 교수는 이렇게 말했다. "(미국 인디애나주) 노터데임 대학교의 신입생들은 파도타기를 일으키는 데 아주 능숙합니다. 이 학교에서는 파도타기 일으키는 법을 익히는 게 하나의 문화로 자리 잡았어요. 파도를 원하는 방향으로 보낼 수 있고, 심지어 양방향으로 동시에 퍼뜨릴 수도 있습니다. 그러려면 수십 명이 협력해야 하고, 상당한 기술이 필요하죠."

그러나 그런 재주가 없는 일반인이 보기엔 경기장에서 파도가 도는 방향을 결정하는 요인이 대체 무엇인지 아리송하다. 그저 주변 사람들이 일어날 때 덩달아 일어날 뿐이라면, 연못에 돌멩이를 던졌을 때 일어나는 파문처럼 출발 지점에서 원 모양으로 퍼져나가야 하지 않을까? 그렇다면 파도는 경기장을 양방향으로 동시에 돌 것이다. 즉, 노터데임 대학생들이 연습을 통해 구사하는 효과가 자연스럽게 나타나야 한다. 그러나 비체크 교수의 연구 결과, 절대다수의 파도는 한 방향으로만 진행했다. 게다가 특정 방향으로 더 자주 돈다는 사실이 두 번째 연구에서 드러났다.[7] "시계 방향과 반시계 방향의 비율이 대략 60:40 정도로 나타났다"고 한다.

그 연구에서는 파도타기 응원 경험자들을 대상으로 온라인 설문조사도 수행했는데, 기이하게도 응답자 75명 중 유럽 거주자의 전원은 파도가 경기장을 시계 방향으로 돈 것으로 기억했다. 반면, 호주 거주자의 70퍼센트는 파도가 반시계 방향으로 돌았다고 응답했다. 북반구와 남반구에서 욕조 물이 내려갈 때 물이 회전하는 방향이 다르다는 잘못된 속설을 연상시키는 결과다.• 그러나 파도타기 응원의 북반구와 남반구 간 차이에는 어느 정도 경험적 근거가 있어 보인다.

워낙 믿기 어려운 이야기였기에 내가 직접 조사해보기로 했다. 그리 엄격한 연구는 아니었고, 유튜브에서 파도타기 응원 영상 94개

- 지구의 자전으로 인해 발생하는 이른바 코리올리 효과는 태풍의 진행 경로가 북반구와 남반구에서 서로 다른 쪽으로 휘어지게 할 만큼 크지만, 욕조의 배수 흐름에 영향을 주기에는 너무 미미하다. 욕조 안에서 무작위적으로 일어나는 물의 움직임이 차라리 더 큰 영향을 준다.

를 봤다. (지금 생각해보면 원고 작업을 하기 싫어서 핑계 삼아 벌인 활동이 확실하다.) 그중 69개는 북반구의 경기장에서 촬영한 영상이었는데 40개는 시계 방향으로, 29개는 반시계 방향으로 돌았다. 시계 방향이 58:42의 비율로 우세했다. 한편 남반구의 경기장에서 촬영한 나머지 25개 영상에서는 10개가 시계 방향, 15개가 반시계 방향으로 반시계 방향이 40:60으로 우세했다.

    통계적으로 유의미한 결과인지 통계 전문가에게 물어봤다. 응원 파도가 특정 방향으로 진행할 확률이 북반구와 남반구 간에 **차이가 있다**고 96.6퍼센트 확신할 수 있다는 답이 돌아왔다. 차이가 날 확률이 매우 높은 것이다. 그리고 북반구에서 시계 방향으로, 남반구에서 반시계 방향으로 돌 가능성이 높아 **보이는** 것도 분명하다. 다만 유의수준인 95퍼센트로 확실히 그렇다고 말하기엔 내가 본 영상의 개수가 부족하다고 한다. 내 생각엔 솔직히 그건 트집 잡기 같다. 응원 파도가 북반구에서는 시계 방향으로, 남반구에서는 반시계 방향으로 돌 가능성이 높다는 증거가 나온 게 분명하다. 따라서 이 원칙을 '파도타기 응원의 반구 편향 법칙'이라고 내 마음대로 명명하는 바다.

    논란 종결!

하마들도 파도타기를 한다는 사실을 아는지?

    하마들이 뒷다리로 일어서서 앞발을 흔드는 동작이 아프리카 잠베지강의 흙탕물 강변을 따라 일사불란하게 이어진다면 장관이겠

하마들의 통신

지만, 아쉽게도 그런 모습은 아니다. 앞발을 높이 쳐들지는 않아도, 하마들이 정보의 파동을 일으키는 것만은 틀림없다. 이른바 '연쇄 합창chain chorusing'이라고 하는, 무리에서 무리로 퍼져나가는 목소리 의사소통 활동이다.

수컷 하마들이 강물 위로 콧구멍을 내밀고 굉음을 내지르는데, 수컷들에게서만 관찰된다는 점에서 영역 경계를 알리는 행동일 가능성이 있다. 미국 매사추세츠주 프레이밍햄 주립대학교의 윌리엄 바클로 교수가 이 행동을 연구해보니, 인근에 있는 다른 하마들도 곧 똑같은 행동을 한다는 사실을 알 수 있었다.

한 무리 내의 수컷들이 울부짖으면, 강을 따라 조금 떨어진 거리에 있는 다른 무리의 수컷들도 수면으로 올라와 포효한다. 그러면 그다음 무리도 똑같은 행동을 한다. 이런 식으로 강을 따라 울음소리가 차례차례 전달된다. 바클로는 탄자니아의 하마들을 연구하면서 울음소리의 파동이 4분 동안 13킬로미터 거리까지 전달되는 것을 관찰했다.[8]

하마들은 수면 위에서뿐 아니라 물 밑으로도 시끄러운 소음을 발생시키는 것으로 보인다. 강물 속에 있던 다른 하마들이 수면으로 떠올라 소음에 합류하는 것을 보아 알 수 있다. 바클로의 용어에 따르면 '양서류식 의사소통amphibious communication'이다. 하마는 콧구멍만 물 밖으로 내놓고 입과 턱, 목은 물에 잠긴 상태에서 수중과 수면 위로 동시에 소음을 낼 수 있다.

소리는 공기 중보다 물속에서 네 배 이상 빠르게 전파되기 때문에, 하마들은 이론적으로 울음소리를 두 번 듣게 될 수도 있다. 처음엔 물속으로 오는 소리, 그다음엔 물 위로 오는 소리다. (혹시 하마들은 두 소리의 시간차를 이용해 소리를 낸 하마와의 거리를 가늠하는 걸까? 우리가 번개와 천둥 사이의 초 수를 세어 폭풍의 거리를 가늠하는 것처럼?)

하마의 울음소리는 복잡한 음의 패턴으로 이루어져 있고, 코끼리가 장거리 의사소통에 사용하는 초저음파 영역도 포함하는 것으로 보인다. 하마들의 파도타기는 인간의 파도타기보다 훨씬 정교한 것 같다. 그런데 수컷 하마들은 서로에게 대체 무슨 말을 하는 걸까? 아마도 '내 구역', '내 암컷', '꺼져' 같은 어휘가 들어가지 않을까. 적어도 마지막에 붙는 말은 확실하다. '계속 전달!'

로마의 빌라 보르게세 공원 변두리에 자리한 나폴레오네 광장에는 전망 좋은 테라스가 하나 있다. 아래쪽으로는 포폴로 광장이 널따랗게 펼쳐져 있고, 멀리 서쪽으로 테베레강 너머 테라코타 지붕들 사이로 우뚝 솟은 성 베드로 대성당의 돔까지 한눈에 들어오는 이곳은, 로마의 청춘들이 연인과 함께 노을을 감상하며 눈을 맞추기에 딱 좋은 장소다.

그런가 하면 이곳은, 머리 벗겨진 영국인이 색다른 자연 풍경을 관찰하기에도 훌륭한 명당이다. 바로 로마 하늘을 수놓는 찌르레기 무리의 모습이다. 내가 처음 찌르레기 떼를 본 것은 로마에서 살던 어느 겨울의 화창한 저녁이었는데, 저게 도무지 뭔지 당최 알 수가 없었다. 하늘을 가득 메운 그 거대한 무리는 어떤 일정한 형태도 없이 유동적인 덩어리처럼, 늘어나고 이동하고 포개지는 등 끊임없이 변화했다. 그 놀라운 장면에 나는 넋을 잃었다. 그날 이후, 해 질 무렵 근방에 있게 되면 꼭 그 테라스로 올라가 연인들 사이를 헤집고 새 떼가 펼치는 장관을 감상했다. 거대한 구름처럼 하늘을 뒤덮은 찌르레기 떼는 솟아올랐다가 가라앉고, 퍼졌다가 오므라들고, 합쳐졌다가 갈라지길 반복했다. 아무리 봐도 싫증 나지 않는 광경이었는데, 아쉽게도 20분 정도밖에 지속되지 않았다.

로마에서는 200마리에서 5만 마리에 이르는 다양한 규모의 찌르레기 떼가 가을과 겨울 내내 저녁마다 이러한 공중 군무를 펼친다. 찌르레기들은 낮 동안 근교에서 먹이를 찾아다니다가, 해가 저물 무렵이면 다시 도심의 나무 위로 날아와 밤 동안 묵는다. 이동 경로가 로마 사람들의 출퇴근과 정반대인 셈이다. 찌르레기들이 이렇게 거대한 무리를 지어 군무를 펼치는 이유는 무엇일까? 단순히 숫자가 많아야 더 안전하기 때문만은 아니다. 이 군무는 수천, 수만 마리의 새들이 한데 모여 각자 하룻밤 묵을 자리를 정하는 과정이기도 하다. 일종의 '의자 앉기 게임'을 대규모로 벌이면서, 모두가 앉을 나뭇가지를 배정받는 것이다.

출퇴근하는 새들

나는 이 광경을 볼 때마다 이상하게도 항상 자크 타티 감독의 1953년작 고전 영화 〈윌로 씨의 휴가〉 속 한 장면을 떠올리곤 했다. 프랑스의 작은 해변 마을에서 휴가를 보내던 윌로 씨는, 호텔 앞 아이스크림 가게 옆에 걸려 있는 누가 사탕 덩어리에서 눈을 떼지 못한다. 따뜻한 햇볕 아래 끈적거리는 누가가 점점 아래로 늘어지며, 곧 땅에 떨어질 듯 아슬아슬한 모습이 이어진다. 윌로 씨는 그 불안한 모습에 신경이 쓰이지만, 직접 나서서 받아야 할지 망설인다. 그런데 가게 주인은 늘 땅에 떨어지기 직전에 누가를 재빨리 추슬러 갈고리에 다시 걸어놓는다.

왜 그 장면이 떠올랐는지는 나도 모르겠다. 누가와는 달리, 찌르레기 무리는 아무런 무게감 없이 떠돌아다니는데 말이다. 하지만 찌르레기의 배설물은 그렇지 않다. 이 새가 로마 시민들의 미움을 한 몸에 받는 이유도 그 때문이다. 하늘에서는 우아한 군무를 펼칠지 몰라도, 사람들이 애지중지하는 '베스파' 스쿠터나 '스마트' 경차를 가차 없이 새똥으로 뒤덮어버리곤 한다. 불행히도 새들이 밤을 보내는 나무 아래에 주차했다면 여지없다. 현재 로마의 찌르레기 개체 수는 인구의 네 배에 달하기에 이 문제는 심각한 지경이다.

찌르레기 떼 사이로 파동이 흐르는 모습도 보이곤 했다. 새들로 이루어진 밀도파였다. 새들이 일시적으로 밀집된 곳에 검은 띠가 나타나 이리저리 무리를 가로질러 지나가는데, 그 진행 방향은 비행 방향과 직각을 이루었다. 이 스쳐가는 파동이 도대체 무엇인지 궁금했다. 혹시 새들이 서로 부딪히지 않도록 하는 일종의 안전장치일까? 출퇴근길 열차 안에서 사람들이 서로 개인 공간을 침해하지 않으려고 자리를 조금씩 옮기는 것처럼, 하늘에서도 고속으로 그런 조정이 이루어지는 걸까? 아니면 새들 간의 어떤 복잡한 의사소통 수단일까?

날아가는 새 떼가 보여주는 놀라운 질서는 오랫동안 과학자들에게 수수께끼였다. 1970년대에는 무리 속에 숨어 있는 한 우두머리가 정전기장을 만들어 나머지 새들에게 움직이라는 신호를 보낸다

로마 상공을 나는 찌르레기 떼를 포착한 사진작가 리처드 반스의 〈웅얼거림 #21〉. 정교한 군무가 펼쳐지는 동시에, 개체들이 밀집된 검은 부분이 파도처럼 무리 전체에 퍼져나간다.

는 가설도 제기되었다.[9] 아마 이런 식의 메시지를 보낸다는 생각이었을 것이다. "모두 왼쪽으로! 오케이, 잠깐 대기… 자 이제 오른쪽, 오른쪽, 오른쪽!" 더 거슬러 올라가 1930년대에는 새들이 동시에 방향을 바꿀 수 있는 것은 텔레파시 덕분이라는 주장이 나오기도 했다.[10]

둘 다 정답은 아니었고, 새들은 때때로 파동을 통해 소통한다는 사실이 밝혀졌다. 바로 '움직임'의 파동이다. 1984년의 한 연구에서는 해안가에 살며 큰 무리를 이루어 날아가는 민물도요라는 새의 군집 비행을 고속 카메라로 촬영해 분석했다. 그 결과, 한 마리의 새가 시작한 움직임이 '운동파movement wave'의 형태로 무리 전체로 퍼져나가면서 집단 전체의 비행을 조율하는 역할을 한다는 사실이 확인되었다.[11]

하지만 무리 전체가 한 마리만 따라가는 것은 아니다. 연구 영상에 따르면, 어떤 새든 무리의 방향을 바꾸는 움직임을 시작할 수 있다. 다만 그 움직임이 무리를 향하는 방향일 때만 효과가 있다. 나머지 새들과 반대 방향으로 향하는 움직임은 대개 무시된다. 이 방향 규칙은 무리가 흩어지는 것을 방지하고, 포식자의 공격에 효과적으로 대응하기 위해 생겨난 것으로 짐작된다. 맹금류는 무리에서 떨어져 나온 개체를 노리기 때문이다. 실제로, 이러한 움직임의 파동이 일어나는 주된 이유 중 하나는 포식자의 공중 공격에 대한 방어인 것으로 보인다. 무리의 바깥쪽을 나는 수백 마리 중 가장 먼저 포식자를 발견한 개체가 적의 접근 소식을 빠르게 무리 전체에 전달할 수 있다.* 예를 들어 매가 공격해 올 경우, 찌르레기 떼는 먼저 공 모

---

* 이렇게 무리를 통해 정보가 빠르게 전달되는 현상을 '트라팔가르 효과'라고 부르기도 한다. 1805년 트라팔가르 해전에서 영국 해군이 프랑스·스페인 연합 함대의 출항 정보를 빠르게 전하기 위해 사용한 깃발 신호 체계에서 유래한 이름이다. 넬슨 제독의 함대는 해안에서 보이지 않는 80킬로미터 거리에 집결해 있었고, 항구 근처에서 감시 중이던 네 척의 프리깃함에서부터 시작해 눈에 보일 정도의 간격을 두고 함선 여러 척이 일렬로 본대까지 이어져 있었다. 따라서 적 함대가 카디스 항구를 떠난다는 정보가 깃발 신호를 통해 수평선 너머 넬슨이 타고 있던 빅토리호까지 신속히 전달될 수 있었다. 정보가 망원경으로 볼 수 있는 거리보다 훨씬 멀리, 그리고 어떤 배보다 빠른 속도로 전해진 덕분에 영국군은 미

양으로 밀집했다가 리본처럼 풀어져 나가면서 포식자를 교란한다.

연구 영상에서는 무리의 방향이 바뀌기 시작할 때, 각 개체가 인접 개체의 움직임에 반응하는 데 약 70밀리초가 걸리는 것으로 나타났다. 그러나 일단 집단적 파동이 무리에 퍼져나가기 시작하면, 반응 속도가 크게 빨라져 불과 14밀리초 만에 방향을 바꾼다. 흥미롭게도, 실험실에서 측정한 민물도요의 평균 반응 속도는 약 38밀리초였다. 즉, 무리에 퍼져나가는 파동이 눈에 보이면 인접 개체의 움직임만 감지해 반응할 때보다 더 빠르게 반응할 수 있는 것으로 보인다. 파동이 다가오는 것을 보고 있기 때문에 정상적인 반응 속도보다 몇십분의 일 초 더 빨리 움직일 수 있는 것이다. 코러스라인이라고 하는, 화려한 반짝이 의상을 입고 한 줄로 서서 군무를 추는 무용수들을 생각해보자. 각 무용수는 발차기의 파도가 자기 쪽으로 점점 다가오는 것을 보고 있다가 파도가 자기에게 도달하는 타이밍에 맞춰 발차기를 한다. 그래서 새들의 무리가 이런 식으로 비행을 조율한다는 이론을 '코러스라인 가설'이라고 부르기도 한다.

민물도요의 발차기

찌르레기들의 집단 비행은 수만 년에 걸쳐 진화했지만, 경기장의 파도타기 응원은 분명히 인위적으로 만들어진 활동이다. 그렇다면

리 전투 대형을 갖춰놓고 기다릴 수 있었다. 매가 접근한다는 정보가 찌르레기 무리에 신속히 퍼질 수 있는 것도 같은 원리다. 다만 공격이 아니라 방어가 목적일 뿐이다. 찌르레기들은 깃발을 올리는 대신 재빠르게 옆으로 움직임으로써 정보를 전달한다.

이 파도는 언제 처음 등장했을까? 관중들이 처음으로 파도를 일으켜 경기장을 돌게 한 순간은 과연 어떻게 일어났을까?

앞서 살펴봤듯이, 파도타기를 만들려면 관중들이 의식적으로 움직임을 맞춰야 한다. 무슨 활동인지 이해하고 참여할 준비가 된 사람들의 수가 어느 정도 이상 되어야만 파도가 관중석에 퍼져나갈 수 있다. 그런데 이 활동이 지금처럼 널리 알려지지 않았던 시절에, 어떻게 관중들이 합심하여 파도를 일으킬 수 있었을까?•

미국 워싱턴대학교 미식축구팀의 공식 웹사이트에 따르면,[12] 역사상 최초의 파도타기 응원은 1981년 10월 31일, 시애틀의 허스키 스타디움에서 펼쳐졌다. 홈팀인 워싱턴대학교와 스탠퍼드대학교가 맞붙은 경기에서였다.

이 최초의 파도타기를 유발한 장본인은 워싱턴대학교 졸업생 롭 웰러였다. 웰러는 재학 시절 허스키 팀의 치어리더로 활동했었다. 참고로 치어리딩은 원래 남성들만 하던 활동이었는데, 다행이라 해야 할지 미니스커트를 입고 술뭉치를 흔들지는 않고 그저 관중의 응원을 이끌며 분위기를 띄우는 역할을 했다. 이날 스탠퍼드와의 대결은 홈커밍 경기로서, 졸업생들을 초청해 한 주 동안 벌이는 축제의 일환이었다. 웰러는 마이크를 손에 쥐고, 예전에 했던 것처럼

- 물론 파도는 늘 자연적으로 군중 속에서 퍼져나간다. 경기장에서 들리는 구호나 응원가, 어느 곳에서나 들을 수 있는 느린 박수 등이 그 예다. 그런 현상은 몇몇 목소리 큰 사람이 시작해 점점 많은 사람이 따라 하면서 결국 관중들 대부분이 동참하는 식으로 확산된다. 그러나 이런 파도는 의도적으로 만들어지는 것이 아니라, 정보와 분위기가 점진적으로 전파되면서 점점 많은 군중이 호응하는 현상이다.

허스키 마칭 밴드의 전 리더 빌 비셀과 함께 경기장 사이드라인에 서서 관중을 이끌었다.

경기 3쿼터 중에 웰러와 비셀은 홈 관중들에게 차례로 일어나도록 유도했다. 맨 아랫줄 좌석에서 시작해 맨 윗줄 좌석까지 죽 올라가는 방식이었다. 우리가 아는 파도타기보다는 동심원 모양으로 퍼지는 파문에 가까운 형태였을 것이다. 안타깝게도 이렇게 연못에 돌 던지기 스타일의 파도를 구현하기는 쉽지 않았다. 그래도 웰러는 결국 관중들을 순차적으로 일으켜 세워 파도를 허스키 스타디움의 U자형 관중석 끝에서 끝까지 진행시키는 데 성공했다. 허스키팀 웹사이트에 따르면 "최초의 파도타기에 참여한 허스키 팬들은 파도가 경기장을 한 바퀴 돌 때까지 계속 서 있었다"고 한다.[13]

2001년 허스키 대 스탠퍼드의 홈커밍 경기에서는 웰러와 비셀이 돌아와 20주년 기념 파도타기를 직접 이끌었다.

어쨌든, 그렇게 해서 파도타기가 탄생했다고 한다.

적어도 나는 그런 줄로 알고 있었다. 그러다가 이 글을 발견했다.

> 논박의 여지가 없는 사실을 밝힌다. 나, 크레이지 조지가 파도타기 응원을 발명했다. 나는 1981년 10월 15일, 전국에 TV로 중계되고 관중이 경기장을 가득 메운 미국 메이저리그 오클랜드 애슬레틱스 대 뉴욕 양키스의 플레이오프 경기에서 파도타기 응원을 직접 연출했다.

'크레이지 조지'라는 별명으로 불리는 조지 헨더슨은 캘리포니아 주에서 경기장을 찾는 팬들에게 익숙한 얼굴이다. 전직 교사인 그는 현재 자칭 '프로 치어리더'다. 경기장에서 관중석 앞에 서 있는 그를 찾기는 어렵지 않다. 대머리에 흰 옆머리를 기른 남자가, 자신의 시그니처인 작은북을 들고 관중들에게 고래고래 지시를 내리고 있다.

솔직히 나는 글 전체를 대문자로 쓰는 사람의 말은 무시하는 편이다(크레이지 조지가 위의 주장을 자신의 웹사이트에 그렇게 적어놓았다[14]). 그렇지만 그의 주장에는 근거가 있는 것 같다.

그가 언급한 야구 경기는 허스키 팀 경기보다 16일 전, 오클랜드 콜리시움 스타디움에서 열렸다. 그날도 크레이지 조지는 관중석의 한 구역에 자리 잡고 분위기를 띄우고 있었다. "내가 손을 옆으로 쓸면 거기에 맞춰 다들 일어나라고 했다. 일어나서 소리친 다음 다시 앉으라고 했다." 그리고 파도가 멈추면 다들 야유하라고 시켰다. 처음 두 번 시도했을 때는 파도가 관중석 몇 구역에서만 일었다. 파도가 멈추자 조지가 있던 구역의 관중들은 야유를 퍼부었다. "세 번째 시도하자 드디어 파도가 경기장을 한 바퀴 돌았다.

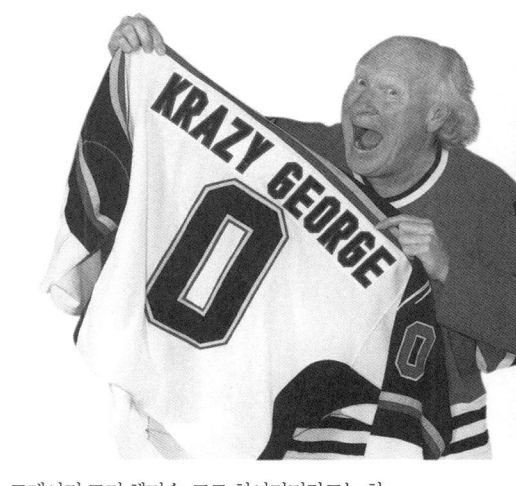

크레이지 조지 헨더슨. 프로 치어리더라고는 하지만, 과연 파도타기 응원의 창시자일까?

"바로 이거야! 군중의 파도가 경기장에 퍼져나가고 있어!"

그러자 관중들이 모두 일어나 박수를 쳤다." 조지는 자랑스럽게 그 순간을 회상했다.[15]

그랬다는 증거가 있을까? 있다. 실제로 오클랜드 애슬레틱스의 1981년 시즌 하이라이트 영상에는 애슬레틱스 대 양키스 경기에서 파도가 일어나는 장면이 담겨 있다. 이쯤이면 논란이 종결될 법도

하다.

그러나 스포츠 이벤트 예약 업체를 운영하는 존 쿠도가 자신의 웹사이트 Gameops.com에 파도타기의 창시자는 크레이지 조지라고 하는 글을 올리자, 워싱턴대학교 팬들의 격렬한 반발이 쏟아졌다. 팬들은 쿠도가 크레이지 조지를 담당하는 이벤트 기획사와 함께 일했던 적이 있다며, 쿠도의 글이 편향적이라고 주장했다. 쿠도는 웹사이트에 이런 글로 응수했다.

> 나는 몇 해 전에 오랜 시간을 들여 파도타기 응원에 관한 글을 준비하면서 조지와 워싱턴대학교 측의 주장을 조사했다. 여러 시간 동안 몇 차례에 걸쳐 워싱턴대학교 체육부 관계자들과 이야기를 나눈 후 남은 결론은 이것이었다. 학교 측은 자신들의 주장이 도시 전설이라고 생각하지만 계속 홍보하고 싶다는 것이다. 그러나 학교 측은 1981년 10월 31일(학교 측이 파도타기를 '발명했다'고 주장하는 날짜)이 어떻게 1981년 10월 15일(조지가 오클랜드에서 파도타기를 일으킨 영상의 날짜)보다 먼저라는 것인지는 설명하지 못했다.[16]

그러면서 더 이상 논쟁에 휘말리지 않겠다고 선언했다. "글을 올린 뒤로 워싱턴대학교 팬들에게서 (말 그대로) 신체적 위해를 가하겠다는 협박까지 받았다"고 한다.

그 후 쿠도는 이 주제에 관한 이메일, 게시글, 편지 등을 모두 무시하고 있다. (나도 그럴 생각이다.)

니컬슨 베이커의 소설 《구두끈은, 왜?》에는 하위라는 이름의 젊은 사무직 근로자가 점심시간에 겪는 사소한 일들이 세밀하고도 애정 어린 시선으로 묘사된다. 하위가 화장실에 들러 소변기 앞에 서 있을 때였다. 동료가 〈나는 양키 두들 댄디I'm a Yankee Doodle Dandy〉라는 곡을 휘파람으로 화려하게 연주하는 소리가 들려온다.

그 순간 하위는 문득 자기가 일전에 뮤지컬 〈마이 페어 레이디〉에 나오는 곡 〈얼마나 멋질까?Wouldn't It Be Loverly?〉를 휘파람으로 흥얼거렸던 일이 떠올랐다. 아침에 첫 커피를 마시고 들뜬 기분에 화장실에서 힘차게 휘파람을 불었는데, 그 소리가 너무 커서 옆 칸에서 소프트록 명곡을 나름대로 우아하게 연주하고 있던 동료의 휘파람 소리를 덮어버린 것이었다. 그때는 조금 민망했지만, 그날 오후 복사기 근처에서 누군가가 자신이 불렀던 멜로디를 멋들어지게 편곡해 휘파람으로 부르는 것을 듣고 반가웠다. 아마 아침에 화장실의 다른 칸에서 자신의 힘찬 휘파람을 들었던 게 틀림없었다.

음악이 흐르는 화장실

그런 회상을 마치고 화장실을 나선 하위는 복도로 걸어가다가, 문득 자신도 모르게 〈나는 양키 두들 댄디〉를 휘파람으로 불고 있음을 깨닫는다. 노래는 정말 전염성이 강한 것 같다.

현대 진화론의 대표적 학자인 리처드 도킨스는 "멜로디, 아이디어, 유행어, 패션 스타일, 도자기 제작법, 아치 건축법"처럼 사람들 사이에서 쉽게 전파되는 문화적 요소를 가리키는 '밈meme'이라는 용어를 창안했다. 그는 유전자가 정자와 난자를 통해 개체에서 개체로 옮겨감으로써 전파되듯이, 밈도 "넓게 보아 모방이라고 할 수 있는 과정을 통해 뇌에서 뇌로 옮겨감으로써 밈 풀 안에서 전파된다"고 설명한다.[17]

니컬슨 베이커가 묘사한 휘파람 밈은 회사 내에 퍼지는 작은 정보의 파동과 같다. 하지만 파도타기 응원과는 달리, 이런 모방의 파동은 무의식적으로 진행한다. 저절로 스며들어 전파되는 것이다.

프리츠 라이버의 1958년작 SF 단편소설 《둥 띠리 띠리 퉁 따 띠 Rump-Titty-Titty-Tum-Tah-Tee》는 도발적이고 풍자적인 이야기다. 야심 찬 지식인들 한 무리가 '우연의 예술'을 추구하는 전위적 화가의 작업실에 모여, 그가 유명한 스플래터 페인팅(물감을 흩뿌려 만드는 추상화) 작품을 만드는 과정을 감상한다. 그 자리에는 저명한 재즈 드러머, 탤리 B. 워싱턴도 함께하며 속이 빈 아프리카 통나무를 두드려 즉흥적인 리듬을 연주하고 있다. 화가는 물감 묻힌 붓을 손에 들고 거대한 빈 캔버스 위에 뿌릴 준비를 마친다. 마침내 탤리가 통나무로 '둥 띠리 띠리 퉁 따 띠' 하는 리듬을 두드리는 순간 화가가 동시에 물감을 흩뿌렸는데, 놀랍게도 물감이 **정확히** 같은 리듬으로 캔버스에 떨어지는 것이었다. '둥 띠리 띠리 퉁 따 띠!' 이 기이한 우연을 목격한 지식인들은 그 중독성 강한 리듬에 완전히 사로잡혀 버리고, 각자의 창작 분야를 통해 이 리듬을 퍼뜨리기 시작한다.

결국 이 리듬은 엄청난 전파력으로 전 세계에 바이러스처럼 확산되기 시작한다. 이 리듬을 기반으로 한 새로운 음악 스타일이 대유행을 일으키고, 사람들은 그 물감 얼룩의 모양을 본뜬 '블로토 카드'라는 것을 들고 다닌다. '둥 띠리 띠리 퉁 따 띠!'는 곧 인류를 위협

하는 지경에 이른다. "우리 머릿속에서 지워지질 않습니다. 근육에서도 지워지지 않아요." 몇 주 뒤 다시 모인 지식인들 중 한 정신과 의사는 모든 사람이 '심신증적 굴레'에 갇혀 있다며 절망한다.

이제 이 음악적 팬데믹을 종식시킬 유일한 희망은 죽은 이의 영혼과 교류하는 교령회交靈會를 열어 초자연적 힘에 의존하는 것뿐이었다. 이 과정에서 지식인들은 재즈 드러머 텔리의 먼 조상이 사악한 주술사였으며, 그가 후손에 빙의해 그 리듬을 악의적으로 세상에 풀어놓았다는 사실을 알게 된다. 지식인들은 결국 주술사의 영혼과 접촉함으로써 마침내 그 폭주하는 리듬의 확산을 멈출 수 있었다.

리처드 도킨스가 생각한 밈은 아마 이런 건 아니었을 것 같다.

프리츠 라이버의 소설에 묘사된 특정 리듬의 확산은 어떤 개념이 파도처럼(아니 어쩌면 쓰나미처럼) 퍼져나가는 현상의 재미있는 예라고 할 수 있겠다. 하지만 꼭 상상 속 이야기만은 아닐지 모른다. 금융시장의 변동을 생각해보자. FTSE, 다우존스, 항생지수 같은 주가지수의 등락도 일종의 파동이라고 할 수 있을까? '엘리엇 파동 이론'은 그렇다고 주장한다.

<u>주식시장의 파동</u>

랠프 엘리엇이라는 미국 회계사가 이 이론을 개발한 것은 1930년대로, 1929년 월스트리트 대폭락 때 실직하고 재산을 거의 잃은 뒤였다. 엘리엇의 이론은 한마디로, 주식시장의 상승 국면과

하락 국면이 일련의 파동 형태로 진행된다는 것이다. 그리고 바다의 잔물결이 더 큰 파도에 겹쳐서 나타나고 파도는 다시 더 큰 조류에 겹쳐서 나타나는 것처럼, 주가 변동도 서로 다른 시간 스케일에서 동시에 일어난다. 이를테면 소파동, 중간파동, 기본파동, 대파동 등의 주기가 있는데, 각 주기마다 다섯 개의 상승 파동에 이어 세 개의 하락 파동이 나타난다는 것이 그의 주장이다.

주식시장의 등락이 실제로 정보의 파동이라고 할 수 있는지는 솔직히 잘 모르겠다. 어쩌면 시간에 따른 주가 변화를 그래프로 그렸을 때 상승기와 하락기가 파동처럼 **보이는** 것뿐일 수도 있다. 하지만 설령 비유에 불과하더라도 꽤 설득력 있는 비유임은 분명하다. 세계 주식시장의 흐름을 결정짓는 '신뢰의 파도'는 결국 우리의 심리 상태를 합산한 것으로, 각 개인이 경제에 대해 느끼는 신뢰감의 총합이다. 우리가 대출을 받고, 저축하고, 투자하는 결정은 항상 그에 따라 이루어진다.

그렇게 보면 트레이더와 펀드매니저들은 파도를 타는 서퍼인 셈이다. 신뢰의 파도를 적절한 순간에 타려고 늘 애쓰는 사람들이다. 탈 수 있을 때까지 집요하게 탄 다음 제때 빠져나오는 게 목표다. 탈출이 너무 늦으면 다 무너져 내리고 만다.

그렇다면 독감은 어떨까? 사람에서 사람으로 전염되면서, 유행병(에피데믹)으로 국경을 넘나들고, 범유행병(팬데믹)으로 대륙 간에 퍼진다. 바이러스는 감염된 숙주의 세포 안에서 증식하여 자신의 유전정보를 퍼뜨리고, 재채기나 접촉을 통해 숙주 간에 전파된다. 1968년 독감 팬데믹은 홍콩

〰️ 팬데믹의 파도

에서 시작되어 몇 달 만에 전 세계로 퍼졌지만 사망률은 비교적 낮아, 전 세계에서 약 100만 명이 희생되었다. 반면 1918년 스페인 독감은 1년 만에 4000만 명 이상의 목숨을 앗아갔으며, 당시 세계 인구의 거의 3분의 1이 감염된 것으로 추정된다.[18] 그러나 두 사례도 14세기 중반 유럽을 휩쓴 흑사병에 비하면 약과다. 흑사병은 바이러스가 아닌 세균성 감염병으로, 당시 유럽 인구의 약 60퍼센트를 죽음으로 몰아넣은 것으로 추정된다.[19]

2009년, 세계는 H1N1 신종 플루 팬데믹이 얼마나 치명적일지 주목했다. 멕시코 베라크루스주에서 4월에 발생한 이 감염병은 몇 달 만에 전 세계 대부분의 나라로 확산되었으며, 그해 말까지 130개국에서 약 1만 3000명의 목숨을 앗아갔다.[20] 멈출 수 없는 죽음의 파도처럼 보였던 이 팬데믹은 결국 공포의 파도에 가깝게 끝났다. 그리고 스위스의 거대 제약회사 로슈에게는 엄청난 수익의 파도가 밀려왔다. 2009년 말, 로슈는 항바이러스제 타미플루의 그해 세계 판매량이 16억 2000만 파운드(약 3조 원)에 이를 것으로 예상했다.[21]

초기 확산으로 인한 사망자 수는 다행히도 이전의 독감 팬데믹보다 훨씬 적었지만, 바이러스는 거대한 파도처럼 전 세계를 휩쓸었다. 미국 질병통제예방센터는 미국 내에서만 감염자가 3900만 명에서 8000만 명인 것으로 추정했다.[22] 아무도 원하지 않았고, 통제하기도 어려운 파도타기였다. 경기장에 퍼지는 응원의 파도처럼 단순하게 퍼져나가지 않고, 이동망 특히 항공로를 따라 확산되었다. 그럼에도 파도였던 것은 맞다. 유전 정보의 파동이었고, 세계 인구는 그 매질이었다. 감염된 사람들이 회복되면서 일반적인 파동처럼 진행하는 모습으로, 다행히도 충격파로 변하지는 않은 듯하다. 매질인 인간 집단이 **영구적인** 피해를 입는 상황, 즉 사람들이 회복되지 못하고 죽는 상황으로 번지지는 않았으니까.

2009년 절정에 달한 신용 위기는 금융계의 충격파와도 같았다. 경제적 신뢰의 마루 윗부분이 너무 무거워진 나머지 금융 시스템 전체가 위태로울 정도로 불안정해졌다. 완만하든 급격하든 경기 변동 패턴은 완전히 붕괴했고, 시장은 무너져 내리면서 파탄의 소용돌이 속으로 빠져들었다. 주가 폭락, 부동산 가격 급락, 실업률 상승처럼 충분히 되돌릴 수 있는 경기 하락 움직임도 있었지만, 각국 정부가 은행을 구제해야 했고 주요 금융기관들이 파산하는 등 되돌릴 수 없는 피해도 광범위하게 발생했다.

이 모든 혼란과 무질서는 파도타기 응원과는 달라도 너무 달라 보인다. 그 순수한 정보의 파동은 그야말로 집단적 통제력의 놀라운 발현 아닌가. 파도타기 응원의 묘미는 모든 사람이 자발적으로 합을 맞추어 그 실없는 활동에 참여하는 광경 자체에 있다. 우리가 합심하여 응원의 파도를 만들어낼 수 있다면, 그렇게 손발을 맞춰 질병이든 금융 위기든 현대 사회의 팬데믹에도 대처할 수 있지 않을까. 팬데믹이 충격파가 되어 되돌릴 수 없는 피해를 초래하기 전에 말이다.

〰️ 더 나은 미래를 위한 파동

제7파
밀물과 썰물의 파동

Which ebbs and flows

"바다에서 가장 큰 파도는 어떤 파도일까?" 9월의 어느 저녁, 친구가 술을 마시다 말고 내게 불쑥 물었다. 마치 술집 퀴즈 대회에서 나온 문제라도 되는 것처럼. 그 순간 나는 우리가 실제로 그런 대회에 참가한 모습을 상상해보았다. 손님들이 테이블 단위로 팀을 이루어 대결하고 있고, 퀴즈 진행자가 마이크를 잡고 막 이 문제를 낸 상황이다. 그런 상상을 한 건 내가 술집 퀴즈 대회를 좋아해서는 아니다. 사실 아주 싫어한다. 할 때마다 꼭 지기 대문이다. 그래도 이 문제만큼은 팀 대항전으로 맞혀보고 싶다. 왜냐하면 정말 좋은 문제니까. 누구나 답을 안다고 생각하지만 틀리기 딱 좋은 문제다.

바 앞 테이블 손님들이 가장 큰 파도는 허리케인이나 폭풍으로 해안에 몰아치는 거대한 파도라고 답한다. 오답!

1954년 미국 코네티컷주 올드라임을 강타한 허리케인 캐럴이 일으킨 파도.

난롯가 테이블에서 여유만만한 표정으로 소곤거리며 답을 적어 내려가는 단골손님들, 높이 20~30미터에 이르는 괴물 파도라고 답한다. 수백 년 동안 뱃사람들의 목격담이 전해지며, 거

또 오답 🌊 친 폭풍 속에서 갑자기 나타나 폭풍으로 인한 여느 파도와는 비교가 안 될 만큼 거대한 물의 장벽을 이룬다고 하는 파도다. 역시 오답이다.

1940년경 프랑스 연안 비스케이만의 격랑 속에서 상선의 뒤편으로 다가오는 괴물 파도.

2004년 태국 아오낭 해변에 도달한 인도양의 쓰나미.

- 괴물 파도의 존재는 위성 사진과 석유 플랫폼의 관측을 통해 사실로 확인됐다. 원인 불명으로 기록된 대형 선박 침몰 사고의 4분의 1이 이 파도와 관련이 있을 것으로 현재 추정된다. 실제로 1981년에서 2000년 사이에 먼바다에서 침몰하거나 대파된 초대형 선박 약 200척 중 상당수는, 한 차례 또는 몇 차례의 괴물 파도가 사고 원인이라는 선원들의 보고가 있었다. (Rosenthal, W., and Lehner, S., 'Rogue Waves: Results of the MaxWave Project', *J. Offshore Mech. Arct. Eng.*, vol. 130, issue 2, 2008을 보라.)

심지어 저쪽에 세상 똑똑한 척 냉철한 표정으로 앉아 있는 팀도 이번에는 틀렸다. 가장 큰 파도는 쓰나미라고 생각했겠지. 2004년 12월 26일 지진으로 발생해 인도양 연안에서 약 23만 명의 목숨을 앗아갔던 쓰나미도 있으니.

이번에도 오답

지금까지 답으로 나온 어떤 파도보다도 훨씬 더 큰 파도가 있다. 나와 친구는 의기양양하게 정답을 말한다.

바로 이것이다.

경쟁자들의 얼굴에서 웃음기가 싹 사라진다.

겉보기에는 별것 아닌 것처럼 보일지 모른다. 높이도 대단할 게 없다. 마루에서 골까지의 파고가 고작 50센티미터에서 1미터 정도다. 하지만 알다시피 파도의 크기를 재는 기준이 또 하나 있다. 파장, 즉 마루에서 마루까지의 거리다. 이 파도의 파장은 실로 거대해서 수백 킬로미터에 이르기도 한다. 이 파도는 바로 '조석파'다.

'조석파'는 조석, 즉 태양과 달의 인력에 의해 해수면이 주기적으로 오르내리는 현상에 따른 파도다. 영어로는 'tide wave'인데 가끔 쓰나미를 지칭하는 표현인 'tidal wave'와 혼동하지 않도록 주의하자. 쓰나미는 해저 지진처럼 갑작스러운 지각 변동으로 해수면이 크게 교란되면서 바다에 퍼져나가는 파도로, 조석과는 아무 관계가 없다. 'tidal wave'는 부적절하고 혼동을 일으키기 쉬운 용어이므로 앞으로 이 책에서 사용하지 않는다. 2004년 12월 대참사 때 전 세계 언론이 '쓰나미'라는 용어를 일관되게 사용하면서 'tidal wave'라는 표현은 마침내 퇴출되어가고 있다.

〰️ 'tidal wave'라는 표현은 이제 금지

조석파는 태양과 달의 인력에 의해 생겨난다고 했다. 이 두 천체가 지구의 바닷물을 끌어당겨서, 천체에서 가까운 쪽 바다와 먼 쪽 바다가 살짝 부풀어 오르는 효과가 나타난다. 부풀면 부풀었지 그게 왜 파도가 된다는 것일까. 알다시피 지구는 자전하고 있다. 그런데 그 부풂은 태양과 달을 따라가므로 바다를 가로질러 이동하고 순환하게 된다.

쉽게 비유하자면, 철가루에 자석을 가까이 가져갔을 때 철가루가 움직이는 모습을 생각해보자. 종이 위에 고르게 펴놓은 철가루는 둥근 지구의 바다와는 별로 닮은 것 같지 않지만, 자석을 몇 센티미터 위로 가져가면 철가루가 볼록하게 솟아오른다. 조석에 따라 바닷물이 부풀어 오르는 현상과 비슷하다. 자석을 공중에 그대로 두고 종이를 테이블 위에서 움직이면 철가루의 돈은 부분이 철가루 막을 가로질러 움직이는 것처럼, 해수면의 부푼 부분도 지구의 자전에 따라 바다를 가로질러 이동한다. 물론, 태양과 달의 인력에 바닷물이 움직이고 반응하는 원리는 자석에 철가루가 움직이는 것보다 훨씬 복잡하다. 아주 단순화한 비유라고 보면 되겠다.

어쨌든 조석은 분명히 파도의 일종이며, 그 마루와 골이 해안에서 수위의 규칙적인 오르내림, 즉 밀물과 썰물로 나타난다. 그리고 마루에서 마루까지의 길이로 보면, 조석파는 지구의 바다에서 생겨나는 그 어떤 파도도 압도해버리는 거대함을 자랑한다.

뭐죠? 승리 팀에게 대접하는 서비스? 그럼 전 흑맥주 한 잔. 잘 마실게요.

그런데 조석을 정말 '파도'라고 할 수 있는 걸까? 바람에 의해 일어나는 보통의 파도는, 바닷물 자체는 거의 그 자리에 있고 파동만 수면 위를 지나간다는 점에서 해류와 구별된다. 하지만 조석은 바닷물의 흐름 아닌가?

물론 바닷물의 흐름이 맞다. 잘 모르겠다면 잉글랜드 북서쪽 해안의 모어컴만에 밀물이 밀려드는 모습을 보자. 잉글랜드의 '젖은 사하라'라고 불리는 이곳에는 드넓은 갯벌이 310제곱킬로미터에 걸쳐 펼쳐져 있다. 밀물은 곳곳의 물길, 어귀, 모래톱을 시속 16킬로미터의 속도로 휩쓴다. 숙련된 안내자와 정확한 조석표 없이 돌아다니기는 위험천만한 곳이다. 특히 이전 밀물 때 모래 밑에 생겨났던

숨은 구멍에 바닷물이 들어차면서 액체처럼 유동하기 쉬운 유사流
砂, quicksand가 형성되기 때문에 더욱 위험하다.

   그 위험성은 2004년 2월 모어컴만에서 발생한 비극적 사건에서 극명하게 드러났다. 중국에서 온 불법 이주 노동자 21명이 조개잡이 작업 도중 바닷물에 휩쓸려 목숨을 잃었다. 연안에서 발생한 폭풍으로 저녁 무렵 급격히 밀려온 밀물에 발이 묶여, 푹푹 빠지는 갯벌 위에 고립된 것이다. 현지 조개잡이들이 그날 그 시간에 갯벌로 나가면 위험하다고   위험천만한 갯벌
시계를 손으로 가리키며 경고했지만, 이민자들은 영어가 짧은 데다 경쟁 관계인 노동자들 사이의 불신하는 분위기 탓에 이를 무시했다. 밀물에 고립된 후 무리 중 한 명이 휴대폰으로 구조 요청을 했지만, 접수요원이 그곳이 어디인지 알아듣지 못했다. 접수요원이 다시 전화를 걸었지만, 다급한 외침 속에서 들린 말은 "물 가라앉아요 sinking water"뿐이었고 "바람 소리와 물소리, 외국어로 외치고 울부짖는 목소리만 들려왔다"고 한다.[1] 이후 조사 결과, 작업 감독자가 노동자들에게 밀물 시간을 잘못 알려주었던 것으로 밝혀졌다.

   그러나 조류의 흐름이 가장 극심한 경우는 따로 있다. 보름달full moon 또는 신월new moon이 뜰 무렵, 즉 조차(밀물과 썰물의 수위 차)가 가장 커지는 '사리' 때 조수가 좁은   위험천만한 물길
해협을 지나는 경우다.• 스코틀랜드의 헤브리디스

• 영어로 '사리'를 뜻하는 'spring tide'에서 'spring'은 '봄'을 뜻하는 명사가 아니라 '솟아오르다'를 뜻하는 동사다. 사리는 조차가 가장 큰 때로, 계절과 관계없이 찾아온다.

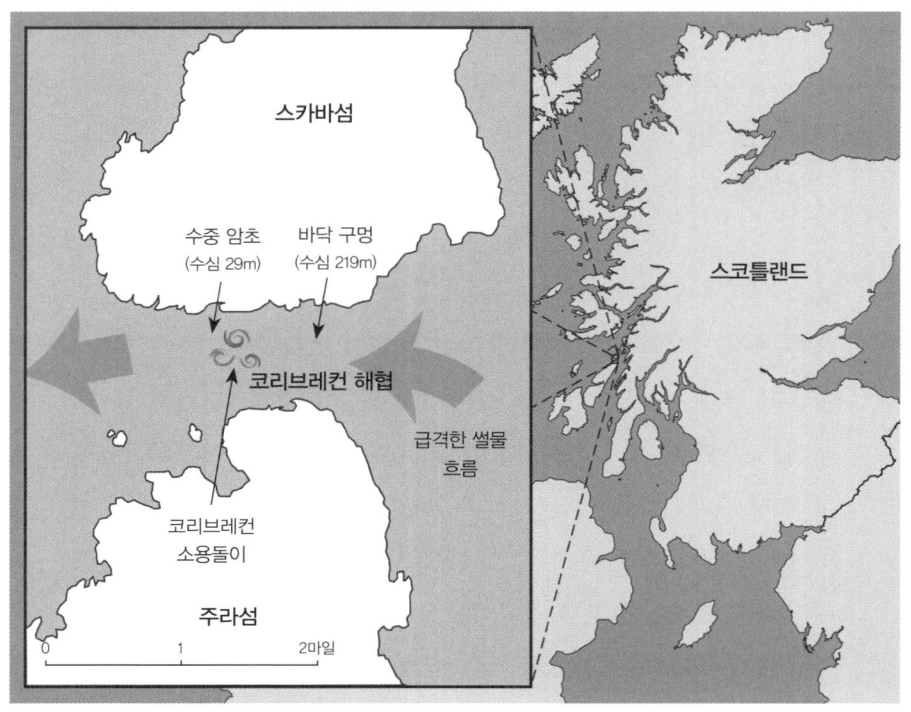

코리브레컨 소용돌이는 매우 울퉁불퉁한 해저 지형 위로 조류가 급히 지나가면서 만들어진다.

제도에 그런 곳이 있다. 조류가 주라섬과 스카바섬 사이의 코리브레컨 해협을 통과하는 곳이다. 사리 때 이 해협을 통과하는 밀물의 속도는 시속 16킬로미터에 이른다. 조류가 울퉁불퉁한 해저 지형과 맞물리면서 강한 와류와 정상파, 그리고 바닷물이 솟구치는 흐름이 생겨난다. 특히 바닥이 수심 219미터로 꺼졌다가 다시 수심 29미터의 암초로 솟아오르는 곳을 조류가 지나면서 위험천만한 소용돌이가 만들어진다. 이 소용돌이의 이름이 '코리브레컨Corryvreckan'으로, 게일어로 '얼룩덜룩한 바다의 솥'이라는 뜻이다.

코리브레컨 소용돌이는 영국 감독 마이클 파월의 1945년작 영화에서 클라이맥스 장면에 등장한다. 여주인공은 부유한 실업가와 결혼하기 위해 헤브리디스제도에 있는 가공의 섬 킬로란을 찾아가려 하지만, 궂은 날씨로 항구에 발이 묶인다. 그곳에서 고향 킬로란에 돌아가려고 기다리는 미남 해군 장교를 만나 사랑이 싹튼다. 마음이 흔들리는 가운데, 주인공은 결국 거친 바다와 폭풍을 무릅쓰고 킬로란으로 가겠다고 고집한다. 물론 그녀를 혼자 보낼 리 없는 해군 장교는 항해에 함께 나선다. 강풍으로 엔진이 침수되고 배가 코리브레컨의 소용돌이에 빨려 들어가는 상황에서, 해군 장교는 영웅적으로 사태를 해결한다. 이 고전 영화의 제목은 〈내가 가는 곳은 내가 안다!I Know Where I'm Going!〉(한국어 제목은 '내가 가는 곳은 어디인가' – 옮긴이). 누구나 사리 때의 거센 조류 속에서 이 해협을 지나야 한다면 선장에게서 듣고 싶은 말일 것이다.

이처럼 좁은 해협을 통과하는 조류는 세계 곳곳에서 찾아볼 수 있다. 일본의 나루토 소용돌이는 태평양과 세토 내해를 연결하는 아와지섬과 시코쿠섬 사이의 해협에 조류가 몰려들면서 만들어진다. 그런가 하면 노르웨이는 조류가 격렬하게 흐르는 곳이 유달리 많다. 노르웨이 북서쪽 연안의 로포텐곶과 베뢰이섬 사이에서 발생하는 로포텐 소용돌이는 시속 19킬로미터에 이르는 조류에 의해 형성된다. 이곳은 쥘 베른의 《해저 2만 리》에 등장하는 엄청난 소용돌이의 영감이 된 장소이기도 하다. 그러나 세계에서 조류가 가장 빠른 곳은 아마도 노르웨이의 보되라는 도시 남동쪽의 살트스트라우멘 다리 밑에서 발생하는 소용돌이일 것이다. 이곳의 조류 속도는

우타가와 히로시게의 〈아와 나루토의 거친 바다〉(1853~1856). 일본 나루토 해협에 밀려드는 조류로 인해 형성된 소용돌이를 묘사했다.

시속 41킬로미터에 이른다.

조류는 일반 해류와는 구별된다. 일반적 해류는 따뜻한 물이 상승하고 차가운 물이 가라앉는 현상과 지구의 일정한 바람 패턴에 의해 발생하는 반면, 조류는 매일같이 방향이 바뀐다. 대서양 연안과 같은 대부분의 해안에서는 하루에 두 차례 밀물과 썰물이 일어나는

'반일주조半日週潮, semidiurnal tide'가 나타나고, 멕시코만과 남중국해 등 일부 지역에서는 밀물과 썰물이 하루에 한 번씩만 일어나는 '일주조日週潮, diurnal tide'가 나타난다. 조류는 이렇게 방향이 주기적으로 바뀌긴 하지만 바닷물의 흐름인 것은 분명하다. 그런데 어떻게 조류를 파도라고 할 수 있을까? 조석파는 너무 넓고 얕아서 바다에서는 그 이동을 눈으로 감지할 수 없다. 우리가 조석파를 인지할 수 있는 것은 육지와 상호작용할 때뿐이다. 그렇지만 바람으로 발생하는 일반적인 파도가 완만한 해안에 밀려오는 모습을 조수와 비교해보면 사실 꽤 비슷하다는 것을 알 수 있다.

앞에서 살펴봤듯이, 일반적인 파도는 해안에 다가오면서 심해파에서 천해파로 바뀐다. 파도 속의 물은 원래 원운동을 하지만, 수심이 얕아질수록 원운동을 하기가 어려워지므로 원이 찌그러져 타원이 되고, 결국엔 왕복 운동만 남는다고 했다. 이것이 우리에게 친숙한, 해변에 밀려왔다가 쓸려나가는 파도의 움직임이다. 수심이 파장의 약 20분의 1 이하로 얕아지면 심해파가 천해파로 바뀐다.

반면, 조석파는 처음부터 끝까지 천해파다. 심해에서도 가장 깊은 곳이라고 해봤자 수심이 11킬로미터에 불과하니, 조석파 파장의

• 그런가 하면 북아메리카 태평양 연안 등의 지역에서는 '혼합조mixed tide'가 나타난다. 반일주조처럼 하루에 두 번 밀물이 일어나지만, 수위가 많이 달라서 한 번은 높은 밀물, 한 번은 낮은 밀물이 형성된다. 세계 각 지역에 따라 조석의 주기가 이렇게 다른 이유 중 하나는 위도의 영향이다. 다음 그림의 친절한 설명을 보면 아마도 의문이 말끔히 해소될 것이다.

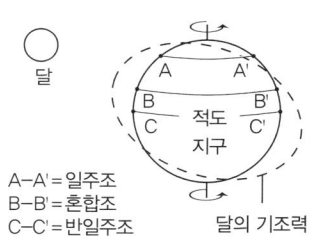

A–A' = 일주조
B–B' = 혼합조
C–C' = 반일주조

20분의 1에 훨씬 못 미친다. 조석파의 마루에서 마루까지 거리는 수백 킬로미터에 이른다. 이런 거대한 스케일 때문에 우리는 조석파를 밀물과 썰물이라는 물의 흐름, 즉 '조류'로 인식하게 된다. 이 개념을 이해하려면, 밀물이 들어오는 모습을 바라보는 우리와 철썩철썩 밀려오는 파도를 바라보는 소라게를 비교해보자. 소라게가 보기에 해변에 도달하는 파도는 모래 위로 밀려왔다가 쓸려나가는 물의 흐름일 뿐이다. 마찬가지로, 우리도 해변에 도달하는 거대한 조석파를 물의 흐름으로 인식한다. 조석파와 일반 파도의 차이는 스케일뿐만 아니라 주기와 규칙성에도 있다. 일반적인 파도는 바다를 자유롭게 이동하며 서로 겹쳐지기 때문에 해안에 상당히 불규칙한 패턴으로 도달하는 경우가 많다. 반면 조석파는 철저하게 태양과 달의 규칙적인 운동에 따르므로 훨씬 더 규칙적이다.

우리는 대체로 해양조석ocean tide에는 익숙하지만, 그와 유사하게 천체의 인력에 의해 발생하는 파동이 지구의 땅을 통해 진행한다는 사실은 잘 모른다. 이 지구조석Earth tide은 지구의 약간 탄성 있는 지각이 태양과 달의 인력에 의해 미세하게 변형되면서 일어난다. 지구 지표면은 사리 때 최대 50센티미터까지 상승한다. 지구조석도 해양조석과 마찬가지로 지구가 자전함에 따라 태양과 달의 인력을 따라가면서 움직인다. 그러나 바닷물과 달리 지각은 액체가 아니므로 조류가 발생하지 않는다. 지구조석은 워낙 미묘한 현상이어서 측정하기 어렵지만, 그 영향은 무시할 수 없을 정도로 크다. 실제로, 스위스 제네바에 위치한 유럽입자물리연구소(CERN)의 물리학자들은 입자가속기의 거대한 궤도가 지구조석에 의해 미세하게 변형되는 현상을 고려해 측정값을 보정해주어야 한다.

이처럼 미묘한 현상과는 정반대라고 할 수 있는 것이 바로, 해양 조석파가 강 하구로 유입되면서 밀집되어 가파른 전면을 형성하는 '조수해일tidal bore' 현상이다. 일반적인 파도와 달리 조수해일은 해안에서 부서지지 않고, 굽이치는 강줄기를 따라 수 킬로미터를 거슬러 올라가기도 한다. 조수해일은 매끄러운 물결의 모양을 띠기도 하며, 선두에는 흰 물거품 띠가 나타나기도 하고 심지어 원통 모양으로 말려드는 권쇄파가 만들어지기도 한다.

현재까지 전 세계 67개 이상의 강에서 조수해일이 발생한 기록이 있다.[2] 영국에는 13개의 강에서 조수해일이 일어나는 것으로 알려졌지만, 그중 몇몇은 '보어bore'(지루한 존재) 아니랄까 봐 도달하는 모양새가 너무 미미하고 볼품없다. 영국에서 가장 대단한 조수해일은 세번강 하구에서 발생한다. 이곳의 조차는 최대 14미터에 이른다.* 춘분과 추분에 가장 가까운 사리 때는 조수해일의 사면 높이가 2.5미터를 넘는다.

〰️ 영국에서
가장 덜 지루한
조수해일

밀물의 선두 부분이 형태를 유지한 채 계속 진행하니, 세번강의 조수해일에서 한번 서핑을 해보면 어떨까. 해변으로 밀려오는 보통의 파도보다 훨씬 오래 파도를 탈 수 있지 않을까! 1950년대에 존

● 이 조차는 세계에서 두 번째로 큰 수치로, 1위는 캐나다 대서양 연안의 뉴브런즈윅주와 노바스코샤주 사이에 위치한 펀디만에서 기록된 15미터다.

처칠 중령이 했던 생각이 바로 그것이었다. 그는 조수해일에서 용감하게 서핑을 시도한 최초의 인물이 되었다.

제2차 세계대전 당시 특공대를 이끌며 대담한 활약을 펼친 덕분에 '매드 잭Mad Jack'이라는 별명을 얻은 존 처칠은, 활쏘기에도 남다른 실력을 보여서 1939년 세계 양궁 선수권대회에 영국 대표로 출전하기도 했다. 그는 전장에서도 롱보우(장궁)를 들고 다니며 적에게 화살을 날리곤 했다. 잉글랜드인이었지만 스코틀랜드의 상징으로 통하는 백파이프에 집착해서, 1941년 노르웨이 보그쇠위 전투에서는 상륙정의 선수에서 스코틀랜드 전통 행진곡 〈캐머런 전사들의 행진〉을 연주하며 공격을 지휘했다. 그의 스코틀랜드 테마는 거기서 끝나지 않았다. '장교라면 차림을 제대로 해야 한다'는 지론을 펴며, 상륙 작전 때마다 전사의 검으로 유명한 폭이 넓은 클레이모어를 치켜들고 포효하며 앞장섰다.

전쟁이 끝난 후에도 처칠은 늘 사람들에게 강렬한 인상을 남겼다. 한 예로, 런던 통근 열차 안에서 창문을 활짝 열고 서류 가방을 창밖의 어둠 속으로 던져버리는 기행으로 승객들을 경악하게 만들곤 했다. (사람들은 알 길이 없었지만, 가방을 역에서 들고 가기 귀찮다는 이유로 자기 집 정원에 떨어지도록 타이밍을 정확히 맞춰서 던진 것이었다.)

종전 후에 처칠은 호주 남부 해안에 위치한 왕립호주공군 기지에서 교관으로 일하며 서핑에 푹 빠졌다. 1954년 가을, 영국으로 돌아온 그는 세번강 관리청의 지역 담당 엔지니어 프랭크 로보섬에게 찾아갔다. 처칠은 로보섬에게 절대 비밀을 지킬 것을 약속하게 한 뒤, 세번강의 조수해일에서 서핑을 꼭 하고 싶다며 조언을 구했다. 로보

맨 앞에 선 사람이 '매드 잭' 처칠로, 1940년대 특공대 훈련을 선두에서 지휘하고 있다. 손에는 늘 애용하던 스코틀랜드 브로드소드 검이 들려 있다.

섬은 기꺼이 도움을 주었고, 조수해일의 특성과 밀물이 들어오는 정확한 시간을 설명해주었다. 그리하여 1955년 7월 21일 오전 10시 30분, 48세의 모험가 처칠은 스톤벤치라는 곳의 강가에서 서프보드에 몸을 싣고 팔로 물을 저으며 나아가 조수해일을 맞이할 준비를 했다. 마침내 파도가 도달하는 순간, 서프보드 위로 올라탔다.[3]

그의 첫 도전은 완벽한 '마라톤' 서핑은 아니었다. 처칠은 조수해일의 전면에 올라 몇 분간 균형을 유지했지만, 강을 거슬러 반 마일(약 800미터)을 채 올라가지 못하고 물에 빠지고 말았다. 바위 턱이 강바닥을 가로지르는 여러 지점 중 한 곳에서였는데, 갑자기 얕아진 수심 탓에 파도가 무너지자 예기치 못한 난류에 균형을 잃고 만

제7파 밀물과 썰물의 파동

것이다. 몇 킬로미터 이상 파도를 타는 것이 애초 목표였기에, 간신히 강가로 헤엄쳐 나온 후 다음 해에 다시 도전하겠다고 결심했다.

결국 다시 도전하지는 않았지만, '매드 잭' 처칠은 새로운 서핑 역사의 문을 열었다. 오늘날 조수해일 서퍼들은 밀려오는 조류를 오래도록 타는 기술을 연마하고 있다. 세번강의 조수해일을 타는 현지 서퍼들은 세계 최장 연속 서핑 기록을 여러 해 동안 보유했다.

나는 생후 6개월 때부터 오른쪽 귀가 들리지 않았다. 그래서 문제가 된 적은 사실 그렇게 많지 않았다. 디너 파티 자리에서 오른쪽에 앉은 사람과 잡담을 나눌 수 없다는 정도? 하지만 한쪽 귀만 들리는 사람에게는 결정적인 약점이 하나 있는데, 소리의 방향을 전혀 알지 못한다는 것이다. 가령 산책 중에 새소리를 들어도 어느 쪽에서 오는 소리인지 알 수가 없다. 휴대폰을 어디에 뒀는지 몰라서 전화를 걸어 찾을 때도, 집 안을 이리저리 헤매면서 벨 소리가 커지는지 작아지는지에만 신경을 집중해야 한다.

그러다가 드디어 한쪽 귀가 들리지 않는 것의 장점을 발견했다.

한쪽 귀가 먹었을 때 의외의 장점

그 덕분에 조석의 이해하기 어려운 특징 하나를 이해하게 된 것이다. 조석은 이상하게도, 태양보다 달의 영향을 더 많이 받는다. 이것이 이상한 이유는, 달이 지구에 미치는 인력이 태양보다 훨씬 약하기 때문이다. 과학자들의 계산에 따르면 약 178분의 1 수준이다.˙ 그런데도 달의 위치가 조석에 미치는 영향은 68퍼센트, 태양은 32퍼센트다. 인력이 더 약한 달이 왜 조석에 더 큰 영향을 미칠까? 지금부터 그 이유를, 내가 소리의 방향을 감지하지 못하는 것과 연관지어 설명해보려고 한다.

우리가, 아니 여러분이, 소리의 방향을 판단하는 방법 중 하나는 두 귀에 도달하는 소리의 강도를 무의식적으로 비교하는 것이다. 가령 어딘가에 놓인 휴대폰이 울릴 때, 두 귀에 들리는 소리 크기의 차이를 비교하면 휴대폰이 얼마나 왼쪽 또는 오른쪽에 있는지 가늠할 수 있다. 차이가 없다면, 소리는 바로 앞이나 뒤에서 오는 것이다. 차이가 크다면, 더 크게 들리는 쪽 옆 방향에서 오는 것이다.

가까운 소리는 먼 소리보다 방향을 알기 쉽다. 그 이유를 혹시 아는지? 가까운 소리일수록 양쪽 귀 사이의 차이가 뚜렷해지기 때문이다. 예를 들어 휴대폰이 울리고 있다면, 들려오는 벨 소리의 전반적인 크기는 중요하지 않다. 소리가 명확히 들리기만 하면 된다. 중요한 것은 두 귀에 들리는 소리 크기의 **차이**다. 소리를 최대로 키운 멀리 있는 휴대폰보다 소리를 조그맣게 줄인 가까이 있는 휴대폰이 두 귀에 들어오는 소리 강도의 차이가 크다. 다시 말해, 가까운 소리가 먼 소리보다 항상 두 귀 사이에 더 뚜렷한 차이를 낸다. 먼 소리가 아무리 전반적으로 크게 들린다 해도 마찬가지다.

〰️ 내 휴대폰이 대체 어디 있담?

- 태양은 평균적으로 달보다 지구에서 390배 더 멀리 떨어져 있지만, 질량이 달의 2700만 배나 된다. 아이작 뉴턴 덕분에 우리는 어떤 천체가 단위 질량에 미치는 인력은 천체의 질량을 거리의 제곱으로 나눈 값에 비례한다는 사실을 알고 있다. 따라서 태양이 지구에 미치는 인력은 달이 지구에 미치는 인력에 비해 $27{,}000{,}000/390^2$ = 약 178배 강하다.

이유는 간단하다. 소리는 구 모양으로 퍼져나가기 때문이다. 만약 우리가 휴대폰에서 나오는 음파를 눈으로 볼 수 있다면, 음파는 마치 팽창하는 풍선과 비슷해 보일 것이다. 풍선은 휴대폰에서부터 엄청난 속도로 커지지만 터지지는 않는다. 실제 풍선이 커질수록 색깔이 점점 넓은 표면적에 퍼지면서 옅어지듯이, 소리의 강도도 에너지가 점점 넓은 구면에 퍼지면서 약해진다.

그리고 우리가 무의식적으로 소리의 방향을 계산할 때 중요한 것은, 소리가 휴대폰에서 가까운 쪽 귀를 지나 몇 센티미터 더 먼 귀로 가는 동안 소리의 강도가 얼마나 변화하느냐 하는 것이다. 그 변화량은 기하학 문제다. 즉, 각 귀에 와닿는 음파의 '구' 사이에 표면적이 얼마나 차이 나느냐에 달려 있다. 휴대폰이 가까이 있을 때는 두 구가 모두 작지만, 구의 지름이 몇 센티미터 차이가 나는 것만으로도 표면적은 비율적으로 큰 차이가 난다. 반면, 휴대폰이 멀리 있을 때는 구의 지름이 똑같이 몇 센티미터 차이가 나도 표면적의 비율적 차이는 훨씬 **작다**.

이제 휴대폰도 찾았으니, 그래서 달이 태양보다 지구의 조석에 영향을 크게 미치는 이유가 뭐라는 건지 궁금할 것 같다. 설명하겠다.

달의 중력장은 고정되어 있다는 점에서, 휴대폰에서 점점 커지는 구 모양으로 발산되는 음파와는 다르다. 하지만 달의 중력장도 거리가 멀어질수록 점점 큰 구면에 퍼지는 셈이므로, 그 강도가 줄어드는 비율은 음파의 강도가 줄어드는 비율과 똑같다. 비록 두 현상의 규모는 크게 다르지만, 점점 큰 구면에 퍼지면서 강도가 변화한다는 점은 같다.

1) 벨 소리의 파동이, 팽창하는 구 형태로 퍼져나간다
2) 특정 지점에서의 벨 소리 크기는 소리가 퍼져나간 구의 표면적에 따라 결정된다
3) 휴대폰이 가까이 있으면 두 귀에 와닿는 구의 표면적 차이가 크고, 따라서 들리는 소리 크기의 차이도 크다. 이 때문에 휴대폰의 방향을 쉽게 알 수 있다
4) 휴대폰이 멀리 있으면 두 귀에 와닿는 구의 표면적 차이가 훨씬 작고, 따라서 들리는 소리 크기의 차이도 작다. 이 때문에 휴대폰의 방향을 알기가 어렵다

울리는 휴대폰을 찾을 수 있느냐 여부는 양쪽 귀에 들리는 소리 크기의 미묘한 차이를 감지할 수 있느냐에 달려 있다. 내 경우엔 다른 사람에게 찾아달라고 부탁하는 게 더 빠르지만.

양쪽 귀에 들리는 소리 크기의 **차이**는 가까운 벨 소리가 먼 벨 소리보다 더 뚜렷하다고 했다. 설령 가까운 휴대폰의 음량을 낮춰놓아서 먼 휴대폰보다 전반적으로 **조용하게** 들린다 해도 마찬가지다. 중력도 똑같다. 달은 지구에서 더 가깝기 때문에, 가까운 바다와 먼 바다에 미치는 인력에 더 뚜렷한 **차이**가 난다. 지구에서 더 먼 태양은 비록 지구에 전반적으로 훨씬 강한 인력을 미치지만, 그 영향은 고르다. 조석을 발생시키는 것은 인력의 **차이**다. 아무리 강한 인력이라 해도 지구의 모든 바다에 미치는 영향이 같다면, 바닷물이 한쪽으로 쏠릴 이유가 없다.

내 청각 장애 이야기는 이제 다 끝났는데, 왠지 이 물건에서 눈을 떼지 못하겠다.

왜냐고? 나팔형 보청기가 딱히 세련된 패션 아이템이라고 생각해서는 아니고, 그 깔때기 모양이 강 하구에서 조수해일이 일어나는 원리를 잘 보여주기 때문이다.

최강의 조수해일은 강어귀가 큰 V자 형태를 이루는 곳에서 발생한다. 조수가 육지 쪽으로 밀려들어오면서 점점 흐름이 좁아지는 지형이어야 하는 것이다. 해저와 강바닥도 점점 높아져서 수심이

"누가 내 휴대폰 본 사람 없나요?"

점점 얕아짐으로써 흐름을 한층 더 어렵게 만들어야 한다. 마지막으로, 조석 간만의 차이가 상당히 큰 지역이어야 한다.

그렇다면 세번강에 훌륭한 조수해일이 발생하는 것도 놀랍지 않다. 브리스틀 해협의 바닷물이 거대한 깔때기처럼 세번강 하구로 유입되고, 아일랜드 남쪽 해안선도 흐름을 좁히는 데 일조한다. 강을 거슬러 올라가면서도 깔때기 효과는 계속된다. 에이번마우스 항구에서는 강폭이 약 8킬로미터지만, 25킬로미터쯤 더 올라가 샤프네스에서는 1.5킬로미터 미만으로 좁아진다. 거기서 30킬로미터쯤 더 올라가면 강폭은 50미터에 불과하다. 수심도 계속 얕아진다. 아일랜드 남쪽 해역의 수심은 100미터 정도지만, 세번강 하구는 썰물 때 수심이 3~4미터 정도밖에 되지 않는다.

나팔형 보청기의 비유로 돌아가자면, 나팔형 보청기는 소리를 점점 좁아지는 통로로 모아 에너지를 집중시킴으로써 소리의 세기를 키운다. 마찬가지로 세번강 하구도 조수를 점점 좁아지는 통로로 몰아넣어 조수해일을 일으킨다. 차이점이 딱 하나 있다면, 소리는 압력이 미세하게 오르내리는 파동인 반면, 조수해일은 수위가 단번에 급격히 상승하는 현상이라는 점이다.

사실 차이점은 하나 더 있다. 세번강의 끝에는 조수해일을 막아 세우는 메이즈모어 둑이란 게 있지만, 나팔형 보청기의 끝에는 나 같은 사람이 있다.

세번강 조수해일이 상류로 진행하는 속도는 시속 13~21킬로미터다. 강의 깊이와 폭에 따라 빨라지기도 하고 느려지기도 한다.

"물이 들어오는데 높다 싶으면, 꾸물대지 말고 얼른 물러나요. 가만 있으면 물벼락 맞고, 잘못하다간 휩쓸려 들어가니까. 물이 강둑을 넘어오기라도 하면 멍하니 있지 말고 당장 피하시고." 조수해일을 보러 가기 전날 저녁, 프램프턴온세번이라는 마을의 술집에서 한 노인이 해준 말이다.

예보에 따르면 그날 밀물은 유달리 높을 거라고 했다. 바로 얼마 전에 추분 후 첫 신월이 떴으니, 연중 조차가 특히 큰 시기였다.

조수해일을 보는 방법은 간단하다. 강둑에 서 있다가 지나갈 때 구경하면 된다. 요령을 발휘한다면, 강이 구불구불 흐르니 차를 타고 전망 좋은 몇 지점으로 재빨리 이동해가면서 여러 번 볼 수도 있다. 아침 8시 15분, 나는 강이 알링엄 마을을 감싸 도는 지점에 도착했다. 이미 파도관찰자 50명 정도가 모여 있었고, 캠핑 의자와 보온병을 챙겨 온 사람들도 있었다. 우리는 머리부터 발끝까지 웨트슈트를 갖춰 입은 서퍼들이 개펄을 가로질러 걸어나가는 모습을 지켜봤다. 서퍼들은 서프보드를 겨드랑이에 끼고 가서, 중앙의 좁다란 물길에서 보드 위에 엎드렸다.

찬 바람이 코트 속까지 파고들어 몸이 덜덜 떨렸지만, 서퍼들이 패들링(서프보드에 엎드려 팔을 저어 나아가는 것)하며 자리를 잡는 모습을 보자 갑자기 한결 따뜻하게 느껴졌다. 서퍼들은 강 양쪽을 오가면서 해일 타기에 가장 좋은 위치를 물색했고, 하류 쪽을 흘끔거리

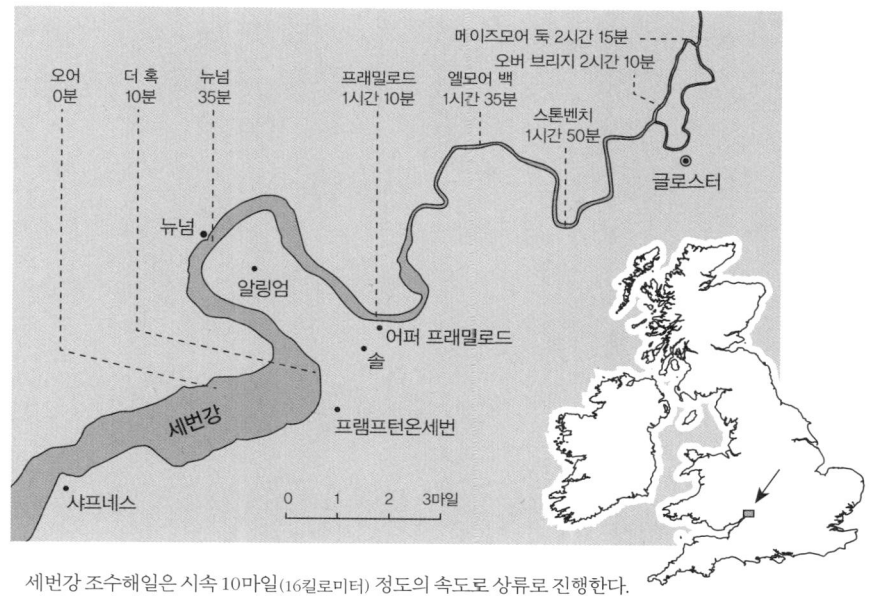

세번강 조수해일은 시속 10마일(16킬로미터) 정도의 속도로 상류로 진행한다.

며 해일의 출현에 대비했다. 강둑에 선 관찰자들은 찻잔을 손에 꼭 쥐고, 강이 굽어지는 지점을 응시하며 기다렸다.

조수해일은 소리로 먼저 자신의 등장을 알렸다. 부글거리고 쏴아 하는 소리였는데, 보통의 파도가 부서질 때 나는 소리와 비슷하면서 한 가지 독특한 차이가 있었다. 주기적으로 밀려왔다가 쓸려 나가는 리듬이 없고, **끊임없이** 부서지는 소리였다.

조수해일의 전면이 강굽이를 돌며 흰 물거품의 띠로 모습을 드러냈다. 물거품 띠는 강폭 전체에 걸쳐 뻗어 있지는 않았다. 해일의 중앙 쪽은 비교적 낮고 매끄러운 물결을 이루었고, 수심이 얕은 양쪽 가에서만 가파르게 솟아 하얗게 부서졌다. 전면의 뒤로 이어지

파도 등장까지 앞으로 약 12분 30초.

는, 높은 수위로 요동치는 밀물 위로는 매끄러운 물결들이 뒤따랐다. (나중에 알게 된 사실이지만, 조수해일의 전면을 뒤따르는 이 물결들을 '웰프whelps'라고 부른다고 한다. 원래 강아지나 새끼 짐승을 뜻하는 단어인데, 은근히 귀여운 이름 아닌가.)

해일이 곧 도달할 때가 되자, 서퍼들은 상류 쪽을 향하고 보드에 엎드린 채 최대한 빠르게 패들링을 하기 시작했다. 단 몇 초 만에 승부가 끝난 사람들도 있었다. 속도를 충분히 내지 못해 파도를 잡아타지 못했거나, 해일의 전면이 너무 완만하거나 너무 요동치는 부분에 자리잡았던 사람들이다. 반면, 성공한 서퍼들은 떠나갔다. 보드 위에 올라타, 밀물을 타고 계속 나아갔다. 바짝 쫓아오는 웰프들을

좋아, 타이밍 정확했어.

뒤에 달고, 강굽이를 돌아 어퍼 프래밀로드 방향으로 멀어져갔다.

그날 서핑을 하던 사람들 중에 스티브 킹이 있었다. 인근 솔Saul 마을 출신으로, 세번강 조수해일에서 한때 세계 최장 거리 연속 서핑 기록을 세웠던 사람이다. 나는 조수해일 서핑의 전문가에게서 자세한 이야기를 직접 듣고 싶었고, 수소문한 끝에 그날 오후 그를 만날 수 있었다. 스티브는 평소 해양 엔지니어 업무에 쓰는 보트를 보관하는 농장 창고 앞에서 나를 맞았다. 그는 강바닥과 해저의 지형을 측량하고 지도로 만드는 일을 한다. "도토에 측량 장비를 들고 서 있는 사람들 본 적 있죠? 우리는 그걸 물속에서 한다고 보면 돼요." 스티브는 하늘색의 빈티지 폭스바겐 '캠퍼' 밴을 보여주었다. 완벽하게 복원된 차량 위에는 서프보드 전용 루프랙까지 갖춰져 있었다. "조금 뻔한 조합이긴 하죠." 그가 멋쩍게 말했다.

나는 꼭 그렇게 생각하진 않았다. 캘리포니아 해변이라면, 혹은 콘월 북부의 서핑 명소라면 그런 차가 득시글거리니 그렇게 생각할 수도 있다. 하지만 강 상류 시골 마을의 한적한 농장 마당에 서핑용 밴이라니? 기이한 풍경이었지만, 강에서 서핑하는 이 독특한 스포츠와 절묘하게 어울렸다. "참 특이한 경험이긴 해요. 강둑 쪽을 보면 소 한 마리가 풀을 씹으면서 내가 지나가는 걸 멀뚱히 쳐다보고 있어요. 이 아름다운 영국 시골 한복판에 서핑할 수 있는 파도가 있다는 게 지금도 신기해요." 그가 말했다.

스티브는 열일곱 살 때 처음 조수해일을 탔다. 그 후 26년 동안 서핑을 해왔다. "밀물을 몇 번 빼고는 다 탔어요. 거의 다 탔다고 보면 돼요." (물론 그가 말하는 밀물은 **큰** 밀물을 의미한다. 약한 조수해일은 연중 3일에 하루꼴로 세번강을 타고 올라오지만, 서핑을 할 만큼 물이 높은 경우는 극히 일부다.)

파도 위에서 오래 버티는 비결이 뭔지 물었다. "한 가지 요령이라면, 강이 굽어질 때 안쪽으로 붙는 거죠." 강을 거슬러 오르는 조류나 반대로 흐르는 강물이나 할 것 없이 강굽이에서 바깥쪽 강변의 퇴적층을 깎아내므로 바깥쪽이 안쪽보다 물이 깊어진다. 물이 얕아야 조수해일이 밀집되면서 가팔라지기 때문에 스티브는 강굽이에서 안쪽으로 서핑한다.

강굽이를 도는 법

파도를 오래 타려면 구불구불한 강줄기 위에서 좌우로 계속 왔다 갔다 해야 한다. "어디로 움직여야 하는지 알려면 밀물을 잘 관찰하고 지형을 잘 알아야 해요. 모랫바닥이 계속 변하니까요."

그날 아침 조수해일은 평소에 비해 어땠는지 물어봤다. "오늘 파도면이 탈 만해서 잘 탔어요. 그런데 정말 좋았던 건 작년이었어요. 그때 제가 세계 최장 거리 기록도 깼고요. 12킬로미터를 갔거든요. 한 시간 조금 넘게 걸렸죠." 스티브는 1996년에 9킬로미터라는 공식 세계 기록을 보유하기도 했지만, 새로 세운 기록은 공식 인정을 받지 못했다. 기네스 측에서 GPS 데이터로 뒷받침되지 않았다는 이유로 승인하지 않았다.

공식적인 최장 거리 서핑 기록은 브라질의 세르지우 라우스가 보유하고 있다. 2009년 6월 8일, 라우스는 아마존 우림의 아라구아리강을 거슬러 오르는 조수해일을 36분 동안 타면서 11.7킬로미터를 달렸다. 하지만 비공식 기록까지 포함하면 그의 위업은 더욱 놀랍다. 같은 해 2월에 라우스는 무려 16.6킬로미터를 기록했다.

라우스가 이렇게 먼 거리를 탈 수 있었던 데는 탁월한 실력도 있지만, 조수해일의 세기와 규모도 한몫했다. 아라구아리강의 조수해일은 현지 원주민 말에서 유래한 '포로로카'라는 이름으로 불리는데, '무진장 시끄러운 소리' 정도를 뜻한다.

세계 조수해일 높이 순위에서 세번강의 조수해일은 2.8미터로 5위에 자리하고 있다.⁴ 순위가 꽤 높지만, 강어귀에서 조석 간만의 차이

조수해일
세계 순위

가 14미터로 세계에서 두 번째로 큰 것치고는 아쉬운 결과라고 생각될지도 모르겠다. 그러나 앞에서 말했듯이, 조차만으로 조수해일의 규모가 결정되지는 않는다. 하구의 해안선과 강줄기가 얼마나 깔때기처럼 좁아지는지, 그리고 강어귀에 이르는 해저의 수심과 강바닥의 수심이 점진적으로 얕아지는 형태도 중요한 요소로 작용한다.

또한 그 순위는 영구적으로 고정되어 있지 않다. 물길의 형태가 변하면 조수해일이 사라질 수도 있다. 과거 세계 2위를 차지했던 센강의 조수해일은 너무 강력해서 문제가 됐다. 높이가 최고 7.3미터에 이르렀다고 하며, 수많은 선박 사고와 인명 피해를 초래했다. 결국 1960년대에 강바닥을 준설하여 강폭 전체에 걸쳐 깊이를 일정하게 만드는 작업이 진행되었다. 그 결과 조수가 강둑을 따라 가파르게 솟지 않게 되었고, '라 바르_{la barre}'라고 불리던 이 조수해일의 전면은 사실상 사라졌다. 센강이 순위에서 밀려난 후, 2위 자리는 최고 6미터에 이르는 브라질 아라구아리강의 포로로카가 차지했다.

그렇다면 1위는 어디일까? 금메달의 주인공은 중국 항저우 인근에 흐르는 첸탕강이다. 이 강의 조수해일은 '은룡' 또는 '흑룡'이라고도 불리며, 최대 8.9미터에 이르는 엄청난 규모를 자랑한다. 브라질과 중국의 조수해일은 다른 지역과 비교가 안 될 만큼 크기가 압도적이다. "그 둘은 전 세계의 모든 조수해일과 차원이 다르다"고 호주 퀸즐랜드대학교의 전문가 위베르 샹송 교수는 말한다. 샹송 교수는 '조수해일 마니아'를 자칭할 만큼 이 현상에 관심이 지대하다.

그런데 진정한 금메달의 주인공을 두고 논란이 없지 않다고 한다.

'웰프'들의 아름다움을 감상해보자. 세르지우 라우스가 최장 거리 서핑 세계 기록을 세운, 브라질 북부 아라구아리강의 포로로카 조수해일이다.

물론 포로로카는 은룡보다 높이가 낮고, 강을 거슬러 올라가는 속도 더 느리다(포로로카는 시속 24킬로미터, 은룡은 시속 40킬로미터). 하지만 지구 최강의 조수해일은 포로로카라는 게 전문가들의 말이다. 샹송 교수는 "포로로카가 소산하는 에너지는 첸탕강 조수해일의 두 배"라며, "포로로카는 훨씬 방대하고, 훨씬 더 멀리 퍼진다. 지속 시간도 열두 시간 이상으로 첸탕강 조수해일의 2~4시간에 비해 월등히 길다"고 주장한다.

은룡이 가장 강한 조수해일인지는 논란의 여지가 있다 해도, 가장 위험한 조수해일이라는 평가는 확고하다. 최근 20년 동안에만 관람객 약 100명의 목숨을 앗아갔다. 첸탕강을 거슬러 오르는 밀물의 양은 비록 아라구아리강만큼 많지는 않지만, 입구 폭이 100킬로미터에 가까운 항저우만이 불과 3킬로미터의 폭으로 급격히 좁아진다. 이 과정에서 생겨나는 탁류의 장벽이 난폭하게 요동치며 가공할 위력을 보인다.

이 조수해일 관람 문화는 역사가 길기에, 그간의 사망자 수는 상상하기도 어렵다. 은룡을 구경하러 사람들이 모여든 것은 늦어도 서기 1056년부터다. 이때 지금까지 알려진 세계 최초의 조수 시간표가 만들어졌는데, 특히 관람객들을 위한 것으로서 조수해일을 구경하기에 가장 좋은 날짜와 시간이 죽 적혀 있다.[5] 그러나 이보다 훨씬 전부터 관광 명소였을 가능성이 크다. 그 무렵 강변 마을 옌관에 조수해일 관람용 정자가 세워졌을 정도로 이미 편안한 관람 시설의 수요가 많았던 것으로 보인다.[6] 게다가 철학자 장자는 일찍이 기원전 4세기에 이 조수해일의 장관을 묘사한 바 있다.

> 강물이 거세게 흐르며 산과 탑만큼 높은 파도를 일으키고, 천둥 같은 굉음을 내며 태양과 하늘을 집어삼킬 듯한 괴력을 모은다.[7]

태양과 하늘을 집어삼킨다는 것은 과장일지 몰라도, 강둑에 너무 가까이 서 있는 사람을 집어삼킬 위험이 있는 것은 사실이다. 근래의 가장 끔찍한 사고는 1993년 10월 3일에 일어났다. 이날 조수해일에 휩쓸려 86명이 목숨을 잃었다. 이후 현지 당국은 조수해일이 가장 높은 9월에 열리는 첸탕강 국제 조수해일 관람 축제에 공식 지정 관람 구역을 마련했다.

그러나 사고는 여전히 끊이지 않는다. 조수해일이 불시에 들이닥치는 바람에 대비하지 못해서가 아니다. 이미 11세기에 시인 소식蘇軾은 "만 명의 함성이 울려 퍼지니 / 마치 강을 따라 정복자의 군함과 창검이 몰려오는 듯하구나"라고 묘사했다.[8] 그러나 방문객들은 조수해일이 얼마나 맹렬하게 솟구칠 수 있는지 미처 예상하지 못한다. 강둑 근처의 수심이 얕다면, 해일이 예고 없이 갑자기 밀집되면서 가팔라질 수 있다. 강둑을 덮쳐 강변 산책로를 물바다로 만들 수도 있다. 은룡의 기세가 바뀌는 것은 한순간이다.

"조수를 보기에 가장 좋은 때는 달빛이 비치는 밤이로다." 소식은 이렇게 읊었지만,[9] 오늘날은 불가능하다. 2007년 8월 2일 또 한 차례 사고가 발생해 야간 조수해일 관람이 전면 금지되었기 때문이다. 이날 서른네 명의 관람객이 한순간에 어둠 속으로 휩쓸려 사라졌다. 은룡이 파도관찰자를 집어삼킬 때는 밤낮을 가리지 않는다.

지구 어디서든 똑같은 태양과 똑같은 달의 인력을 받는데, 왜 조석 간만의 차이가 곳에 따라 이리도 다를까? 왜 태평양 한가운데 있는 타히티섬은 조차가 30센티미터도 되지 않는데, 거의 정서 방향으로 6000킬로미터 떨어진 호주 브리즈번은 1.7미터에 이를까? 왜 세번강 하구의 조차는 최대 14미터에 달하는데, 해안선을 따라 160킬로미터 떨어진 잉글랜드 남서쪽 끝의 뉴키에서는 그 절반밖에 되지 않을까? 그 답은 간단하지 않다. 여기엔 전 지구적 요인과 지역적 요인이 복합적으로 작용한다.

조석파는 단순히 대양을 동서로 오가는 것이 아니다. 지구가 동쪽으로 자전하니 그럴 것 같지만, 실제로 조석파의 마루는 대양의 가장자리를 따라 회전한다. 간단한 실험을 해보자. 프라이팬에 물을 2~3센티미터 채운 후, 평평한 곳에 놓고 좌우로 살살 움직이면 양쪽으로 번갈아 출렁거리는 파도가 만들어질 것이다. 조석파가 대양에서 움직이는 모습은 이렇지 **않다**. 더 비슷하게 재현하려면, 살짝 **원을 그리듯** 움직여보자. 그러면 파도가 프라이팬 둘레를 따라 도는 것을 볼 수 있다. 조석파도 이와 비슷하게 대양 분지ocean basin 둘레를 회전한다. 따라서 고조high tide(조석파의 마루)는 각 항구에 순차적으로 도달한다.

대양 분지와 프라이팬

이렇게 조석파가 회전하는 해역의 중심점을 해양학자들은 '무조점無潮點, amphidrome'이라고 부른다. 무조점에서는 조석에 따른 수위 변동이 거의 없다. 프라이팬의 중심을 생각하면 되겠다. 태평양의 타히티처럼 무조점 근처에 있는 섬은 조석 현상이 거의 일어나지 않는다.

물론 실상은 그렇게 단순하지 않다. 해저는 평탄하지도 매끄럽지도 않고, 테프론 코팅도 되어 있지 않다. 해저와 해안선의 불규칙한 생김새 때문에 조석파의 회전은 훨씬 복잡한 양상을 보인다. 한 대양 안에서도 해역마다 나름의 회전 패턴이 형성된다.

조석파를 이렇게 회전시키는 원인은 무엇일까? 바로 지구의 자전이다. '코리올리 효과'라고 하는 현상 때문에, 자전하는 지구 위에서

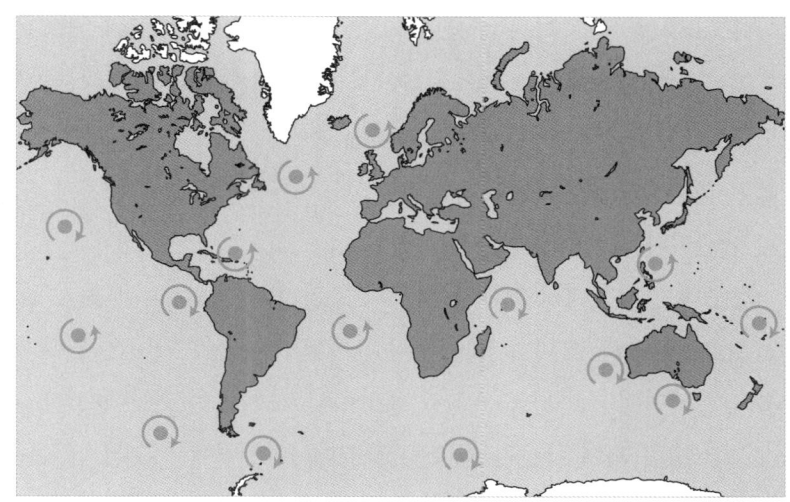

조수는 그냥 들어오고 나가는 것이라고 생각했다면 오해다. 조석파는 무조점을 중심으로 회전한다. 주요 무조점을 그림에 나타냈다.

장거리 이동하는 물은 옆으로 휘어지는 경향이 있다.* 위성 사진에서 흔히 볼 수 있듯 태풍이 나선형으로 회전하는 것도 같은 원리다. 코리올리 효과로 인해 북반구에서는 물이 이동할 때 오른쪽으로 휘어지고, 남반구에서는 왼쪽으로 휘어진다. 그래서 조석파는 대체로 적도 북쪽에서는 반시계 방향으로, 적도 남쪽에서는 시계 방향으로 회전한다.

조석파의 회전은 지구 곳곳의 조차가 다양한 이유를 어느 정도 설명해줄 수 있다. 무조점에서 가까운 해안일수록 조차가 작을 것

● 실제로 진행 방향이 바뀌는 것은 아니고, 자전하는 지구 위에 있는 우리의 시점에서 그렇게 보일 뿐이다.

이다. 하지만 한 지역 안에서도 왜 조차가 다를까? 여기엔 지역적 요인이 있다. 프라이팬과 달리, 해안선은 결코 평탄하지도 매끄럽지도 않다. 앞서 살펴본 것처럼 만과 하구는 깔때기 효과로 밀물의 흐름이 밀집되므로, 같은 해안선상에 있는 인근 지역보다 조차가 크기 마련이다.

같은 해안선상에서도 특정 지역의 조차가 커지는 또 한 가지 요인은 '조석 공명' 효과다. 해안에서 반사된 조석파가 뒤이은 조석파와 겹쳐지면서 조차가 증폭되는 현상이다. 조석파는 해안에서 반사되어 나온다. 욕조의 물결이 욕조 벽에 부딪혀 나오는 것과 비슷하다. 대양 분지는 보통 대륙붕이라는 완만한 해저 지형으로 둘러싸여 있는데, 이때 해안에서 반사된 조석파가 바로 뒤따라온 저조 low tide(조석파의 골)와 겹쳐져 조석 공명이 일어날 수 있다. 거리가 우연히 딱 맞아서 입사파와 반사파가 대륙붕 경계에서 만나면, 해안 쪽의 조차는 극대화된다. 캐나다의 펀디만과 영국 세번강 하구의 브리스틀 해협 등 세계적으로 조차가 가장 큰 지역이 그런 예다.

돌아온 옛 친구, 공명

브리스틀 해협의 안쪽 끝에서 대서양으로 600~700킬로미터 정도 나가면 유럽 대륙붕이 끝나고 바닥이 급속히 꺼지면서 심해로 이어지는 지점이 나온다. 이렇게 수심이 급격히 깊어지는 켈트해 대륙붕 경계까지의 거리가, 공교롭게도 이 해역을 지나는 주요 조석파 파장의 약 4분의 1이다. 이로 인해 앞에서 설명한 적 있는 '세이시seiche'라는 정상파가 만들어진다. 이 정상파의 마디(수위 변화가 거의 없는 곳)는 대륙붕 경계에, 배(수위 변화가 큰 곳)는 브리스틀 해협의 안쪽 끝에 위치하게 된다.

해안에 부딪혀 나오는 반사파가 아무리 미미하다 해도 공명은 점점 크게 일어난다. 그네를 자연적인 주기에 맞춰 밀어주는 것처럼, 반사파가 뒤따라오는 저조와 항상 같은 박자로 겹쳐지면서 대륙붕 경계에 마디가 만들어지기 때문이다. 이 공명 현상 때문에 해안 쪽 수위가 다른 지역보다 크게 오르내리면서 조차가 커지는 것이다. 다 대륙붕이 해안에서 딱 적절한 거리만큼 뻗어 있는 덕분이다. 브리스틀 해협보다 조차가 큰 캐나다의 펀디만도 마찬가지 지형의 덕을 보고 있다.

그런가 하면 조석 현상이랄 게 거의 없는 바다도 있다. 그런 경우는 바다 자체가 크지 않기 때문이다. 바다의 면적이 작을수록 조석의 변화도 미미하다. 잊지 않았겠지만, 조석을 일으키는 힘은 바다의 한쪽 끝과 다른 쪽 끝에 미치는 인력의 차이에 달려 있다. 바다가 충분히 넓어야만 이 차이가 두드러진다. 발트해와 지중해의 조석 변화가 눈에 거의 띄지 않을 정도로 미미한 것은 그래서다.

기원전 4세기에 인도반도를 침공한 알렉산드로스 대왕도 조수로 인해 곤경에 빠진 적이 있다. 평생 지중해처럼 조석 변화가 거의 없는 곳에서만 살았던 그는, 지금의 파키스탄을 관통하는 인더스강에 소형 선단을 정박시켰다가 예상치 못한 일을 겪었다. 고대 그리스 역사가 아리아노스에 따르면, 썰물이 빠지면서 배들이 진흙 바닥에 올라앉았고, 그의 군대는 크게 당황했다. 하지만 더 큰 충격은 그날 늦게 찾아왔다. 밀물이 들면서 조수해일이 강을 타고 몰려오고 배들이 다시 물에 떠오르면서였다.

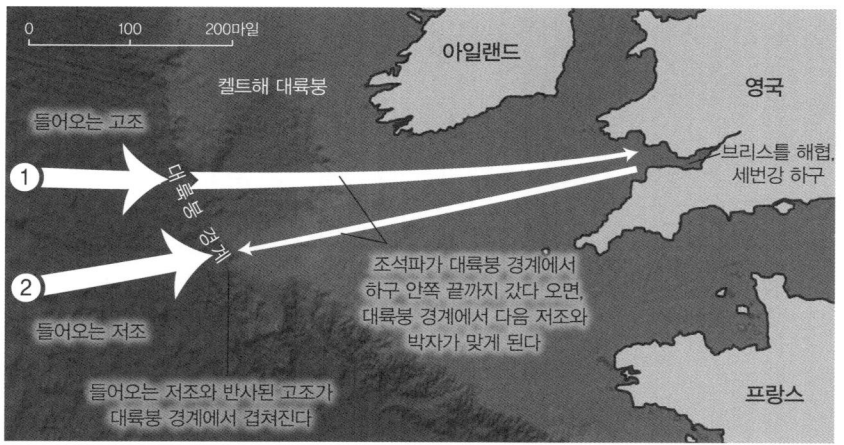

위: 브리스틀 해협 안쪽 끝에서 반사된 고조가 켈트해 대륙붕 경계에서 다음 저조와 만난다.
아래: 그로 인해 대륙붕 경계에 마디가, 하구 근처에 배가 형성되는 조석 공명이 일어난다.

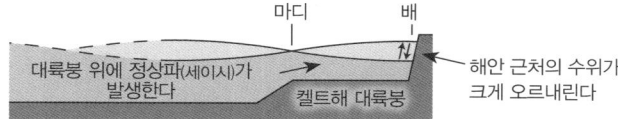

진흙 속에 박혀 있던 배들은 손상 없이 떠올랐다. 그러나 마른 땅에 놓여 있던 배들은 땅에 단단히 박히지 않은 상태에서 거대하고 응집된 파도가 밀려오자 서로 충돌하거나 땅에 내동댕이쳐져 산산조각이 났다.[10]

이와 같은 경험 부족은 왜 성경에서 조수에 대한 언급이 전혀 없는지도 설명해준다. 팔레스타인의 해안은 지중해에 면해 있고, 히브리인은 항해에 능한 민족이 아니었기 때문이다.

이렇듯 지리적 요인에 따른 변화도 있지만, 한 지역에서도 시기에 따라 조차가 변하기 때문에 조석을 예측하기가 더욱 복잡해진다. 주된 원인은 태양과 달의 위치 변화다. 조차가 가장 큰 시기인 '사리'는 달이 보름달이거나 신월일 때다. 이때는 태양, 달, 지구가 일직선상에 놓이므로, 지구에 태양과 달의 인력이 나란한 방향으로 작용한다. 반면, 조차가 가장 작은 시기인 '조금'에는 태양과 달의 위치가 직각을 이루므로 인력이 엇갈리게 작용한다. 이때는 달이 태양빛을 옆에서 받아 반달로 보인다. 조석에 미치는 영향력은 달이 태양보다 크지만, 가장 중요한 것은 둘의 상대적 위치에 따라 영향력이 조합되는 형태다.

〰️ 사리와 조금

조수 간만의 차이는 날씨의 영향도 받는다. 폭풍은 저기압이므로 공기가 수면을 누르는 힘이 약해서 수위가 약간 높아진다. 게다가 폭풍이 해안으로 몰아치면 바람으로 인해 수위가 더욱 높아지는데 이를 '폭풍해일'이라고 한다. 큰 폭풍해일에 고조까지 겹치면 해안 지역에서는 심각한 홍수가 발생할 위험이 크다. 2005년 8월 미국 남부 해안을 강타한 허리케인 카트리나도 폭풍해일을 동반한 탓에 뉴올리언스와 인근 지역에 막대한 홍수를 일으켰다. 당시 폭풍해일로 수위가 8.5미터까지 상승했으며, 일부 지역에서는 고조와 겹쳐 9미터를 넘어서기도 했다.

조석 변동의 원인은 거기에서 그치지 않는다. 음력 주기에 따른 지구와 달 사이의 거리 변화, 그리고 태양력 주기에 따른 지구와 태양 사이의 거리 변화도 고려해야 한다. 이에 따라 인력의 세기는 강해졌다가 약해지기를 반복하며, 지구가 태양과 달에 가장 가까워지는 시점이 동시에 겹칠 때 최대가 된다.

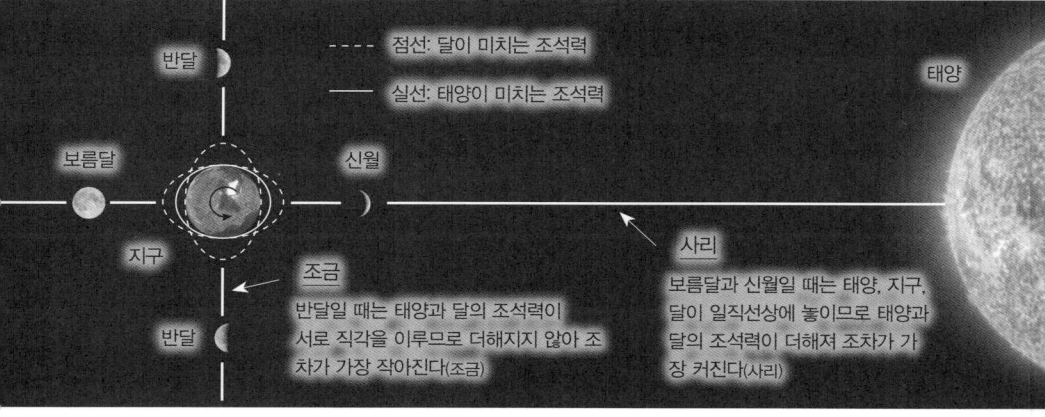

지구, 태양, 달의 정렬 형태에 따라 조차가 달라진다.

 이렇다 보니 아무리 최신 컴퓨터와 조위계를 사용하더라도 한 주 뒤의 조석도, 바로 옆 해안의 조석도 정확히 예측하기란 사실상 불가능하다. 다양한 요인들이 겹쳐지거나 상쇄되면서 엄청나게 복잡한 힘의 방정식을 통해 바닷물에 영향을 미치기 때문이다. 하지만 그 최종 결과는 단순하다. 바닷물의 끊임없는 오르내림이다.

 어마어마한 규모로 움직이는 조수의 흐름에 막대한 에너지가 내재되어 있다는 사실은 굳이 따져보지 않아도 알 수 있다. 화석 연료에서 벗어나야 하는 우리 현실에서 조력 에너지 활용은 당연한 선택

● 앞서 술집에서 퀴즈 문제를 틀리고 낙담했을 퀴즈 애호가들에게 조금 위안이 될지도 모르는 잡학 정보인데, 이를 가리켜 달의 '근지점近地點, perigee'과 지구의 '근일점近日點, perihelion'이 일치하는 순간이라고 한다.

지로 보인다. 바람에 의해 생기는 파도뿐만 아니라 중력에 의해 생기는 조석파에서도 전기를 뽑아내는 기술은 이미 나와 있다. 영국은 해안선이 방대하고 조차가 커서 두 형태의 에너지를 활용하기에 최적의 입지다. 2006년 영국 정부 보고서의 추산에 따르면, '해양 재생 에너지'로 현재 영국 전체 에너지 수요량의 15~20퍼센트를 공급할 수 있다고 한다.[11] 과장처럼 들린다면, 일찍이 1990년대 말에 정부의 해양미래전망위원회Marine Foresight Panel는 "전 세계 대양에 내재된 재생 에너지의 0.1퍼센트 미만만 전기로 변환해도 현재 세계 에너지 수요를 다섯 배 이상 충족할 수 있다"고 분석한 바 있다.[12]

〰️ 조력발전, 미래의 에너지원?

 조력 에너지 활용은 전혀 새로운 개념이 아니다. 1999년, 북아일랜드 스트랭퍼드호의 한 섬에 위치한 낸드럼 중세 수도원 옛터 근처에서 조수 방앗간의 유적이 발굴됐다. 스트랭퍼드호는 조차가 약 3.5미터인 밀물 호수다. 수도사들은 밀돌이 들어올 때 수문을 열어 저수지를 채운 후 돌로 된 수로를 따라 물을 흘려보냈다. 그 수압으로 수평으로 놓인 물레방아를 돌려, 위에 연결된 맷돌로 방앗간 건물에서 곡식을 빻았을 것으로 추정된다. 맷돌 밑에서 발굴된 참나무 막대를 나이테연대측정법으로 분석하보니 서기 787년에 베어진 나무로 만든 것으로 확인됐다.[13] 고고학자들의 추정대로 그 무렵에 지어진 방앗간이라면, 지금까지 발굴된 조수 방앗간 중 세계에서 가장 오래된 곳이다.

 조수 방앗간은 풍차나 하천 방앗간만큼 흔하진 않았지만, 잉글랜드와 웨일스에서 최소 220곳이 운영되었던 것으로 보인다.[14] 현재는 일곱 곳만 남아 있고 그중 두 곳은 지금도 가동이 가능하다. 미국 동부 해안에는 약 300곳의 조수 방앗간이 있었던 것으로 추정되며, 프랑스의 대서양 연안에는 약 100곳이 있었던 것으로 보인다.[15] 이처럼 '조력발전소'의 초기 형태라 할 수 있는 조수 방앗간 중 두 곳이 프랑스 브르타뉴 지방의 랑스강 어귀에서 여전히 가동되고 있을 때, 바로 그곳에서 세계 최초의 상용 조력발전소 건설이 시작됐다. 1967년 완공된 이 시설의 연간 순 발전량은 540기가와트시(GWh)로, 25만 가구에 공급할 수 있는 전력량이다.

랑스 조력발전소는 강 하구를 가로지르는 750미터 길이의 둑으로 이루어져 있다. 밀물 때는 상류 쪽으로 밀려드는 바닷물이 24개의 터빈을 돌린다. 이후 조류가 바뀔 즈음 수문을 닫아 물을 가두었다가 썰물이 시작되면 수문을 열어 다시 터빈을 가동시킨다. 이 발전소는 에너지 저장 시설로도 활용된다. 전력망에 에너지가 남아돌면, 이를 이용해 상류로 물을 퍼 올려 저장했다가 전력 수요가 높아질 때 다시 방류하여 전기를 생산할 수 있다. 40년 넘게 안정적으로 연속 가동되어온 랑스 조력발전소는 탄소 배출이 없는 친환경 에너지 발전 시설의 모범 사례라 할 수 있다.

그런데 세번강 하구의 조차가 그렇게 크다면, 왜 아직 거기에 둑을 짓지 않았을까?

일찍이 1920년에 영국 교통부 토목국은 세번강 하구에 둑을 짓는 계획을 발표하며, "석탄 가격 급등과 … 석탄 채굴 관련 노동 문제"를 이유로 들었다.[16] 하지만 언론의 회의적인 반응과 격한 반대에 부딪혀 추가 조사가 미루어졌다. 1927년, 정부는 한발 더 나아가 하구 내 적절한 건설 부지를 찾기 위해 위원회를 구성했다. 그러나 남웨일스 탄광 노동자들의 일자리 감소 우려로 계획이 보류됐다. 1945년에 다시 논의되었을 때는 경제성이 문제였다. 조력발전의 전력 생산 단가는 기존 석탄 발전보다 저렴했지만, 최신 석탄 화력 발전소보다는 여전히 비용이 높을 것으로 예상되었다. 1981년에 또 한 번 정부 위원회가 경제성을 검토했는데, 이제 조력발전이 석탄보다는 저렴하지만 원자력 발전보다는 비싸다는 결론이었다.

2000년대 들어 상황은 다시 변했다. 이제는 찬반 입장 모두 환경 문제가 중심이다. 영국은 EU와의 협약에 따라 2015년까지 재생 에너지 발전 비율을 기존 5퍼센트에서 15퍼센트로 높여야 한다. 최근 보고서에 따르면, 카디프와 웨스턴슈퍼메어 사이의 약 14킬로미터 구간에 둑을 건설할 경우 약 17테라와트시(TWh)의 전력을 생산할 수 있으며, 이는 원자력 발전소 세 곳과 맞먹는 규모다.[17] 이 계획은 216개의 수력 터빈을 포함하는 초대형 프로젝트로, 예상 건설 비용이 150억 파운드(약 28조 원)에 달할 것으로 추산된다.

환경적으로는 당연한 선택처럼 보일 수 있지만, 많은 환경 및 보존 단체들은 이 계획에 경악하고 있다. 영국 왕립조류보호협회는 조력발전소를 건설하면 매년 겨울 6만 9천 마리의 철새가 먹이 활동을 하는 갯벌이 물에 잠긴다는 이유로 반대하고 있다.[18] 환경단체 '지구의 벗Friends of the Earth' 역시 둑의 거대한 규모에 반대하며, 이 사업이 다른 재생 에너지 기

환경적 반론

술 개발에 대한 투자를 가로막을 뿐만 아니라, 전력 생산량의 급등을 초래해 국가 전력망에 안정적으로 공급하는 데 막대한 비용이 들 것이라고 주장했다.[19]

또한 일부 전문가들은 퇴적물을 많이 함유한 세번강의 조류 흐름이 바뀌면서 다량의 미사微砂가 강바닥에 쌓일 가능성이 크고, 그에 따라 홍수 위험이 높아질 수 있다고 우려한다. 글로스터셔주는 이미 폭우로 인한 피해가 잦은 지역이다. 프랑스 랑스 조력발전소의 경우는 강물 자체가 퇴적물을 많이 운반하지 않아 상류에 퇴적 문제가 일어나지 않았지만, 캐나다 뉴브런즈윅주의 페티코디액강에서는 상황이 전혀 달랐다고 지적하기도 한다. 펀디만으로 흘러드는 이 강은 퇴적물을 많이 함유하는데, 1968년 강 위를 가로지르는 둑길이 건설된 이후 강바닥이 미사로 심각하게 막혀 어류와 기타 수생 생물에 막대한 피해를 입혔다. 단순히 강을 건너는 도로를 건설한 사업이었음에도, 〈몬트리올 가제트〉는 "인류가 환경에 저지른 가장 어리석은 만행 중 하나"라고 혹평했다.

글로벌 경기 침체로 인해 세번강 조력발전소 건설이 다시 무산될 가능성이 커지고 있다. 2009년 10월, 〈더 타임스〉는 정부 각료들이 이 사업의 경제적 타당성에 의문을 제기하고 있다고 보도했다. 신문은 정가 내부 소식통의 말을 인용해 "정부가 정치적으로 얼렁뚱땅 넘기는 쪽으로 가고 있다. 말로는 연기한다고 하겠지만, 실질적인 구제책은 거의 없을 것"이라고 전했다.

과거 역사로 보면, 이 논쟁이 여기서 끝나지는 않을 것 같다. 언젠가 이 둑이 실제로 지어진다면 발생할 끔찍한 결과는 한 가지가 더 있다. 바로 세번강의 조수해일이 사라지는 것. 다른 환경 문제는 둘째치고, 이 계획이 승인되면 조수해일 서핑과 파도 감상을 즐기는 사람들이 가만 있지 않을 것이다. 특히 파도관찰자들은 보온병에 따뜻한 차를 가득 담아 와서 결사항전을 벌이지 않을까.

조석이 지구의 생명 탄생에 중요한 역할을 했을 가능성도 있다. 대다수 전문가들은 약 45억 년 전 지구가 형성되던 시기에 화성 정도 크기의 테이아라는 행성이 지구에 날아와 충돌했다고 본다. 이름하여 거대충돌 가설로, '크게 퍽 후려침' 정도를 뜻하는 '빅 왝Big Whack'이라는 이름으로 불리기도 한다. 이 충돌로 지구의 맨틀 일부와 테이아의 잔해로 이루어진 용암 파편이 우주로 튕겨 나갔다. 불과 1년 만에 이것이 뭉쳐져 용암 공이 되었고, 현재의 달이 되었다.

반억 년이 흐르자 지구에는 바다가 생겼고, 표면이 식어 단단한 지각이 만들어졌다. 하지만 생명체는 존재하지 않았다.

초기의 지구는 지금보다 훨씬 빠르게 자전했기 때문에 하루의 길이가 훨씬 짧았다. 당시 정확한 하루의 길이에 대해서는 의견이 분분하지만, 열네 시간 정도였다는 추정이 있다. 그렇다면 약 일곱 시간마다 밀물이 들어온 것이 된다.[20] 이 쿠렵에 달은 현재보다 훨씬 지구와 가까웠으므로, 바닷물을 당기는 인력도 그만큼 강하게 작용했다. 따라서 생명이 탄생하기 전의 지구는 조류가 지금보다 훨씬 강력했다. 바닷물이 시속 500킬로미터에 이르는 속도로 대륙을 휩쓸며 땅을 깎아내

짧은 하루, 빠른 조류

고, 미네랄을 바닷물로 운반했다. 이 미네랄이 향후 생명체에 영양을 공급하는 데 필수적인 역할을 했을 것이다.

더 나아가 일부 과학자들은 조수가 직접 생명의 탄생을 촉진했을 가능성도 제기한다. NASA 에임스연구센터의 행성과학자 케빈 잔리는 이렇게 설명한다. "생명의 기원과 관련된 화학 반응 중에는 수분 제거가 일어나야 하는 것이 많다. 그렇다면 어떻게 용액을 농축할 수 있을까? 한 가지 방법은 물을 뜨거운 암석 위로 밀어 올리고, 물이 다시 빠지면서 증발하게 하는 것이다."[21] 물론 조수가 손쉽게 해낼 수 있는 역할이다.

같은 맥락에서 분자생물학자 리처드 레이드 교수도, 밀물과 썰물이 광활한 불모지를 반복적으로 적셨다가 말리는 과정이 초기 DNA와 RNA(유전 정보를 담고 있는 분자)의 증식을 촉진하는 역할을 했을 수 있다고 주장한다. 이는 현대 법의학에서 DNA를 증폭하는 원리와 비슷하다.

법의학자들은 범죄 현장에서 수집한 극소량의 DNA 샘플, 가령 머리카락 한 올 정도만 가지고 유전자 분석을 해야 한다. 그러려면 DNA를 복제해 샘플 크기를 키울 필요가 있다. 이를 위해 '열 순환기'라는 장비로 DNA 분자를 반복적으로 가열하고 냉각하면서 이중나선 구조를 끊었다가 다시 결합시키는 방식으로 그 수를 대폭 늘린다(그 방식이 뭔지 정말 알고 싶다면, '중합효소 연쇄반응polymerase chain reaction'이라고 하는 기술이다). 레이드 교수는 땅이 주기적으로 소금물에 젖었다가 마를 때도 똑같은 원리로 유전 물질의 증식이 일어날 수 있다고 본다. 즉, 생명의 기본 단위가 증식할 수 있었던 것은 초

기 지구의 조석 현상이 주도적 역할을 한 덕분이라는 것이다.[22,23]

그러니 다음번에 밀물이 들어와 공들여 쌓은 모래성을 쓸어버릴 때, 우리가 존재하는 것이 그 현상 덕분일 수도 있음을 잊지 말자.

───〜───

수십억 년에 걸쳐 조석 현상은 달이 서서히 지구에서 멀어지게 했다. 만약 조석이 존재하지 않는다면, 지구의 인력은 달을 정확히 지구의 중심 쪽으로 끌어당길 것이다. 그러나 조석이 존재함으로써 지구의 인력에 미세한 차이가 일어난다. 바닷물이 부푼 부분이 지구의 자전 때문에 항상 달과 완벽히 정렬되지 않고 약간 어긋나는데, 이로 인해 달이 아주 조금씩 바깥으로 밀려 나가면서 점점 더 큰 궤도로 돌게 된다. 조석의 영향으로 현재 달은 1년에 3.8센티미터씩 멀어지고 있다.

한편, 엄청난 양의 물이 대양 분지에서 출렁거리며 이동하는 데는 마찰로 인해 상당한 에너지가 소모되며, 이 때문에 지구의 자전 속도도 점차 느려지고 있다. 40억 년 전 14시간이었던 하루의 길이가 점점 늘어나 오늘날 우리에게 익숙한 24시간이 된 것도 그래서다.

시간이 너무 빨리 흘러가는 것 같고 계획한 일을 매번 다 끝내지 못한다면, 걱정하지 말자. 조석은 여러분의 편이다. 지구의 자전 속도를 계속 늦추면서, 해가 지기 전까지 시간을 조금씩이나마 꾸준히 벌어주고 있다. 앞으로 50년 후에는 조석파 덕분에 하루가 0.001초씩 더 길어져 있을 것이다.[24]

〰️ 늘 시간에 쫓기는 사람을 위한 희소식

제8파

세상에 색을 입히는 파동

Which brings colour to our world

어느 10월 오후, 숲속을 걷다가 공작나비를 발견했다. 날개에 네 개의 눈알 무늬가 선명히 나 있어서 한눈에 알아볼 수 있었다. 과연 이름처럼 공작 깃털에 나 있는 무늬와 비슷했다. 나비는 너도밤나무 껍질 위 가을 햇살이 아롱진 곳에 내려앉아, 온기를 한껏 받으려는 듯 날개를 활짝 폈다. 꽤 추워서였는지, 내가 무늬를 살펴보려고 다가가도 전혀 움직이지 않았다.

눈알 무늬 속의 파란색 반점이 날개 전체의 그을린 주황색과 탁한 노란색에 대비되어 유난히 도드라졌다. 반점은 무지갯빛을 띠었다. 다시 말해, 각도에 따라 색이 어른거리면서 조금씩 변했다. 마치 실크 스카프의 주름 부분에 미묘한 색조 변화가 나타나는 것과 비슷했다. 주변 날개의 평면적인 색과 비교하면 이 파란색은 마치 삼

차원적인 깊이를 가진 듯했다.

영국 왕 찰스 1세의 주치의였던 테오도르 드 마이에른은 1634년에 공작나비의 눈알 무늬를 가리켜 "별처럼 신비롭게 빛나며 무지갯빛 광채를 흩뿌린다"고 적었다. 우리 눈에는 아름다워 보일지 몰라도, 이 무늬가 진화한 목적은 유혹이 아니라 위협이다. 공작나비의 파란색 무늬는 착시 효과를 일으켜 포식자의 공격을 막는 역할을 한다. 날개 아랫면이 나무껍질을 꼭 닮아 보호색 역할을 하지만, 지나가는 숲쥐가 거기에 속지 않으면 공작나비는 닫은 날개를 번쩍 펼쳐 숲쥐를 깜짝 놀라게 만든다. 숲쥐의 눈에는 눈알 무늬가 사납고 굶주린 올빼미의 얼굴처럼 보인다.

나비의 무지갯빛

여느 나비처럼 공작나비의 날개도 미세한 비늘로 덮여 있다. 비늘 하나는 길이가 0.2밀리미터, 폭이 0.075밀리미터 정도다. 날개의 색을 만드는 것은 이 비늘들이다. 주황색과 노란색 비늘, 그리고 검은색과 흰색 비늘은 색소에 의해 색을 낸다. 색소는 특정한 색조의 빛을 잘 반사하고 나머지는 흡수하는 화학 물질이다. 하지만 눈알 무늬의 영롱한 파란색은 색소에 의한 것이 아니다. 물론 그 비늘에도 멜라닌이라는 색소가 들어 있지만 멜라닌은 칙칙한 갈색이다. 비밀은 비늘을 덮고 있는 투명한 물질, 키틴에 있다.

칙칙한 갈색 색소를 품은 비늘이 **투명한** 표면으로 덮여 있는데, 어떻게 거기서 영롱한 푸른빛이 나올 수 있을까? 이 파란색은 투명한 표면의 물리적 구조에 의해 만들어지는 색으로, 여느 평범한 색과 달리 '구조색 structural color'이라고 한다. 그 투명한 표면은 극히 얇은 층들이 미세한 간격을 두고 겹쳐져 있다. 각각의 층은 자신에게 와 닿는 빛의 일부를 반사하고, 이 빛들이 합쳐져 오색영롱한 파란색을 만든다. 이를 가능하게 하는 것이 바로 '간섭'이라는 현상이다.

간섭이란 같은 종류의 파동이 서로 부딪힐 때 일어나는 현상으로, 빛뿐만 아니라 모든 파동에서 일어난다. 사실 '부딪힌다'기보다는 서로를 관통해 지나간다고 해야 할 것이다. 그러면서 겹쳐지는 지점에서 강해지거나 약해진다. 나는 딸의 조그만 물놀이 풀에서 파동 간섭의 훌륭한 예를 목격했다. 이번에 파동을 만든 주인공은 화려한 나비가 아니라, 불쌍한 나방 두 마리였다.

어찌 된 일인지 몰라도, 나방들은 간담에 물에 갇혀버린 신세였다. 얼룩덜룩한 황갈색 날개가 수면에 달라붙은 채 표면장력 탓에 벗어나지 못하고 있었다. 날개를 퍼덕이고 있어서 수면 위로 일정한 간격의 잔물결이 퍼져나갔다. 나는 잔물결이 겹쳐지는 패턴에 흥미가 동했고, 나방들을 구해주고 싶은 마음과 관찰하고 싶은 유혹 사이에서 갈등했다.

동심원 모양으로 퍼져나가는 두 물결의 파장이 비슷했으므로, 둘이 비슷한 속도로 날개를 퍼덕이고 있다는 걸 알 수 있었다. 그러다가 떠다니던 두 나방이 서로 가까워지자 아름다운 간섭 효과가 나타났다. 두 나방에서 퍼져나간 물결들이 겹치면서, 둘 사이의 공간에서부터 바큇살처럼 방사형으로 뻗어나가는 선들이 만들어졌다. 각각의 선을 따라, 두 물

〽️ 나방 간의 간섭

제8파 세상에 색을 입히는 파동

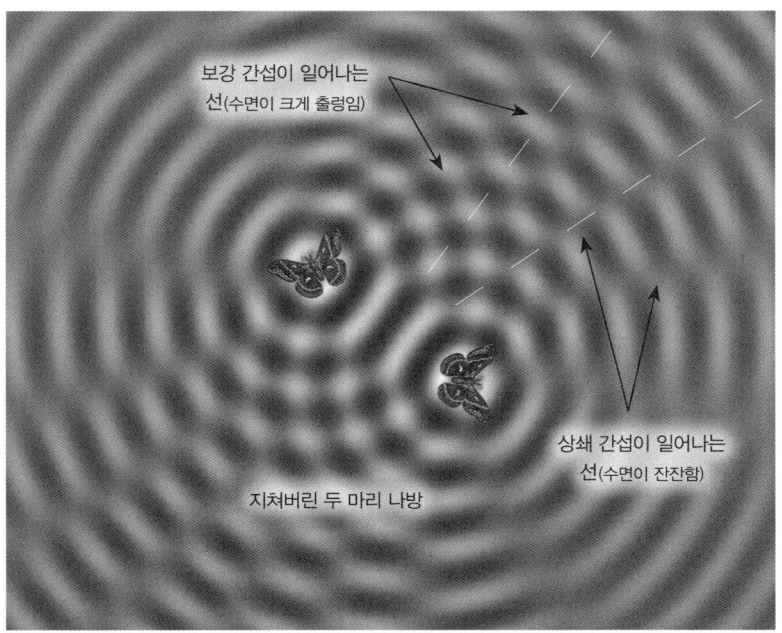

딸의 물놀이 풀에 갇힌 나방들이 필사적으로 퍼덕이며 만들어낸 아름다운 파동 간섭.

결이 더해져 더 큰 물결을 이루거나 상쇄되어 잔잔해지는 지점이 형성되었다. 그때 수면의 모습은 이 그림과 비슷했다.

 수면이 잔잔한 선들은 한 나방이 일으킨 물결의 마루가 다른 나방이 일으킨 물결의 골과 정확히 겹치는 지점으로 이루어졌다. 이렇게 두 파동이 서로 어긋난 위상으로 겹치면 상쇄되어 사라지는데, 이를 '상쇄 간섭'이라고 한다. 한편 수면이 많이 출렁이는 선들은 수면이 잔잔한 선들과 번갈아 나타났는데, 두 물결이 같은 위상으로 겹쳐져 마루는 마루와 만나고 골은 골과 만나면서 파동이 서로 더해진 결과다. 이를 '보강 간섭'이라고 한다. 이렇게 간섭 패턴이 고정된 형태로 나타나려면 두 파동이 서로 '결맞음coherence' 상태여야 한다. 즉, 진동수와 진폭이 서로 같고 상대적 위상이 변하지 않아야 한다. 그러므로 만약 두 나방이 서로 다른 속도로 날개를 퍼덕였다면 이 같은 간섭 효과를 관찰할 수 없었을 것이다.

사각형 풀에서 내 쪽에 가까운 변을 보니, 보강 간섭과 상쇄 간섭의 선들이 도달하여 많이 출렁이는 부분과 적게 출렁이는 부분이 번갈아 나타나는 것이 희미하게 구별됐다. 이쯤에서 이 가학적인 파동 관찰을 너무 오래했다는 생각이 들어, 나방들을 조심스럽게 건져내어 데크 위에 올려놓았다. 날개가 마르면 하루 더 날아다닐 수 있으리라.

비행기를 타고 갈 때 가끔 이런 파동 간섭의 패턴을 훨씬 큰 규모로 볼 수 있다. 비행기 창문으로 바다를 내려다보면 한 방향에서 오는 너울과 다른 방향에서 오는 너울이 서로 겹치는 모습이 보일 때가 있다. 두 너울이 만나 마루와 골이 합쳐지고 상쇄되면서 격자무늬 패턴을 만들어낸다. 실제로, 종류가 같은 파동이 서로 관통할 때는 항상 이런 식의 간섭이 일어난다. 단, 충격파는 파동의 일반적인 법칙을 따르지 않으므로 예외다.

간섭은 파동의 기본적인 특성이니만큼, 광파 즉 빛도 간섭을 일으키는 것은 당연하다. 하지만 간섭에 의해 나비 날개의 무지갯빛이 나타나는 현상을 이해하려면 설명이 좀 필요하다.

우리 눈에 가시광선으로 보이는 전자기파는 특정한 파장 범위에 해당한다. 즉, 우리에게 남색이나 파란색으로 보이는 약 400~450나노미터*에서·붉은색으로 보이는 700~750나노미터 정도까지다. 수치가 다소 모호한데, 가시광선의 경계가 어디까지인지는 관찰 조건과 관찰자의 특성에 따라 달라지기 때문에 정확히 말하기 어렵다. 예컨대 중앙아메리카에 서식하는 살무사류는 먹잇감이 체열로 방출하는 긴 파장의 적외선을 볼 수 있도록 진화했는가 하면, 꿀벌은 일부 꽃에서 반사되는 짧은 파장의 자외선을 볼 수 있다. 하지만 이 두 파장 모두 인간의 눈에는 보이지 않는다.

보이는 파동과
보이지 않는 파동

우리 눈에 보이는 색깔이 빛의 파장으로 결정된다는 사실은 공작나비 날개의 무지갯빛을 이해하는 데 아주 중요하다. '마루 사이 간격이 400나노미터인 광파는 파랗게 보인다'는 사실을 알아야, 간섭에 의해 구조색이 만들어지는 원리를 이해할 수 있다.

구조색의 원리를 설명하려면, 휘황찬란한 무지갯빛 덕분에 수많은 과학 연구의 대상이 되어온 다른 나비를 예로 드는 것이 좋겠다. 바로 '모르포나비속'에 속하는 나비들이다. 모르포나비는 중남미 정글의 나무 꼭대기 층에 서식하는데, 일부 종은 날개 전체가 영롱한 청색이고 날개 크기가 최대 20센티미터에 이른다. 이 나비가 날개를 퍼덕이면('팔랑거리면'이라는 표현은 너무 약해서 어울리지 않을 듯), 그 번쩍이는 푸른빛이 워낙 강렬해 400미터 거리에서도 눈에 띌 정도다. 심지어 나무 꼭대기 위에서 반짝이는 모습이 낮게 나는 비행기

- 기억하겠지만, 나노미터(nm)는 밀리미터의 100만분의 1이다.

에서도 보일 정도다.

무지갯빛을 내는 모든 나비가 그렇지만, 모르포나비도 날개의 비늘 표면에 투명한 키틴으로 된 엄청나게 얇은 층이 겹겹이 쌓여 있고, 여기에 햇빛이 반사되면서 무지갯빛을 낸다. 이 구조는 워낙 미세해 일반 광학현미경으로는 보이지 않는다. 모르포나비의 매혹적인 푸른빛에 담긴 비밀을 엿보려면 전자현미경으로 비늘을 촬영해야 한다. 관찰해보면, 키틴으로 된 각질층 사이의 간격이 놀라울 정도로 균일하고 미세하다는 사실을 알 수 있다. 그 간격은 약 200나노미터로, 절묘하게도 파란색 빛의 파장의 절반 정도다.

모르포나비속의 한 종인 레테노르모르포나비 *Morpho rhetenor*를 살

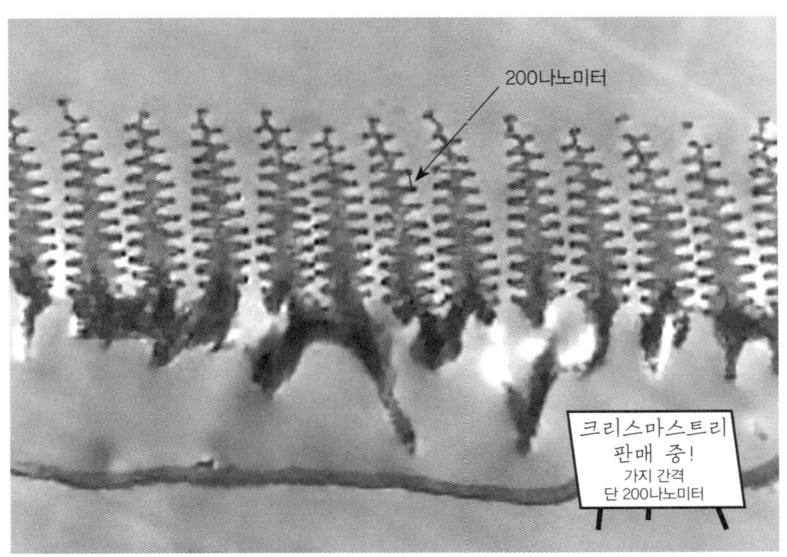

레테노르모르포나비 날개 비늘 표면에 있는 정교한 구조의 단면을 전자현미경으로 촬영한 모습. 마치 크리스마스를 앞둔 정원용품 매장의 풍경처럼 보인다.

펴보자. 마침표 하나보다도 작은 날개 비늘의 길이 방향을 따라 투명한 각질이 여러 줄의 등줄기처럼 돋아 있다. 그리고 각 등줄기의 옆면에는 더 작은 등줄기들이 돋아 있다. 전자현미경으로 비늘 표면의 단면을 촬영하면, 등줄기가 마치 크리스마스트리처럼 보인다.[1]

그러나 이 미세 구조가 설령 실제 크리스마스트리 크기라고 해도 집 거실에 갖다 두기는 어렵다. 사진에서 보이는 '나무'는 비늘 위에 돋아 있는 등줄기의 단면일 뿐이기 때문이다. 실제로는 장난감 찰흙을 크리스마스트리 모양의 틀을 통해 죽 뽑아낸 것 같은 형태다. 그리고 '가지'처럼 보이는 것은 등줄기의 옆면을 따라 돋아 있는 작은 등줄기들인데, 바로 이 층들이 중요한 역할을 한다. 층들은 정확히 200나노미터 간격으로 놀랄 만큼 정밀하게 배열되어 있다.

이 각질층의 윗면과 아랫면에서 반사되는 빛이 겹치면서 간섭이 일어난다. 햇빛이 각 층의 윗면에서 반사되기도 하고, 투명 물질을 통과한 후 아랫면에서 반사되기도 하기 때문이다. 두 반사파의 간섭이 어떤 식으로 일어나는지는 몇 가지 조건에 달려 있다. 두 빛이 이동한 거리의 차이, 각질층을 통과할 때의 속도 변화, 빛의 파장 등이다. 이 값들의 관계에 따라 두 광파의 위상이 맞아떨어지면 마루와 마루, 골과 골이 겹쳐져 더해지고, 위상이 어긋나면 마루와 골이 만나 상쇄된다. 즉, 합쳐진 빛은 보강 간섭을 통해 더 밝아지기도 하고, 상쇄 간섭을 통해 더 어두워지기도 한다.

크리스마스트리의 가지들이 지극히 정밀한 두께와 간격으로 배열된 덕분에, 태양빛의 전체 스펙트럼 중에서 파장이 약 400나노미터인 파란색 빛만이 보강 간섭을 일으켜 밝게 빛나게 된다. 파란색

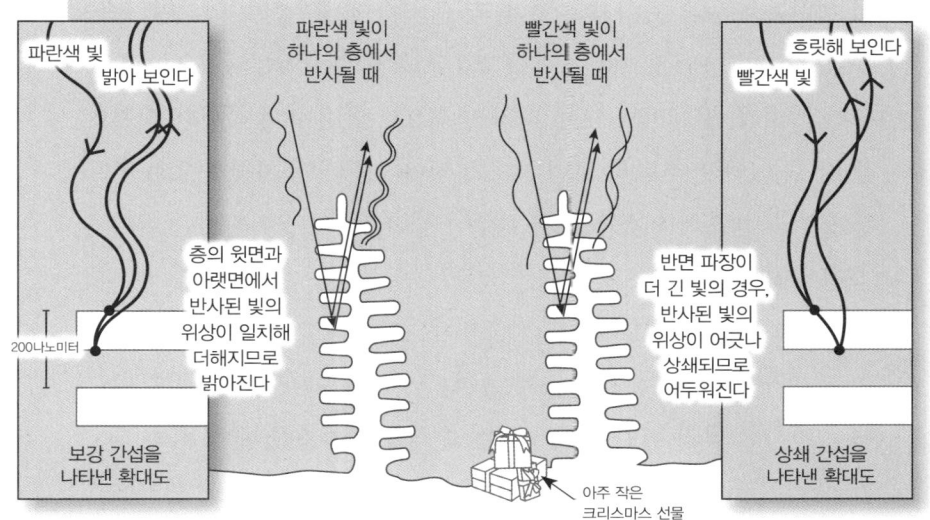

파란색 빛은 층의 윗면과 아랫면에서 반사된 빛의 위상이 일치하므로 밝아 보인다. 빨간색 빛처럼 파장이 더 긴 빛은 위상이 어긋나므로 흐릿해 보인다.

빛은 크리스마스트리의 어느 가지에서 반사되어도 위상이 일치하기 때문에 강도가 세지고, 다른 색의 빛은 위상이 어긋나 상쇄되므로 흐릿해지는 것이다. 겹겹이 쌓인 층들이 이렇게 특정 파장의 반사파를 증폭하는 한편, 크리스마스트리 밑바닥의 갈색 멜라닌 색소는 반사되지 않은 다른 파장의 빛을 흡수해 푸른빛의 순도가 훼손되지 않게 한다. 이처럼 간섭 현상은 마치 마법의 파동 선택기처럼 작용한다. 여러 파장이 뒤섞인 태양빛에서 오직 파란색이라는 좁은 대역만을 걸러내어 매혹적인 광채를 만들어낸다.

모르포나비는 박물관에 전시된 표본을 보는 것으로는 제대로 감상할 수 없다. 모르포나비의 아름다움은 날개를 펼치고 접을 때 색이 변하는 모습에 있기 때문이다. 집 근처에 열대우림이 없다면, 동물원의 나비 온실에 가보자. 그 강렬한 푸른빛이 엄청나게 선명할 뿐만 아니라, 날개의 각도에 따라 남색으로 은은하게 바뀐다는 것을 알 수 있다. 비스듬히 보면 색조가 달라지는 이 무지갯빛 효과 덕분에 여느 색소에 의한 색보다 한없이 깊어 보이고, 그 진가는 나비가 움직일 때 비로소 드러난다.

이렇게 색조가 미묘하게 달라지는 이유도 물론 간섭 때문이다. 빛이 날개의 각질층에 비스듬하게 들어오면, 각질층의 윗면과 아랫면에서 반사된 빛의 경로 차이가 빛이 수직으로 들어올 때에 비해 작아진다. 따라서 보강 간섭이 일어나는 빛의 파장이 조금 더 짧아진다. 결과적으로, 날개를 비스듬한 각도에서 보면 파란색보다 파장이 약간 더 짧은 남색으로 보이게 된다.

모르포나비를 직접 보면 또 한 가지 흥미로운 현상이 눈에 띈다. 날개를 펼쳤다가 접을 때 그 찬란한 색이 마치 번쩍이듯 나타났다가 사라졌다가 하는 것이다. 날개를 아주 비스듬한 각도로, 거의 옆쪽에서 바라보면 푸른빛이 완전히 사라져버린다.

각도를 비스듬하게 낮추면 파장이 짧은 남색 빛이 보강 간섭을 일으킨다고 했지만, 각도를 **아주 많이** 낮추면 보강 간섭을 일으키는 파장이 너무 짧아져 우리 눈에 보이지 않는다. 가시광선 대역에서 벗어나버리는 것이다. 그 각도에서 보강 간섭을 일으키는 빛은 파장이 400나노미터 미만인 자외선이기 때문이다. 그래서 모르포나비가 날개를 펄럭이며 날아다니면 푸른빛이 끊임없이 '켜졌다 꺼졌다' 한다. 이는 모르포나비에게 진화적으로 매우 유리한 특성이다.

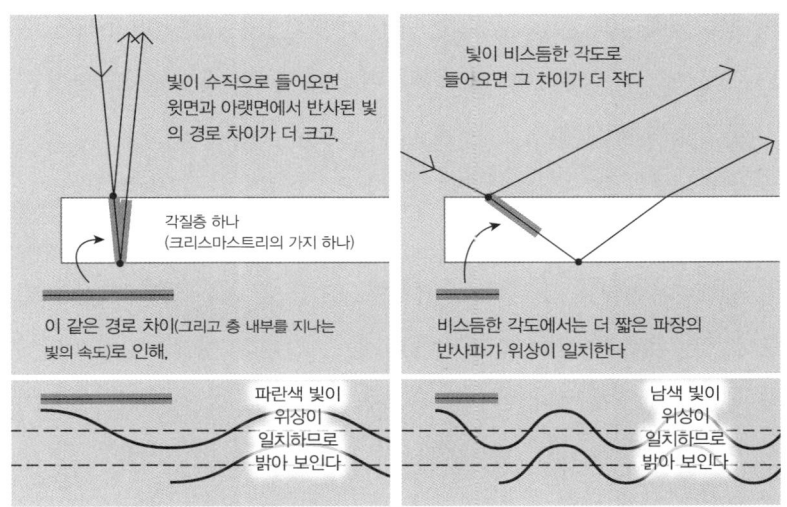

모르포나비의 날개 색이 보는 각도에 따라 변하는 이유는 보강 간섭을 일으키는 파장이 달라지기 때문이다. 그림을 최대한 쉽게 그리려 했는데, 좀 실패한 것 같기도 하다.

천적인 새들이 번쩍이는 푸른빛을 보면, 고속도로를 달리는 운전자가 백미러로 번쩍이는 불빛을 봤을 때처럼 깜짝 놀라게 되어 있다.

무지갯빛 구조색은 나비의 전유물이 아니다. 딱정벌레의 겉날개도 다채로운 금속성의 광택을 자랑한다. 특히 딱정벌레목에 속하는 일본비단벌레 Chrysochroa fulgidissima는 겉날개뿐만 아니라 배까지 무지갯빛을 띤다. 보는 각도에 따라 등쪽은 황록색에서 짙은 파란색으로, 배 쪽은 녹색에서 적갈색으로 바뀐다. 무지갯빛 딱정벌레를 꼭 먼 이국에서만 볼 수 있는 건 아니다. 몸길이가 6밀리미터밖에 안 되는

〰️ 딱정벌레의 무지갯빛 패션

박하잎벌레Chrysolina menthastri는 구릿빛이 감도는 선명한 녹색을 띤다. 정원에 심은 박하를 초토화해 버리는 깡패짓을 하기도 하지만, 그래도 우아한 깡패다.

딱정벌레의 무지갯빛을 만드는 것은 크리스마스트리 모양의 단면을 갖는 구조는 아니다. 하지만 그 바탕에는 역시 빛의 간섭 원리가 있다. 이번에도 구조색을 만드는 물질은 투명한 키틴이다. 키틴층이 겉날개를 겹겹이 덮고 있는데, 층간 간격은 약 100나노미터에 불과하다. 딱정벌레의 영롱한 옥색과 구릿빛은 물 위에 뜬 유막이나 비눗방울의 금속성 광택을 닮았다. 유막이나 비눗방울의 막 두께는 엄청나게 얇아서, 막의 겉면과 아랫면에서 반사된 빛이 간섭을 일으키며 다채로운 색을 나타낸다.

새도 빼놓을 수 없다. 깃털의 무지갯빛 광택은 모두 어느 정도 빛의 파동 특성에 따른 구조색으로 인한 결과다. 가장 화려한 예를 꼽자면 극락조과 새들의 깃털에서 볼 수 있는 선명한 파란색, 초록색, 붉은색, 금색이다. 특히 수컷의 선명한 깃털 색은 구애 춤의 성공 여부에 중요한 역할을 한다. 아름답기로는 벌새의 목 부분에서 변화하는 색조도 뒤지지 않는다. 대부분은 초록색과 파란색이지만, 일부 종은 자주색, 노란색, 구릿빛 도는 주황색 등의 오색영롱한 빛을 띠기도 한다. 물총새의 특유한 청록색 광택, 그리고 장끼 목 부분의 푸른색과 초록색 빛깔도 구조색 덕분이다. 물론 공작 깃털의 눈알 무늬도 마찬가지다.

빛의 간섭을 통해 화려한 색을 만들어내는 정확한 구조는 새의 종마다 다르다. 공작 깃털을 예로 들면, 깃대에서 여러 갈래의 '깃가지$_{barb}$'가 뻗어 나오고 깃가지에는 '작은깃가지$_{barbule}$'가 무수히 달려 있다. 작은깃가지를 전자현미경으로 보면 '광결정$_{photonic\ crystal}$'이라는 것이 들어 있다. 광결정은 멜라닌 과립이 나노미터 수준의 3차원 격자 모양으로 배열되어 있는 구조로, 그 배열 간격이 빛의 파장과 비슷하다.[2,3]

이 밖에도 수많은 생물들이 이렇게 정교한 표면 구조를 발달시킨 것을 보면, 무지갯빛을 낸다는 것이 진화적으로 상당한 이점이 있었음을 알 수 있다. 한 예로 구애나 위협 등의 소통에 유리하다. 그런데 아름다운 무지갯빛을 띠지만 이와는 조금 다른 사례가 하나 있으니, 바로 진주조개의 껍데기 안쪽에 형성된 진주층이다. 그 광택은 안전한 보금자리를 만들다가 부수적으로 일어난 효과에 불과한 듯하다. 진주층은 나노미터 수준의 탄산칼슘 판이 무수히 겹쳐져 매끄러우면서 충격에 강한 보호막을 형성한 것이다. 조개 자신 외에는 아무도 볼 수 없는 위치에 있으니 번식이나 소통에 기여하는 효과가 있을 수 없다. 그렇지만 조개가 예쁘게 도배된 집에 살아서 더 행복하고 건강하리라 상상해보는 것도 나쁘진 않겠다.

그러나 인간이 존재하는 곳에서는 무지갯빛 광채가 생물들에게 그다지 도움이 되지 않았다. 모르포나비의 날개는 아마존 부족들 사이에서 의식용 가면을 장식하는 재료로 인기였고, 진주층은 조개껍데기 안에 있을 때보다 장식장에 박혀 있을 때 인간의 눈에 더 아름다워 보였다. 19세기 중반 유럽의 귀족 여성들은 비단벌레의 겉날개를 장식으로 덧댄 야회복을 입고 부를 과시했다. 생물들의 매혹적인 구

〰️ 인간의 무지갯빛 패션

제8파 세상에 색을 입히는 파동　　　　　　　　　　　　　*345*

조색은 짝을 유혹하고 천적을 쫓는 데 유용했으나, 인간의 눈길을 끌면서 그 빛을 잃고 만 셈이다.

"빛이 무엇인지 모르는 사람은 없지만, 그게 무엇인지 말하기는 쉽지 않다."[4] 18세기 평론가 새뮤얼 존슨이 한 말이다. 맞는 말이다. 우리가 사물을 볼 수 있는 건 빛 덕분이라는 사실 때문에, 빛 자체가 무엇인지 밝히기란 결코 쉽지 않다.

여기서 하나 고백할 것이 있다. 지금까지 빛을 파동의 일종으로 다루었지만, 그게 그렇게 간단한 문제는 아니다. 17세기 영국의 물리학자, 당시 표현으로 '자연철학자'였던 로버트 훅은 1665년에 빛의 파동설을 제안했다. 그로부터 25년쯤 후, 동시대의 네덜란드 학자 크리스티안 하위헌스는 빛의 여러 특성이 파동으로 설명될 수 있음을 수학적으로 증명하여 파동설에 힘을 실었다.

빛은 파동이다

그런데 파동설의 한 가지 문제는 광파가 도대체 무엇을 **통해** 나아가느냐 하는 것이었다. 파도는 물을 통해, 음파는 공기(혹은 다른 물질)를 통해 진행한다. 그런데 빛은 무엇을 흔들면서 이동하는 걸까? 다른 모든 파동은 매질이 반드시 있어야 하는데, 빛은 진공 속에서도 나아가므로 파동론자들은 빛을 전달하는 '에테르'라는 매질의 존재를 가정해야 했다. 그러나 에테르가 무엇으로 이루어져 있는지는 아무도 설명할 수 없었다.

아이작 뉴턴은 1704년에 처음 출간된 대표작 《광학》에서 빛을 전혀 다르게 바라보는 관점을 제시했다. 뉴턴은 빛이 파동이 아니라 '미립자corpuscle'라는 미세한 입자로 이루어져 있을지 모른다는 의견을 제시했다. 《광학》은 18세기를 통틀어 빛의 성질을 설명하는 가장 중요한 저작이 되었고, 뉴턴의 가설은 사실상 정설로 자리잡았다.

〰️ 빛은 입자다

뉴턴은 빛이 유리에서 굴절되는 원리를 독창적인 실험과 탁월한 추론으로 설명해냈다. 태양빛을 프리즘에 통과시켜 무지개색 스펙트럼으로 분해한 그의 실험은 유명하다. 미립자설은 《광학》에서 주요하게 다루어진 내용은 아니었고, 1717년에 나온 개정판의 마지막에 덧붙인 '질문Query'에서 이렇게 언급되었을 뿐이다. "광선은 빛나는 물질이 방출하는 아주 작은 입자가 아닐까?"[5]

뉴턴은 이 같은 '질문'을 통해 광학 현상에 대한 자신의 가설을 우회적으로 제시했다. 만약 빛이 미세한 입자로 이루어져 있다면, 프리즘을 통과한 태양빛이 다양한 색으로 나뉘는 것은 입자의 크기에 따른 것이 아니겠냐고 했다. 그리고 가장 작은 입자는 보라색, 가장 큰 입자는 빨간색으로 보이리라고 추측했다. 실험적 증거를 제시하지는 않았지만, 뉴턴의 권위는 절대적이었다. 과학자들은 대체로 그의 미립자설을 받아들였고, 19세기 초까지도 그 개념을 쉽게 포기하지 않았다. 그런데 그 무렵 빛이 파동임을 시사하는 강력한 증거가 처음으로 등장했다. 그중에서도 논란에 종지부를 찍은 결정적인 실험이 하나 있었다. 실험을 귀찮아했던 아마추어 물리학자가 고안했지만 현대 물리학 역사상 가장 중요한 실험 중 하나로 꼽히는 이 실험은, 빛이 무척 파동다운 성질인 '간섭' 현상을 보인다는 사실을 입증했다.

1773년에 태어난 토머스 영은 다방면에 천재성을 보인 인물로, 두 살 때 글을 읽기 시작했고 네 살 때는 성경을 **두 차례** 완독했다. 그로부터 약 30년 후, 그는 지나가던 나방이 보면 가슴이 철렁할 그림을 한 장 그리게 된다.

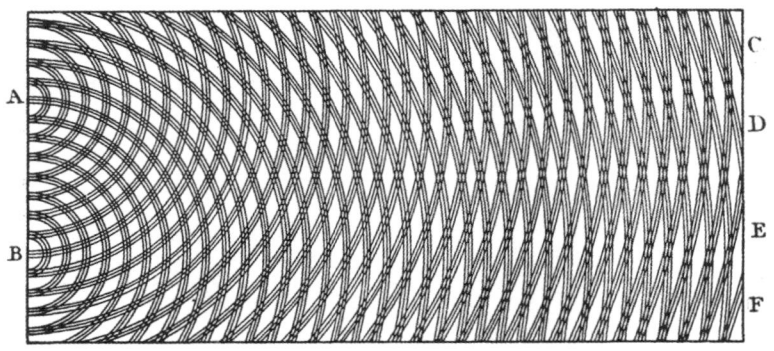

누군가 크리스마스 선물로 컴퍼스를 받고 신이 난 듯.

영은 1807년 왕립학회에서 '자연철학과 기계적 예술'이라는 강의를 하며 이 그림을 소개했다.[6] "크기가 똑같은 돌 두 개를 연못에 동시에 던졌을 때 일어나는" 물결무늬를 나타낸 것이라는 설명이었다. 영은 케임브리지 이매뉴얼칼리지 연못에서 백조 두 마리가 일으킨 물결이 겹치는 모습을 보고 이 그림의 영감을 얻은 것으로 알려져 있다.[7] 그런데 이 그림은 단순히 물결의 특성을 설명하기 위한 것만은 아니었다. 빛의 특성을 설명하기 위한 것이기도 했다.

영은 이 그림이 물결을 나타낼 수도 있지만, 태양빛이 판지에 뚫린 두 개의 틈(그림의 A와 B)을 통과할 때 나타나는 파동을 묘사한 것이라고 설명했다. 빛이 파동이라면, 틈을 통과하면서 확산될 것이다. 방파제의 좁은 틈을 통과한 물결처럼 회절을 일으키리라는 것이었다. 영은 만약 빛이 파동이라면 두 개의 틈을 통과한 빛이 겹쳐져 서로 간섭을 일으킬 것이라고 주장했다. 물결이 겹쳐져 크게 출렁이는 영역과 잔잔한 영역이 발생하는 것처럼, 보강 간섭과 상쇄 간섭에 의해 밝은 빛과 어두운 빛이 발생하리라고 했다. 그리고 실험을 통해 이를 직접 확인했다고 설명했다. 겹친 빛이 지나가는 자리에 판지를 놓으니 이런 식의 패턴이 나타났던 것이다.*

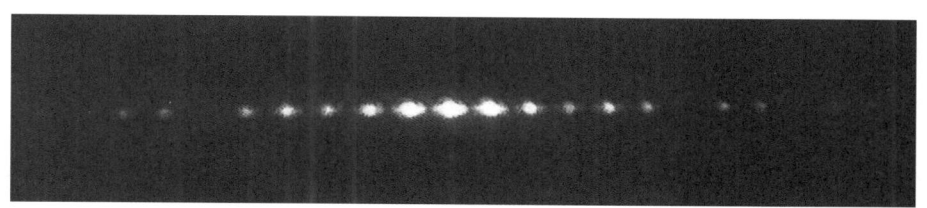

영이 관찰한 패턴은 이렇게 선명하지는 않았겠지만(위 결과는 레이저 광선으로 얻은 것이다), 두 틈을 통과한 빛이 간섭을 일으켜 밝은 영역과 어두운 영역을 형성한 것은 확실했다.

영은 뉴턴의 입자설로는 이 결과를 설명할 수 없으며, 밝고 어두운 무늬는 "두 파동이 간섭을 통해 보강되거나 상쇄되는 현상으로

● 영은 이 효과가 일어나려면 두 틈을 통과한 빛이 '결맞음' 상태여야 한다는 사실을 곧 깨달았다. 즉, 파장과 강도가 서로 같고, 틈을 빠져나올 때 위상이 서로 일치해야 한다. 그러한 조건을 만족시키려면 아주 밝고 순수한 광원을 두 틈에 동시에 비추어야 했다.

매우 쉽게 유도될 수 있다"고 주장했다. 대단히 설득력 있는 주장이었다. 빛이 작은 입자로 이루어져 있다면, 이 현상을 어떻게 설명하겠는가? 입자에 입자를 더하면 입자가 많아질 뿐이지, 입자가 사라질 리 없다.

하지만 뉴턴의 입자설이 워낙 단단히 자리잡고 있었기에 영의 주장이 진지하게 받아들여지는 데는 10년이 넘는 시간이 걸렸다. 수면파 등의 파동이 서로 만나 상쇄되는 현상이 관찰되는 것은 사실일지라도, '빛과 빛을 더하면 어둠이 될 수 있다'는 개념은 너무나 반직관적이었다. 뉴턴의 이론을 지지하던 젊은 스코틀랜드인 변호사 헨리 브루엄은 자신이 창간했으며 영향력이 막강했던 계간지 〈에든버러 리뷰〉에 글을 실어 영의 주장을 다음과 같이 신랄하게 비판했다. "논리력이 현저히 결핍된 데다 이를 조금이나마 보완할 학식이나 명민함, 창의성마저 전무하다."[8]

빛은 확실히 파동이다

반대자들은 결국 프랑스의 한 공학자가 영의 주장을 뒷받침하는 수학적 증명을 내놓으면서 침묵할 수밖에 없었다. 1815년, 오귀스탱 프레넬은 빛의 파동 이론을 기반으로 영의 간섭무늬를 완벽하게 설명하는 수식을 파리 과학한림원에서 발표했다. 그제야 여론이 바뀌기 시작했고, 19세기 중반에는 빛이 확실히 파동이라는 것이 과학계의 중론으로 자리잡았다.

그러던 1900년 12월, 독일의 물리학자 막스 플랑크가 본의 아니게

다시 초를 치고 만다. 그는 단지 가설을 던졌을 뿐 〰️ 다 된 죽에
이지만, 이게 파동론자들에게는 엄청난 골칫거리　　코 빠뜨리다
가 된다. 플랑크가 5년 동안 매달렸던 주제는 전구의 필라멘트가 내
는 빛과 필라멘트의 온도 사이의 관계를 이론적으로 설명하는 것이
었다. 전기 회사들은 전구의 효율을 높이기 위해 이 문제에 큰 관심
을 가졌다.

그런데 빛의 주파수와 필라멘트 온도 사이의 관계를 수식으로 정
리하는 일이 생각보다 만만치 않았다. 대장간에서 쇠막대를 달구
면 온도에 따라 색이 변하는 것은 누구나 알고 있다. 처음에는 붉은
빛을 띠다가 더 뜨거워지면 주황색, 노란색, 흰색으로 차례로 변한
다(그 후에는 보통 녹는다). 항상 여러 주파수의 빛이 함께 방출되지만,
그중에서도 가장 밝은 빛을 내는 지배 주파수가 있다. 금속이 뜨거
워질수록 이 지배 주파수가 높아지기 때문에 금속의 색이 변하는
것이다. 그런데 지배 주파수와 온도는 정확히 **어떤** 관계인가? 당시
물리학자들은 아무도 그 수학식을 찾아내지 못했다.

이게 뭐 그리 대단한 문제였을까 싶을지도 모른다. 전구 제조사들
에게야 큰 관심사였겠지만, 빅토리아 시대 사람들이 숨죽이며 해답
을 기다린 문제는 아니었을 것 같다. 하지만 막스 플랑크가 제시한
수학적 해법은 21세의 알베르트 아인슈타인에게 큰 영감을 주게 된
다. 결국 플랑크의 수학적 가설은 아인슈타인을 비롯한 과학자들의
연구를 통해 빛에 대한 우리의 이해를 또다시 완전히 바꿔놓았다.
그리고 더 나아가 원자 수준에서 우리의 세계관을 통째로 뒤흔들기
에 이른다.

이제부터는 가시광선을 비롯한 모든 전자기파가 단순한 파동이라는 생각을 잠시 접어두자.

플랑크는 고온의 금속이 방출하는 열과 빛이 더 이상 나눌 수 없는 미세한 에너지 덩어리로 이루어져 있다고 가정하면 각 온도에서 방출되는 빛의 주파수를 정확하게 예측할 수 있다는 사실을 발견했다. 그는 이 에너지 최소량의 단위를 '양자量子, quantum'라고 불렀다. 그러나 플랑크가 만든 이 에너지 양자 개념은 실험 결과에 맞는 계산값을 내기 위한 수학적 방편에 불과했다. 방출된 빛의 주파수가 높을수록 그 양자라는 것 하나가 더 많은 에너지를 갖는다는 가정이었다. 플랑크 역시 당대의 다른 물리학자들처럼 빛의 본질이 파동이라고 믿었으며, 뜨거운 금속에서 빛과 열이 방출되는 원리도 언젠가는 파동 개념으로 설명될 수 있을 것이라 생각했다.

그러나 불과 몇 년 후인 1905년, 아인슈타인은 플랑크의 양자 개념이 단순한 수학적 방편이 아닐 수 있다고 주장했다. 그해가 훗날 '기적의 해annus mirabilis'로 일컬어지는, 아인슈타인이 엄청난 업적을 이룬 해다. 당시 스위스 베른의 특허청 직원으로 생계를 이어가던 무명 물리학자 아인슈타인은 한 논문을 발표하며 전자기 복사가 **실제로** 에너지 양자로 이루어져 있다는 가설을 제시했다.[9] 그는 이렇게 물었다. 만약 나눌 수 없는 이 에너지 덩어리가 빛을 이루는 물리적 실체라면? 빛뿐만 아니라 모든 전자기파가 양자로 존재한다면? 빛을 발하는 뜨거운 금속이 실제로 낱낱의 에너지 덩어리를 내뿜는 것이라면? 만약 그렇다면, 혹시 그 반대도 참이지 않을까? 즉, 금속은 빛을 낱낱

아인슈타인이 끼어들다

의 에너지 덩어리로 **흡수하기도** 하지 않을까? 만약 이것이 실험으로 증명된다면, 우리가 알고 있던 빛의 개념은 다시 한번 완전히 뒤집힐 수밖에 없었다.

1905년 3월에 나온 이 논문은 아인슈타인이 그해 발표한 다섯 편의 획기적 논문 중 첫 번째였다. 현대 물리학의 기반을 마련한, 아무리 높이 평가해도 지나치지 않는 논문들이다. 그중에는 상대성이론의 개념을 처음 제시한 논문도 있었다. 그러나 다섯 편의 논문 중에서 아인슈타인 스스로 정말 '혁명적'이라고 평가한 것은 오직 하나, 빛이 더 이상 나눌 수 없는 에너지 단위, 즉 양자로 이루어져 있다는 가설이었다.[10]

아인슈타인은 이런 가설을 제시했다. 만약 빛이 양자의 형태로 방출되고 흡수되는 것이 **맞다면**, 우리가 색의 차이로 인식하는, 빛의 주파수 또는 파장의 차이란 곧 양자가 갖는 에너지 양의 차이 아닐까? 그리고 '광전 효과'로 알려진 현상을 이용해 이를 실험적으로 입증할 수 있으리라고 보았다.

금속의 한 가지 특징은 전자가 매우 자유롭게 움직인다는 점이다. 그 덕분에 금속은 전기가 잘 흐르는, 우수한 도체다. 그런데 금속마다 전자들의 이동성이 달라서, 어떤 금속은 전기가 더 잘 통하고 어떤 금속은 전기가 덜 통한다. 전자의 활발한 이동성 때문에 금속에 빛을 비추면 전자가 금속 표면에서 아예 '떨어져 나오는' 경우가 있다. 이것을 광전 효과라

〰️ 광전 효과

고 한다. 광전 효과로 튀어나오는 전자의 양은 시간에 따라 측정할 수 있다. 전자는 음전하를 띠므로 전자를 많이 잃을수록 금속이 양전하를 많이 띠게 되는 점을 이용한다. 광전 효과는 우주선을 설계할 때 꼭 고려해야 하는 요인이다. 우주선의 금속 외벽이 태양빛을 받으면 양전하가 축적되어 우주선 내부 계기가 영향을 받을 수 있다. 광전 효과는 카메라의 노출을 조절하기 위한 빛 감지 센서에도 활용된다. 어두워질 때 가로등이나 아기 수면등이 자동으로 켜지게 하는 센서도 같은 원리다. (이 같은 감지 장치에서는 금속이 빛을 흡수할 때 전자가 실제로 방출되지 않고 '반도체semiconductor' 내에 머무르며, 원자에 단단히 묶인 상태에서 금속의 전자처럼 자유롭게 흐를 수 있는 '들뜬' 상태가 된다.)

아인슈타인은 1905년의 혁신적인 논문에서 이런 가설을 제시했다. 만약 빛이 정말 양자로 이루어져 있다면, 광전 효과가 발생하는 이유는 금속 표면의 전자 하나가 빛의 양자 하나를 흡수하면서 튕겨 나오기 때문일 수도 있다. 이것이 사실이라면 어떤 결과가 나타나야 할까? 그는 두 가지를 예측했다. 첫째, 금속 표면에서 초당 방출되는 전자의 **개수**는 초당 도달하는 양자의 개수, 즉 빛의 **세기**에 따라 결정될 것이다. 둘째, 전자가 튕겨 나가는 최대 **속도**는 전자와 충돌하는 각 양자의 **에너지**, 즉 빛의 주파수(다시 말해 빛의 색)에 따라 결정될 것이다.

10년 후인 1916년, 아인슈타인의 예측은 입증되었다.[11] 어떤 금속에 주파수가 낮은 빨간색 빛을 비추었을 때는 아무리 밝은 빛을 쏘아도 전자가 튕겨 나오지 않았다. 반면 주파수가 중간 정도인 초록색 빛을 비추자 전자는 쉽게 튕겨 나왔다. 하지만 초록색 빛의 밝기를 아무리 높여도 전자가 튀어나가는 최대 속도는 변하지 않았다. 그리고 주파수가 높은 보라색 빛은 아주 희미하게만 비추어도 전자들이 더 빠른 속도로 튀어나갔다.

이것은 빛이 파동이라면 설명될 수 없는 현상이었다. 그러나 빛이 낱개의 에너지 덩어리로 존재하고, 각 양자의 에너지가 주파수에 좌우된다고 가정하면 완벽하게 설명됐다. 광전 효과는 빛이 연속적인 파동이 아니라 낱낱의 양자로 이루어져 있다는 아인슈타인의 가설을 뒷받침하는 것으로 보였다. 그러나 뉴턴의 미립자 개념을 신봉하던 과학자들이 영의 강력한 파동설 근거를 쉽게 받아들이지 않았던 것처럼, 빛이 파동이라고 믿었던 20세기 전반의 물리학자들도 또다시 입자로 보아야 한다는 아인슈타인의 가설을 좀처럼 받아들이지 않았다. 당시 과학자들은 하나같이 아인슈타인의 이론을 인정하지 않았고, 그의 "무모한" 가설은 "이미 확립된 사실을 정면으로 부정하는" 처사로서 "빛의 본질을 밝히는 데 도움이 되지 않는다"고 비판했다.[12]

그러나 아인슈타인은 조용히 확신하고 있었다. 1916년, 광전 효과에 대한 자신의 예측이 실험으로 확인된 후 친구에게 보낸 개인적 편지에 "광양자가 존재한다는 것은 사실상 확실하다"고 적었다. 그러나 그가 1905년에 발표한 빛의 양자적 성질에 관한 연구로 노벨물리학상을 받은 것은 1921년이 되어서였다. 그리고 다시 5년 후, 플랑크가 제안했으나 플랑크 본인은 믿지 않았고 아인슈타인이 존재를 입증한 광양자는 '광자$_{photon}$'라는 이름을 얻게 되었다.

〰️ 이제 또 입자란다. 황당하기 짝이 없다

다시 한번 모든 게 바뀌었다. 빛은 결국 **입자**로 이루어져 있었던 것이다.

～

그렇다면 토머스 영의 이중 틈새 실험은 어떻게 된 건가? 그 실험이 빛의 파동성을 결정적으로 증명하지 않았던가? 두 개의 틈에서 나온 빛이 그런 간섭을 일으키려면 빛은 분명히 파동이어야 **한다**. 위상이 어긋난 두 파동은 상쇄될 수 있어도, 두 입자가 겹쳐진다고 해서 사라질 리는 없다. 미립자든 양자든 광자든 말이다.

생각해보라, 만약 그 입자라는 것을 한 번에 하나씩 틈새로 쏘아 보낸다면 어떻게 되겠는가? 한 입자가 두 틈을 동시에 통과해 자기 자신과 간섭을 일으키기라도 한다는 말인가?

황당한 소리 같지만, 정말 그런 식의 실험을 해도 영의 이중 틈새 실험 결과를 재현할 수 **있다**. 빛의 세기를 극도로 낮추는 필터를 사용해, 광자가 하나씩 틈새를 통과하게 만들 수 있다. 틈새를 통과한 광자는 벽에 부딪히는 대신 초고감도 카메라로 감지해 화면에 흰 점으로 기록한다.

처음에는 광자가 이곳저곳에 무작위적으로 도달하는 것처럼 보인다. 그러나 점이 하나둘씩 쌓이면서 기이한 현상이 나타나기 시작한다.

영의 간섭무늬와 정확히 일치하는, 밝고 어두운 줄무늬가 나타난다. 광자의 대부분은 밝은 영역이 나타나야 할 자리에 도달하고, 어두운 영역이 나타나야 할 자리에서는 거의 감지되지 않는다. 즉, 파

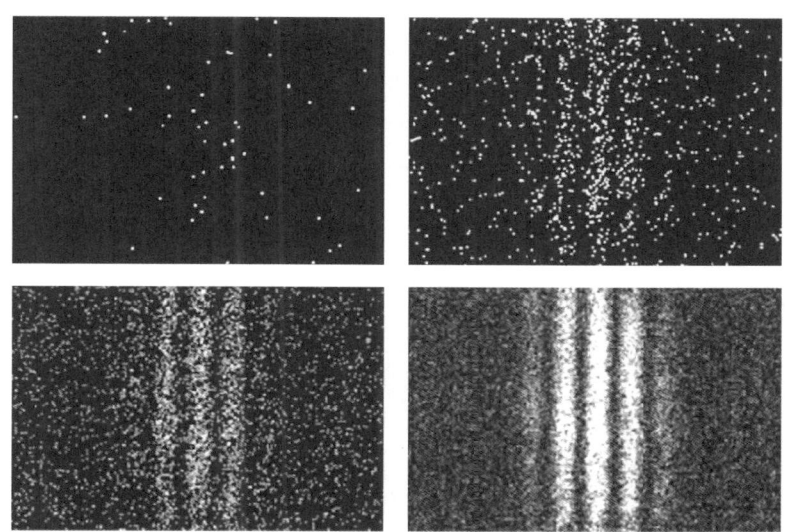

뭔가가 보이는지? 광자 하나하나가 모여서 서서히 줄무늬를 이룬다.[13]

동의 간섭 패턴과 정확히 같은 패턴을 나타낸다. 양자물리학의 창시자 중 한 명인 폴 디랙의 말을 빌리자면, "각 광자가 오직 자기 자신과만 간섭을 일으킨다"고 봐야 할 상황이다.[14] 어두운 상자 속에서 광자가 혼자 무엇을 하건 광자의 자유이긴 하겠으나, 디랙이 말하듯이, 왜 광자 하나하나가 때로는 파동처럼 행동하는지 우리는 전혀 알지 못한다.

이렇게 작은 점이 모여 이루어진 이미지를 보고 있으면, 자연스럽게 점묘화가 떠오른다. 1888년에 폴 시냐크가 프랑스 브르타뉴 지역 포르트리외 항구의 잔잔한 물결을 그린 그림이 한 예다. 점묘법처럼 고된 채색 기법도 아마 없을 것이다. 작가는 단조로운 붓놀림으로 작은 점을 끝없이 찍으며 장면을 만들어간다. (이 기법으로 그려

폴 시냐크의 〈포르트리외 항구〉(1888).

진 가장 유명한 작품인 조르주 쇠라의 〈그랑드자트섬의 일요일 오후〉는 완성하는 데 무려 2년이 걸렸다.) 그림 속의 점들은 작가가 배치하는 것이지만, 광자는 누가 배치하는 걸까? 도대체 무슨 보이지 않는 손이 작용하고 있길래, 처음에는 무작위로 배치되는 것처럼 보이다가도, 서서히 점묘화처럼 파동의 간섭 패턴을 이루는 걸까?

마치 광자의 경로가 파동에 의해 결정되는 듯한 모습이다. 즉, 빛이 이동할 때는 파동처럼 움직이다가, 카메라와 접촉하는 순간 입자로 변하는 것처럼 보인다.˙ 영국의 물리학자 조지 패짓 톰슨은 이

● 실제로 오늘날 물리학에서는 빛이 이동할 때는 '양자역학적 파동'으로 움직이고, 감지되었을 때는 입자처럼 행동한다고 설명한다.

를 두고 이렇게 말했다. "입자가 나타나는 순간, 파동은 마치 방금까지 꾸던 꿈처럼 사라진다."[15] 이것이 바로 모순처럼 보이는 양자역학의 세계다. 오늘날 우리는 양자역학을 통해 전자기파의 이중성을 수학적으로 기술함으로써 모순처럼 보이는 빛의 행동을 어느 정도 설명할 수 있게 되었다. 하지만 그렇다고 해서 우리가 빛의 실체를 조금이라도 이해하게 된 걸까? 위대한 양자물리학자 리처드 파인만은 그렇지 않다고 말한다. "당신은 이해할 수 없을 것이다. … **나도** 이해하지 못하기 때문이다. 아무도 이해하지 못한다."[16]

 누가 알리? 모르면 어떠리?

양자물리학을 연구한 과학자들 대부분은, 자신들에게도 여느 사람들처럼 빛의 본질이 난해하다는 것을 인정할 수밖에 없었다. 아인슈타인도 1951년에 이렇게 적었다.

> "50년 동안 끊임없이 고민했지만, '광양자란 무엇인가?'라는 질문에 대한 답에 한 발짝도 가까워지지 못했다. 물론 요즘은 누구나 그 답을 안다고 생각하지만, 그건 자기기만일 뿐이다."[17]

이렇듯 빛은 이중적 성질을 띠기 때문에 주파수를 기준으로 말할 수도 있고('붉은색 빛은 가시광선 대역에서 주파수가 가장 낮고, 파란색과 보라색 빛은 주파수가 가장 높다'), 광자의 에너지를 기준으로 말할 수도 있다('붉은색 빛의 광자는 에너지가 작고, 파란색과 보라색 빛의 광자는 에너지가 크다').

이러한 파동-입자 이중성을 보이는 것은 가시광선뿐만이 아니다. 모든 전자기파가 이중성을 가지며, 주파수나 파장 또는 광자의 에너지를 기준으로 말할 수 있다. 가시광선보다 주파수가 낮은 전자기파는 모두 현대 통신 기술에서 필수적 역할을 하며, 라디오파, 마이크로파, 적외선이 있다. 가시광선보다 주파수가 높은 전자기파로는 자외선, X선, 감마선이 있다.

자외선의 파장은 400나노미터에서 10나노미터 사이다. 우리 눈에는 보이지 않지만, 일부 대역을 볼 수 있는 동물도 있기에 빛으로 간주된다. 자외선 중에서 파장이 긴 쪽은 태양에서 방출되며, 가시광선만큼 많이 방출되지는 않지만 우리 피부를 태우는 작용을 한다. 파장이 짧을수록, 즉 주파수가 높고 광자의 에너지가 클수록, 자외선은 피부에 더 해로운 영향을 미친다. 이러한 고주파 자외선은 원자에서 전자를 떼어내는 성질이 있어서 '이온화 방사선'이라고 불린다. 자외선이 우리 피부 속에서 그런 작용을 일으키면 DNA 분자를 손상시켜 암세포를 만들 수도 있다. 다행히도 지구의 오존층이 파장이 짧고 에너지가 높은 자외선을 대부분 흡수해 준다. 대기권 밖에 있는 우주비행사들은 그런 보호막이 없기에 도금 처리된 선바이저를 헬멧에 덮어 씀으로써 자외선을 차단한다.

X선은 10나노미터에서 0.01나노미터 사이의 파장을 갖는 전자기파다. 태양에서 방출되는 X선의 양은 비교적 적지만, 우주에서는 수십억 광년에 걸쳐 퍼져 있는 충돌하는 은하단 사이의 초고온 가스 구름에서 엄청난 양의 X선이 방출된다. 지구에

서는 고속으로 가속된 전자를 금속 표면에 충돌시킬 때 X선이 방출될 수 있다. 응급실에서 부러진 뼈를 촬영할 때 사용하는 X선이 그렇게 만들어진다. X선의 고에너지 광자는 피부나 근육을 쉽게 투과하지만 뼈는 잘 투과하지 못하므로, 반대편에 놓인 필름이나 센서에 뼈의 그림자가 남는다. X선의 광자도 이온화를 일으키며, 자외선보다 더 쉽게 암을 유발한다. X선에 장시간 노출되는 일은 피하는 것이 좋은 이유다.

마지막으로 가장 주파수가 높은 전자기파, 감마선이 있다. 감마선은 파장이 0.01나노미터 이하로, 전자기파 중에서 파장이 가장 짧고 광자의 에너지가 가장 강하다. 우주에서는 '초신성'으로 불리는 폭발하는 항성 등 태양보다 훨씬 뜨거운 천체에서 감마선이 방출된다. 지구에서는 방사성 물질이 감마선을 방출하는데, 그 사실만으로도 감마선의 위험성을 짐작할 수 있다. 그러나 생명체에 해를 끼치는 감마선의 특성도 반드시 나쁜 것만은 아니다. 식품 산업에서는 박테리아를 제거하는 데 감마선이 매우 유용하게 사용된다. 그리고 아이러니하게도, 생체 세포에 그토록 해로운 감마선이 생명을 구하는 역할을 하기도 한다. 감마선은 방사선 치료에 활용되어 암세포를 죽이고 증식을 막는 역할을 한다.•

- 최근에는 X선과 감마선을 특정한 값의 파장이나 주파수가 아니라 전자기파 또는 광자가 발생하는 방식을 기준으로 구분한다. X선은 원자핵 주변을 도는 전자의 에너지 준위가 변화하면서 발생하고, 감마선은 원자핵 자체에서 방출된다고 한다. (솔직히 나도 무슨 뜻인지 잘 모른다.)

1924년, 한 프랑스 귀족이 파동과 아원자입자(원자보다 작은 입자)의 서로 얽힌 기묘한 관계가 전자기파에만 국한되지 않는다는 사실을 밝혀냈다. 당시 32세였던 루이 드 브로이 7세 공작은 파리 소르본 대학교 과학부에서 박사 학위 논문을 심사받았다. 그의 논문은 너무나도 기이한 주장을 담고 있어, 심사위원들이 과연 학위를 수여해야 할지 망설일 정도였다. 드 브로이는 이렇게 주장했다. 아인슈타인이 입증한 것처럼 빛을 광자라는 미세한 입자의 흐름으로 설명할 수 있다면, 그 반대도 성립하지 않을까? 즉, 전자나 원자처럼 질량을 가진, 미세한 물질 입자의 흐름을 파동으로 설명할 수 있지 않을까?

드 브로이의 논문은 수학적으로 흠잡을 데가 없었지만, 그가 내린 결론은 터무니없어 보였을 것이다. 고민 끝에 위원회는 결국 그에게 박사 학위를 수여했다. 심사위원 중 한 명이 이 논문을 아인슈타인에게 보여주었고, 아인슈타인은 감탄하며 동료 물리학자에게 이런 글을 적어 보냈다. "제정신이 아닌 소리처럼 보일지 몰라도, 정말 탄탄한 주장이다."[18]

언뜻 황당해 보였던 드 브로이의 '물질파'는 곧 그 존재가 밝혀졌다. 논문이 통과된 지 겨우 3년 만인 1927년, 뉴욕 벨연구소의 두 물리학자가 이를 실험으로 입증한 것이다(벨연구소는 전화기만 만든 것이 아니라 기초 물리 연구도 지원했다). 연구진은 전자빔이 빛과 마찬가지로 보강 간섭과 상쇄 간섭으로 이루어진 회절 무늬를 형성한다는 사실을 발견했다. 니켈 결정에 전자빔을 쏘니 흩어져 나온 전자가 여러 개의 띠 모양으로 분포한 것이다. 니켈의 격자 구조가 마치 영의 실험에서 사용된 틈새처럼 작용한 결과였다. 다만, 그 간격은 비교가 안 될 만큼 **훨씬** 더 촘촘했다(영의 틈새 간 간격의 200만 분의 1 이하였다).

이 실험을 통해 전자도 파동처럼 행동한다는 사실이 입증되었다. 그뿐 아니라, 연구진은 회절 무늬에 나타난 띠 사이의 간격을 측정하고 전자들이 통과한 니켈 격자의 크기를 고려하여 이 전자빔의 '파장'을 계산할 수 있었다. 그렇게 계산된 파장은 드 브로이가 같은 속도의 전자빔에 대해 이론적으로 예측한 파장과 거의 정확히 일치했다.

드 브로이는 이 연구로 1929년에 노벨물리학상을 수상하며 이렇게 말했다. "이제 전자를 그저 하나의 작은 전하 입자로만 생각할 수는 없다. 전자는 확실히 파동과 연관되어 있으며, 그 파동은 허구가 아니다. 파장도 실제로 측정할 수 있고, 간섭 현상도 정확히 예측할 수 있다."

파동이니 입자니 하는 이 모든 이야기에 머리를 긁적이고 있을지도 모르겠다. 이게 그렇게 중요한 문제인가? 빛과 아원자입자의 양자적 이중성이 그래서 우리 실생활과 무슨 상관이 있다는 건가?

아마도 여기에서 파생된 가장 실용적인 기술은 전자현미경일 것이다. 바로 모르포나비의 날개에서 크리스마스트리 형상을 볼 수 있게 해준 장비다. 일

〰️ 전자현미경

반적인 광학현미경으로는 그런 미세한 구조를 절대 관찰할 수 없다. 렌즈의 배율이나 장비의 성능 때문이 아니라, 가시광선을 이용하는 현미경이 근본적으로 갖는 한계 때문이다. 어떤 광학현미경도 분해능(근접한 두 물체를 구분할 수 있는 능력)이 빛 파장의 절반보다 작을 수는 없다. 즉, 파장이 400~750나노미터인 가시광선을 이용하는 한,

전자현미경의 분해능은 너무나 뛰어나서 초파리의 다리 제모가 절실하다는 사실도 알 수 있다.

두께가 100나노미터 이하인 각질층의 상을 얻을 방법은 없다.

반면 전자현미경은 분해능이 훨씬 더 우수하다. 최고 성능의 전자현미경은 0.05나노미터 수준의 분해능을 가진다.[19] 원자 크기보다 작은 수준이다. 전자현미경은 전적으로 전자들의 흐름이 갖는 파동성을 이용한 장비다. 물질파도 빛처럼 물체에 부딪혀 산란되거나 회절하게 할 수 있으며, 특수 렌즈로 초점을 맞춰 상을 맺을 수 있다. 그리고 물질파의 파장은 가시광선보다 약 백만 배 짧다.[20] 덕분에 가시광선으로는 불가능한 초미세 구조의 촬영이 가능하다. 이를테면 초파리 몸에 난 털 같은 것이다.

전자현미경은 크게 두 유형으로 나뉜다. 주사전자현미경은 가늘게 집중된 전자빔을 시료에 쏘아, 시료 표면에서 반사되거나 튀어나오는 전자들을 검출하는 방식으로 상을 얻는다. 투과전자현미경은 비교적 굵은 전자빔을 극히 얇은 시료에 통과시켜 상을 얻는다. 전자를 통과시키는 방식이든 반사시키는 방식이든, 모든 과정은 진공 속에서 진행된다. 전자가 공기 분자에 의해 산란되는 것을 막기 위해서다. 전자빔을 만들기 위해서는 고온의 텅스텐 필라멘트에서 방출된 전자를 강한 전기장으로 가속하는데, 이때 전자의 속도가 거의 빛의 속도에 이르기도 한다.

전자현미경이 광학현미경과 크게 다른 점 중 하나는 바로 사용되는 렌즈의 종류다. 광학현미경에 쓰이는 유리 렌즈는 전자빔이 전혀 통과하지 못하므로 전자현미경에서는 쓸 수 없다. 전자현미경에서는 강력한 자기장이 전자빔을 모아 상을 맺어주는 렌즈 역할을 한다.

또 하나의 큰 차이점은 전자빔이 시료에 미칠 수 있는 영향이다. 광자에 비해 고에너지 전자는 시료에 영향을 줄 가능성이 크므로, 촬영하기 전에 시료를 준비하는 데 공을 들여야 한다. 주사전자현미경의 경우는 시료에 극도로 얇게 금박 코팅을 해야 한다. 그래야 전자빔이 시료 표면을 때릴 때 축적되는 음전하를 빠르게 분산시켜 상의 왜곡을 막을 수 있다. 투과전자현미경의 경우는 시료를 '다이아몬드 칼'로 얇게 절단하는 등의 과정이 필요하다. 전자가 통과할 수 있으려면 시료의 두께를 0.0001밀리미터 이하로 만들어야 한다(손떨림이 있는 사람은 못 할 것 같다).

전자현미경이 엄청난 배율로 확대된 상을 만들어낼 수 있는 것은 바로 물질파, 즉 입자의 흐름에 따른 파동 덕분이다. 물질파를 알지 못했다면 우리는 초파리를 그렇게 자세히 관찰할 수도, 나비의 구조색을 이해할 수도 없었을 것이다.

그러나 드 브로이의 발견이 갖는 의미는 그저 극미한 세계를 자세히 들여다볼 수 있게 해준 것에 그치지 않는다. 아인슈타인이 제창한 빛의 파동-입자 이중성이 물질에도 적용됨을 밝혀냈다는 것은, 생각해보면 엄청난 일이다. 드 브로이가 수학적으로 제시하고 이후에 실험적으로 입증된 사실은 한마디로, 모든 미세한 입자는 충분히 빠르게 가속하면 파동처럼 행동한다는 것이었다. 전자뿐만 아니라 원자와 분자도 그렇다는 것이다.

무슨 뜻인지 감이 오는가? 충분히 잘게 쪼개서 충분히 빠르게 쏘아 보내면, **모든 물질은 파장을 갖는다**는 뜻이다. 그렇다면 이렇게 말할 수 있지 않을까. (아니, 그냥 말해버리련다.) 세상의 **모든 것**은 다 파동이라고. 어쩌면 우리 파동관찰자들은, 뭔가를 이미 알고 있었는지도 모른다.

제9파

해변으로 밀려오는 파동

Which comes crashing ashore

마침내 1월이 왔다. 드디어 '연구 출장'이라는 명목으로 하와이로 떠날 시간이다. 비행기가 오아후섬 호놀룰루 공항의 화창한 뭉게구름을 뚫고 하강하자 왠지 안도감이 들었다. 이제 다시, 눈에 확연히 보이고 손에 잡히는, 친숙한 파동에 집중할 수 있다. 바로 해변의 파도다.

지난해 말까지만 해도, 파동은 모든 곳에 있음에도 불구하고 우리에게 거의 인식되지 않는 존재라는 역설적인 느낌을 떨칠 수 없었다. 인간은 파동 자체보다 파동에 실린 정보에 주목하도록 진화했다. 우리가 파동을 가장 생생하게 경험할 수 있는 곳은 바로 해수면이다. 대부분의 사람이 보기엔 바다의 파도야말로, 파동의 정수이자 원형이다. 비행기가 호놀룰루에 착륙하는 순간, 처음 내 관심을 불러일으켰던 콘월 해변의 파도가 떠올랐다. 이곳은 지구 반대편 다른 대양의 다른 바다였지만, 나는 고향에 돌아온 듯한 느낌에 휩싸였다.

햇살이 눈부시게 내리쬐는 노스쇼어의 와이메아만에 도착한 나는, 바다로 죽 뻗은 곶의 반짝이는 화산암으로 조심스럽게 내려갔다. 눈앞에서 우레처럼 포효하는 파도는 내 감각을 압도했다. 영화나 드라마, 동영상을 아무리 봐도 느낄 수 없었던 감각의 홍수였다. 입술에 짭조름하게 맺히는 물보라를 피우며 파도가 뿜어내는 원초적인 힘은 시차로 멍한 내 정신을 단숨에 깨우는 강장제였다. 꾸준히 불어오는 바람이 내 왼쪽의 만에 펼쳐진 야자수와 눈부신 백사장을 스치며 북서태평양 바다로 불어 나갔다. 바다 저편에서는 거대한 청록색 물의 산이 밀려오고 있었다. 차츰 높아지다가 정점에 이른 파도가 내 앞의 바위에 와르르 부서지는 순간 흰 물보라가 6미터 높이로 솟더니, 바위 위로 쏴아 하며 물거품으로 쏟아졌다. 바위를 울리는 태평양 너울의 힘을 온몸으로 느끼고 싶어 신발을 벗었다. 적어도 이곳 하와이에서는, 파동과 입자 사이에서 헷갈릴 일은 없었다.

진짜배기 파도

다음 날, 나는 남아공에서 온 '빅 웨이브' 서퍼, 앤드루 마와 함께 와이메아만의 파도를 보고 있었다. 우리가 앉아 있던 곳은 바다가 내려다보이는 정원으로, 물 위에서는 서퍼들이 서프보드에 걸터앉아 다음 세트의 파도를 기다리고 있었다. 그런 대기 지점을 '라인업'이라고 부른다고 했다. 전날 불던 바람이 여전히 불고 있었다. 1년 내내 동쪽에서 불어와 하와이제도를 스쳐가는 따뜻하고 습한 무역풍이었다. 머리 위의 야자수 잎이 바람에 살랑거리면서 테이블 위에 아롱진 햇살이 춤을 췄다.

마는 거대한 너울로 유명한 이곳에서 파도 타는 법을 내게 설명하며, '테이크오프$_{takeoff}$'의 타이밍과 위치를 잡는 것이 얼마나 중요한지 이야기해주었다. 테이크오프란 서퍼가 패들링을 멈추고 보드 위에서 일어서면서 파도면을 타기 시작하는 순간을 가리킨다. "에너지가 갑자기 응집되는 지점이 있는데, 딱 그 자리에 있어야 해요. 에너지가 모이는 지점에서 기다리고 있는 거죠. 너울이 오는 순간 정확한 타이밍에 정확한 위치에 있으면 완벽한 진입을 할 수 있어요."

나는 열심히 고개를 끄덕였지만, 그렇다고 해

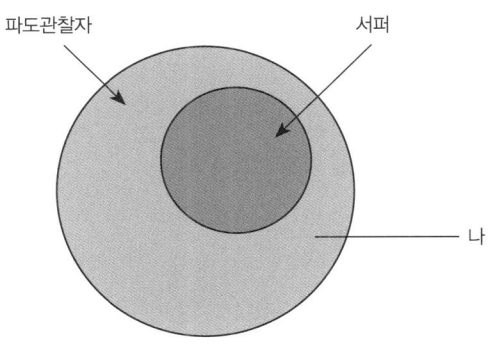

하와이에서의 내 위치는 확실했다.

서 보드를 들고 물속으로 뛰어들어 직접 도전해볼 생각이 있다는 뜻은 아니었다. 내가 '완벽한 진입'을 할 일은 없을 게 분명했다. 나는 한 번도 서프보드 위에 서본 적이 없었고, 고향 서머싯 해안의 시시한 파도조차 타본 적이 없었다. 그러니 태평양 해변으로 밀려오는 거대한 파도에 섣불리 도전할 생각은 전혀 없었다. 내 역할은 어디까지나 관찰자였다. 나는 파도를 감상하는 사람들과 직접 타는 사람들 사이에서 내가 어디에 속하는지 잘 알고 있었다.

반면, 마는 네 살 때부터 서핑을 했다. 그의 아버지도 서퍼였고, 마는 20대 초에 처음 하와이에 온 후로 매년 겨울마다 몇 달씩 이곳을 찾았다.

우리 앞에 펼쳐진 만은 노스쇼어라 불리는 북쪽 해안에서 가장 유명한 서핑 명소 중 하나였다. 서퍼들은 이런 곳을 '브레이크break'라고 부르는데, 와이메아만은 특히 '빅 웨이브 서핑'을 세상에 알린 곳으로 유명하다. 빅 웨이브 서핑이란 파도면의 높이가 골에서 마루까지 5.5미터 이상인 파도를 타는 것을 뜻한다.

우리가 앉은 곳에서 바라본 와이메아만은 전형적인 열대 해안의 모습이었다. 야자수가 백사장 주변에 늘어서 있고, 에메랄드빛 바닷물이 반짝였다. 하지만 이곳이 빅 웨이브 서핑의 성지로 자리잡은 비결은 눈앞에 보이는 풍경이 아니라, 수면 아래에 숨겨져 있었다. 바로 만의 북쪽 곶에서 바닷속으로 뻗어 있는 울퉁불퉁한 화산암초였다. 북서쪽에서 거대한 너울이 밀려오면, 그중 만으로 들어오는 구간이 해변에서 봤을 때 오른쪽 끝부터 부서지기 시작한다. 그쪽은 곶에

심약한 사람은 도전 금지

서 뻗어나간 화산암초가 얕은 수심을 형성하고 있어서, 파도가 갑자기 느려지면서 가팔라지다가 부서지는 것이다. 반면, 만 중앙의 깊은 물로 들어온 파도는 힘을 유지한 채 밀려온다. 따라서 파도의 하얗게 부서지는 부분은 오른쪽에서 시작해 왼쪽으로 점차 퍼져나간다. 이렇게 곶 주변의 암초와 만 중앙의 모랫바다 사이에 깊이 차이가 나는 덕분에, 와이메아에서는 파도면이 15미터 높이로 치솟아도 누구나 (충분히 용감하거나 무모하다면) 서핑에 도전할 수 있다. 그런 높이의 파도가 상상이 되지 않는다면, 4층 건물 높이의 물벽이 우뚝 서 있는 모습을 떠올려보면 된다.˙ 그렇게 거대한 파도는 노스쇼어의 다른 서핑 명소에서 타기엔 너무 위험하다. 다른 곳에서는 파도가 '클로즈아웃close out'되기 때문이다. 클로즈아웃이란, 파도가 한 지점에서부터 차례로 부서지는 것이 아니라 전체적으로 한꺼번에 무너져 내리는 현상을 말한다. 서퍼들은 파도면을 대각선으로 타면서 부서지는 흰 물살보다 항상 앞서 나가야 하는데, 큰 파도가 클로즈아웃이 되면 그럴 수가 없으니 머리 위로 쏟아지는 물의 산에 그대로 휩쓸릴 수밖에 없다.

- 하와이의 서퍼들은 전통적으로 다른 지역과는 약간 다른 기준으로 파고를 측정해왔다. 세계 대부분의 지역에서는 어느 시점에서든 파도면의 높이, 즉 앞면의 골에서 마루까지의 높이가 파고가 된다. 반면 '하와이 척도Hawaii scale'는 해안에서 부서지는 파도의 높이가 아니라 먼바다에서 섬으로 밀려오는 너울의 높이를 기준으로 한다. 해안에서 멀리 떨어진 상태에서 측정하기 때문에 노스쇼어 전체의 서핑 명소에 일관되게 적용할 수 있다(이에 반해 부서지는 파도면의 높이는 해저 지형과 수심에 따라 해변마다 크게 달라질 수 있다). 일반적으로 하와이 척도로 측정한 너울의 파고는 해안에서 부서지는 파도면 높이의 약 절반 정도가 된다. 하와이 척도는 다소 혼란스러운 데다, 서퍼들이 자기가 타는 파도의 크기를 항상 실제보다 낮춰 말하는 겸손한 사람이 되어버리는 이상한 효과가 있다. 그래서 나는 더 단순한 국제 기준을 따라, 부서지는 순간의 파도면 높이를 기준으로 언급하겠다.

그날 파도는 그리 높은 편이 아니었지만, 영국에서 온 내 눈에는 엄청나게 거대해 보였다. 서퍼들은 도대체 어떻게 저 밀려오는 물살의 절벽을 내달리면서 중심을 잃지 않을 수 있는 걸까? 마에 따르면, 가장 어려운 부분은 그게 아니다. 가장 어려운 부분은 파도가 정점에 도달하는 순간 잡아타기에 가장 적절한 위치를 판단하는 것이다. "파도를 제대로 읽으면, 패들링해서 나아가는 순간 파도 잡기에 딱 좋은 자리에 있게 돼요."

서퍼가 위치를 적절히 잡고 '팝업'(보드 위에서 일어서는 동작)을 완벽한 타이밍에 하기만 하면, 속도를 내려고 굳이 패들링할 필요가 없을 때도 있다. 파도의 최정점에 올라서기만 하면, 서퍼와 보드의 무게만으로도 밀려오는 물살의 비탈을 타고 아래로 내달릴 수 있다.

이렇게 파도의 정점을 잡으려면 암초가 가장 얕아지는 지점에 자리를 잡는 것이 좋다. 그 지점에서 파도는 가장 급격히 느려지면서 아코디언처럼 압축되어 솟아오른다. 큰 파도를 기다리면서도 최적의 위치를 벗어나지 않도록 해안가의 지형을 기준 삼아 위치를 조정한다고 마는 설명했다.

바다에 나가 있는 서퍼들을 보고 있으니, 생각보다 물속에서 기다리는 시간이 많다는 것을 알 수 있었다. 그런데 그럴 만했다. 너울은 무리를 지어 바다를 이동하기 때문이다. 큰 파도의 무리는 어느 정도 간격을 두고 몰려온다. 그래서 서퍼들은 파도가 작을 때는 패들링하고 이야기 나누면서 큰 파도의 '세트'가 오기를 기다린다. "와이메아에서는 좋은 세트가 들어오는 걸 '보일'을 보고 알 수 있어요." 마가 흥미로운 이야기를 했다. 보일boil이란 수면에 지름 4미터 정도

로 나타나는 원형의 물결이다. 화산암초의 봉우리
위를 급히 지나가는 물이 소용돌이를 형성하면서,
수면의 잔물결 무늬가 매끈해진다. 서퍼들은 보일
위에서는 서핑을 피한다. 물이 회전하기 때문에 보
드가 휘말리기 쉽다. 하지만 보일의 움직임은 큰 파도의 등장을 알
리는 미묘한 신호가 될 수 있다.

 큰 파도가 오기 전에는 물이 끓는다

마가 눈을 반짝이며 말했다. "세트가 들어오는 게 눈으로는 안 보
여도, 파도는 벌써 바닥을 느끼기 시작해요. 보드에 앉아 있으면 에
너지가 점점 고조되는 게 느껴지거든요. 보일이 여기 하나 생기고,
저기 하나 생기더니, 저 멀리에 또 크게 하나 생기는 식이죠."

우리는 바다 위 라인업에 흩어져 있는 서퍼들을 바라보았다. 다들
느긋하게 기다리면서, 아마도 보일을 주시하고 있을 터였다. 마침
내 먼바다에서 세트가 다가오자 서퍼들이 일제히 움직이기 시작했
다. 저마다 어느 파도를 탈지 마지막 순간에야 결정하는 듯했다. 거
대한 물살이 도달하기 직전, 필사적으로 팔을 젓고 발을 차며 나아
갔다. 몇몇은 타이밍을 정확히 잡고, 물살의 비탈을 타고 질주했다.
부서지는 포말이 그 뒤를 바짝 쫓아오고 있었다. 그 모든 광경을 나
는 얼어붙은 채 바라보았다. 모든 물리적 파동은 에너지의 이동이
다. 저 무시무시하고 억센 바다의 에너지를, 빅 웨이브 서퍼들은 누
구보다 피부로 이해하고 있는 듯했다.

하와이제도의 가장 큰 네 섬인 빅아일랜드(하와이섬), 오아후, 마우

이, 카우아이의 해안선을 모두 합치면 총 1300킬로미터에 달한다. 태평양 한복판에 자리한 데다 대륙붕 없이 심해에서 바로 솟아 있는 화산섬이라는 특성 덕분에, 하와이에는 연중 거의 항상 큰 파도가 밀려온다. 여름에는 파도 높이가 보통 1미터 정도지만, 겨울에는 2~3미터 수준으로 높아지고, 때로는 9미터를 훌쩍 넘기도 한다.

거대한 너울이 이렇게 꾸준히 해안에 밀려드는 환경 덕분에, 하와이는 나무판에 몸을 싣고 파도를 타는 희한한 놀이가 역사상 처음으로 기록된 곳이기도 하다. 1779년 영국 탐험가 제임스 쿡 선장이 영국 함선 디스커버리호와 레졸루션호를 이끌고 하와이제도에 당도했을 때, 제임스 킹 중위는 임무를 보조하던 장교였다. 탐험대가 하와이섬의 케알라케쿠아만에 상륙하자, 원주민들은 이들을 신적 존재로 환대했다. 하지만 탐험대가 너무 오래 머무르자 분위기가 달라졌다. 한 달 후, 쿡 선장은 도난당한 소형배를 둘러싸고 섬 주민들과 충돌을 빚은 끝에 살해되었다.

쿡 선장이 사망한 후, 킹 중위는 선장의 항해일지를 대신 마무리했다. 높은 파도가 일던 날, 그는 해변에서 목격한 장면을 이렇게 기록했다.

… 가장 흔한 놀이 하나는 바다에서 벌어진다. 너울이 크게 일고, 파도가 해안에 부서지는 곳이다. 남자들이 때때로 스물에서 서른 명씩 모여 너울이 이는 곳으로 가서, 각자의 키와 몸집에 맞는 타원형 나무판 위에 바짝 엎드린다. 다리는 곧게 모으고, 팔을 저어 판자를 조종한다. 가장 큰 너울이 해안으로 밀려오기를 기다렸다

가, 그 정점에 머무르기 위해 일제히 팔을 저어 나아간다. 그러면 너울이 엄청난 속도로 해안을 향해 이들을 밀고 간다. 중요한 요령은 판자를 조종해 너울의 방향이 바뀌어도 항상 적절한 방향을 유지하며 그 꼭대기에 머무는 것이다.

쿡 선장의 비극적인 항해 이후 하와이를 찾은 방문자들에 따르면, 서핑은 섬사람들의 생활에서 빠질 수 없는 활동이었다. 좋은 너울이 밀려오는 날이면 마을이 텅 빌 정도였고, 남녀노소 할 것 없이 모두 해변으로 달려가 쇄파 속에서 놀고 파도타기를 하며 즐겼다고 한다. 그러나 19세기 전반에 하와이로 이주해 온 유럽인들은 섬사람들의 삶에 재앙을 초래 했다. 이주자들이 옮긴 전염병은 면역이 없던 원주민 인구를 초토화했고, 칼뱅주의 선교사들은 서핑을 탐탁지 않게 여겼다. 알몸으로 즐긴다는 이유 등으로 서핑을 불경스러운 행위로 간주하면서 섬사람들의 서핑을 막았다. 1892년에는 현지 의사였던 너새니얼 에머슨이 "이제 박물관이나 개인 소장품을 제외하면 서프보드를 찾아보기도 어렵다"고 기록했을 정도다.[1]

〰️ 불청객들

그러던 20세기 초에 서핑은 부흥기를 맞는다. 그 첫 중심지는 오아후섬 남서쪽 해안의 와이키키로, 여름철에 꽤 괜찮은 너울이 들어오는 곳이었다. 1950년대에 이르러서야 몇몇 대담한 서퍼들이 겨울철 오아후섬 노스쇼어의 훨씬 더 강력한 파도에 도전하기 시작했다. 꾸준히 밀려오는 강한 너울이 암초 위에서 부서지는 특성 덕분에 노스쇼어는 프로 서퍼들의 성지로 떠올랐고, 수십 개의 서핑 대회가 열리는 무대가 되었다. 그중에서도 가장 권위 있는 빅 웨이브 서핑 대회는 1986년부터 와이메아만에서 개최된 '에디 아이카우 빅 웨이브 인비테이셔널Eddie Aikau Big Wave Invitational'이다. '디 에디The Eddie'로 통하는 이 대회는 와이메아만 최초의 인명구조원이었던 에디 아이카우의 이름을 딴 것이다. 그는 1960~1970년대에 명성을 떨쳤던 빅 웨이브 서퍼로, 31세의 나이에 하와이에서 타히티까지 카누 항해를 시도하다가 실종되었다. 이 대회는 매년 열리는 것이 아니라 파도면의 높이가 약 9미터를 넘을 것으로 예측되는 해에만 개최된다. 세계 최고의 빅 웨이브 서퍼 28명이 초청을 받고, 12월과 1월 내내 호출 대기 상태로 기다리다가 큰 너울의 예보가 있으면 즉시 하와이로 날아간다. 파도가 거대하지 않으면 대회는 그해를 건너뛰고 다음 해로 연기된다.

  앤드루 마와 이야기를 나눈 뒤에 해변으로 내려가 보니, 몇몇 젊은 서퍼들이 모래 더미를 파서 도랑을 내고 있었다. 거대한 모래 더미는 와이메아강의 물이 만으로 흘러들어가는 것을 막고 있었다. 겨울철 파도의 거센 힘에 해변으로 밀려 올라온 모래는 강어귀를 막아 자연적으로 둑을 만든다. 한편 11월에서 3월까지 이어지는 우기 동안 산에서 흘러 내려온 빗물이 둑 뒤편에 점점 고인다. 그러다 마침내 둑이 터지면서 콸콸 흐르는 물이 해변을 지나 바다로 흘러 들어간다. 그렇게 한 달에 서너 번쯤 저절로 터진다고 하며, 때때로 현지인들이 도랑을 파서 물길을 틔워주기도 한다고. 호기심이 동한 나는 앉아서 구경했다.

  강물이 흐르기 시작하자, 물살이 양옆의 모래를 깎아내면서 물길

정상파 서핑. 고속으로 올라오는 러닝머신 위를 스케이트보드 타고 내려가는 것과 비슷하다.

이 점점 넓어졌다. 곧 거대한 급류가 만들어져 해변을 가로질러 바다로 흘러갔다. 그리고 모랫바닥의 굴곡진 지형 때문에 물살이 튕겨 오르면서 몇 개의 정상파가 연달아 형성되었다. 서퍼들이 기다리던 순간이었다.

앞서 소개했던 뮌헨 도심의 서퍼들처럼, 젊은 서퍼들은 번갈아가며 강둑에서 뛰어내려 서핑을 즐겼다. 사용하는 보드는 몽땅한 폼 재질의 '부기보드'였다. 영상으로만 봤던 모습을 실제로 보니 무척 흥미로웠다.

서퍼들은 물살 위를 미끄러지며, 위로 솟는 급류 위에서 중력의 힘으로 정상파의 경사면을 탔다. 그 모습은 러닝머신이 깔린 내리막길에서 스케이트보드를 타는 것과 비슷했다. 그럴 때 스케이트보드의 바퀴는 핑핑 돌지만 위치는 제자리인 것처럼, 서퍼들도 제자

안타깝게도 헤라클레이토스가 살던 시대는 서핑이 발명되기 전이었다.

리에서 파도를 타며 물길 위를 좌우로 오갔다.

급류를 타며 무척 즐거워하는 서퍼들의 모습을 보면서, 나는 헤라클레이토스가 강은 계속 새 물이 흘러들어오니 같은 강물에 두 번 발을 담글 수 없다고 했던 말이 떠올랐다. 헤라클레이토스는 꽤나 괴팍한 철학자였다. 동료 시민들을 경멸하며, "어른들은 모두 목을 매고 죽어버리는 게 낫다"고까지 말하기도 했다. 그가 서핑을 했더라면 혹시 더 행복하지 않았을까? 세상의 끊임없는 변화를 한탄하기보다 그 변화를 직접 몸으로 타며 즐겼더라면, 그 투덜이 고대 철학자도 기분이 훨씬 나아지지 않았을까.

인간 혐오의
치료법

선셋비치 소방서는 와이메아만에서 해안을 따라 북동쪽으로 1~2킬

로미터 떨어진 곳에 자리잡고 있다. 큰길 건너편에는 노스쇼어 서퍼들이 레드불 에너지 음료를 사러 들르는 '푸드랜드' 슈퍼마켓이 있다. 소방서 차고에는 크롬 장식이 빛나는 노란색 소방차 한 대가 있었는데, 특대형 서프보드가 차량 지붕 위에 묶여 있었다. 보드는 차량과 똑같이 노란색 공식 도장이 되어 있었고, 서퍼들이 보통 들고 다니는 2미터짜리 보드보다 훨씬 거대한 3미터짜리 구조용 보드였다. 해변의 인명구조원들이 근무를 마치는 시간이 되면 이 일대의 구조 업무는 호놀룰루 소방국이 맡게 된다.

"제가 서핑을 배울 때는 쇼트보드short board라는 게 없었어요. 보드 하나를 아이 둘이 들고 해변으로 날랐지요." 짐 멘싱 소방서장의 말이다. 52세인 멘싱은 노스쇼어에서 32년간 소방관으로 일하고 있다. 일곱 살 때 가족이 하와이로 이주해 왔고, 열두 살 때부터 파도를 탔다.

"집에 보드 있는 친구가 있으면 네다섯 명이 돌아가면서 탔어요." 멘싱이 옛 기억을 떠올렸다. 1970년대 당시에는 서프보드에 리시leash가 없었다고 한다. 리시는 서프보드에 연결된 줄로, '와이프아웃wipeout'(서퍼가 중심을 잃고 보드에서 떨어지는 것) 되었을 때 보드를 놓쳐 잃어버리지 않도록

하와이 소방관의 필수 장비, 서프보드.

서퍼의 발목에 묶는다. "보드를 다시 건지려면 보디서핑을 해서 해안 쪽으로 들어갔지요."

나는 보디서핑body surfing이란 말을 들어본 적은 있었지만, 어떤 식으로 하는지는 알지 못했다. 답은 생각보다 간단했다. "보디서핑은 오리발만 있으면 돼요. 그것도 꼭 필요한 건 아니고요." 멘싱이 설명했다. "쿡 선장이 하와이에 왔을 때는 보드 타는 사람보다 보디서핑 하는 사람이 많았어요. 가장 원초적으로 파도를 타는 거죠. 물개나 돌고래처럼요. 걔네들이야말로 최고의 보디서퍼죠."

가장 단순한 형태의 보디서핑은 양팔을 옆구리에 붙인 채 파도면을 타고 미끄러지는 것이다. 하지만 보통은 팔을 앞으로 뻗고 탄다.

<small>무너지는 파도에 횡사하지 않으려면</small>

'오버 더 폴스over the falls'로 떨어질 때 목이 바닥에 부딪혀 부러지는 걸 방지하기 위해서다. '오버 더 폴스'는 파도를 타고 있던 서퍼가, 파도가 앞으로 고꾸라지면서 무너질 때 거기에 휘말려 함께 내던져지는 상황을 뜻한다. 가장 위험한 형태의 와이프아웃이다. 특히 거대한 파도에서는 엄청난 물 덩어리의 낙하 충격에 의해 서퍼가 물 밑의 암초나 얕은 바닥에 내동댕이쳐질 위험이 있다.

멘싱이 설명을 이어갔다. "가파른 파도면 위에서 앞으로 직진하지 않고 대각선 방향으로 타는 게 핵심이에요. 파도의 정점에서 어깨까지 죽 활주하는 거죠. 파도가 덮치면서 부서질 때 그 안쪽에 숨을 수 있으면 제일 좋고요." 보디서핑이 아닌 보드를 이용한 서핑에서도 똑같다. 이상적인 파도는 하나의 정점에서 물마루가 활처럼 앞으로 휘어지면서 부서지기 시작하고, 그 부서지는 지점이 파도를 따라 가로 방향으로 진행해야 한다. 서퍼는 파도가 부서지는 지점보다 한발 앞서가며 매끄러운 파도면의 가장 가파른 부분에 늘 위치한 채, 자신을 밀고 가는 파도면을 대각선 방향으로 탄다. 서퍼는 속도를 조절해 원통 모양으로 말린 '튜브'가 자신을 아예 따라잡게 하기도 한다. 그러면 '그린룸green room'이라고 하는 파도 속 공간으로 쏙 들어가, 머리 위로 드리운 물 지붕 아래에서 질주할 수 있다.

보디서핑의 어려운 점은 이걸 보드 없이 해야 한다는 것이다. 몸 자체가 보드가 되는 셈이다. 하와이는 일반적으로 파도가 워낙 강하고 빨라서 파도를 앞서가기가 매우 어려울 수 있다고 멘싱은 설명했다. 서퍼는 물의 흐름에 휩쓸려가는 게 아니라 수면 위를 파도와 함께 나아간다는 것을 잊지 말자. 하지만 인간의 몸은 보드보다 저항이 훨씬 크다. 보드처럼 수면 위를 미끄러지기보다 물속에서 나아가기 때문이다. 이를 보완하기 위해 보디서퍼는 한 손을 앞으로 뻗어 수중익선(날개의 양력으로 선체를 띄워 빠르게 달리는 배)의 날개처럼 이용하기도 한다. 활짝 편 손바닥이 수면 위를 미끄러지면서 상체를 물 위로 들어올리는 효과가 있어, 저항을 줄이고 속도를 높일 수 있다.

그리고 다른 팔은 뒤쪽으로 뻗는다. 멘싱이 직접 자세를 잡아 보이며 펜싱 선수 같은 동작을 취했다. "이쪽 팔은 물 밖으로 내밀고 있어야 해요. 뒤로 뻗어서 파도 위로 들고 있는 거죠. 양팔을 바꿔도 되고, 회전이라든지 여러 기술을 구사할 수도 있어요. 회전을 연속으로 구사하는 보디서퍼도 있고요."

리시가 보편화된 이후로는 보드를 놓쳐도 몸으로 파도를 타고 잡으러 갈 필요가 없어졌다. 지금도 보드 없이 파도를 타는 사람들이 많이 있을까? "아들하고 보디서핑을 하러 가면, 저처럼 머리가 희끗희끗한 보디서퍼들이 태반이라 실망할 때도 있어요."

보디서핑이 쇠퇴한 또 한 가지 큰 이유는 1970년대에 폼 재질의 짧은 부기보드가 등장한 것이었다. 부기보드는 일반 서프보드보다 타기가 쉬워서 오늘날 초보자들에게 가장 인기 있는 보드다. 즉시 짜릿한 속도감을 제공하는 부기보드에 관심이 쏠리면서 보드 없이 하는 서핑은 관심이 시들해졌다. "제 아들이 부기보드를 타기 시작한 것도 부기보드 타는 사람들이 파도를 독식해서였죠. 브레이크에서 다들 부기보드를 타고 있는데 거기서 보디서핑을 하려면 여간 짜증나는 게 아니에요. 기다리다가 드디어 파도가 나한테 오는데, 방금 한번 타고 돌아오던 사람이 휙 돌더니 내 앞에서 끼어드는 거죠." '드롭인drop in'은 서핑에서 최악의 실례로 간주된다. 이미 파도를 타고 있는 사람 앞에 끼어들어 파도를 잡는 행동인데, 그러면 먼저 타고 있던 사람은 포기하고 빠져나올 수밖에 없게 된다.

멘싱은 보드를 타기 전에 보디서핑부터 배웠다. 섬 남쪽의 샌디비치파크에서 일곱 살 때부터 파도를 몸으로 탔다. 파도의 에너지 속에 몸을 내던지는 기분은 어떤 걸까? 그에게 물어보았다. 그가 소방서 너머로 반짝이는 태평양을 지긋이 바라보며 대답했다. "물속을 날아가는 기분이랄까요."

이제 말은 그만하고 직접 도전해볼 차례였다. 직접 서프보드를 타보기로 결심한 나는, 할레이와 해변에서 초보자들을 가르치는 '선셋 수지Sunset Suzy' 강사의 수업을 예약했다. 할레이와는 겨울철에도 파도가 온순하게 이는 곳으로, 그 이름은 '이와새의 서식지'라는 뜻이다. 이와새는 큰군함조라고도 하는 큰 바닷새다. 거의 항상 날고 있고, 잠을 자거나 둥지를 돌볼 때만 착지한다. 이 새는 바닷새치고 특이하게도 깃털을 방수하는 기름이 많지 않아서 물에는 거의 내려앉지 않는다. 그 대신 물고기를 수면에서 낚아채거나, 뛰어오른 날치를 공중에서 가로채거나, 다른 바닷새들을 괴롭혀 먹이를 떨어뜨리게 만든다. 하늘을 떠다니는 시간이 긴 만큼, 이 새는 가급적 힘들이지 않고 바다 위에서 양력을 얻는 법을 터득했다. 바람이 물결 위를 지나갈 때 만들어지는 공기의 파동을 타고 나는 것이다. 이와새는 수면 위를 스치듯 날아가면서 파도 사이 골을 들락날락하다가, 필요할 때는 상승 기류를 타고 솟아오른다. 몸무게에 비해 날개가 가장 긴 새로, 파도 위에서 누구보다 빠르고 우아하게 난다.

선셋 수지와 함께한 서핑 수업의 세세한 내용은 생략하겠다. 한마디로 나는 타고난 서퍼가 아니다. 아니, 전혀 소질이 없다. 내가 앞에서 한쪽 귀가 안 들린다는 푸념을 했던가? 나는 생후 6개월부터 21세에 고막 이식 수술을 받을 때까지 오른쪽 귀에 고막이 없었다. 그동안 감염을 막기 위해 귀에 물이 들어가는 걸 최대한 피해야 했고, 그래서 수영을 할 때도 평영만 했다. 그러니 내 한심한 서핑 실력은 어린 시절 물에서 보낸 시간이 부족했던 탓이라고 생각한다. 게다가 시원찮은 귀 때문인지 균형 감각도 별로 좋지 않다. 그리고 물론, 이와새처럼

굴욕,
그리고 변명

노스쇼어라 불리는 오아후섬 북쪽 해안에는 세계적인 수준의 서핑 명소가 40곳 이상 있는데, 그중 네 곳만 나타냈다.

몸무게에 비해 팔다리가 늘씬하지도 않고.

서프보드 체험에서 굴욕을 당한 뒤, 이제는 보디서핑을 알아보기로 했다. 짐 멘싱 소방서장이 보디서핑을 배웠다는 샌디비치파크Sandy Beach Park, 줄여서 샌디스Sandy's라고 불리는 해변으로 차를 몰았다. 샌디스는 웅장한 코코 분화구의 가파르고 주름진 경사면 아래 그늘에 자리잡고 있다. 코코 분화구는 '응회구'라고 하는 화산 지형으로, 가파른 현무암 경사면이 원형으로 둘러싸고 있으며 내부는 움푹 파여 있다. 약 300만 년 전에 섬이 형성될 당시 화산 분출구에서 엄청난 양의 화산재가 쏟아져 내리면서 만들어졌다.

해안을 따라가면 나오는 작은 만은 영화 〈지상에서 영원으로〉에서 버트 랭커스터와 데버러 카가 밀려오는 파도 속에서 뒹군 명장면을 촬영한 곳이기도 하다. 1950년대부터 지금까지 샌디스는 세계적으로 손꼽히는 보디서핑 명소다. 버락 오바마는 호놀룰루에서 성장하면서 10대 시절에 샌디스를 자주 찾았으며, 2008년 대통령 후보 시절에 이곳에서 보디서핑하는 모습이 사진에 찍히기도 했다.

차에서 내려 뜨거운 모래사장을 밟자마자, 샌디스의 파도가 와이메아와는 성격이 완전히 다르다는 것을 알 수 있었다. 오아후섬의 남동쪽 끝에 위치한 샌디스는 겨울철 북쪽에서 밀려오는 너울이 닿지 않는 그늘진 영역에 속한다. 그래서 파도의 크기가 훨씬 작기도 했지만, 파도가 부서지는 모양이 달랐다. 와이메아에서는 파도가 한쪽 끝에서 부서지기 시작하면서 가로 방향으로 죽 벗겨져 나가는 식이었다면, 샌디스의 파도는 갑작스럽게 말리면서 긴 구간의 물마루가 한꺼번에 앞으로 쏟아졌다. 이런 차이가 나는 이유는 샌디스의 해저 지형이 와이메아와 다르기 때문이다. 샌디스는 브레이크의 여러 유형 중 '쇼어브레이크shorebreak'에 속한다. 가파른 모랫바닥에 의해 파도가 부서지는 유형으로, 물 밑 암초에 의해 부서지는 유형과는 차이가 있다. 노스쇼어보다 파도의 크기는 확연히 작았지만, 가파른 해저 경사 때문인지 물가 근처에서 꽤 격렬하게 쏟아지는 모습이었다.

서프보드를 타는 사람은 아무도 없었지만, 부기보드를 타는 사람은 수두룩했다. 오리발을 신고 떠다니는 사람들도 보였다. 나는 한 여성이 부서지는 파도 위로 몸을 던지는 모습을 지켜보았다. 멘싱

해변에서 뒹굴다가 물벼락 맞는 맛.

이 보여줬던 동작처럼 한 손을 앞으로 뻗고, 파도 위를 미끄러졌다. 그러나 균형을 잡으려고 반대쪽 팔을 뒤로 들자마자 파도가 무너지며 덮쳤다. 여성은 파도가 지나가고 남은 흰 포말 속에서 모습을 드러냈다. 파도를 탄 시간은 겨우 3초 정도에 불과했다.

   이건 딱히 관전용 스포츠라고는 할 수 없었다. 파도를 타는 시간이 짧을 뿐더러, 서퍼의 몸 대부분이 물속에 잠겨 있어 보이지 않는다. 와이메아에서처럼 화려한 색깔의 보드 위에 몸을 웅크리고 거대한 물의 비탈을 내달리는 빅 웨이브 서핑의 장관은 찾아볼 수 없다. 이런 이유로, 보디서핑 대회를 TV에서 중계하는 모습은 상상하기 어렵다. 게다가 보디서핑은 패션이 개입할 여지도 많지 않다. 남성 보디서

자연 그대로의
서핑

퍼들은 삼각 수영복만 입은 경우가 많았다. 패셔너블한 서핑 반바지는 물속에서 저항만 일으키니 원치 않았을 것이다. 물론 보드가 없으니 스폰서 로고를 새길 데도 없다. 하지만 난 그 단순함이 마음에 들었다. 오로지 사람과 파도, 그뿐이라는 것이 좋았다.

내가 지켜보던 보디서퍼가 흰 포말을 헤치고 해변으로 걸어 나왔다. 마치 영화 〈007 살인번호〉에서 우르줄라 안드레스가 등장하는 유명한 장면처럼, 황금빛 모래를 밟으며 소라껍데기를 들고 내 쪽으로 다가왔다. 아니, 사실은 많이 지쳐 보였고, 손에 든 것은 오리발이었다. 그녀의 이름은 셸리 오브라이언. 호놀룰루 외곽에 살고 있으며, 오아후섬에서 태어나 서핑을 즐기는 가정에서 자랐다. 어릴 때는 주말마다 보디서핑을 했다고 한다. 그녀는 말했다. "이제는 이

해변에 서프보드를 깜빡하고 가져오지 않았다면? 아무 문제 없다.

것만 하고 싶어요."

샌디스가 보디서핑하기에 좋은 이유를 셸리에게 물었다. "우선 모랫바닥이어서 좋아요. 산호초가 많은 곳은 보디서핑하기에 위험하거든요. 그리고 깊은 바다에서 밀려오는 파도가 이렇게 갑자기 솟아오르는 형태도 좋고요."

그러나 모랫바닥이라고 해도 이 해변은 사고가 잦은 곳으로 악명이 높다. "무서운 게, 파도가 너무 타기 좋아 보인다는 거예요. 차 세우고 2분 만에 파도를 탈 수 있어요. 그래서 위험하죠. 여기가 척추 부상 사고 1위 해변이거든요." 문제는 이곳의 파도 특성을 잘 모르는 수영객들이다. "잘못하면 수십 10센티미터 바닥에 목부터 떨어지는 거예요."

보디서핑은 번거로운 장비가 필요 없어서 마음에 든다고 내가 말했다. "맞아요, 몸 하나로만 하는 거죠." 그녀가 빙긋 웃더니 이렇게 덧붙였다. "제가 항상 하는 말인데, 배 나온 사람이 보디서핑을 잘해요. 포인트패닉 같은 데서 노련한 보디서퍼들 보면요, 배 나온 사람은 진짜 멋진 기술을 구사하더라고요. 배가 거의 방향타 같달까요." 나도 모르게 셸리를 뚫어지게 바라보고 있었다. 그녀가 내 '방향타'를 살펴볼 생각을 하지 못하게 조금이라도 오래 시선을 붙잡아둘 심산이었던 것 같다.

내 방향타를
보지 말아줄래

～

그날 밤 잠을 청하는데, 파도가 바위에 부딪치는 소리가 들려왔다.

와이메아만이 내려다보이는 해안 절벽 위의 오두막에서 들리는 파도 소리는 해변에서 듣던 것과 사뭇 달랐다. 쏴아 하고 쏟아지는 흰 물거품의 고주파음은 사라지고, 대신 육중한 바닷물이 곶에 끊임없이 쿵쿵 들이받는 소리만 먼 천둥소리처럼 들려왔다. 나는 해변에서 퍼져나가는 음파가 오두막집 외벽을 타고 회절하는 모습을 상상했다. 짧은 파장의 자잘한 소리는 집에 가로막혀 내게 와닿지 않을 것이다. 반면 긴 파장의 소리는 밤공기 속에서 벽을 타고 돌다가 창문으로 흘러들고 있으리라.

파도 소리는 이제 짐승의 코 고는 소리처럼 들렸다. 맥동하는 숨소리가 내 침대를 계속 미세하게 울렸다. 잠에 빠져드는 순간 마지막으로 내 의식을 스친 소리는 타, 타, 타 하고 공기를 가르는 헬리콥터 날개 소리였다. 이 늦은 밤에 왜 헬리콥터가 돌아다닐까?

다음 날, 한 서퍼가 실종되었다는 소식을 들었다. 이름은 호아킨 벨리야. 늦은 오후에 노스쇼어의 한 브레이크로 패들링해 나갔다가 다시 돌아오지 않았다. 내가 밤에 들었던 것은 수색을 벌이던 소방국의 헬리콥터 소리였다. 소방국은 새벽 두 시까지 수색하다가 날이 밝은 후 재개했다. 그날은 해안경비대가 야간 투시경을 이용해 밤새 수색을 이어갔지만, 벨리야의 흔적은 찾을 수 없었다.

벨리야는 푸에르토리코 출신으로, 하와이에서 가장 악명 높은 서핑 명소인 반자이 파이프라인Banzai Pipeline에서 실종되었다. 그곳의 파도는 유난히 아름답다. 너울이 클 때는 현무암초 위를 지나는 파도가 멋진 곡선을 그리며 앞으로 말려들어, 튜브 또는 파이프라고 하는 커다란 원통을 만든다. 아름답기는 하나, 파이프라인은 세계에서 가장 위험한 브레이크 중 하나다. 매년 평균 한 명의 서퍼가 이곳에서 목숨을 잃는다. 매우 얕은 수심에서 파도가 부서지기 때문에, 서퍼가 운 나쁘게 '오버 더 폴스'로 떨어졌다가는 쏟아지는 물의 엄청난 무게에 그대로 암초에 내리꽂힐 위험이 있다. 수백만 년 동안 끊임없이 내리치는 파도의 충격으로, 바닷속 현무암은 곳곳이 패이고 갈라지는 등 불규칙한 모양으로 다듬어져 있다. 서퍼가 심하게 와이프아웃을 당하면 바위 틈새에 박혀 다시는 떠오르지 못할 수도 있다는 이야기를 듣고, 나는 아연해졌다. 벨리야가 실종된 저녁, 파이프라인의 파도 높이는 7.5미터였다.

파이프라인이 특히 위험한 이유 중 하나는 파도가 해변 가까이에서 부서진다는 점이다. 그렇게 멋들어지게 원통 모양으로 부서지는 위치가 물가에서 고작 70미터 거리다. 그래서 미숙한 서퍼도 패들링하여 격렬한 파도 한복판으로 쉽게 뛰어들 수 있다. 하지만 벨리야는 초보자가 아니었다. 그는 그곳 파도를 잘 알았다. 푸에르토리코에서 오아후섬으로 이주한 지 5년이 된, 오직 파도를 찾아 하와이로 온 '서핑 이민자'였다. 수색은 하루 종일 이어졌지만 그는 끝내 발견되지 않았고, 다음 날 아침 그의 서프보드가 해변으로 떠밀려 왔다. 발목 밴드 근처에서 리시가 끊어진 상태였다.

파도 위를 미끄러지는 서프보드의 성능은 그 모양이 조금만 달라져

도 엄청난 영향을 받는다고 한다. 내가 만난 서퍼들은 서프보드의 아주 사소한 특징까지도 무척 중요하게 생각하는 듯 했다. 이를테면 정확한 길이가 얼마인지, 바닥이 평평한지 굽어졌는지, 테일핀tail fin(꼬리날개)이 어디에 달려 있는지 같은 것이다. 솔직히 말하면, 나는 그런 게 뭐 그렇게 중요하겠나 싶었다. 그래서 셰이퍼 한 사람과 만나기로 약속을 잡았다. 서프보드를 제작하는 사람을 '셰이퍼shaper'라고 부른다.

셰이핑의 마술

제프 부시먼은 노스쇼어 최고의 셰이퍼 중 한 사람이다. 1982년부터 보드 만드는 일을 생업으로 해왔고, 처음에는 다른 사람이 만드는 것을 한 번도 보지 않고 독학으로 보드를 3천 개 이상 만들었다. 그는 보드의 작동 이치를 제대로는 알지 못한다고 고백했다. "그냥 오랜 세월 동안 몸에 쌓인 감 같은 것"이라고 한다. 지난 25년간 보드 3만 개를 만들었으니, 적잖은 시간 동안 그 감을 키운 셈이다.

새로운 디자인 아이디어는 잠에서 깼을 때 비로소 떠오르기도 한다. 판초 설리번이라는 현지 서퍼의 보드를 만들 때도 그랬다. "한밤중에 문득 깼는데 아이디어가 번뜩 떠오르는 거예요. '이거다!' 했지요. 아침에 일어나서 바로 작업을 진행했어요." 그가 모양을 잡고 설리번과 함께 발전시킨 보드는 "선셋비치에서 사용되는 보드에 혁신을 가져왔다"는 평가를 받았다. 물론 그가 말하는 혁신은 보드의 새로운 배색이 아니다. 셰이핑의 기술은 보드의 외관을 예쁘게 만드는 데 있지 않다. 최고의 셰이퍼는 서퍼가 파도로부터 알맞은 양의 에너지를 취할 수 있도록 보드의 치수와 형태를 끊임없이 실험한다. 실제로 부시먼과 같은 셰이퍼들은 특정 서퍼를 위한 보드뿐만

이 곡선을 '로커rocker'라고 한다. 로커가 뚜렷할수록 보드의 속도가 느려져, 하와이의 거대한 파도 위에서 다루기가 쉬워진다

단면 | 모양

'V자형 바닥'도 속도가
느려지는 효과가 있어
하와이용 보드의 대표적 형태다

단면 | 모양

'오목형 바닥'은 저항이 작아
속도가 빨라지므로
작은 파도에 적합하다

하와이 같은 곳에서 쓰는 빅 웨이브 서핑용 보드는 작은 파도용 보드보다 속도가 느린 형태로 만든다. 그래야 노스쇼어 파도의 아찔한 경사면 위에서 조종하기가 더 쉽다.

아니라 특정 브레이크에 맞는 보드도 만든다.

부시먼은 "이곳 서퍼들은 보통 서프보드를 여덟 개에서 스무 개 정도 갖고 있다"면서, 그중에서 그날 파도 상태와 장소에 가장 알맞은 보드를 선택한다고 설명했다. "노스쇼어의 11킬로미터에 걸친 해안선은 아주 독특해요. 해변 가까이에 암초가 워낙 많고, 저마다 파도의 에너지를 모아주는 형태가 다르거든요. 그래서 암초마다 만들어내는 파도 패턴이 다르죠."

하와이에서 쓰는 보드가 다른 지역의 보드와 차이가 있을까? "이곳 파도는 힘이 엄청나기 때문에 여기서 만드는 보드는 대부분 파도의 속도를 통제할 수 있게 디자인한다"고 한다. 그 방법은 보드를 옆에서 봤을 때 바닥면을 약간 볼록하게 만드는 것이다. 다시 말해, 보드를 평평한 바닥에 놓으면 시소처럼 앞뒤로 살짝 흔들릴 수 있

"제가 조금 전에 만든 겁니다." 노스쇼어의 서프보드 셰이퍼, 제프 부시먼이 보드 바닥의 곡선을 보여주고 있다.

게 만든다. '로커rocker'라고 하는 이 휘어짐을 많이 넣어줄수록 보드가 물 위에서 느려지므로, 거대한 하와이 파도의 가파른 면 위에서 조종하기가 더 쉬워진다. 그리고 턴을 하기도 더 쉽다. 빅 웨이브용 보드는 여기에다가 바닥면도 살짝 V자 모양을 넣어주는 경우가 많다. 보드를 끝 쪽에서 봤을 때 중앙축이 가장 두껍고 양옆으로 갈수록 얇아지는 형태다.

다른 지역에서는 그 반대의 조건이 필요할 수 있다. "가령 영국이나 미국 동부, 일본에서처럼 작은 파도를 타는 보드는 디자인이 완전히 달라야 해요. 속도를 오히려 **높여줘야** 하거든요." 그런 보드는 끝에서 봤을 때 바닥이 오목한 형태다. 중심선이 가장자리보다 아주 살짝 높아서 보드 밑에 빈 공간이 약간 만들어지는데, 이 공간에

이 끝내주는 V라인을 보시라.

서 물과 공기가 섞이면서 파도를 탈 때 보드를 위로 띄워주고 저항을 줄여준다. 부시먼이 설명을 덧붙였다. "파도의 힘이 그리 세지 않을 때 직접 속도를 만들어내야 하는 보드죠." 그가 이렇게 합리적이고 친절한 사람이 아니었더라면, 영국의 파도를 무시하는 게 아닌가 하고 의심했을지도 모르겠다.

그렇다면 같은 노스쇼어에서라도 브레이크에 따라 보드 디자인이 어떻게 달라질까? "와이메아에서는 보드가 거대해야 해요." 그가 망설임 없이 대답했다. "엄청난 너울이 밀려오거든요. 20피트짜리* 파도도 오는데, 워낙 빠르기 때문에 작은 보드로는 아무리 열심히 팔을 저어도 속도가 모자라서 올라탈 수가 없어요. 파도가 그냥 밑으로 지나가거나 아니면 서퍼를 앞으로 던져버리죠." 그런 보드는 '건$_{gun}$'이라고 불리며, 길이가 3미터 이상이다. 그만큼 넓은 면적에

- 20피트(6미터)는 부시먼이 하와이 척도로 말한 것으로, 심해에서 측정한 너울 높이를 가리킨다. 부서질 때 파도면의 골에서 마루까지 높이로 말하면 9미터다.

서퍼의 체중이 분산되기 때문에 부력이 더 좋고, 따라서 저항이 더 적다.

그런가 하면 선셋비치에서는 2.5미터 정도의 더 짧은 보드가 필요하다. "선셋의 암초는 그 해안선상의 위치 덕분에 노스쇼어로 들어오는 너울을 거의 모두 잡아내요." 그래서 선셋비치는 노스쇼어의 다른 곳보다는 다소 작은 4~6미터급 파도가 1년 내내 가장 꾸준히 밀려오는 곳으로 유명하다. 선셋용 서프보드는 흔히 보는 서프보드처럼 뒤쪽에 세 개의 핀fin이 삼각형 모양으로 배치되어 "추진력과 방향성, 안정성을 높여준다"고 한다. 이 방향타 삼총사는 두 가지 역할을 수행한다. 가장 뒤에 있는 가운데 핀은 턴을 할 때 보드 뒷부분이 옆으로 미끄러지는 걸 막아주어 조작의 안정성을 높여준다. 그보다 앞에 달린 양옆의 두 핀은 선셋용 보드에서는 약간 각도를 주어 장착하기도 한다. 그렇게 하면 두 핀 사이로 지나가는 물이 압축되어 부력이 생기므로, 작은 파도에서 속도를 더 낼 수 있다.

〽️ 브레이크마다 맞는 보드가 따로 있다

그리고… 반자이 파이프라인이 있다. "같은 사람이 타는 보드라도, 파이프라인용 보드는 선셋용 보드보다 얇고 폭도 0.5인치(약 1.3센티미터) 이상 더 좁아요. 길이도 조금 더 짧고, 바닥면의 V자 형태도 더 두드러지죠. 파이프라인에서는 이렇게 속도를 늦추는 바닥 디자인이 놀라울 정도로 효과적이에요. 파도의 속도를 그대로 이용하면서 에너지를 제어하기에 좋거든요." 덕분에 서퍼는 거대한 파도가 원통 모양으로 말리며 자신을 완전히 감싸도록 속도를 늦추며 버틸 수 있다. 그러다가 파도가 무너지기 직전에 빠져나온다. "궁극의 서핑 기술이죠. 파도 속에 실제로 들어가서, 그 속에서 에너지를 느끼는 거죠. 서핑하는 사람이라면 누구나 추구하는 느낌이에요."

이제 파이프라인에 가볼 차례다. 해변에 도착하자, 모래사장에 꽂힌 깃발들이 '록스타 게임스 파이프라인 프로Rockstar Games Pipeline Pro'가 한창 진행 중임을 알리고 있었다. 부기보딩 대회였다. 과거에는 세계 챔피언십 대회였지만 지금은 여러 경기로 구성된 월드 투어의 일환으로 열린다.

관중들은 해변 곳곳에 흩어져 있었는데, 일광욕과 경기 관람을 능숙하게 병행하는 사람들이 있는가 하면, 선수들을 향해 응원의 함성을 지르는 사람들도 있었다. 모든 시선이 열다섯 명의 부기보더들에게 쏠려 있었다. 선수들은 폼 재질의 보드를 타고 가파른 파도면을 미끄러지다가, 360도 회전을 하거나 공중으로 점프해 몸을 뒤집는 묘기를 펼쳤다. 확성기를 통해 사회자의 환호성과 탄성이 연신 울려 퍼졌다. 파도는 거대한 원통 모양의 튜브로 말려들며 부서졌다. 짜릿한 광경이었지만, 이틀 전 바로 이 해변에서 실종된 호아킨 벨리야의 생각을 머리에서 떨칠 수 없었다. 대체 무슨 일이 생긴 걸까? 그의 시신이 파도 아래 암초의 어느 틈새에 박혀 있는 건 아닐까? 부기보더들이 신나게 점프하고 회전하는 바로 이곳이 그의 무덤 위일지도 모른다는 생각이 들었다.

이날 해변에 도달한 너울은 북서쪽으로 5500킬로미터 떨어진 일

<small>화려한 기술</small>

<small>암울한 생각</small>

본 동쪽 해안 부근에서 북태평양을 건너온 겨울철 폭풍의 바람이 만든 것이었다. 파도는 이틀 걸려 노스쇼어에 이르렀고, 폭풍은 섬 북쪽 800킬로미터 해상을 지나 동쪽으로 계속 이동했다. 나는 이렇게 뚜렷한 파도의 행렬을 본 적이 없었다. 파도는 얼마간의 휴지기를 두고 세트 형태로 해안에 도달했다. 큰 파도 네댓 개가 15초 정도 간격으로 연달아 밀려왔고, 이때 부기보더들은 열광적으로 공중회전과 '배럴 롤barrel roll' 등의 기술을 펼쳤다. 배럴 롤은 튜브의 안쪽 면을 타고 급상승해 물의 지붕과 함께 튀어올라, 몸을 한 바퀴 뒤집은 후 착지하는 묘기였다. 그러고 나면 몇 분간은 파도가 다시 작아졌고, 서퍼들은 다시 모여 휴식을 취하며 다음 세트를 기다렸다. 해변 위의 약간 높은 곳에서 바라보니 세트가 들어오는 모습이 더 잘 보였다. 사람들도 세트가 멀리서 들어올 때마다 선수들에게 알리려고 휘파람을 연신 불어댔다.

나는 부기보더들의 화려한 묘기는 그만 보고, 파도 감상에 집중하기로 했다. 내 눈앞에 펼쳐진 광경은 다음과 같았다.

바다 저 멀리서 부드럽게 일렁이는 너울이 질서정연하게 해안을 향해 밀려오고 있었다. 그 심해에서의 모습만 봤다면 나중에 그렇게 거대한 파도가 되리라고는 상상하기 어려웠을 것이다. 하지만 너울은 먼바다에서 얻은 에너지를 거의 그대로 간직한 채 파이프라인의 암초로 다가오고 있었다. 대륙붕의 얕은 물을 거치지 않은 에너지의 행렬이 해변을 향해 꾸준히, 거침없이 밀려오고 있었다.

파이프라인에는 사실 세 개의 암초 지대가 있으며, 저마다 파도의 진행에 영향을 미친다. 해변에서 가장 가까운 암초는 물가로부터 약 70미터 거리에 있고, 부기보더들이 묘기를 부리던 곳이다. 비슷한 거리만큼 더 나가면 두 번째 암초가 있는데, 너울이 클 때는 여기서도 파도가 부서지고 서핑이 이루어진다. 세 번째 암초는 약 280미터 거리에 있으며, 이른바 '클라우드브레이크cloudbreak'로 불린다. 너울이 특히 클 때는 여기서 부서지는 파도가 흰 물보라를 뿜는 모습이 마치 구름처럼 보이기 때문이다. 이날은 너울이 그만큼 크지 않아 먼 암초 지대에서는 파도가 부서지지 않았지만, 암초들은 변함없이 파도의 에너지를 모아주고 있었다. 먼 암초 위를 지나면서 파도가 느려지고 조금 뒤처지면, 양쪽에서 빠른 파도가 안쪽으로 휘어져 들어왔다. 파동의 진행 속도가 변하면서 방향이 바뀌는, 파동의 굴절 현상이었다.

그러나 파도의 극적인 변화는 가장 가까운 암초에 이르러서야 일어났다. 심해에서 완만하던 곡선이 날카롭고 뚜렷하면서 잔주름이 진 능선으로 변했다. 갑자기 얕아진 수심에 급격히 느려진 파도의 물마루는 한 곳에서 솟아올라 정점을 이루었다. 그리고 그곳에서 부서지기 시작했다. 눈앞에서 거대한 물의 산이 부들거리면서 육중하게 일어서는 모습, 응축된 에너지를 터뜨리기 직전의 그 모습에서 나는 눈을 뗄 수 없었다.

겨울 내내 이틀에 하루꼴로 부는 무역풍이 동쪽에서 불어오고 있었다. 이곳에서는 해안의 위치상 육지에서 바다를 향해 부는 바람이 된다. 그런 바람은 먼바다에서는 잔물결을 일으켜 수면을 거칠게 만들지만, 솟아오른 파도면은 정반대로 매끄럽게 다듬어주는 효과가 있다. 동시에 거대한 물산의 능선을 더 높이 들어올리는 역할

도 한다. 바람 때문에 파도 꼭
대기에서 물보라가 연기처럼
피어오르는 모습도 보였다. 물
보라는 마치 달리는 말의 갈기
처럼 파도 뒤편으로 흩날리며
파도가 지나간 자취 위로 내려
앉았다.

 파도가 부서지기 직전, 순간
적으로 파도면의 색깔이 바뀌
는 것처럼 보였다. 위쪽 3분의
1 정도가 진한 녹색에서 투명
한 청록색으로 변했다. 동시에
파도면의 잔주름이 마치 아래
로 빗질한 것처럼 고르고 길게
정리되었고, 그 사이로 미세한
거품이 아름다운 줄무늬를 수
놓았다.

 이제 파도의 입술이 무너지
기 시작했다. 파도가 새로 밀
려올 때마다 그 순간을 보고

반자이 파이프라인의 파도. 맞바람을 받는
쇄파의 입술에서 고운 물보라가 흩날린다.

또 보았지만, 결코 싫증 나지 않는 장관이었다. 능선이 바람에 흩날리는 물보라로 이미 희어진 상태에서, 가장 높이 솟은 지점에서부터 흰 거품이 생겨나기 시작한다. 그리고 그곳에서부터 물이 앞으로 고꾸라지기 시작한다. 파도면의 길어지는 줄무늬가 햇빛에 반짝일 때, 흰 포말의 물줄기가 해안쪽으로 튀어나간다. 그 뒤를 거대한 청록색 지붕이 쫓아온다. 지붕은 앞으로 둥글게 말려 쏟아지며 암초 바닥에 부딪쳐 흰 거품을 폭발하듯 뿜어내고, 거품은 파도의 두 배 높이로 공중에 솟구친다. 지붕에 감싸인 원통 모양 공간은 양쪽이 뚫려 있다. 파도의 점점 많은 부분이 앞으로 무너져 내리면서, 뚫린 양쪽 끝은 각각 좌와 우로 진행하며 파도 전체를 말아나갔다.

맑은 청록색 원통

그때 부기보딩 선수 한 명이 시야에 들어왔는데, 그가 타는 모습을 보다 보니 이전까지는 알아차리지 못했던 쇄파의 특징 하나가 내 눈길을 잡았다. 선수는 파도면을 타고 질주하던 중 한쪽 발을 물속에 집어넣어 속도를 적절히 늦추더니, 원통의 입구 속으로 사라졌다. 그리고 그 물의 동굴 속에서 갑자기⋯ 폭발해버렸다. 내 눈엔 딱 그렇게 보였다. 엄청난 양의 물보라가 원통의 반대쪽 끝에서 뿜어져 나와, 파도의 아직 부서지지 않은 구간을 따라 세차게 옆으로 분출됐다.

그러나 해변의 관중들 사이에서 경악하는 비명은 들리지 않았다. 원통 속에서 물이 폭발하고 1초쯤 뒤, 선수는 튕겨 나오듯 밖으로 빠져나왔다. 파도가 그 뒤를 쫓아 무너지며 흰 거품을 요란하게 일으켰다. 그제야 이게 무슨 현상인지 기억이 났다. 몇몇 서퍼들이 내

파도 밖으로 뱉어져 나오는 서퍼의 모습.

게 설명해준 적이 있었다. '스핏spit'이라고 하는 현상이다. 말 그대로 '뱉어내는' 것이다. 물의 지붕이 무너져 내릴 때 어느 순간 원통 속의 공기가 압축되어 빠져나갈 곳이 없어지면, 뚫린 쪽 끝으로 일순간에 뿜어져 나온다. 서퍼는 스핏이 일어나는 순간 원통 밖으로 빠져나오는 것을 목표로 한다.

  파도가 눈앞에서 변신하는 그 모습은 너무나 강력하면서 아름다웠다. 이것이 바로, 파동이 충격파로 전환되는 순간이었다. 모래를 타고 전해지는 우렁찬 굉음과 진동은, 너울의 에너지가 주변으로 흩어지는 과정이었다. 저 요동치는 난류에 의해 바닷물이 약간 따뜻해지겠구나 하는 생각을 할 그 찰나… 우와! 저게 뭐지?

큰 파도 하나가 지나가는 순간, 제트스키 뒤에 앉은 채 물 위에 둥실 떠 있던 키 크고 날씬한 은발의 남자가 조용히 물속으로 미끄러져 들어갔다. 남자는 팔을 몇 번 저어 속도를 내더니, 왼손을 뻗어 물 위에 얹고 보디서핑을 시작했다. 거대한 파도의 경사면을 가로지르면서 오른팔을 뒤로 높이 들었다. 그러다가 파도가 무너질 때쯤 양팔을 옆구리에 붙이고, 마치 물개 한 마리처럼 거품이 이는 흰 물살을 타고 나아갔다. 너무나 우아하고 자연스러운 데다 심지어 태연자약해 보였다. '파도나 한번 탈까' 하고 즉흥적으로 타는 것 같은 느낌이었다.

그는 해변에 이르러 더 탈 파도가 없자 이안류로 몸을 옮겼다. 이안류는 파도에 의해 해안으로 밀려 올라간 물이 바다로 돌아갈 길을 찾아 연속적으로 흘러나오는 해류를 가리킨다. 그는 이 물살을 타고 가볍게 바다로 되돌아 나가 제트스키에 다시 올라타더니, 대회를 계속 지켜보았다. 쿨남도 그런 쿨남이 없었다.

이 남자를 꼭 만나 이야기해보리라. 나는 스토커처럼 주변을 맴돌며 기다리다가, 마지막 경기가 끝난 후 오리발을 들고 해변으로 걸어오는 그를 무작정 붙잡았다. 마크 커닝엄이라는 이름을 듣고, 나는 단번에 누군지 알아차렸다. 짐 멘싱 소방서장이 세계적으로 손꼽히는 보디서퍼라고 한 사람이었다. 셸리 오브라이언은 그를 전설이자 "보디서핑의 대명사"라고 하면서, 돌고래에 비유하기도 했다. 나는 순전히 우연히, 저

전설의
보디서퍼

저기요! 우리 얘기 좀 해요!

거대한 파도를 보드 없이 맨몸으로 타는 기분을 그 누구보다 제대로 말해줄 수 있는 사람을 만난 것이다.

호아킨 벨리야의 수색 작업은 나흘 만에 중단되었다. 시신은 끝내 발견되지 않았다. 커닝엄에게 만나자고 전화를 걸었더니, 바로 다음 날 파이프라인 해변에서 열리는 추모식에 갈 예정이라면서 거기서 만나자고 했다.

약속 장소에 오니, 해변을 따라 늘어선 야자수들이 오후 햇살의 짙어가는 주황빛에 물들어 있었다. 호아킨 벨리야의 친구들이 주차장 근처 잔디밭에 펴놓은 간이 테이블에 음식 포장을 뜯어서 음료수와 함께 차려놓고 있었다. 지역 TV 뉴스 채널의 스태프들이 삼각대를 설치하고 있었다. 주변을 서성거리는 서퍼들 중에는 목에 하와이 전통 꽃목걸이인 레이를 걸고 있는 사람이 많았다. 선명한 분홍 빛과 보랏빛의 플루메리아 꽃이 줄줄이 엮여 있었다. 향기로운 꽃 목걸이를 보드의 노즈 부분에 걸어둔 사람들도 있었다.

파이프라인은 무시무시한 파도로 악명이 높고, 실제로 그 어느 서핑 명소보다 서퍼들의 목숨을 많이 앗아간 곳이기도 하다. 하지만 나와 만난 커닝엄은 그런 과장된 이미지를 퍽 못마땅해했다. "미디어는 파이프라인의 위험성을 부풀리기 좋아한다"는 것이다. "서핑 영화를 보면 항상, '심하게 와이프아웃을 당한 서퍼는 파이프라인의 칼날 같은 산호초에 갈기갈기 찢길 운명'이라는 식으로 나오잖아요. 전혀 그렇지 않아요. 그냥 세게 부서지는 파도가 얕고 매끈한 바위에 내려치는 곳일 뿐이에요. 바위에 홈이나 구멍이 많이 파여 있을 뿐이고요."

그럼 나도 한번 도전해볼까? 아니다. 무리다.

커닝엄은 51세이고, 최근에 은퇴했다. 세계에서 가장 유명한 파도가 내려다보이는 이곳 에후카이 비치 파크의 구조탑에서 20년 가까이 인명구조원으로 일했다. "구조하고 응급처치하고 사고 예방 활동도 하면서, 평상시에는 말 그대로 프로 파도관찰자였죠." 생각해보니 그렇게 오랜 시간 파이프라인의 파도를 지켜본 사람도 없을 것 같았다.

커닝엄은 보드서핑에는 별 관심이 없어 보였다. "가끔 보드에 서 보기는 하는데, 솔직히 바다에서 제가 잘하는 건 이거 하나뿐이에요." 보디서핑할 때는 몸을 정확히 어떻게 쓰는 건지 설명해달라고 했더니, 그는 잠시 생각에 잠겼다. "그걸 말로 설명하려고 몇 년 동안 애를 썼는데, 안 되더라고요. 저도 답답한데 말로 잘 표현할 수가 없어요."

보디서핑의 신이 자기가 뭘 어떻게 하는지 말로 표현할 줄 모른다. 정말 마음에 드는 말이었다.

내가 그때까지 보디서핑에 관해 물었던 사람들 중 커닝엄만큼 허세가 없는 사람은 없었다. "파도와 어우러져야 해요. 함께 춤추는 것 같다고 할까요. 어떤 친구 말로는 '내리막 헤엄downhill swimming'이라고 하는데, 그 표현이 좋더라고요. 사람들이 말하는 보디서핑은 보통 좀 편안한 해변에서 타이밍 맞춰 뛰어들어 흰 포말을 타고 죽 밀려오는 건데, 여기  말로는 할 수 없는 몇몇 사람들이 하는 건 그보다 더 고급 기술이에요. 흰 포말을 타는 게 아니라 파도면을 타니까요. 결국 파도를 타는 건 똑같은데, 약간 더 큰 걸 타는 거죠."

약간 더 큰 것? 마크 커닝엄은 정말이지 겸손도 수준급이었다.

호아킨 벨리야의 약혼녀 마리엘라 아코스타가 벨리야의 가족, 그리고 벨리야의 가장 친한 친구와 함께 도착했다. 친구는 벨리야의 삶에 대해 짧지만 가슴 뭉클한 추모사를 했다. 마리엘라는 벨리야가 말수가 적은 사람이었다고 덧붙였다. 그가 만약 지금 이 자리에 있었다면, 조용히 서서 사람들을 보며 빙긋 웃고 있을 것이라고 했다.

호아킨을 아끼고 사랑했던 서퍼들이 하와이의 전통 의식인 '워터맨 세리머니'로 그를 기리기로 했다. 다들 해변으로 향하자 벨리야의 친구가 외쳤다. "여러분, 꽃목걸이를 엮은 끈은 꼭 챙겨주세요.

끈은 바다에 남으면 안 돼요."

서퍼들은 물가에서 짧은 기도를 마치고, 각자의 보드에 올라 패들링해 나아갔다. 벨리야는 서프보드 셰이퍼 일을 했기에, 몇몇은 그가 손수 만든 보드를 타고 있었다. 바다로 100미터쯤 나간 곳에서 서퍼들은 커다란 원을 만들고, 각자 보드에 앉은 채 원 안쪽을 향했다. 그리고 모두 손을 맞잡았다. 내가 세어보니 45명이 넘었다.

워터맨
세리머니

벨리야의 약혼녀와 가장 친한 친구도 패들링하여 대열에 합류했다. 서퍼들은 찰싹거리는 물결 위에 뜬 채 바닷물을 내려다보며 잠시 묵념했다. 그러더니 다 함께 벨리야의 이름을 외치며, 오목하게 모은 손으로 각자 보드 옆의 물을 힘껏 내리쳤다. 물줄기가 높이 솟아올라, 북서쪽에서 밀려오는 너울 위로 왕관처럼 공중에 펼쳐졌다.

그 모습을 보자 전날 읽었던 하와이의 시가 떠올랐다. 제목은 '파도'를 뜻하는 〈나 날루〉였다.

> 삶의 시작에서 마지막 순간까지…
> 지상에서 살아가는 여정을 바다는 거울처럼 비추네.
> 죽음조차도 빠른 물살에 몸을 싣고 가는 검은 파도일 뿐…
> 고요한 먼바다로 나아가 소멸함으로써
> 새 모습으로 다시 태어날 준비를 하는 것.²

의식을 지켜보다가 커닝엄에게 물었다. 자신이 그렇게 사랑하는 스포츠를 하면서, 대중들로부터 더 많은 인정을 받고 싶었던 적은 없었는지? "전혀요. 보디서핑 월드 투어라든지 보디서핑 잡지나 미디어 같은 게 생길 일이 없다는 게 저는 오히려 묘하게 마음에 들어요." 스폰서 계약처럼 돈이 되는 기회도 원하지 않았는지? "좀 더 적극적으로 찾아볼 수도 있었겠지만, 제 성격에 안 맞아요. 보디서핑의 성격에도 안 맞는 것 같고요."

우리는 나란히 서서 바다를 바라보았다. 서퍼들이 만들었던 원은 이제 흩어져 있었다. 해안으로 패들링해 돌아온 사람들도 있었고, 몇몇은 바다 위의 라인업에 합류했다. 아마 벨리야를 기리며 파도를 타려는 것이리라. 파도는 여전히 밀려오고 있었다. 우아한 곡선을 그리며 쏟아지는 파도의 모습은 그 가공할 힘을 잊게 할 만큼 아름다웠다.

"보디서핑 한번 해볼래요?" 커닝엄이 바다를 가리키며 물었다. 우리 옆에는 표지판이 두 개 서 있었다. 하나는 "경고: 강한 물살—해안에서 휩쓸려나가 익사할 수 있음"이라고 적혀 있었고, 다른 하나는 "수영 금지"였다.

"좋아요." 내가 대답했다.

우리는 거품이 이는 물가로 걸어 내려갔다. 내 손에는 커닝엄이 빌려준 오리발이 들려 있었다. 쉰한 살의 커닝엄은 구릿빛으로 탄, 서른 살 같은 몸이었다. 삼십 대 후반의 내 몸은 대략 쉰 살은 되어 보였다.

앞서 그가 이런 말을 했었다. "지금 이곳이 바로, 말하자면 세상의 임팩트 존impact zone이에요. 땅과 하늘과 바다가 만나서 에너지를 교환하는 지점이죠." 곧 그 에너지의 상당 부분이 내 몸을 통해 교환될 것 같다는 예감이 들었다. 하지만 바다에 발을 들여놓는 순간, 무모한 짜릿함이 느껴졌다. 나는 안심하려고 애썼다. 이곳 파이프라인에서 만약 내가 위험한 상황에 처한다면, 마크 커닝엄이야말로 나를 지켜줄 가장 든든한 사람 아니겠는가.

내가 무슨 생각이었을까

"저쪽에서 물에 들어가죠." 그가 한 곳을 가리키며 말했다. "해류를 타고 나간 다음, 모래톱 앞쪽으로 돌아가서 파도의 어깨로 갈 거예요."

내가 수영을 그리 잘하지 못하는 것을 눈치챈 그가 약간 실망하는 게 느껴졌다. 아니 걱정하는 마음이었을까? 패들링하며 지나가는 서퍼들이 커닝엄에게 인사를 외쳤다. 나는 이방인처럼 느껴졌다. 내가 놀 물이 아니었다.

이안류를 타고 헤엄쳐 나아가는 동안, 커닝엄이 한 가지 요령을 알려주었다. 파도가 다가오면 파도 밑으로 쑥 잠수해 들어가야 파도가 부서질 때 강력한 난류에 휘말리는 것을 피할 수 있다고 했다. 파도가 연달아 밀려왔다. 이층버스들이 정면으로 달려오는 듯했다. 운전사가 졸음운전을 하는 듯 폭주하고 있었다. 마크가 외쳤다. "바다에 있을 때 절대 파도에 등을 보이면 안 돼요. 하와이에서는 그게 첫 번째 수칙입니다."

커닝엄은 해안가를 가리키며 건물들과 일직선을 유지하라고 당부했다. 파도가 가장 세게 부서지는, 얕은 암초 위로 떠내려가지 않게 주의하라는 말이었다. 파도가 소강기에 접어들어 좀 잠잠해졌다.

보디서핑의 전설, 마크 커닝엄과 함께.

다음 세트를 기다리는 동안 물어봤다. 어떤 파도를 골라서 타야 하는지?

그가 말했다. "지금 이거 좋네요. 제가 한번 타볼…." 나는 다가오는 물마루를 피해 물 밑으로 잠수해야 했다. 다시 떠오르자 그는 사라지고 없었다.

어디 갔을까? 나는 물 위에서 허우적거렸다. 또 한 차례 거대한 파도가 다가와서 숨을 들이마시고 잠수했다. 그러나 작은 집채만 한 높이로 솟구치는 파도면을 따라 몸이 빨려 올라갔다. 파도를 보내고 나서 다시 떠올라 숨을 쉬는데, 머리 위로 물보라가 후두둑 쏟아졌다. 해변에서 바라봤을 때는 그토록 우아하게 바람에 흩날리던 물보라가 이제는 날 조롱하는 것 같았다. 마치 누가 장난으로 문 위에 올려놓은 양동이가 쏟아지면서 물벼락을 맞는 듯한 기분이었다.

그리고 커닝엄이 드디어 보였다. 파도를 끝까지 타고 해변 쪽으로 들어가 있었다. 그가 보이지 않았던 이유는 파도의 앞면을 타고 가고 있었기 때문이었다. 파도 뒤에 남겨진 내게는 파도의 뒤통수만 보였던 것이다.

커닝엄은 이안류를 타고 다시 내게 돌아와, 내가 속도를 내어 파도를 따라잡을 수 있도록 열심히 도와줬다. 등 뒤에서 솟아오르는 파도가 내 몸을 띄워 올릴 때마다 미친 듯이 발을 차다 보면, 물의 절벽 위에서 까마득한 아래를 잠시 내려다보는 순간이 왔다. 하지만 파도는 번번이 내 밑으로 지나가버렸다. 대략 두어 번은, 파도에 떠밀려 조금 나아가면서 그 막대한 에너지를 잠시나마 느낄 수 있었다.

파도는 내가 잡기엔 너무 빨랐다. 한심하고 답답했다. 기운이 쭉 빠졌다. 이건 말도 안 된다. 내가 도대체 무슨 바람이 들었던 건가? 내가 무슨 보디서퍼라고. 입안 가득 들어온 짠물을 다시 뱉어내며 되뇌었다.

그 순간, 나는 걱정을 내려놓았다. 파도를 길들이거나 올라탈 짐승으로 여기던 생각도 버렸다. 잔뜩 겁만 먹다 보니 정작 파도를 제대로 느끼지 못하고 있지 않은가. 암초에 내동댕이쳐지는 사태를 피하는 데만 몰두한 나머지, 파도 그 자체에는 감각을 꽁꽁 닫고 있었다.

다음 파도를 기다리는데 가슴이 쿵쾅거렸다. 나는 심장이 박동할 때마다 가슴 속 근육에 퍼져나가는 전기신호의 미세한 나선형 파동을 떠올렸다. 부서지는 파도 소리가 바닷가의 공기 속을 요동하는 압력파로 퍼져나가는 모습을 떠올렸다. 머리 위로 내리쬐는 햇살이 전자기장의 파동으로 따스하게 바다 위에 흩어지는 모습을 떠올렸다. 육중하게 일어서는 바닷물이

흐름에 몸을 맡기다

웨인 레빈의 〈부서지는 파도 아래의 마크〉. 파도 아래에서 보디서핑하는 마크 커닝엄의 모습을 포착했다.

제9파 해변으로 밀려오는 파동

내 몸을 하릴없이 끌어당기는 순간, 다음 파도는 유달리 클 것을 직감했다. 태평양을 건너 긴 여정의 끝을 향해 달려오는 에너지의 힘에 나를 포함한 주변 전체가 서서히 움직이기 시작했다. 치솟는 물의 벽이 몸을 들어올리려 하는 찰나, 나는 수면 밑으로 깊이 파고 들어갔다. 이번만큼은 그저 물과 하나가 되고 싶었다. 내 몸을 내맡겨, 너울의 에너지가 깃드는 매질이 되고 싶었다. 이 괴물에 올라탈 수 없다면, 잠깐이나마 괴물의 일부가 되어보리라. 파도가 내 머리 바로 위에서 부서졌다.

물마루가 둥글게 말려 무너지자 흰 포말의 소용돌이가 장엄한 광경을 펼쳤다. 한순간, 마치 폭풍구름이 드리운 하늘을 올려다보는 듯했다. 그것은 난류가 부서지며 일어난 미세한 거품이 물속에서 빚어낸 구름이었다. 나는 이제 파도에 저항하지 않았고, 수면 아래 가만히 떠서 위를 바라볼 뿐이었다. 내 몸은 물살의 회전에 휘말려 부드럽게 앞뒤로 흔들렸다. 태평양을 건너온 이 너울이 내쉬는 마지막 숨이 물속에서 고스란히 느껴졌다. 춤추듯 반짝거리는 파도 아래로, 햇살이 천천히 스며들고 있었다.

· 감사의 글 ·

이 책을 쓰는 일이 쉬웠다고 하면 거짓말일 것이다. 정말 힘들었고, 예상했던 것보다 훨씬 오랜 시간이 걸렸다. 아래 분들의 아낌없는 도움이 없었다면 도저히 끝까지 해낼 수 없었을 것이다.

블룸즈버리의 편집자 리처드 앳킨슨은 엄청난 시간을 들여 책의 뼈대를 세우는 작업을 도와주고 원고를 다듬어주었다. 그만큼 책에 정성을 들이는 편집자가 또 있을까 싶다. 내 에이전트 패트릭 월시는 크리스마스 연휴까지 반납하며 초고를 읽어주었고, 투박했던 원고를 훨씬 더 매끄럽게 다듬어주었다. 두 사람에게 진심으로 감사드린다.

감사드려야 할 분들이 많다. 그중에서도 가장 먼저 아내 리즈에게 고마움을 전하고 싶다. 아이디어를 주고, 내용을 다듬고, 오류를 고쳐준 것은 물론이고, 내가 포기하고 싶어질 때마다 곁에서 힘이 되어주었다. 런던 웨스트민스터스쿨의 물리교사 찰스 얼러슨은 원고를 꼼꼼히 읽고 과학적 오류를 바로잡아주었고, 장인어른 존 패닝은 보다 일반적인 오류를 찾아주셨다. 로더릭 잭슨은 적절한 조언을 해주었을 뿐만 아니라, 무엇보다도 내가 기운을 잃지 않도록 응원해주었다. 그리고 안드레아스 바스 교수, 제이미 브리식, 기 드 보주, 마크 크레이머 교수, 페드루 페헤이라 교수, 존 파월 박사, 스기야마 유키 교수, 비체크 터마시 교수가 개별 장을 읽고 의견을 전해주어 큰 도움이 되었다.

  블룸즈버리의 내털리 헌트에게도 꼼꼼한 편집과 조율 작업에 감사드린다. 초기 조사 단계에서 도움을 준 이고르 토로니-랄릭, 세심한 교열 작업을 맡아준 리처드 콜린스, 완벽하게 교정을 봐준 트리시 버지스, 그리고 블룸즈버리의 주드 드레이크와 자 쇼 스튜어트, 콘빌 앤드 월시의 샬럿 아이작에게도 고마운 마음을 전한다.

  더 구체적인 일에 도움을 준 분들도 있다. 하와이에서 머물 곳을 마련해주고 그곳의 친구와 지인들을 소개해준 캐시 세인트 저먼스와 페리그린 세인트 저먼스에게 깊이 감사드린다. 오아후섬 와이메아만의 존 베인도 현지에서 많은 도움을 주었다. 뇌파에 관한 내용은 멀리사 폭스와 베벌리 스테퍼트 박사가 도와주었고, 세번강 조수해일에 관해서는 톰 라이트와 도니 라이트가, 파도타기 응원 통계에 관해서는 베로니카 에사울로바가 조언을 해주었다. 그리고 전반적으로 힘을 보태준 알렉스 벨로스, 찰스 헤이즐우드, 조시 할릴, 굴리아 솜라이와 바버라 솜라이, 론 웨스트마스에게도 고마움을 전한다.

  아, 그리고 누구보다 이 책을 읽어준 **독자 여러분께** 감사드린다.

· 주 ·

파도 관찰 입문

1   창세기 1장 1~2절.
2   창세기 1장 7절.
3   Coleridge, S. T., 'The Rime of the Ancient Mariner', *Lyrical Ballads* (1798).
4   Swinburne, Algernon Charles, 'Laus Veneris' (1866).
5   Conrad, J., *The Nigger of the 'Narcissus': A Tale of the Sea* (1897).
6   Plutarch, *Morals: Natural Questions*.
7   Bede, *Historia ecclesiastica gentis Anglorum* (*Ecclesiastical History of the English People*), Book III, 15 (AD 731). 《영국민의 교회사》(나남, 2011).
8   Franklin, Benjamin, 'Oil on Water', William Brownrigg에게 보낸 편지, 7 November 1773, *Philosophical Transactions*, 64: 445 (1774). 다음에서도 읽어볼 수 있다. http://www.historycarper.com/resources/twobf3/letter12.htm.
9   Munk, W. H., and Snodgrass, F. E., 'Measurements of southern swell at Guadalupe Island', *Deep-Sea Research*, vol. 4, no. 4 (1957).
10 Snodgrass, F. E., et al., 'Propagation of Ocean Swell across the Pacific', *Philosophical Transactions of the Royal Society A*, Mathematical, Physical & Engineering Sciences (1966).
11 'One Man's Noise: Stories of an Adventuresome Oceanographer', 각본·제작·감독 Irwin Rosten, University of California Television (1994). 다음에서 시청할 수 있다. http://www.youtube.com/watch?gl=GB&v=je3QvqNdHl0.
12 Ruskin, John, 'Of Waters as Painted by Turner' (1843), *Modern Painters*, Book 2, Chapter 3.
13 Emerson, Ralph Waldo, 'Seashore', 최초 출간 *May-Day and Other Pieces* (Boston: Ticknor & Fields, 1867).

14 Sophocles, *Antigone*, trans. R. C. Robb, *The Complete Greek Drama*, vol. 1, ed. W. J. Oates and E. G. O'Neill (New York: Random House, 1938).

15 Whitman, Walt, 'That Long Scan of Waves', 연작 'Fancies at Navesink'에서 발췌. *Leaves of Grass* (1891-1892) 수록. 잡지 *Nineteenth Century* (1885. 8.)에 처음 발표.

16 Hogarth, William, *The Analysis of Beauty*, Chapter VII, 'Of Lines' (1753).

17 Hogarth, William, *The Analysis of Beauty*, Chapter XVII, 'Of Action', and Chapter V, 'Of Intricacy' (1753).

18 Arnold, Matthew, 'Dover Beach', *New Poems* (London: Macmillan, 1867). 줄바꿈을 나타내지 않은 것을 양해 바란다.

제1파

1 Miller, David J., 'Heart', in *The Oxford Companion to the Body*, ed. Colin Blakemore and Sheila Jennett (Oxford: Oxford University Press, 2001).

2 Wu, J. Y., Huang, Xiaoying and Zhang, Chuan, 'Propagating waves of activity in the neocortex: what they are, what they do', *Neuroscientist*, 14 (5): 487-502 (October 2008).

3 Berger, Hans, 'Über das Elektrenkephalogramm des Menschen', *European Archives of Psychiatry and Clinical Neuroscience*, vol. 87, no. 1 (1929).

4 Sterman, M. B. and Friar, L., 'Suppression of seizures in an epileptic following sensorimotor EEG feedback training', *Electroencephalogr Clin Neurophysiol*, 33: 89-95 (1972).

5 Sterman, M. B., MacDonald, L. R., and Stone, R. K., 'Biofeedback training of the sensorimotor electro-encephalogram rhythm in man: effects on epilepsy', *Epilepsia*, 15: 395-416 (1974).

6 Sterman, M. B., and MacDonald, L. R., 'Effects of central cortical EEG feedback training on incidence of poorly controlled seizures', *Epilepsia*, 19: 207-222 (1978).

7 다음에서 재인용. Robbins, Jim, 'A Symphony in The Brain: The Evolution of a New Brain Waves', *Biofeedback* (New York: Grove Press, 2000).

8 Lubar, J. F., and Bahler, W. W., 'Behavioral management of epileptic

seizures following EEG biofeedback training of the sensorimotor rhythm', *Biofeedback Self Regul*, 7: 77–104 (1976).

9   Lubar, J. F., et al., 'EEG operant conditioning in intractable epileptics', *Arch Neurol*, 38 (11): 700–704 (1981).

10 Lantz, D., and Sterman, M. B., 'Neuropsychological assessment of subjects with uncontrolled epilepsy: effects of EEG biofeedback training', *Epilepsia*, 29: 163–171 (1988).

11 Sterman, M. B., 'Basic concepts and clinical findings in the treatment of seizure disorders with EEG operant conditioning', *Clin Electroencephalogr*, 32 (1): 45–55 (2000).

12 Sterman, M. B., and Egner, T., 'Foundation and practice of neurofeedback for the treatment of epilepsy', *Applied Psychophysiology and Biofeedback*, vol. 31, no. 1 (March 2006).

13 Arns, M., et al., 'Efficacy of neurofeedback treatment in ADHD: the effects on inattention, impulsivity and hyperactivity: a meta-analysis', *Clin EEG and Neuroscience*, 40 (3): 180–189 (July 2009).

14 Egner, T., and Gruzelier, J. H., 'Ecological validity of neurofeedback: modulation of slow wave EEG enhances musical performance', *Neuroreport*, 14: 1221–1224 (2003).

15 파커슨 교수가 촬영한 영상과 인근 카메라 매장의 주인이 촬영한 영상은, 바람의 영향을 고려하지 않은 구조물 설계의 위험성과 관련해 토목공학도들이 참고해야 할 고전적 자료로 유명하다. 마치 고무줄처럼 뒤틀리는 다리의 모습이 인상적이며, 유튜브 등에서 쉽게 찾아볼 수 있다.

16 1940년 타코마 해협교 붕괴 사고에 관한 상세한 내용과 목격자 증언은 워싱턴주 교통국 웹사이트에서 확인할 수 있다. www.wsdot.wa.gov/tnbhistory.

17 Hood, Thomas, 'The Death-Bed' (1831), *The Poetical Works of Thomas Hood* (London: Frederick Warne & Co., 1890).

제2파

1   Holmes, Oliver Wendell, 'The Philosopher to His Love' (1924–1925).

2   Smith, Stevie, 'Not Waving but Drowning' (1953).

3   Hrncir, Michael, et al., 'Thoracic vibrations in stingless bees (*Melipona*

seminigra): resonances of the thorax influence vibrations associated with flight but not those associated with sound production', *Journal of Experimental Biology*, 211: 678–685 (2008).

4 다음 문헌에 제시된 수치다. Moravcsik, Michael, *Musical Sound: An Introduction to the Physics of Music* (New York: Paragon House, 1987).

5 Vitruvius, *The Ten Books on Architecture*, trans. Morris Hicky Morgan (London: Humphrey Milford, Oxford University Press, 1914), Chapter III: The Theatre: Its Site, Foundations and Acoustics, Section 6.

6 Ovid, *Metamorphoses*, trans. Anthony S. Kline (Borders Classics, 2004), Book III.《변신이야기》(민음사, 1998).

7 Ovid, *Metamorphoses*, trans. Anthony S. Kline (Borders Classics, 2004), Book III.

8 'Harassed Rancher Who Located "Saucer" Sorry He Told About It', *Roswell Daily Record*, 9 July 1947.

9 *The Roswell Report: Fact vs. Fiction in the New Mexico Desert*, Headquarters of the United States Air Force (1995).

10 Popper, A. N., and Fay, R. R., *Sound Source Localization* (Berlin: Springer, 2005).

11 Heffner, R. S., 'Comparative study of sound localization and its anatomical correlates in mammals', *Acta Oto-Laryngologica*, vol. 117, issue S532 (1997).

12 Mason, Andrew C., Oshinsky, Michael L., and Hoy, Ron R., 'Hyperacute directional hearing in a microscale auditory system', *Nature*, 410: 686–690 (5 April 2001).

13 Payne, Roger S., 'Acoustic location of prey by barn owls (Tyto Alba)', *Journal of Experimental Biology*, 54: 535–573 (1971).

14 오세아니아 항해사들의 너울 분석 기술에 대한 자세한 설명은 다음에 수록되어 있다. Lewis, D., *We the Navigators: The Ancient Art of Landfinding in the Pacific* (Honolulu: University of Hawaii Press, 1994).

15 Aea, H., *The History of Ebon* (1862). The Hawaiian Historical Society 56th Annual Report, 1947.

16 De Brum, R., 'Marshallese Navigation', *Micronesian Reporter*, 10: 1–10

(1962).

제3파

1 Feynman, Richard, 'Fun to Imagine', BBC Television (1983).
2 Mozart, Leopold, 'A Treatise on the Fundamental Principles of Violin Playing' (1756).
3 Carlyle, Thomas, 'Essay on Burns' (1828).
4 Brontë, Emily, *Wuthering Heights*, Chapter 1 (1847). 《폭풍의 언덕》(민음사, 2005).
5 Kerouac, Jack, *On the Road* (1957). 《길 위에서》(민음사, 2009).
6 Wolfe, T., *The Electric Kool-Aid Acid Test* (1968).
7 Leary, T., *Flashbacks* (1983). 《플래시백》(이매진, 2012).
8 아리스토텔레스가 《천체론》에서 설명한 피타고라스의 견해다.
9 Devereux, P., and Jahn, R. G., 'Preliminary investigations and cognitive considerations of the acoustical resonances of selected archaeological sites', *Antiquity*, 70: 665–666 (1996).
10 Devereux, Paul, *Stone Age Soundtracks: The Acoustic Archaeology of Ancient Sites* (London: Vega, 2001).
11 Watson, Aaron, and Keating, David, 'Architecture and sound: an acoustic analysis of megalithic monuments in prehistoric Britain', *Antiquity*, vol. 73, no. 280 (1999).
12 *NASA-STD-3000: Man-Systems Integration Standards*, Revision B, July 1995. vol. 1, 5.5.2.3.1.
13 Broner, N., 'The Effects of Low Frequency Noise on People – A Review', *Journal of Sound and Vibration*, vol. 58, no. 4 (1978).
14 Sheldrake, Rupert, *A New Science of Life: The Hypothesis of Formative Causation* (London: Blond & Briggs, 1981).
15 Agar, W. E., Drummond, F. H., Tiegs, O. W., and Gunson, M. M., 'Fourth (final) report on a test of McDougall's Lamarckian experiment on the training of rats', *Journal of Experimental Biology*, 31: 307–321 (1954).
16 Sheldrake, Rupert, *A New Science of Life: The Hypothesis of Formative Causation* (London: Icon Books, 2009), p. 119.

17 Maddox, J., 'A Book for Burning?', *Nature*, 293 (1981).
18 *Santa Fe New Mexican*, 20 September 2008.
19 http://www.o-a.info/mmca/explain4.html.

제4파

1 The Open University, *Waves, Tides and Shallow-Water Processes* (Oxford: Butterworth-Heinemann, 1999).
2 Frost, Robert (1926), 'Sand Dunes', from *West-running Brook* (1928).
3 The Open University, *Waves, Tides and Shallow-Water Processes* (Oxford: Butterworth-Heinemann, 1999).
4 Emerson, R. W., 'Seashore' (1857).
5 *Technical Assistance to the People's Republic of China for Optimizing Initiatives to Combat Desertification in Gansu Province*, Asian Development Bank, June 2001. 다음 링크에서 내려받을 수 있다. www.adb.org/sites/default/files/project-documents//r90-01.pdf.
6 Ellis, L., 'Desertification and Environmental Health Trends in China', a China Environmental Health Project Research Brief (April 2007). 다음 링크에서 내려받을 수 있다. www.wilsoncenter.org/sites/default/files/media/documents/publication/desertificationapril2.pdf.
7 Brown, L. R., *Outgrowing the Earth: The Food Security Challenge in an Age of Falling Water Tables and Rising Temperatures* (New York: W. W. Norton & Co., 2005).
8 Sugiyama, Y., et al., 'Traffic jams without bottlenecks – experimental evidence for the physical mechanism of the formation of a jam', *New Journal of Physics*, 10 (2008).
9 해당 연구는 다음과 같다. Kerner, B. S., 'Three-Phase Traffic Theory', and Helbing, D., et al., 'Critical Discussion of "Synchronized Flow", simulation of Pedestrian Evacuation and Optimization of Production Processes'. 두 논문 모두 다음에 수록되었다. *Traffic and Granular Flow '01*, ed. M. Fukui, Y. Sugiyama, M. Schreckenberg and D. E. Wolf (Berlin: Springer, 2003). Sugiyama, Y., et al., 'Traffic jams without bottlenecks – experimental evidence for the physical mechanism of the formation of

a jam', *New Journal of Physics*, 10 (2008).

10 한 예로 다음을 참고하라. Treiterer, J., and Myers, J. A., *Transportation and Traffic Theory*, ed. D. J. Buckley (New York: Elsevier, 1974), p. 13.

11 다음에서 인용하였다. Hippolytus, *Refutation* (IX.10.4); Porphyry, *Quaestiones Homericae*, on *Iliad* XIV, 200; Plutarch, *Consolatio ad Apollonium*, 10. Translation: Loeb Classical Library edition, 1928.

12 Plutarch, *Quaest. Nat.* ii, p. 912, and Plato, *Crat.* 402 a.

13 Aristotle, *The Physics*, Book 8, Chapter 3 (350 BC).

14 역시 아리스토텔레스의 다음 저작. Aristotle, *Meteor*, ii. 2, p. 355 a 9.

15 Russell, Bertrand, *A History of Western Philosophy* (1946). 《러셀 서양철학사》(을유문화사, 2019).

제5파

1 에미 하사가 겪은 경험은 다음에 상세히 기록되어 있다. Okie, Susan, 'Traumatic Brain Injury in the War Zone', *New England Journal of Medicine*, vol. 352, no. 20 (19 May 2005). 또한 본인의 진술은 다음에서 확인할 수 있다. www.sermonstore.org/2004/Soldiers/D-Emme.html.

2 Hoge, Charles W., et al., 'Mild Traumatic Brain Injury in U.S. Soldiers Returning from Iraq', *New England Journal of Medicine*, vol. 358, no. 5 (31 January 2008).

3 Tanielian, Terri, and Jaycox, Lisa H., eds, *Invisible Wounds of War: Psychological and Cognitive Injuries, Their Consequences, and Services to Assist Recovery* (RAND Corporation, 2008).

4 Mellor, S. G., 'The relationship of blast loading to death and injury from explosion', *World Journal of Surgery*, vol. 16, no. 5 (September 1992).

5 Moss, W. C., King, M.J., and Blackman, E. G., 'Skull Flexure from Blast Waves: A Mechanism for Brain Injury with Implications for Helmet Design', *Phys. Rev. Lett.*, vol. 103, issue 10, 108702 (2009).

6 Winchester, Simon, *Krakatoa: The Day the World Exploded: Agust 27, 1883* (London: Penguin, 2003). 《크라카토아》(사이언스북스, 2005).

7 Goriely, A., and McMillen, T., 'Shape of a Cracking Whip', *Phys. Rev. Lett.*, vol. 88, issue 24 (2002).

8 Shearer, Peter, *Introduction to Seismology* (Cambridge: Cambridge Univ. Press, 1999).
9 Holmes, A., and Duff, D., *Holmes' Principles of Physical Geology* (London: Routledge, 1993).
10 Holmes, A., and Duff, D., *Holmes' Principles of Physical Geology* (London: Routledge, 1993).
11 Dutton, C. E., 'The Charleston Earthquake of August 31, 1886', *US Geological Survey, 9th Annual Report*, 1887 – 1888.
12 Versluis, M., Schmitz, B., von der Heydt, A., and Lohse, D., 'How snapping shrimp snap: through cavitating bubbles', *Science*, 289: 2114 – 2117 (2000).
13 Lohse, D., Schmitz, B., and Versluis, M., 'Snapping shrimp make flashing bubbles', *Nature*, 413 (4 October 2001).
14 Tennyson, Alfred, Lord, 'Break, Break, Break' (1834).

제6파

1 모든 경기의 시청자 수를 합산한 숫자다. *FIFA World Cup TV viewing figures: Final Competitions 1986-2006*, www.fifa.com에서 확인 가능하다.
2 Oldroyd, B. P., and Wongsiri, S., *Asian Honey Bees: Biology, Conservation, and Human Interaction* (Cambridge: Harvard University Press, 2006).
3 물결춤 방어 전략은 다음에 설명되어 있다. Kastberger, G., Schmelzer, E., and Kranner, I., 'Social Waves in Giant Honeybees Repel Hornets', *PLoS ONE*, 3 (9): e3141. doi:10.1371/journal.pone.0003141 (2008).
4 Siegert, F., and Weijer, C. J., 'Three-dimensional scroll waves organize Dictyostelium slugs', *Proc Natl Acad Sci USA*, 89 (14): 6433 – 6437 (15 July 1992).
5 Farkas, I., Helbing, D., and Vicsek, T., 'Mexican Waves in an Excitable Medium', *Nature*, 419: 487 – 490 (12 September 2002).
6 Farkas, I., and Vicsek, T., 'Initiating a Mexican Wave: An Instantaneous Collective Decision with Both Short- and Long-Range Interactions', *Physica A*, 369: 830 – 840 (2006).
7 Farkas, I., and Vicsek, T., 'Initiating a Mexican Wave: An Instantaneous

Collective Decision with Both Short- and Long-Range Interactions', *Physica A*, 369: 830–840 (2006).
8   Barklow, W., 'Hippo talk', *Natural History*, 5/95: 54 (1995).
9   Heppner, F. H., and Haffner, J., 'Communication in Bird Flocks: An Electromagnetic Model', in *Biological and Clinical Effects of Low-Frequency Magnetic and Electric Fields*, J. G. Llaurado, A. Sances, Jr and J. H. Battocletti, eds (Springfield: Charles C. Thomas, 1974).
10 Selous, E., *Thought-transferrence (or what?) in Birds* (London: Constable, 1931).
11 Potts, W. K., 'The Chorus-Line Hypothesis of Manoeuvre Coordination in Avian Flocks', *Nature*, 309 (24 May 1984).
12 www.GoHuskies.com.
13 https://gohuskies.com/sports/1998/2/4/208241696.aspx.
14 www.krazygeorge.com.
15 'Making Waves Over the Cheer', *Dallas Morning Herald*, 15 November 1984.
16 http://www.gameops.com/interview/krazy-george/p=2.
17 Dawkins, R., *The Selfish Gene* (Oxford: Oxford University Press, 1989). 《이기적 유전자》(을유문화사, 2010).
18 Nicholls, H., 'Pandemic Influenza: The Inside Story', *PLoS Biol.*, 4 (2): e50 (February 2006).
19 Benedictow, O. J., *The Black Death 1346–1353: The Complete History* (Woodbridge: The Boydell Press, 2004).
20 최근 통계는 다음에서 확인할 수 있다. http://ecdc.europa.eu/en/health-topics/H1N1.
21 Cage, S., 'Flu drug Tamiflu boosts Roche sales in Q3', Reuters News Agency, 15 October 2009.
22 'CDC Estimates of 2009 H1N1 Influenza Cases, Hospitalizations and Deaths in the United States, April–December 12, 2009', Centers for Disease Control and Prevention, 15 January 2010: www.cdc.gov/h1n1flu/estimates_2009_h1n1.htm.

제7파

1 http://news.bbc.co.uk/1/hi/england/lancashire/4364586.stm.
2 Bartsch-Winkler, Susan, and Lynch, David K., 'Catalogue of Worldwide Tidal Bore Occurrences and Characteristics', *US Geological Survey Circular*, 1022 (1988).
3 Rowbotham, F. W., *The Severn Bore* (Newton Abbott: David & Charles, 1970).
4 세계의 조수해일 관련 상세 정보는 조수해일연구회Tidal Bore Research Society의 웹사이트 www.tidalbore.info에 게시되어 있다. 본문의 모든 조수해일 높이도 위 출처에서 참고했다.
5 Cartwright, David Edgar, *Tides: A Scientific History* (Cambridge: Cambridge University Press, 1998), p. 18.
6 Koppel, T., *Ebb and Flow: Tides and Life on Our Once and Future Planet* (Toronto: Dundurn, 2007).
7 Lifei, Zheng, 'Special Supplement: When the waters engulf the sun and sky', *China Daily*, 8 September 2007.
8 Shi, Su, 'Watching the Tidal Bore on Mid-Autumn Festival' (1073), from *Su Dong-po: A New Translation*, trans. Xu Yuan-zhong (Hong Kong: Commercial Press, 1982).
9 Shi, Su, 'Watching the Tidal Bore on Mid-Autumn Festival' (1073), from *Su Dong-po: A New Translation*, trans. Xu Yuan-zhong (Hong Kong: Commercial Press, 1982).
10 Arrian of Nicomedia, *The Anabasis of Alexander or, The History of the Wars and Conquests of Alexander the Great*, 그리스어 원전 번역 및 주해 E. J. Chinnock (1884), Book 6, Chapter XIX.
11 'Future Marine Energy: Results of the Marine Energy Challenge: Cost competitiveness and growth of wave and tidal stream energy', the Carbon Trust, 2006.
12 'Progress through Partnership', Marine Foresight Panel Report, Office of Science and Technology, May 1997, URN 97/639, paragraph 2.8. www.foresight.gov.uk를 보라.
13 발굴 관련 상세 정보는 다음에서 확인할 수 있다. www.nendrum.utvinter-

net.com.

14 Greenwood, J., 'A Gazetteer of Tidemills in England & Wales, Past and Present', at http://victorian.fortunecity.com/holbein/871.

15 'Tidal Stream Energy: Resource and Technology Summary Report', The Carbon Trust, 2005.

16 Davey, Norman, *Studies in Tidal Power* (London: Constable & Co., 1923).

17 'Tidal Power in the UK: Research Report 4 – Severn non-barrage options', an evidence-based report by AEA Energy & Environment for the Sustainable Development Commission, October 2007. www.sd-commission.org.uk를 보라.

18 다음을 참고하라. www.rspb.org.uk/ourwork/casework/details.asp?id=tcm:9-228221.

19 Friends of the Earth Cymru, 'The Severn Barrage' report, September 2007.

20 Lathe, R., 'Early tides – response to Varga et al.', *Icarus*, 80 (2006).

21 Dorminey, B., 'Without the Moon, Would There Be Life on Earth?', *Scientific American* (21 April 2009).

22 Lathe, R., 'Fast tidal cycling and the origin of life,' *Icarus*, 168 (2004).

23 Dorminey, B., 'Without the Moon, Would There Be Life on Earth?', *Scientific American* (21 April 2009).

24 Freedman, R. A., *Universe*, 8th revised edn. (London: W. H. Freeman & Co., 2007), p. 249.

제8파

1 Vukusic, P., et al., 'Quantified interference and diffraction in single *Morpho* butterfly scales', *Proc.R.Soc.Lond.* B, 266: 1403 – 1411 (1999).

2 Yoshioka, S., and Kinoshita, S., 'Effect of Macroscopic Structure in Iridescent Color of the Peacock Feathers', *Forma*, 17: 169 – 181 (2002).

3 Zi, J., Xindi, Y., Li, Y., et al., 'Coloration strategies in peacock feathers', *PNAS*, 100: 12576 – 12578 (2003).

4 1762년에 한 말. Boswell, James, *Life of Samuel Johnson*, Part 3.

5   Newton, Sir Isaac, *Opticks* (1704).《아이작 뉴턴의 광학》(한국문화사, 2018).
6   Young, Thomas, *A Course of Lectures on Natural Philosophy and the Mechanical Arts* (London: J. Johnson, 1807).
7   Bendall, S., Brooke, C., and Collinson, P., *A History of Emmanuel College, Cambridge* (Woodbridge: The Boydell Press, 1999).
8   Brougham, H., 'The Bakerian Lecture on the Theory of Light and Colours. By Thomas Young', *Edinburgh Review*, I (January 1803).
9   Einstein, Albert, 'On a Heuristic Viewpoint Concerning the Production and Transformation of Light', *Annalen der Physik*, 17: 132–148 (1905).
10 아인슈타인이 콘라트 하비히트Conrad Habicht에게 보낸 편지(1905년 5월 18일 또는 25일). 다음에 수록. Klein, M. J., Kox, A. J., and Schulmann, R., eds, *The Collected Papers of Albert Einstein, vol. 5, The Swiss Years: Correspondence, 1902-1914* (Princeton: Princeton University Press, 1993).
11 Millikan, Robert A., 'A direct photoelectric determination of Planck's "h"', *Phys. Rev.*, 7: 355–388 (1916).
12 첫 번째 인용구 출처는 Millikan, Robert A., in *Phys. Rev.*, 7: 355–358 (1916). 두 번째 인용구는 닐스 보어가 1922년 노벨물리학상 수락 연설에서 한 말.
13 Dimitrova, T. L. and Weis, A., 'The wave-particle duality of light: A demonstration experiment', *Am. J. Phys.* 76 (2) (2008).
14 Dirac, Paul, *The Principles of Quantum Mechanics* (Oxford: Oxford University Press, 1958, first published 1930), Chapter 1.
15 Thomson, George P., 'Electronic Waves', Nobel lecture, June 7 1938.
16 Feynman, Richard P., *QED: The Strange Theory of Light and Matter* (Princeton: Princeton University Press, 1985), Chapter 1.《일반인을 위한 파인만의 QED 강의》(승산, 2001).
17 알베르트 아인슈타인이 친구 미셸 베소Michele Besso에게 보낸 편지(1951. 12. 12.).
18 알베르트 아인슈타인이 헨드릭 로런츠Hendrik Lorentz에게 보낸 편지(1924. 12. 16.).
19 Erni, R., et al., 'Atomic-Resolution Imaging with a Sub-50-pm Electron

Probe', *Phys.Rev.Lett.*, 102: 096101 (2009).

20 McKenzie, D., 'The Electron Microscope as an Illustration of the Wave Nature of the Electron', Science Teachers' Workshop 2000, School of Physics, the University of Sydney, Australia.

제9파

1 Warshaw, M., *The Encyclopedia of Surfing* (New York: Harcourt Books, 2005).
2 다음에서 재인용. Kristin Zambucka, *Princess Kaiulani of Hawaii: The Monarchy's Last Hope* (Green Glass Productions, Inc., 1998).

· 그림 및 사진 출처 ·

각 장이 시작되는 곳의 왼쪽 페이지 그림 저작권자는 데이비드 루니이고, 17, 33, 48, 62, 69, 85, 101, 106, 242, 244쪽의 다이어그램 저작권자는 그레이엄 화이트, NB Illustration이다. 그 밖의 다이어그램 저작권자는 개빈 프레터피니입니다.

10: © Gavin Pretor-Pinney. 13: © Jon Bowles (Cloud Appreciation Society Member 16,267). 26: National Oceanic and Atmospheric Administration. 30: © National Maritime Museum, Greenwich, London. 35: © The Metropolitan Museum of Art/ Art Resource/Scala, Florence. 42: © The Art Archive/Tate Gallery London. 46: © National Maritime Museum, Greenwich, London. 59: © Michael Schrager. 82: © Ed Eliot, The Camera Shop, Tacoma - reproduced with permission. 92: © Kim Taylor/naturepl.com. 115 (모두): photographs by US Air Force, from 'The Roswell Report' (1995). 116: Reproduced with permission from the *Roswell Daily Record*. 126 (위): © Marco Lillini (Cloud Appreciation Society Member 2,120), marco@ lillini. com, www.lillini.com. 126 (아래): © Edwin Beckenbach/Getty Images. 127: © The Trustees of the British Museum. All rights reserved. 135: © Gavin Pretor-Pinney. 138: Photo: ESA. 141: © Frank and Myra Fan. 153: © Orpheon Foundation, www.orpheon.org. 163 (모두): © Gavin Pretor-Pinney. 169: © Steimer/ ARCO/naturepl.com. 173 (모두): © Bruce Odland. 181: Munich Surf Open publicity posters from Grossstadtsurfer 2000 e.V.: www.grossstadtsurfer.de. 186: © Dr Harry Folster (Cloud Appreciation Society Member 20,843). 193: © Gavin Pretor-Pinney. 195: Photograph published in *The World's Work* magazine (Doubleday, Page & Company, 1908). 204: © Professor Y. Sugiyama, the Mathematical Society of Traffic Flow. 218: US Navy photograph by Phan Elliott. 223: © Wiel Koekkoek (Cloud Appreciation Society Member 16,471). 229 (위): US

Navy photograph by Ensign John Gay. 229 (아래): US Navy photograph by Photographer's Mate 3rd Class Jonathan Chandler. 231: © Steve Bly/ Getty Images. 236: NASA. 237 (모두): NASA. 247: © James Lyle. 248: © Michel Versluis, University of Twente. 257 (모두): © 2008 Kastberger et al. 261: © M. J. Grimson & R. L. Blanton, Biological Sciences Electron Microscopy Laboratory, Texas Tech University. 265: © Bob Thomas/Getty Images. 272: © Richard Barnes, www.richardbarnes.net. 277 and 278: Reproduced with permission from SRO Productions on behalf of George Henderson, aka Krazy George. 288: Photographer: American Red Cross. National Oceanic and Atmospheric Administration/US Department of Commerce. 289 (위): National Oceanic and Atmospheric Administration/ US Department of Commerce. 289 (아래): © David Rydevik – reproduced with permission. 290: © Gavin Pretor-Pinney. 296: Photograph © Richard Kruml, Fine Japanese Prints, Paintings and Books, London. 306: © John Franklin/BIPs/Getty Images. 310 and 311: © Gavin Pretor-Pinney. 315: Photograph by Susan Bartsch-Winkler, US Geological Survey. 339: TEM image © P. Vukusic, University of Exeter. Published in 'Quantified interference and diffraction in single Morpho butterfly scales', Proceedings of the Royal Society B: Biological Sciences: 1999 July 22; 266(1427): 1403. 349: © Department of Physics, Columbia University, NY. 357: Reprinted with permission from T. L. Dimitrova and A. Weis, *American Journal of Physics*, Volume 76, Issue 2 (2008). © 2008, American Association of Physics Teachers. 358: Staatsgalerie, Stuttgart, Germany/ Giraudon/ The Bridgeman Art Library. 364: Power and Syred/Science Photo Library. 379: © Gavin Pretor-Pinney. 380: Photo montage, Gavin Pretor-Pinney. 381: © Gavin Pretor-Pinney. 388 and 389: © Greg Rice, www.GregRImagery.com. 395, 396, 401, 403, 405 (모두): © Gavin Pretor-Pinney. 413: © Wayne Levin, www.waynelevinimages.com.

저작권자에게 허락을 받기 위해 최선을 다했다. 누락된 부분이 있을 경우, 출판사에 문의해주시기 바란다.

· 찾아보기 ·

1986년 월드컵 255, 265
'51구역' 군사 기지 117
ADHD(주의력결핍 과잉행동장애) 76~77
AM 라디오 방송 125
CERN(유럽입자물리연구소) 298
DNA 330, 360
EU 327
FM 라디오 방송 125
H1N1 신종 플루 팬데믹 284
NASA 138, 146, 164
    아폴로 13호 232~233
    에임스연구센터 330
P파(일차파) 241~242
RNA 330
SMR(감각운동리듬) 74~75
S파(이차파) 241~243, 245
TV 138~139
    TV 리모컨 147
UFO 105, 109, 114, 116~117
X선 142~145, 360~361
X선 스캐너 238~239

ㄱ

가다서다 파동 205~206
가오리 63
가청 범위 92, 120

간섭 335~338, 340~344, 347, 349~350, 356~358, 362~363
간쑤성(중국) 195
감각운동리듬 74
감각운동피질 74~75
감마선 142, 144~145, 360~361
감쇄 31
갑오징어 140
강제파 31
고대 그리스인 26, 155
고래 110~111
고체 속에서의 음속 104
공동空洞 기포 248
공명/공진 148~165, 168~177
    조석 공명 320, 322
공작 140, 344~345, 362
공작나비 333~334
공진 주파수 157~158, 161, 164
공진 회로 157~158, 175~176
과달루페섬(멕시코) 32
광란의 40도대 189
광자 168, 355~362, 366
광전 효과 353~355
교통 흐름 203~206
교통 흐름 수학회 203
교통부(영국) 326
구름 11~13, 18~19, 21, 185~187
    물에 비친 구름 133~135

굴절 93~94, 102~119, 106, 108
굴착업계 79
권쇄파 46~48, 299
귀 89~93
귀뚜라미 122~123
그늘(음영 지역) 125~136
그리니치 천문대 220
그리스 신화 97
극락조과 새 344
근육 파동 57~58, 60, 84~86
글로스터셔주(잉글랜드) 328
금융시장 282
기관 57~58
기류 185~187
기름 26~29
기압 20~21, 49, 90~92, 182~183, 216~230
기온 107~109, 112, 225
기온 역전 107, 109
기타 149~151, 158~159

ㄴ

〈나 날루〉(하와이 시) 408
나루토 소용돌이(일본) 295
나르키소스(그리스 신화) 98
나비 333~335, 337~339, 341~343, 345, 363, 366
나선형 파동 56, 58, 67, 70
나이지리아 196
나팔형 보청기 306~307
낚시꾼 134~135, 137, 176
남극 32
남대서양 187, 189

남반구 266~267, 319
남중국해 297
〈내가 가는 곳은 내가 안다!〉(영화) 295
내부파 38~39
냉전 144~145
너울 31~37, 39, 50, 53, 126~128
네덜란드 29~30, 192, 346
네바다 사막 117
넨드럼(북아일랜드) 325
노르웨이 190, 295, 300
노스쇼어, 오아후섬(하와이) 375, 381, 391, 394, 396, 399 또한 노스쇼어의 각 지명을 보라
노터데임대학교 265
녹색장성 196
뇌 63~67, 70~78
    뇌손상 215~216
뇌전도 71~72, 74
뇌전증 71, 74~75, 77
뉴그레인지 161
뉴런 63~65, 67, 71
뉴로피드백 70~71, 74~78
    연주자들의 뉴로피드백 77~78
뉴멕시코주 로즈웰 사건 109~117
뉴브런즈윅주(캐나다) 299, 328
뉴저지주(미국) 40
뉴질랜드 32
뉴키(잉글랜드) 317
뉴턴, 아이작 303, 346~347, 349~350, 355

ㄷ

다이빙/대포알 다이빙 224

달 233~235, 298~299, 302~305, 317~325, 329~331
달팽이 84~86
대기 음파 통로 112~113, 117
대류권 112
대서양 296, 320
데버루, 폴 160
델타파 73
도약운동 199~201
도킨스, 리처드 280~282
독감 팬데믹 283~284
독일 205 또한 뮌헨을 보라
돌발중첩파(괴물 파도) 190~191, 288~289,
동심원 모양 파동 56, 66
되새 140
둑 326~328
둔황시(중국) 196
드럼 21, 130, 325
디 에디 378
디랙, 폴 357
디아스, 바르톨로메우 187
딕티오스텔리움 디스코이데움 아메바 258
딱정벌레 343~344
딱총새우과 새우를 보라

ㄹ

라디오파 92, 125, 139, 142~146, 157~158, 360
라우스, 세르지우 313, 315
라이버, 프리츠, 《둥 띠리 띠리 퉁 따 띠》 281~282

랑스 조력발전소 326, 328
랜드연구소 215
랭커스터, 버트 387
러벨, 짐 233
러브파 244~245
러셀, 버트런드 211
러스킨, 존 34
런던
  국립해양박물관 29
  그리니치 천문대 220
  클래펌 공원 27
레드마이어 저수지(잉글랜드) 136
레이드, 리처드 330
레일리파 244~245
렌즈구름 185~187, 194
로마 269~272
로보섬, 프랭크 300
〈로즈웰 데일리 레코드〉 115~116
로즈웰 사건 109, 117
로즈웰 육군 항공기지 113~114
로크루 힐스(아일랜드) 161
로포텐 소용돌이 295
록스타 게임스 파이프라인 프로 398
롤러코스터 41
리비아 194
리어리, 티모시 154, 171
리탈린 76

ㅁ

마, 앤드루 370, 378
마네, 에두아르 34
마디 182~184, 320~322
마루 34~37, 45~47

마셜제도의 항해사 127~128
마우이섬(하와이) 386
마이크로파 137~139, 142, 145~147, 360
마탕 해도 127~128
매덕스, 존 171
매사추세츠 현대미술관 172~173
맥동 50
맥스웰, 제임스 클러크 167
먹장어 63
멍크, 월터 31
메가리플 192, 197
메아리 94~97, 109, 223
메이즈모어 둑 307, 309
멕시코 196, 255, 284
멕시코만 297
멘싱, 짐 381, 386, 404
모굴 프로젝트 113~116
모네, 클로드, 〈초록 물결〉 34~35
모래 105~106
모래결 192~194, 197
'모래바다' 194
'모래파' 192~193, 197
모르포나비 338~343, 345, 363
모방 281
모어컴만(잉글랜드) 292~293
모차르트, 레오폴트 152
목소리 141
〈몬트리올 가제트〉 328
몸의 파동 62, 86~87
무게 23
무르만스크(러시아) 144
무조점無潮點 318
무지갯빛 333~334, 337~339, 342~345

물결춤 256~258
물고기 63, 133~139, 176
물질파 362, 365~366
물총새 344
뮌헨(독일) 179~182, 184~185, 187
미국 144, 326
  미 공군 112~113, 117
  미 해군 110~111
  또한 각 지명을 보라
미시간주(미국) 144
미크로네시아 지역의 항해사 126~128
민물도요 273~274
밀도 충격파 217, 219
밈 280~282

ㅂ

바그다드 214~215
바다뱀 62~63
바닷물 속에서의 음속 103~104, 110~112
바람 12, 20~31, 189, 197~201, 370~371, 400~402
바스, 안드레아스 197
바클로, 윌리엄 268
박테리아 79
박하잎벌레 344
반딧불이 140
반사 94~102, 320~322
반송파搬送波 158
반자이 파이프라인 파이프라인을 보라
발라드 214
발전發電 325~328
발트해 321

방사선 치료 361
방사성 물질 361
배 182~184, 320
뱀 60~63, 68~70, 83, 140
뱀장어 63
버디(개) 59
버로스, 윌리엄 154
버크셔주(잉글랜드)의 '웨일랜즈 스미디'
  161
번개 220~224, 269
번스, 로버트 153
벌 92, 97, 256~259, 338
벌새 344
베라크루스주(멕시코) 284
베뢰이섬(노르웨이) 295
베르거, 일제 72
베르거, 클라우스 71~73
베르거, 한스 71~73
베른, 쥘,《해저 2만 리》 295
베이비 모니터 148
베이커, 니컬슨,《구두끈은 왜?》 280~281
베타파 73~74, 76
벨로, 솔,《오늘을 잡아라》 86
벨리야, 호아킨 391, 398, 405, 407
벨연구소 362
보그쇠위(노르웨이) 300
보되(노르웨이) 263, 295
보디서핑 382~384, 386~390, 404,
  406~407, 409, 411, 413
보아뱀 68
보이저 1호 147
보일 374~375
복족류 84~85
볼머, 제인 154

부기보드 384
  부기보드 대회 398~399
부시먼, 제프 393, 395
부정맥 56~57
북반구 266~267, 319
북아프리카 32
북태평양 32, 53, 399
불응기 55
붕괴쇄파 47
브라운리그, 윌리엄 27
브라질 196, 313~315
브래즐, 윌리엄 114
브로이, 루이 드 362
브론테, 에밀리,《폭풍의 언덕》 154
브루엄, 헨리 350
브리스틀 해협 307, 320~322
브리즈번 317
비드 27
비셸, 빌 276
비스케이만 289
비올라 다모레 152~153, 155
비체크 터마시 263~266
비치 보이스 154, 156
비트루비우스 94~95
비틀림파 59, 78~84
'빅 왝' 329
빅뱅 137~138
빅아일랜드(하와이) 375
빛 50, 118, 124~125, 139~141, 142,
  337~359

ㅅ

사구 194~201, 206~207

사리 293~295, 298~299, 323~324
사막 194~196
사막화 195~196
사모아 32
사이드와인딩 61~62
사인파 18
사제 폭발물 214~216
사하라 사막 195
사행운동 60~62, 68
살무사 140, 338
살트스트라우멘(노르웨이) 295
새 140, 343~344, 385
    새 떼 268~274
새우 136, 246~250
'새우발광' 249
색 333~335, 338~344
샌디비치파크(오아후섬) 384, 386
샤프네스(잉글랜드) 307
샹송, 위베르 314
서프보드 392~397 또한 부기보드를 보라
서핑 180~181, 299~302, 308, 310~313, 315, 329, 370~375, 377~394, 396~400, 402~413
석실묘(석기시대) 160, 163
선셋비치(오아후섬) 397
    선셋비치 소방서 381
선수파船首波 224~225, 235, 250
설리번, 판초 393
섬모 파동 58
성경 322, 348
성층권 112
세계표준지진관측망 240
세번강 조력발전소 건설 계획 327~328

세번강 조수해일 299~302, 308~309, 311, 313
세번강 하구 299, 307, 317, 320, 322, 326
세이시 184, 320, 322
세타파 73~78
세토 내해(일본) 295
센강 314
셸드레이크, 루퍼트 168
소금 입자 19
소나 장비 100~101
소닉붐(음속폭음) 225, 227~228
소련 144
    소련 핵실험 112, 117
소르본대학교 362
소리 방향감 122~124, 303~305
소산계 206
소식蘇軾 317
소용돌이 294~296, 375, 414
소통 140~142
소파 구체 111
소파 채널(심해 음파 통로) 112
소포클레스 39
속도
    빛의 속도 168
    소리의 속도 103~104, 108, 111~112, 220, 225, 227
    속도와 충격파 218~219, 221~222
    전자기파의 속도 168
    초음속 224~230
송어 136
쇄파 45~48, 250
    하와이의 쇄파 하와이를 보라
쇠라, 조르주, 〈그랑드자트섬의 일요일

오후〉 358
수생 포유류 63
수압 23, 110~111
수영 선수 224~225
수온 110~111
수중 청음기 111
수학 155~156
스기야마 유키 203
스미스, 스티비 91
스미스, 윌 117
스위거트, 잭 237
스윈번, 앨저넌 22
스크립스해양학연구소 31
스터먼, 배리 74
스테레오 스피커 120
스토니 리틀턴 장방형 고분 163
스톤벤치(잉글랜드) 301
스트랭퍼드호(북아일랜드) 325
스페인 독감 284
스핀드리프트 25
'스핏' 403
슬러그 259~261
시냅스 64, 71
시냐크, 폴, 〈포르트리외 항구〉 357~358
시상 67, 70
시스탄 분지(아프가니스탄) 196
시코쿠섬(일본) 295
신석기시대 석실묘 163
신용 위기 285
신장 결석 238~239
신종 플루 팬데믹 284
신피질 66~67, 70
실크로드 196
심박조율기 56

심박조율세포 55~57
심장 53~58
심해 음파 통로 110~111
쓰나미 282, 289~291

ㅇ

아굴라스곶 187~188, 190
아굴라스 해류 187, 189~190
아널드, 매슈, 〈도버 해변〉 49
아라구아리강 조수해일 313~316
아리스토텔레스 26, 210
아리아노스 321
아메바 258~263
아시아개발은행 195
아열대무풍대/말위도대 21
아오낭(태국) 289
아와지섬(일본) 295
아우잉거, 샘 172~173
아이스바흐(독일) 179~180
아이카우, 에디 378
아이티 246
아인슈타인, 알베르트 351, 354~355, 362
아일랜드 307, 325
   아일랜드 석실묘 160
'아쿠아리우스' 달착륙선 233~236
아폴로 13호 232~233, 236~237
〈아폴로 13〉(영화) 237
아프가니스탄 196, 215
아프리카비단뱀 68~70
악기 149~152, 182~183
안개 107~109
알래스카 32

알렉산드로스 대왕 321
알링엄 마을 308
알파파 73, 77
압력 충격파 217~218, 222, 249
압축 89~91, 93, 182, 188, 201, 217, 227, 241~242
액체 속에서의 음속 103~104, 109~112
앨라모고도 공군기지 113
〈앨라모고도 데일리 뉴스〉 116
야쿠타트(알래스카) 32
얀, 로버트 G. 161
양성자 211
양자론 352~359
옆지름쇄파 40, 46, 48
에너지 14~16, 31~32, 49~50, 99~100, 102, 143~146, 210~211, 261~262, 331, 352~355, 359~361
에디 아이카우 빅 웨이브 인비테이셔널 378
〈에든버러 리뷰〉 350
에머슨, 너새니얼 377
에머슨, 랠프 월도 37
에미, 데이비드(하사) 213, 232
에버렛, 존, 〈콘월의 세넨만〉 46
에이든 주교 27
에이번마우스(잉글랜드) 307
에코(그리스 신화) 97~99
에후카이 비치 파크(하와이) 406
엘리엇 파동 이론 282
엘리엇, 랠프 282
연동운동파 57
연쇄 합창 268
열 47
열 순환기 330

영, 토머스 348, 356, 363
영국 325~327 각 지명을 보라
예거, 척 103
예멘 196
예이츠, 크리스 134, 137
옌관(중국) 316
오들랜드, 브루스 172~173
오디세우스 39
'오디세이' 사령선 233, 236~238
오르미아 오크라케아 파리 122
오바마, 버락 387
오브라이언, 셸리 389, 404
오비디우스 97~98
오아후섬(하와이) 369, 377, 386~392
  오아후섬 지도 386
오클랜드 애슬레틱스 276, 278
오클랜드 콜리시엄 스타디움 277
온도 103~104, 112, 117, 186, 219, 227~228, 232, 234~235, 249, 351~352
  기온 107~109, 112
  수온 110~111
올드라임, 코네티컷주(미국) 288
와이메아강(오아후섬) 378
와이메아만(오아후섬) 370, 372, 378, 380, 386, 391
와이키키(오아후섬) 377
'완전히 발달한 풍랑' 29
왕꿀벌 256~258, 261
왕립음악대학(영국) 77
왕립조류보호협회(영국) 327
왕립학회(영국) 348
외상 후 스트레스 장애 215
우젠웅 66

우주 137~139, 142, 146~147, 360~361
우주 배경 복사 139
우즈홀해양학연구소 110
우타가와 히로시게, 〈아와 나루토의 거친 바다〉 296
울프, 톰 154
〈윌로 씨의 휴가〉(영화) 270
워싱턴대학교 275, 279
원숭이올빼미 123~124
원자 211
월스트리트 대폭락 282
월아천(중국) 196
월터리드 육군의료센터(미국) 215
웨스턴슈퍼메어(잉글랜드) 327
웨일랜즈 스미디 161
웰러, 롭 275
웸블리 스타디움 255
위스콘신주(미국) 144
윌스타 190
윌킨슨 마이크로파 비등방성 탐색기 138
유럽입자물리연구소 298
유의파고 24~25, 29
유잉, 모리스 110~113
은룡(첸탕강 조수해일) 314~317
음악 93, 129~130, 155~156
음파(음향파) 49, 89~117, 119~124, 139, 149~151, 163~164, 181~183, 303~305
음향 고고학 160
음향 예술 172
음향발광 249
음향파 음파를 보라
응결핵 19

이라크 213, 215
이라크 자유 작전 215
이란 196
이온화 144
이와새(큰군함조) 385
이자르강(독일) 179~180
이집트 194
이탈리아 축구 대표팀 77
인공위성 146
인더스강 321
인도 196
인도양 32, 62
  인도양 쓰나미 289~291
〈인디펜던스 데이〉(영화) 117
인력 291~292, 298, 302~303, 305, 317, 321, 323, 329, 331
일본 203, 295~296
일본비단벌레 343
잉어 136~137

ㅈ

자기장 166~168
자외선 142, 144~145, 338, 342, 360~361
자유파 31
잔리, 케빈 330
잔물결
  모래의 잔물결 192~194
  바다의 잔물결 22
잔향 97
잠수함 38~39, 100~101, 110, 144~145, 239, 247
장 전위 65

장어형 영법 61
장자莊子 316
재진입성 부정맥 57
적도무풍대 20~21
적외선 50, 140, 142, 145, 147, 338, 360
전기장 166~168
전기화학적 파동 64, 86
전류(몸속) 55
전자 210~211, 359~366
전자기 공진 157, 176
전자기파 142~148, 157~158, 165~168, 175~176, 211, 359~362
전자레인지 145~146
전자현미경 363~366
점묘법 357
점액섬모운동 58
정보 133~137, 176, 262, 268
정보통신 144, 157~158
정상파定常波 179~187, 198, 208, 211, 320, 379
제네바(스위스) 298
제우스(그리스 신화) 97
조금 323~324
조력 발전 325~328
조류 293~298
조석 291~292
조석 공명 320, 322
조수 방앗간 325~326
조수해일 299~302, 306~317, 321, 329
조차 314, 317, 319~325
존슨, 새뮤얼 346
존슨우주센터(관제센터) 233, 237
종파 59, 67~69, 78~79, 83~85, 90, 241~242

주기 17
주기적인 파동 149
주의력결핍 과잉행동장애 ADHD를 보라
주파수 16, 72~76, 78, 90, 92, 101, 129~130, 140, 143~148, 150~151, 154~155, 157~158, 161~164, 219, 222~223, 351~355, 359~361
뇌파 72~78
빛 355, 359
음파 91, 93~94, 149~151, 152, 163~164, 175
전자기파 145, 147~148, 157~158, 360~361
주파수와 공명 149~151, 152, 157~164, 172~176
파도 17~18
중계소 125
중국 195~196, 293~297
중남미 338
중력 23
중력파 23
지구 232~235, 239~244, 291~292, 296~299, 302~305, 323~324
  아폴로 13호의 지구 귀환 233~238
'지구의 벗' 327
지렁이 68~69
지브롤터 해협 39
〈지상에서 영원으로〉(영화) 387
지중해 321~322
지진 240~246, 290~291
지진계 240~243, 245
지진파 240~242, 244~246
직선운동 68~69

진동 92~93, 129~131, 148~151, 164, 166~167, 174~176
진동수 주파수를 보라
진주조개 345
진주층 345
진폭 16~17
질병통제예방센터(미국) 284
찌르레기 269~274

ㅊ

찰스턴(미국) 245
창세기 11
채찍 230~232
처칠, 존 300
천둥 220~224
천해파 44~45
첸탕강 국제 조수해일 관람 축제 317
첸탕강 조수해일('은룡') 315
초음속 225~228, 230~231
초음속 비행기 227~228, 230
초음파 90
　　초음파 검사 100~101, 238~239
초저음파 90
초파리 364~366
축삭 64
춘 쿼이트 161
'충격 고리'/'충격 알' 228
충격파 213~251
충격파 원뿔 227, 230
취송면적 29
취송시간 29
칠성장어 63

ㅋ

카, 데버러 387
카디프(웨일스) 327
카우아이섬(하와이) 386
칼라일, 토머스 153
캐나다 320~321, 328
캠스터 라운드(스코틀랜드) 162, 164
커닝엄, 마크 404~413
컬럼비아대학교 112
케냐 196
케루악, 잭, 《길 위에서》 154
케블라 방탄복 216
케알라케쿠아만(하와이) 376
켈빈-헬름홀츠 파도구름 12~13
켈트해 대륙붕 320, 322
코끼리 140
코러스라인 가설 274
코리브레컨 해협 294
코리브레컨(소용돌이) 294~295
코리올리 효과 318~319
코츠워스, 레너드 80~83
코카콜라 255
코코 분화구 386
콘래드, 조지프 25
콘월주(잉글랜드) 161
　　춘 쿼이트 161
콜리지, 새뮤얼 테일러 21
쿠도, 존 279
쿡, 제임스 376
크라카토아섬(인도네시아) 220
크레이머, 마크 221
크리스탈, 빌리 253
큰군함조(이와새) 385
클래펌 공원 27

키르허, 아타나시우스 95~96
    아타나시우스 그림 95~96
키틴 334, 339
킹, 스티브 311
킹, 제임스(중위) 376

ㅌ

타미플루 284
타원형 파동 85~86
타코마 해협교 80, 82
타티, 자크 270
타히티섬 317
탄자니아 268
탈분극 파동 65, 70
탈아파르(이라크) 213
태양 291~292, 298, 302~305, 316~317, 323~324, 340~341, 347, 349, 354, 360~361
태평양 32, 62, 126, 237, 295, 317~318, 376
    북태평양 32, 53, 399
터비(개) 80~83
테니슨, 앨프리드 251
테이아 329
톰슨, 조지 패짓 358
트로코이드파 18, 25, 45

ㅍ

파고 16~18, 32, 38
    유의파고 24~25, 29
파도 9~51, 83~84, 86~87, 118~119, 126~128, 165, 180~184, 187~195, 250~251, 297~299, 369~370
    사구와의 비교 197~202
    또한 하와이를 보라
파도타기 응원 253~255, 262~264, 266~267, 274~277, 279, 281, 285
파리 과학한림원 350
파상운 12
    켈빈-헬름홀츠 파도구름 12~13
파월, 마이클 295
파이프라인(반자이 파이프라인) 391~392, 397~413
파인만, 리처드 148, 359
파장
    라디오파 125, 142~143
    빛 338~343
    음파 121
    전자 360
    전자기파 142~148, 360
    파도 16~18, 32, 36, 38, 44
파저면 38, 44~45
파커슨, F. B. 80~83
파형
    뇌파 64~65
    심박 55~57
    파도 18, 34, 44
판구조론 240
팔레스타인 322
팬데믹 282~285
팽창 89~91, 93, 182
펀디만(캐나다) 299, 320~321, 328
페라리 자동차 141
페티코디액강(캐나다) 328
포르셀리스, 얀, 〈강풍 속의 네덜란드 배〉 29~30

포르토프랭스(아이티) 246
포세이돈(그리스 신화) 39
포트워스 육군 비행장 116
폭발 213~222, 250
폭스, 멀리사 76
폭풍 19~22, 29
표면장력 22~24, 28
표면장력파 22~24, 28, 31
풍랑 24
풍선 113~117
프랑스 326~328
프램프턴온세번(잉글랜드) 308~309
프랭클린, 벤저민 27
프레넬, 오귀스탱 350
프로스트, 로버트 191, 194
프린스턴대학교 160~161
플랑크 위성 138~139
플랑크, 막스 350~351
플로스카날(독일) 180
플루타르코스 26
플루트 182~183
피타고라스 155~156

ㅎ

하루의 길이 329, 331
하마 267~269
'하모닉 브리지' 172~173
하비, 윌리엄 55
하와이 32, 51, 53, 369~410
하워드, 론 237
하위헌스, 크리스티안 346
학습 169~170
할레이와(하와이) 385~386

항구적 자유 작전 215
항저우만(중국) 316
해류 107, 187~192, 292, 296
〈해리가 샐리를 만났을 때〉(영화) 253
해양미래전망위원회(영국) 325
해일형 쇄파 46~48
해저 44~47
허리케인 216, 287~288
허리케인 캐럴 288
허스키 스타디움 275~276
헤라(그리스 신화) 97
헤라클레이토스 209~210, 380
헤브리디스제도(스코틀랜드) 295
헨더슨, 조지 277
헬름홀츠 공명 162
현미경
　광학현미경 364~365
　전자현미경 364~365
현악기 156, 183 또한 기타, 비올라 다 모레를 보라
형태 공명 168, 170~171
호가스, 윌리엄
　〈화가와 그의 퍼그〉 41~42
　〈미의 분석〉 41~42
　'아름다움과 우아함의 선' 41~42
호놀룰루(하와이) 369, 387
호메로스,《오디세이아》 39
호주 266, 300, 317
호흐스트라턴, 사뮐 판 29
흑등고래 110~111
홍콩 독감 283~284
화산 폭발 220, 248
화이트캡(백파) 25~27
활공 비행 186

회절 93~94, 119~125, 349, 362~363
횡파 59~63, 83~85, 242~243
후드, 토머스 87
훅, 로버트 346
휘트먼, 월트 40

흐름
    기류 185
    조류 293~298
    해류 187~192, 296
흑사병 284
흥분의 파동 65~66

· 추천의 글 ·

하와이대학교 교수로 부임하면서 와이키키에서 차로 10분 거리의 집에 살았었다. 하와이에서 산다면 서핑은 삶의 일부가 된다. 보드를 등에 이고 바다로 나간 첫날, 파도를 온몸으로 맞이했다. 첫 느낌은 단순했다. '파도는 힘이 세다.' 선생님은 파도에 휘말리지 않고 앞으로 나아가는 법부터 가르쳐주었다. 작은 파도는 몸으로 넘고, 큰 파도는 수면 아래로 숨는 것. 그게 파도에 몸을 맡기는 첫걸음이었다.

조금씩 파도를 헤치고 먼 바다로 나아갈 수 있게 되었을 때, 보드 위에 앉아 하염없이 파도를 바라보았다. 파도는 끊임없이 밀려왔지만, 같은 파도는 없었다. 모양도, 색도, 밀려드는 소리도. 나는 과학자고, 파도가 단순한 물의 이동이 아니라 바람에서 비롯된 에너지의 전달이라는 사실을 알고 있었다. 그런데도 파도는 늘 설명되지 않는 무언가로 다가왔다. 기세 좋게 밀려오다가도 어느 순간 갑작스레 꺾이고 부서졌으며 사라지는 듯하다가 다시 나타났다. 어떤 파도는 넘기 쉬웠고 어떤 파도는 나를 삼킬 듯 거셌다. 그러나 결국 모든 파도는 지나간다. 그리고 또 다른 파도가 온다.

파도를 경험하고 나서야 파도가 궁금해졌다. 개빈 프레터피니의 《파도관찰자를 위한 가이드》는 그 궁금함에 과학의 언어와 시의 감각을 동시에 건네는 보기 드문 책이다. 파도의 탄생과 성장, 노년과 쇄파의 순간까지 이 책은 단순한 자연현상 너머의 세계를 보여준다. 바다를 그리고 나 자신을 돌아보게 만드는 책이다. 이 책을 읽는 모든 이가, 파도에 휩쓸리는 대신 파도를 '타는' 법을 배우게 되기를 바란다.

전은지, 카이스트 항공우주공학과 교수

이 책은 비교적 간단한 과학을 통해 눈에 보이거나 혹은 보이지 않는 세계를 바라보는 우리의 관점을 완전히 새롭게 바꿔주었다. 파도타기부터 전자기파에 이르기까지 우리 주변 환경을 이해하는 새로운 즐거움과 경이감을 선사했다. 우리는 세상 모든 곳에서 파도(파동)를 보기 시작했고, 역동적인 우주에 대해 시적 감수성이 깃든 통찰을 얻었다. 고전적 매력과 재치가 넘치고, 도발적인 구성과 삽화가 눈길을 끈다. 그리고 현대 과학을 놀랍도록 능숙하게 풀어낸다. 한마디로 정말 마음에 드는 수상작이다.

리처드 홈즈, 영국왕립학회 과학도서 심사위원장

책을 사서 책장에 꽂아둔 시간이 아깝다. 왜 바로 읽지 않았을까!

맷 홀, 영국 맨체스터대학교 퇴적학 박사

우리도 모르게 우리 삶을 지배하는 존재인 파동을 재치 있고 포괄적으로 다루는 흥미진진한 안내서다.

〈가디언〉

프레터피니는 영리하고 열정적이다. 지식을 나누고 싶어 하는 그의 열정은 꺾이지 않는다.

〈데일리 텔레그래프〉

상상보다 더 깊은 파도의 세계로 우리를 데려간다. … 책은 간결한 비유와 기발한 생각으로 가득 차 있으며, 저자의 설명은 때로 유머러스하고 언제나 명확하다.

〈네이처 블로그〉

딱딱한 과학과 친절한 설명이 어우러진 기묘한 책!

〈로스앤젤레스 타임스〉

서퍼들이 사랑하는 파도는 물론이거니와 빛의 파동, 음파, 뇌파, 기계파, 폭발에 수반되는 충격파까지, 눈을 뗄 수 없는 여행으로 우리를 안내한다.

〈월 스트리트 저널〉

기발하고 흥미로운 이야기와 깊이 있는 지식이 완벽하게 어우러진 책이다. 자칫 어려울 수 있는 주제를 모두가 매력적으로 느끼도록 전달한다.

〈파이낸셜 타임스〉

파동이 어디에나 있음을 강조하며, 수백 가지 예시로 이를 설명한다. 복잡한 주제를 유쾌하게 풀어내는 이 책을 다 읽고 정말 많이 배웠다.

〈와이어드〉

파도 관찰자를 위한 A-Z 가이드

우리는 갖가지 형태의 파동에 둘러싸여 살고 있지만 그 사실을 잊기 쉽다. 파동은 우리가 경험하는 세상의 밑바탕을 이루고 있으니, 그 존재가 눈에 잘 띄지 않는 것도 어쩌면 당연하다. 우리 주변 구석구석에 숨어 있는 작은 친구들을 A-Z 가이드와 함께 알아보자.

인공 파도 풀 Artificial wave pool

일찍이 인공 파도를 선보인 사례로 1927년 개장한 부다페스트의 겔레르트 온천 파도 수영장(오른쪽)을 들 수 있다. 거대한 펌프를 이용, 10분에 한 번씩 파도를 일으켰다. 오늘날에도 파도 풀은 세계 곳곳의 워터파크에서 인기가 높은 시설이다. 빠른 물살로 '정상파'를 발생시켜 그 위에서 서핑을 즐길 수 있게 해놓은 곳도 있다.

정상파 서핑에 대해서는 본문 179~181쪽 참조.

수영장 내 애정 행각 금지.

맥놀이 Beats

소리의 간섭 현상을 이용해 기타를 조율할 수 있다. 예를 들어 A현에 맞춰 D현을 조율하려면, A현은 D음을 짚어 퉁기고 D현은 개방현으로 퉁겨 같은 음을 낸다. 두 현의 음이 거의 일치하면, 합쳐진 소리가 미묘하게 커졌다 작아졌다 하는 '맥놀이'가 들린다. 두 현의 음파가 서로 간섭을 일으키기 때문이다. 한 음파의 마루(공기압이 높은 부분)가 다른 음파의 마루와 겹치면 합쳐져 소리가 커지고, 한 음파의 마루와 다른 음파의 골이 겹치면 상쇄되어 소리가 작아지는 원리다. 줄감개를 조절해 음을 더 일치시킬수록 맥놀이의 진동수는 느려진다. 완벽히 조율되면 맥놀이가 사라지고 소리의 크기가 일정해진다.

이 같은 간섭의 원리는 바다의 파도에서도 확인할 수 있다. 해변에 밀려오는 너울을 관찰해보면, 큰 파도 무리와 작은 파도 무리가 번갈아 들어오는 '파도의 맥놀이'가 나타난다.

조금만 올리자… 아냐, 다시 내리자…

비슷한 진동수의 두 음을
동시에 연주하면
맥놀이가 생기면서
크고 작은 소리가 번갈아 나타난다

파도가 무리를 이루어 밀려오는 현상은 본문 33~37쪽 참조.

파도관찰자를 위한 A-Z 가이드

코스틱 무늬 Caustics

잔물결이 이는 얕은 물 아래에서 빛과 그림자가 아름답게 일렁이는 무늬를 본 적이 있을 것이다. 이를 코스틱 무늬라고 한다. 이 현상은 빛이 공기에서 물로 입사할 때 속도가 느려지면서 진로가 굴절됨에 따라 일어난다. 수면이 볼록한 마루 아래에서는 빛이 모여 밝은 영역을 만들고, 수면이 오목한 골 아래에서는 빛이 퍼져 그늘진 영역을 만드는 원리다.

굴절에 대해서는 본문 103~109쪽 참조.

한번 풍덩 빠져볼까?

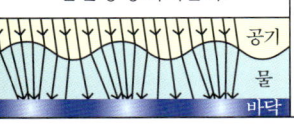

도플러 효과 Doppler effect

소방차가 빠르게 다가올 때 사이렌 소리가 높은 음으로 들리다가 지나가면 낮은 음으로 들리는 경험을 해봤을 것이다. 도플러 효과라고 하는 현상으로, 차량 앞쪽에서는 음파가 촘촘해지고 차량 뒤쪽에서는 음파가 성겨지면서 일어난다. 이 현상이 일어나는 이유는, 음원(소방차)이 움직이고 있지만 음파는 공기 중에서 일정한 속도로 퍼지기 때문이다. 그래서 음원은 음파의 마루 하나하나를 만들 때마다 그 위치가 조금씩 앞으로 이동해 있게 된다.

초음속 제트기가 일으키는 소닉붐도 같은 원리로 설명된다. 본문 223~226쪽 참조.

삐뽀 삐뽀 삐뽀.

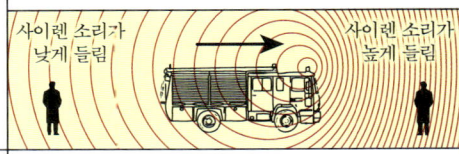

전자현미경 Electron microscope

파동이 양자 수준에서 보이는 기이한 행동은 그저 이론 속 이야기처럼 생각될지도 모른다. 하지만 빛이 입자이면서 동시에 파동이라는 사실이 밝혀지면서 전자현미경이라는 도구가 탄생했고, 광학현미경으로는 도저히 볼 수 없었던 세계를 들여다볼 수 있게 되었다.

현미경에 대해서는 본문 363~367쪽 참조.

금융시장의 변동 Financial fluctuations

'변동fluctuation'이라는 단어를 들으면 금융시장을 떠올리는 사람이 많다. 이 단어의 어원인 라틴어 '플룩투스fluctus'는 '물결' 또는 '파도'를 뜻한다. 투자 자산의 가치는 오를 수도, 내릴 수도 있다고 한다. 하지만 파동관찰자라면 안다. 내려간 파동은 결국 다시 올라온다는 것을.

파도관찰자를 위한 A-Z 가이드

금붕어의 귀 Goldfish ears

놀랍게도 금붕어에겐 귀가 없다. 아니, 정확히 말하면 겉으로 드러난 귀는 없다. 금붕어를 비롯한 물고기의 귓구멍이 없는 이유는 몸의 밀도가 물의 밀도와 거의 같기 때문이다. 따라서 소리가 두 매질을 지나가는 속도에 거의 차이가 없으므로, 소리가 피부에서 거의 반사되지 않는다. 그러니 귓구멍이 필요할 이유가 없다.

밀도에 따른 소리의 반사에 대해서는 본문 100~102쪽 참조.

"나 귀 안 먹었으니 조용히 말해."

환각에 빠진 애덤 스미스.

홀로그램 Hologram

요즘은 조그만 3D 이미지를 누구나 하나쯤은 가지고 다닌다. 홀로그램은 신용카드, 지폐, 위조 방지 스티커에 빠짐없이 붙어 있는 보안 장치의 상징이 되었다. 홀로그램의 종류와 제작 방식은 다양하지만, 모두 빛의 파동이 겹치면서 생기는 '간섭무늬'를 기록하는 형태다. 홀로그램 방식의 데이터 디스크는 블루레이를 대신할 차세대 저장 매체로 주목받으며 어마어마한 양의 정보를 담을 수 있을 것으로 기대되었으나 상용화되진 못했다.

파동의 간섭에 대해서는 본문 335~337쪽 참조.

초저음파 Infrasound

혹시 집에 귀신이 산다는 느낌이 드는가? 퇴마사나 이삿짐 센터를 부르기 전에, 아주 낮은 주파수의 소리 때문이 아닌지 먼저 확인해보자. 주파수가 20헤르츠보다 낮은 초저음파는 인간의 귀에 들리지 않지만 일부 주파수의 경우 몸속 빈 공간에 공명을 일으켜 메스꺼움과 불안감을 유발할 수 있다. NASA의 연구에 따르면, 18헤르츠 부근의 초저음파는 안구에 진동을 일으켜 환각을 유발한다고 한다. 코번트리대학교의 한 연구자가 귀신이 출몰한다고 하는 세 장소에서 장비로 측정해보니 상당한 강도의 초저음파가 감지되었다. 그중 한 곳은 고장 난 환풍기가 소리의 출처였다. 세 곳에서 감지된 주파수 모두 19~20헤르츠였다.

젤리 Jelly

아이들은 탱글탱글 흔들리는 젤리를 좋아한다. 파동관찰자들도 젤리를 좋아하는데, 젤리가 바로 파동이 지나갈 수 있는 대표적인 '흥분성 매질excitable medium'이기 때문이다.

건드리면 흔들려요.

파도관찰자를 위한 A-Z 가이드

캔지어스 치료기 Kanzius machine
라디오파로 암을 치료하는 새로운 시대가 열릴 수 있을까? 먼저 금 나노입자를 환자의 몸에 주입한다. 금 나노입자 하나하나에는 암세포에만 결합하도록 설계된 항체가 붙어 있다. 그다음 치료기로 라디오파를 종양 부위에 쬐면, 금이 가열되면서 암세포만 선택적으로 파괴되고 주변의 건강한 세포는 손상 없이 그대로 남는다는 원리다.

게으른 파동 Lazy wave
'게으른 파동'은 정식 물리 용어는 아니지만, 마당 어딘가에 걸린 호스를 손 안 대고 풀려고 할 때 손으로 일으키는 횡파를 부르기에 적절한 표현이라 하겠다. 손의 움직임에 따른 호스의 움직임이 위아래 방향이어서 파동의 진행 방향과 직각이므로 횡파가 된다.

말 좀 들어라, 녀석아.

전자레인지 Microwave oven
전자레인지는 에너지 효율이 높은 조리 도구지만, 아무래도 오븐에서 막 꺼낸 요리의 만족감에 비하면 아쉬운 게 사실이다. 전자레인지로 음식을 데우면 겉이 바삭해지거나 캐러멜화되거나 살짝 타는 일이 없는데, 그런 겉면의 변화가 바로 음식의 풍미와 향을 만드는 역할을 하기 때문이다. 외부 열원으로 음식을 가열하는 오븐과 달리, 전자레인지는 파장이 정확히 12.2센티미터인 마이크로파라는 전자기파를 음식에 쏜다. 이에 따라 전자레인지 내부의 전기장이 초당 24억 5천만 번 진동하고, 전자기파는 금속 벽에 반사되면서 그 강도가 점점 세진다. 음식 속의 물 분자는 끝쪽에 양전하와 음전하를 띠고 있으므로 전기장의 진동에 따라 이리저리 돌면서 뜨거워지고, 음식이 데워진다.

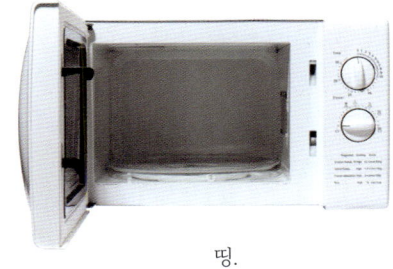

마이크로파에 대해서는 본문 145~147쪽 참조.

띵.

아홉 번째 파도 The Ninth wave
켈트 신화에서는 해안으로 밀려오는 아홉 번째 파도가 가장 강력한 파도이며 죽은 자와 신들이 사는 '다른 세계'와의 경계를 이룬다고 보았다. 19세기 시인 테니슨은 〈아홉 번째 파도〉라는 시에서 파도가 점점 커지는 모습을 묘사했다. "하나하나가 점점 더 거세지더니 / 마침내 아홉 번째 파도가 바다의 절반을 끌어모아 / 함성 속에서 천천히 솟구치다 포효하며 내리꽂히고 / 온몸이 불길에 휩싸였네."

파도관찰자를 위한 A-Z 가이드

오르가슴 Orgasm

정확히는 여성의 오르가슴. 권위 있는 전문가에 따르면, 연이은 파동이 온몸을 휩쓸고 지나가는 느낌이라고 한다. "물결치고, 또 물결치고, 또 물결치며, 부드러운 불꽃들이 겹겹이 펄럭이듯 … 움직임이라기보다는 말로 형언할 수 없는 감각의 소용돌이가 점점 더 깊은 곳으로 그녀의 몸 구석구석과 의식 속을 휘몰아치더니, 마침내 그녀는 완전한 동심원으로 도는 감각의 유체가 되어…" D. H. 로런스가 《채털리 부인의 연인》에서 묘사한 내용이다. 하긴 그는 남자였으니, 잘 모르고 한 말일 수도 있겠다.

편광 Polarised light

모든 전자기파가 그렇듯 빛도 횡파다. 즉, 진동 방향이 진행 방향과 수직을 이룬다. 햇빛은 진동 방향이 제각각인 비편광이지만, 해수면이나 지면에 반사되면 편광으로 바뀌면서 반사광의 진동이 대부분 좌우 방향으로 정렬된다. 폴라로이드 선글라스의 렌즈에는 극히 미세한 선들이 버티컬 블라인드처럼 세로로 배열되어 있어, 수평 방향 편광을 차단하고 다른 빛은 통과시킨다. 덕분에 반사로 인한 눈부심이 줄어든다. 편광은 원을 그리며 돌 수도 있다. 진동 방향이 시계 방향 또는 반시계 방향으로 회전하는 이런 형태를 원편광이라고 한다. 3D 영화관에서 쓰는 안경이 원편광을 이용하며, 두 눈에 조금씩 다른 이미지를 전달함으로써 입체 효과를 구현한다.

코미디 소품처럼 생긴 3D 안경.

빠른 통신 Quicker connections

광섬유 케이블 덕분에 장거리 전화 통화가 개선되고 케이블 TV가 가능해졌을 뿐 아니라, 인터넷이 병목 현상 없이 기하급수적으로 확장될 수 있었다. 광섬유 케이블의 신호는 적외선의 맥동 형태로 전달되며, 실리카 케이블 안쪽 면을 따라 반사하면서 감쇄 없이 먼 거리까지 도달한다.

무지개 Rainbow

이 조그만 칸 안에서 무지개를 설명해야 하니, 간단히 넘어가자. 빛은 파동이고, 파장이 다르면 다른 색으로 보이며, 여느 파동처럼 굴절하고 반사한다. 그래서 무지개가 생긴다.

파도관찰자를 위한 A-Z 가이드

탈수기 정상파 Spin-cycle standing wave

세탁기가 탈수 모드로 돌아갈 때 그 근처 세면대나 양동이의 물 표면에 나타나는 무늬를 본 적 있는지? 이는 정상파가 만드는 고정된 무늬로, 용기에 담긴 액체가 특정한 속도로 진동할 때 생긴다. 수면에 생긴 파동들이 가장자리에 부딪혀 되돌아오며 서로 겹쳐 간섭을 일으킨 결과다. 탈수기의 회전 속도가 느려지면 무늬도 달라진다. 이 같은 현상은 달리는 기차 안에서 엔진의 진동 속도가 딱 적당할 때, 컵에 담긴 음료 표면에서도 나타난다.

간섭 정상파에 대해서는 본문 182~184쪽 참조.

"세탁기 위에 낡은 양동이는 왜 올려놓은 거야?"

천둥 Thunder

천둥은 충격파의 일종이다. 번개에 의해 공기가 100분의 1초 만에 약 3만°C의 고온으로 가열되면서 발생한다. 공기가 폭발적으로 팽창해 초음속에 이르면서 '소닉붐'이 자연적으로 일어나는 셈이다.

천둥의 충격파에 대해서는 본문 220~222쪽 참조.

초음파 세척 Ultrasonic cleaning

정말 구석구석 깨끗하게 닦고 싶다면 음파를 써보자. 주파수가 인간의 가청 한계인 2만 헤르츠를 넘는 초음파는 외과 수술 기구, 디스크 드라이브 부품, 보석, 시계 부품 등을 세척하는 데 쓰인다. 초음파는 세척 용액 안에 아주 작은 '공동空洞 기포'를 만들어내는데, 이 공기 방울들이 터지면서 미세한 충격파를 일으켜 때를 떨어낸다.

공기 방울 충격파에 대해서는 본문 246~248쪽 참조.

비트루비우스 물결 문양 Vitruvian wave

고전 건축 양식에 나타나는 물결 문양(아래 그림)으로, 이를 처음 기술한 로마 건축가 마르쿠스 비트루비우스 폴리오의 이름을 딴 것이다. 기원전 1세기의 비트루비우스는 초창기 파동관찰자로, 일찍이 소리가 파동이라는 주장을 편 인물 중 하나다.

비트루비우스에 대해서는 본문 94~95쪽 참조.

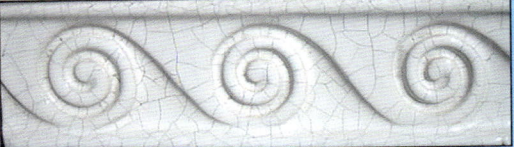

파도관찰자를 위한 A-Z 가이드

흔들거리는 다리 Wobbly bridge

2000년 런던의 밀레니엄교가 개통된 첫 주말, 수천 명의 인파가 몰리면서 공진 현상에 의해 정상파가 위험한 수준으로 발생했다. 결국 다리는 2년간 폐쇄되어 보강 공사를 거쳐야 했다.

다리에서 발생하는 파동에 대해서는 본문 80~83쪽 참조.

X선 스캐너 X-ray scanner

플라스틱 폭탄이나 액체 폭탄처럼 금속 탐지기에 걸리지 않는 테러 무기에 대응하기 위해, 일부 공항에는 옷을 투시할 수 있는 저강도 X선 전신 스캐너가 설치되어 있다. 어릴 적에 'X선 투시 안경' 장난감을 샀다가 실망했던 이들이 분명히 장비 조작을 맡고 있지 않을까.

X선에 대해서는 본문 142~144쪽과 360~361쪽 참조.

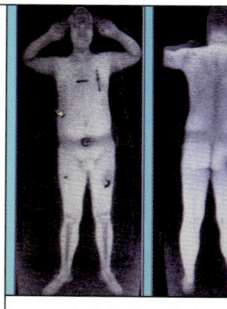

킥킥거리지 마시오.

음과 양 Yin and yang

태극 문양은 고전 중국 철학과 의학에서 음陰과 양陽의 개념을 상징한다. 고대 중국인은 세상을 여름과 겨울, 하늘과 땅, 남자와 여자, 낮과 밤처럼 서로 반대되는 두 범주로 나누고 이들 사이의 자연스러운 균형이란 끊임없는 변화 속에 있다고 보았다. 서로 안에 서로의 요소가 늘 깃들어 있으며, 어느 한쪽이 극에 이르면 결국 그 반대쪽이 태어난다고 본 것이다. 여기서 음을 나타내는 검은 영역과 양을 나타내는 흰 영역을 나누는 곡선이 파도의 모양을 띠는 것은 결코 우연이 아니다. 파도가 매끄럽게 지나갈 때 물은 마루와 골이라는 두 극단 사이를 끊임없이 오르내리며, 그 균형점의 위아래에서 늘 진동하고 있다.

돌고 도는 세상만사.

파도 속 물의 움직임에 대해서는 본문 22~23쪽 참조.

제넥파 Zenneck wave

이 파동은 '지상파ground wave'라고도 하지만, 'G' 항목은 이미 다른 것이 차지했다. 제넥파는 바다의 파도와 약간 비슷한 식으로 이동하는 라디오파다. 대기권으로 올라가지 않고 지면이나 해수면에 달라붙어 진행하므로, 상층 대기에 반사되지 않고도 수평선 너머까지 도달할 수 있다. 중파와 장파 라디오 신호가 아주 먼 거리에서도 수신되는 것은 이 덕분이다. 이름이 조금 딱딱하긴 하지만 'Z'로 시작한다는 게 어딘가.

라디오파의 도달 범위에 대해서는 본문 125쪽 참조.